国防特色教材·核科学与技术

黑龙江省精品图书出版工程项目

核工程检测技术

（第2版）

主　编　夏　虹

副主编　刘永阔　曹欣荣　张　楠

哈尔滨工程大学出版社

内容简介

本书共分8章,着重叙述了温度、压力、流量、液位、位移、振动、转速及中子通量等核动力工程中主要参数的测量原理、测量方法、测量系统的组成及误差分析,并对目前发展迅速的计算机测试技术作了概要介绍。

本书可作为高等学校核工程与核技术专业及热能动力工程类等相关专业的教学用书,也可作为相关专业的研究生、工程技术人员的参考书。

图书在版编目(CIP)数据

核工程检测技术 / 夏虹主编. —2 版. —哈尔滨:
哈尔滨工程大学出版社,2017.6(2019.7 重印)
ISBN 978 - 7 - 5661 - 1526 - 3

Ⅰ. ①核… Ⅱ. ①夏… Ⅲ. ①核工程 - 检测
Ⅳ. ①TL

中国版本图书馆 CIP 数据核字(2017)第 117825 号

选题策划　　石　岭
责任编辑　　石　岭　宗盼盼
封面设计　　张　骏

出版发行　哈尔滨工程大学出版社
社　　址　哈尔滨市南岗区东大直街 124 号
邮政编码　150001
发行电话　0451 - 82519328
传　　真　0451 - 82519699
经　　销　新华书店
印　　刷　哈尔滨市石桥印务有限公司
开　　本　787 mm × 1 092 mm　1/16
印　　张　18.75
字　　数　485 千字
版　　次　2017 年 6 月第 2 版
印　　次　2019 年 7 月第 2 次印刷
定　　价　48.00 元
http://www.hrbeupress.com
E-mail:heupress@ hrbeu.edu.cn

第 2 版前言

  《核工程检测技术》是工业和信息化部"十一五"国防特色教材,自 2009 年出版以来,被很多大学用作本科生教材或参考书,得到了许多高校的认可,发行量达到 4 000 余册,2010 年核工程检测技术课程被评为哈尔滨工程大学校级精品课程。经过多年的教学实践,在授课过程中编者结合相关技术发展不断补充、优化教材相关内容。本轮修订的主要工作包括对教材的系统性进行了梳理,同时对液位测量部分进行了较大的补充和调整,补充了雷达式液位计、舰船动力装置液位测量等内容;对计算机检测技术等内容进行了补充和修改;针对学生工程实践能力、自主学习能力的培养,结合工程教育认证等要求,对课后习题进行了梳理,补充了设计类习题和思考题;另外,结合国家标准对附录中的表格进行了勘误。

  本次修订工作由夏虹教授负责组织及统稿,刘永阔副教授、张楠博士以及博士研究生杨波等承担了补充修订内容的撰写工作。

  虽然编者努力而为之,但本教材仍会有不足之处,甚至误笔,在此恳请读者能够给我们提出宝贵意见,不断完善我们的教材。

编 者

2017 年 4 月于哈尔滨工程大学

第 1 版前言

随着科学技术的迅速发展以及当今社会对高等教育提出的要求,培养学生掌握一定的实验测试知识与技能是十分重要的,而且已成为高等学校不可缺少的教学环节;尤其是当今计算机技术、传感器技术、激光技术等新技术的应用,为测试技术注入了大量新的内容。为此在编写本教材时,既注意保持基础性的、广泛应用的一些测试技术的理论和知识,又力求反映测试技术的新成就、新发展和新趋势,特别是结合了核电站中过程参数的检测技术介绍。

本教材是在前一版教材《核工程检测仪表》(2002 年版)的基础上经过修订编写而成,主要结合教学实践和核工程检测技术的发展进行了修订,并根据教材修订审评专家的意见增加了两相流测量的内容,删减了流速测量内容,每章后面都附有习题和思考题;本教材共分 9 章,主要包括热工参数(温度、压力、流量、液位)、机械量(位移、转速、振动)及核参量(中子通量、辐射剂量)等核动力工程主要参数的测量技术,并对目前发展迅速的计算机测试技术进行了概略介绍。本书可作为核动力工程专业及热能动力工程类专业的教学用书,也可供相关专业的研究生、科研人员参考。

本书是由哈尔滨工程大学的几位教师在多年科研和教学实践基础上合作编写而成。前版教材《核工程检测仪表》的第 1 章、第 5 章、第 6 章、第 7 章由夏虹执笔编写,第 2 章、第 3 章、第 4 章、第 9 章由董惠执笔编写,第 8 章由曹欣荣执笔编写。本书将《核工程检测仪表》中的第 4 章流速检测删除,增加了气液两相流检测的内容。本书第 1 章、第 4 章、第 5 章、第 6 章由夏虹执笔编写,第 2 章、第 3 章、第 8 章以及各章所附思考题由刘永阔执笔编写,第 7 章由曹欣荣执笔编写,夏虹教授统稿。感谢慕昱、李伟哲、张亚男、罗端、黄华等研究生对本书编写工作所给予的帮助。

本书在编写过程中,参考了很多兄弟院校主编的教材,在此一并致谢。

限于编者们学识有限,本书所存在的不足或不妥之处恳请读者给予批评和指正。

编　者
2008 年 10 月于哈尔滨工程大学

目　　录

第1章 检测的基本知识

核工程检测仪表是用于检测核岛及常规岛中有关参数的仪表,是保障核设备安全、可靠及经济运行的重要装备之一。核工程检测仪表的主要功能是检测核电站在启动、停闭和正常运行过程中的温度、压力、流量、液位、中子通量、辐射剂量及机械量等参数,并为自动调节和控制这些参数,乃至整个系统运行过程提供精确可靠的信息,进而保证核电站的安全、可靠、正常运行。检测参数信号分别送往指示、记录、报警、控制、保护和计算机系统。大多数常规仪表可以用于反应堆参数检测,但应满足核电站检测的特殊环境和要求,主要应注意以下几个问题:

(1)仪表的量程与精度必须符合被测参数的指标要求,并考虑极端事故条件下的需要,用于安全保护的仪表,其响应速度必须满足保护系统的要求;

(2)那些在事故状态下仍然必须继续执行规定任务的仪表,必须能适应事故状态下的恶劣环境,包括耐高压、高温、高辐照,以及必须维持一定的工作时间等;

(3)放入冷却剂管道内的探测器的任何元部件,应不妨碍对管道的检修,使用的材料应与燃料元件和冷却剂相容;

(4)主冷却剂流量测量的方法应是最直接的,并且在整个运行范围内能给出可靠的指示,选择的测量位置应能反映出泵速与阀位变化所引起的流量变化;

(5)启动保护动作的热工参数测量应符合保护系统设计原则,如重复性、多样性、独立性、可试验性和可维修性等。

1.1 测量及测量方法

1.1.1 测量的概念

测量就是用实验的方法和专门的设备,取得某项需要确定其数量概念的参数(称为被测量)与定义其数值为1的同类参数(称为单位)的比值,它可用下式表达:

$$a \approx \frac{A}{U} \tag{1.1}$$

式中,A 为被测量;U 为选用的单位;a 为比值。

被测量的测得值为比值乘以单位,即 $a \cdot U$。式(1.1)取近似相等是因为任何测量都必然存在误差,测量方法和所用的设备都不可能是尽善尽美的。测量工作包括测量方法和测量设备的选择,以及测量数据的处理(确定误差的界限和测量结果的可靠程度)等。

1.1.2 测量方法

测量方法的选择对测量工作是十分重要的,如果方法不当,即使有精密的测量仪器和设备也不能得到理想的结果。测量方法的分类有许多种,根据具体研究问题的不同而采用不同的分类方法。

1. 按测量结果分类

按如何取得测量结果进行分类,测量方法有如下几种:

(1)直接测量法

用基准量值定度好的测量仪表对被测量直接进行测量,直接得到被测量的数值,如用压力表测量容器中气体的压力等,此法简单迅速。

(2)间接测量法

利用被测量与某些量具有确知的函数关系,用直接测量法测得这些有关量的数值,代入已知的函数关系式中算出被测量的数值,例如在稳定流动的情况下,通过测量流过某截面流体的质量和时间来精确地测量流量,因为称重和计时都可以达到很高的精度。

(3)组合测量法

当被测量与直接测量的一些量不是一个简单的函数关系,需要求解一个方程组才能取得该值时采用组合测量法。如测量某电阻的温度系数,其电阻值与温度的关系为 $R_t = R_0 (1 + at + bt^2)$, 式中 R_t 是温度为 t ℃时电阻的数值,可以直接测得;温度也可直接测得。要取得系数 a 和 b ,需要解一个二元方程组。

2. 按测量方式分类

上述分类是计算误差时应用的。考虑测量的综合性能,确定测量方案或仪表的设计方案时,按测量方式来分类。

(1)偏差式测量法

这种方法是用测量仪表指针位移大小来表示被测量数值的方法,此法简单迅速,但不易达到高的精度。如用弹簧管压力表测量压力就是这种测量方法的例子。

(2)零位式测量法(补偿式测量法)

此法是用已知数值的标准量具与被测量直接进行比较,调整标准量具的量值,用指零仪表判断二者是否达到完全平衡(完全补偿),这时标准量具的数值即为被测量的数值。如用天平称量就是零位式测量法。此法可以获得较高的测量精度,但操作麻烦,测量费时间。

(3)微差式测量法

它是偏差法与零位法的结合。用量值接近被测量的标准量具与被测量进行比较,再用偏差式测量仪表指示两者的差值。被测量的值即是标准量具之值与偏差式仪表的示值之和。此法精度较高且测量简单迅速。因为不用经常调整标准量具,而且偏差值小,从而提高了偏差式测量的精度。X 射线测厚仪即是应用这种方法的一个例子。测量前用标准厚度的钢板调零,测量时仪表指示的是被测钢板厚度的偏差值。这种测量方法可满足轧钢过程钢板厚度测量,既要测量迅速,又要精度高的要求。

此外,按被测量在测量过程中的状态分类,分为静态测量、动态测量;按测量条件相同与否分类,可以分为等精度测量、不等精度测量。

1.2 测量系统的组成

1.2.1 测量系统的组成

一般说来,为了测量某一被测量的值,总是要将若干测量设备(含测量仪表、装置、元件及辅助设备)按照一定的方式连接组合起来,即构成了一种测量系统。例如,在测量蒸汽时,常用标准孔板来获取与流量有关的差压信号,然后将其送入差压变送器,经过转换和运算变成电信号,连接导线再将电信号送至显示仪表,最后显示出被测流量值,这一系统可用图 1.1 来表示。

图 1.1 蒸汽流量测量系统框图

由于测量原理的不同或对测量准确度要求的不同,有可能形成测量系统的极大不同。有的可能简单到只由一种测量仪表就可组成简单的测量系统,而有的则可能复杂到要用许多设备构成极其复杂的测量系统。如使用微机对核电厂或热力发电厂各测点的工况参数进行采集与处理,这就是一个比较复杂的测量系统。

测量系统一般可表示为图 1.2 所示的系统框图。

图 1.2 测量系统框图

这就是说,测量系统是由测量环节组成的,所谓环节即建立输入与输出两种量之间某种函数关系的基本部件。

1.2.2 测量环节的作用与要求

1. 敏感部件

敏感部件与被测对象直接发生联系,按照被测介质的能量,使其产生一个以某种方式与被测量有关的输出信号。例如,采用标准孔板测量管道蒸汽流量时,标准孔板的差压信号 ΔP 就与被测流量 q_v 的平方成正比,即 $\Delta P \propto q_v^2$。

敏感部件能否准确且快速地产生与被测信号相应的信号,对测量系统的测量质量有着决定性的影响。因此严格地讲,对敏感部件有以下的要求:

(1)敏感部件的输入与输出应有确定的单值函数关系;

(2)敏感部件应只对被测量的变化敏感,而对其他一切非被测的信号(包括干扰噪音信号)不敏感;

(3)敏感部件应该不影响或尽可能不影响被测介质的状态。

但是完全符合上述三个要求的敏感部件实际上是不存在的。比如,对于第二个要求只能通过限制无用的非被测信号在全部信号中的份额,并采用试验的方法或理论计算的方法将它消除来解决。对于第三个要求则只能通过改进敏感部件的结构、原理、性能来解决。这些均属于传感技术研究的范畴。

2. 变换部件

敏感部件输出的信号一般与显示部件所能接收的信号有所差异,甚至差异很大,这是因为前者所输出的信号与后者所能接收的信号往往是属于两种性质不同的物理量;因此有必要对敏感部件输出的信号在送往显示部件之前进行适当的变换,这就是变换部件所起的作用。信号变换包含以下几种可能的形式:

(1)对信号的物理性质进行变换,即将一种物理量变换为性质上完全不同的另一种物理量,比如从非电量变换成电量;

(2)对信号的数值进行变换,即依据某种特定的规律在数值上使某种物理量发生变化,但其物理性质仍保持不变;

(3)以上两者兼而有之。

仍以上述标准孔板测量蒸汽流量系统为例。差压变送器为该测量系统的变换部件,当它接收到敏感部件(标准孔板两侧取压孔)输出的信号值,即将其转换成与被测流量的平方成正比的电信号,然后再将该电信号在数值上开平方,最后通过传输电缆输送给显示部件。这就是标准孔板测量蒸汽流量系统中变换部件的作用。

3. 传递部件

简单地说,传递部件就是传输信号的通道。一般情况下测量系统的各个环节都是分离的,这就需要用传递部件来联系。传递部件可以是导管、导线、光导纤维和无线电通信等,这要由被传送信号的物理性质决定,有时可能很简单,有时可能相当复杂。比如在标准孔板测量蒸汽流量系统中,标准孔板输出的差压信号靠导管传送到差压变送器,而差压变送器输出的电信号靠导线传送到显示部件。

4. 显示部件

显示部件是测量系统与观测者的界面,它将被测量的信号以某种形式显示给观测者记录显示,甚至还有调节的功能。在电气显示部件中,有模拟显示(模拟显示仪表通过指针、液面、光标或图形等形式,反映被测量的连续变化)、数字显示(数字显示仪表用数字量显示出被测量值的大小)与屏幕显示(屏幕显示仪表通过液晶屏或CRT显示屏以图形、数字等多种形式显示被测量的大小)之分。

1.3　误差的基本概念

测量的目的是希望通过测量获取被测量的真实值。但由于种种原因,例如仪表本身性能不十分优良,测量方法不十分完善,外界干扰的影响等,都会造成被测参数的测量值与真实值不一致,二者不一致的程度用测量误差来表示。

测量误差就是测量值与真实值之间的差值,它反映了测量质量的好坏。

测量的可靠性至关重要,不同场合对测量结果可靠性的要求也不同。例如,在量值传递、经济核算、产品检验等场合应保证测量结果有足够的准确度。当测量值用作控制信号时,则要注意测量的稳定性和可靠性。因此,测量结果的准确程度应与测量的目的和要求相联系、相适应,那种不惜工本、不顾场合,一味追求越准越好的做法是不可取的,要有技术与经济兼顾的意识。

1.3.1　测量误差的表示方法

测量误差的表示方法有多种,含义各异。

1. 绝对误差

绝对误差可用下式定义:

$$\Delta = x - x_0 \tag{1.2}$$

式中,Δ 为绝对误差;x 为测量值;x_0 为真实值。

对测量值进行修正时,要用到绝对误差。修正值是与绝对误差大小相等、符号相反的值,实际值等于测量值加上修正值。

采用绝对误差表示测量误差,不能很好地说明测量质量的好坏。例如,在温度测量时,绝对误差 $\Delta = 1\ ℃$,对体温测量来说是不允许的,而对测量钢水温度来说却是一个极好的测量结果。

2. 相对误差

相对误差的定义由下式给出:

$$\delta = \frac{\Delta}{x_0} \times 100\% \tag{1.3}$$

式中,δ 为相对误差,一般用百分数给出;Δ 为绝对误差;x_0 为真实值。

由于被测量的真实值 x_0 无法知道,实际测量时用测量值 x 代替真实值 x_0 进行计算,这个相对误差称为标称相对误差,即

$$\delta = \frac{\Delta}{x} \times 100\% \tag{1.4}$$

3. 引用误差

引用误差是仪表中通用的一种误差表示方法。它是相对仪表满量程的一种误差,一般也用百分数表示,即

$$\gamma = \frac{\Delta}{测量范围上限 - 测量范围下限} \times 100\%$$ （1.5）

式中，γ 为引用误差；Δ 为绝对误差。

在使用仪表时，经常也会用到基本误差和附加误差两个概念。

4. 基本误差

基本误差是指仪表在规定的标准条件下最大的引用误差。例如，仪表是在电源电压（220±5）V、电网频率（50±2）Hz、环境温度（20±5）℃、湿度65%±5%的条件下标定的。如果这台仪表在这个条件下工作，则仪表所具有的最大引用误差为基本误差。测量仪表的精度等级就是由基本误差决定的。

5. 附加误差

附加误差是指当仪表的使用条件偏离规定条件下出现的误差。例如，温度附加误差、频率附加误差、电源电压波动附加误差等。

1.3.2 误差的分类与处理

根据测量数据中的误差所呈现的规律，将误差分为三种，即粗大误差、随机误差和系统误差。这种分类方法便于测量数据的处理。

1. 粗大误差

测量结果显著偏离被测量的实际值所对应的误差，称为粗大误差。由于这种误差严重歪曲测量结果，故应通过理论分析或统计学方法发现并舍弃不用。

2. 随机误差

对某被测量进行多次等精度测量，只要测量仪表灵敏度足够高，则一定会发现这些测量结果有一定的分散性，这就是随机误差造成的。在剔除粗大误差和修正了系统误差之后，各次测量结果的随机误差一般是服从正态分布规律的。应用统计学方法处理随机误差，即以测量结果的算术平均值作为被测实际值的最佳估计值，以算术平均值均方根偏差的2～3倍作为随机误差的置信区间，相应的概率作为置信概率，可以提高测量精度。随机误差决定测量结果的精密度。

3. 系统误差

对某被测量进行多次等精度测量，如各测量结果的误差大小和符号均保持不变或按某确定规律变化，称此种误差为系统误差。系统误差不可能通过统计方法消除，也不一定能用统计方法发现它，因此发现系统误差很重要。可以通过校准比对、改变测量条件、理论分析和计算等方法来发现它，用改正值加以削弱。系统误差决定测量结果的准确度。

1.4　测量仪表的质量指标

1.4.1　仪表的静态特性

1. 精确度(简称精度)

精确度是仪表精密度与准确度的综合指标,用相对误差来表示。

$$满度相对误差 = \frac{所有示值绝对误差中最大值}{仪表量程} \times 100\%$$

自动检测仪表的精度等级,是按规定满度相对误差的一列标准值来分级的(0.001,0.005,0.02,0.05,0.1,0.2,0.35,0.5,1.0,1.5,2.5,4.0)。仪表精度等级规定了仪表在额定使用条件下最大引用误差不得超过的数值,此数值称为允许误差,而允许误差去掉百分号之后的数值即为仪表的精度等级。

2. 稳定性

稳定性是指仪表示值不随时间和使用条件变化的性能。时间稳定性以稳定度表示,即示值在一段时间内随机变动量的大小。使用条件变化的影响用影响误差表示,如环境温度的影响,是以温度每变化一摄氏度示值变化多少来表示的。

3. 灵敏度

灵敏度是仪表在稳定状态下输出微小变化与输入微小变化之比,即 $S = \dfrac{\mathrm{d}y}{\mathrm{d}x}$。式中 $\mathrm{d}y$ 是仪表示值的微小变化,$\mathrm{d}x$ 是被测量的微小变化。灵敏度是仪表输出输入特性曲线上各点的斜率。

4. 变差(迟滞)

变差是指仪表正向特性与反向特性不一致的程度,以正、反向特性之差的最大值与仪表量程之比的百分数表示,即 $E_\mathrm{b} = \dfrac{\Delta_{\max}}{x_{\max} - x_{\min}} \times 100\%$。式中 $\Delta_{\max}$ 是正、反向特性之差的最大值;$x_{\max}$ 是仪表刻度上限值,$x_{\min}$ 是仪表刻度下限值。

5. 分辨率

分辨率是表明仪表响应输入量微小变化的能力指标,即不能引起输出发生变化的输入量幅度与仪表量程范围之比的百分数。分辨率的好坏对应着分辨率的大小,分辨误差在调节仪表中常称为死区(或不灵敏区),它对调节质量的影响非常大。在模拟仪表中分辨率又被称为鉴别域或灵敏域;在数字仪表中分辨率又被定义为显示数的最后一位数字变动"1"所代表的被测量增量。

6. 重复性

重复性是指同一测量条件下,对同一数值的被测量进行重复测量时其测量结果的一致程度,即

$$E_f = \frac{\Delta_{fmax}}{x_{max} - x_{min}} \times 100\%$$

式中,Δ_{fmax} 是全量程中重复测量差值最大者。

1.4.2 仪表的动态特性

仪表的动态特性是指其输出对于随时间变化的输入量的响应特性。当被测量随时间变化为时间的函数时,则仪表的输出量也是时间的函数,其间的关系要用动态特性来表示。一个动态特性好的仪表,其输出将再现输入量的变化规律,即具有相同的时间函数。实际上除了具有理想的比例特性外,输出信号将不会与输入信号具有相同的时间函数,这种输出与输入间的差异就是所谓的动态误差。

动态特性除了与仪表的固有因素有关之外,还与仪表输入量的变化形式有关。也就是说,在研究仪表动态特性时,通常是根据不同输入变化规律来考察仪表的响应的。

虽然仪表的种类和形式很多,但它们一般可以简化为一阶或二阶系统(高阶可以分解成若干个低阶环节),因此一阶和二阶仪表是最基本的。仪表的输入量随时间变化的规律是各种各样的,下面在对仪表动态特性进行分析时,采用最典型、最简单、最易实现的正弦信号和阶跃信号作为标准输入信号。对于正弦输入信号,仪表的响应称为频率响应或稳态响应;对于阶跃输入信号,则称为仪表的阶跃响应或瞬态响应。

1. 瞬态响应特性

仪表的瞬态响应是时间响应。在研究仪表的动态特性时,有时需要从时域中对仪表的响应和过渡过程进行分析,这种分析方法是时域分析法。在时域中仪表对所加激励信号的响应称为瞬态响应。常用的激励信号有阶跃函数、斜坡函数、脉冲函数等。下面以仪表的单位阶跃响应为例来评价仪表的动态性能。

(1)一阶仪表的单位阶跃响应

在工程上,一般将下式:

$$\tau \frac{dy(t)}{dt} + y(t) = x(t) \tag{1.6}$$

视为一阶仪表微分方程的通式。式中 $x(t)$,$y(t)$ 分别为仪表的输入量和输出量,均是时间的函数;τ 表征仪表的时间常数,具有时间"秒"的量纲。

一阶仪表的传递函数为

$$H(s) = \frac{Y(s)}{X(s)} = \frac{1}{\tau s + 1} \tag{1.7}$$

对初始状态为零的仪表,当输入一个单位阶跃信号 $x(t) = \begin{cases} 0 & t \leq 0 \\ 1 & t > 0 \end{cases}$ 时,由于 $x(t) = 1(t)$,

$X(s) = \dfrac{1}{s}$，仪表输出的拉氏变换为

$$Y(s) = H(s)X(s) = \frac{1}{\tau s + 1} \cdot \frac{1}{s} \tag{1.8}$$

一阶仪表的单位阶跃响应信号为

$$y(t) = 1 - e^{-\frac{t}{\tau}} \tag{1.9}$$

相应的响应曲线如图1.3所示。由图1.3可见，仪表存在惯性，它的输出不能立即复现输入信号，而是从零开始按指数规律上升，最终达到稳态值。理论上仪表的响应只在 t 趋于无穷大时才达到稳态值，但实际上当 $t = 4\tau$ 时其输出达到稳态值的 98.2%，可以认为已达到稳态。τ 越小，响应曲线越接近于输入阶跃曲线，因此 τ 的值是一阶仪表重要的性能参数。

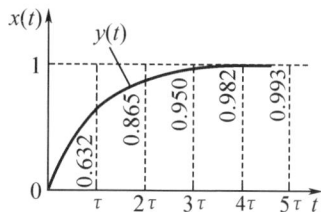

图 1.3　一阶仪表单位阶跃响应

（2）二阶仪表的单位阶跃响应

二阶仪表的微分方程的通式为

$$\frac{d^2 y(t)}{dt^2} + 2\xi\omega_n \frac{dy(t)}{dt} + \omega_n^2 y(t) = \omega_n^2 x(t) \tag{1.10}$$

式中，ω_n 为仪表的固有频率；ξ 为阻尼比。

二阶仪表的传递函数为

$$H(s) = \frac{\omega_n^2}{s^2 + 2\xi\omega_n s + \omega_n^2} \tag{1.11}$$

仪表输出的拉氏变换为

$$Y(s) = H(s)X(s) = \frac{\omega_n^2}{s(s^2 + 2\xi\omega_n s + \omega_n^2)} \tag{1.12}$$

二阶仪表对阶跃信号的响应在很大程度上取决于阻尼比 ξ 和固有频率 ω_n。固有频率 ω_n 由仪表主要结构参数所决定，ω_n 越高，仪表的响应越快。当 ω_n 为常数时，仪表的响应取决于阻尼比 ξ。图1.4 为二阶仪表的单位阶跃响应曲线。阻尼比 ξ 直接影响超调量和振荡次数。$\xi = 0$，仪表表现为无阻尼，超调量为 100%，产生等幅振荡，达不到稳态；$\xi = 1$，仪表表现为临界阻尼，无超调也无振荡，但达到稳态所需时间较长；$\xi < 1$，仪表表现为欠阻尼，衰减振荡，达到稳态值所需时间随 ξ 的减小而加长；$\xi > 1$，仪表表现为过阻尼，响应时间最短。但实际使用中常按稍欠阻尼调整，ξ 取 $0.7 \sim 0.8$ 为最好。

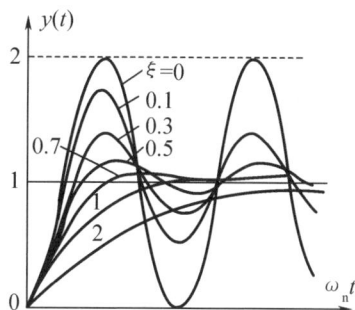

图 1.4　二阶仪表单位阶跃响应

（3）瞬态响应特性（图1.5）指标

① 时间常数 τ

一阶仪表时间常数 τ 越小，响应速度越快。

② 延时时间 t_d

仪表输出达到稳态值的 50% 所需时间。

③ 上升时间 t_r

仪表输出达到稳态值的90% 所需时间。

④ 峰值时间 t_p

仪表输出超过稳态值的最大值所需时间。

⑤ 最大超调量 M_p

仪表输出超过稳态值的最大值,$M_p = \dfrac{y(t_p) - y(\infty)}{y(\infty)} \times 100\%$。

⑥ 稳定时间 t_s

测量系统响应曲线达到并保持在其最终值周围的某一允许误差范围之内时所需的时间。

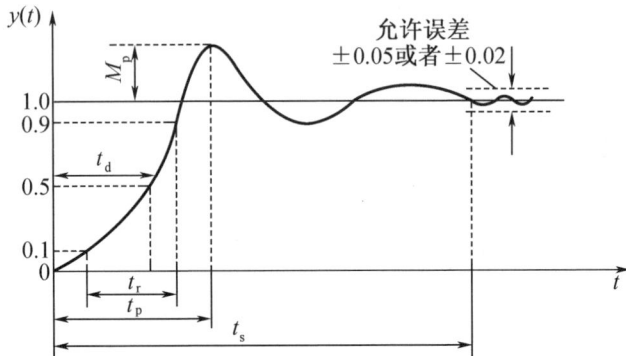

图 1.5　响应特性曲线

2. 频率响应特性

仪表对正弦输入信号的响应特性称为频率响应特性。频率响应法是从仪表的频率特性出发研究仪表的动态特性的方法。

(1) 一阶仪表的频率响应

将一阶仪表传递函数中的 s 用 $j\omega$ 代替后,即可得频率特性表达式,即

$$H(j\omega) = \frac{1}{\tau(j\omega) + 1} \tag{1.13}$$

幅频特性
$$A(\omega) = \frac{1}{\sqrt{1 + (\omega\tau)^2}} \tag{1.14}$$

相频特性
$$\Phi(\omega) = -\arctan(\omega\tau) \tag{1.15}$$

图 1.6 为一阶仪表的频率响应特性曲线。

从式(1.14)、式(1.15) 和图 1.6 看出,时间常数越小,频率响应特性越好。当 $\omega\tau \ll 1$ 时,$A(\omega) \approx 1$, $\Phi(\omega) \approx 0$ 表明仪表输出与输入为线性关系,且相位差也很小,输出 $y(t)$ 比较真实地反映出输入 $x(t)$ 的变化规律。因此,减小 τ 可改善仪表频率特性。

(2) 二阶仪表的频率响应

将 s 用 $j\omega$ 代替,代入式(1.11),二阶仪表的频率特性表达式、幅频特性、相频特性分别为

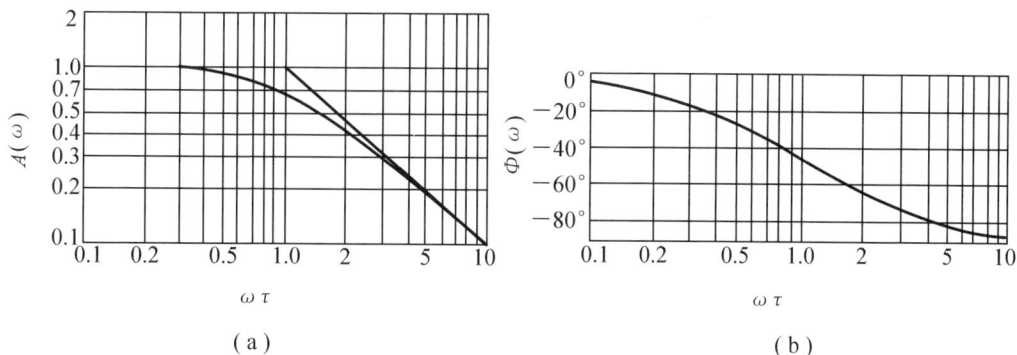

图 1.6 一阶仪表频率响应特性

（a）幅频特性；（b）相频特性

$$H(j\omega) = \cfrac{1}{1 - \left(\cfrac{\omega}{\omega_n}\right)^2 + 2j\xi\cfrac{\omega}{\omega_n}} \tag{1.16}$$

$$A(\omega) = \cfrac{1}{\sqrt{\left[1 - \left(\cfrac{\omega}{\omega_n}\right)^2\right]^2 + \left(2\xi\cfrac{\omega}{\omega_n}\right)^2}} \tag{1.17}$$

$$\Phi(\omega) = -\arctan\cfrac{2\xi\cfrac{\omega}{\omega_n}}{1 - \left(\cfrac{\omega}{\omega_n}\right)^2} \tag{1.18}$$

图 1.7 为二阶仪表的频率响应特性曲线。由式（1.17）、式（1.18）和图 1.7 可见，仪表的频率响应特性的好坏主要取决于仪表的固有频率 ω_n 和阻尼比。当 $\xi < 1$，$\omega_n \gg \omega$ 时，$A(\omega) \approx 1$，$\Phi(\omega)$ 很小，此时仪表的输出 $y(t)$ 再现了输入 $x(t)$ 的波形。通常固有频率 ω_n 应大于被测信号频率 ω 的 3~5 倍，即 $\omega_n \geqslant (3~5)\omega$。

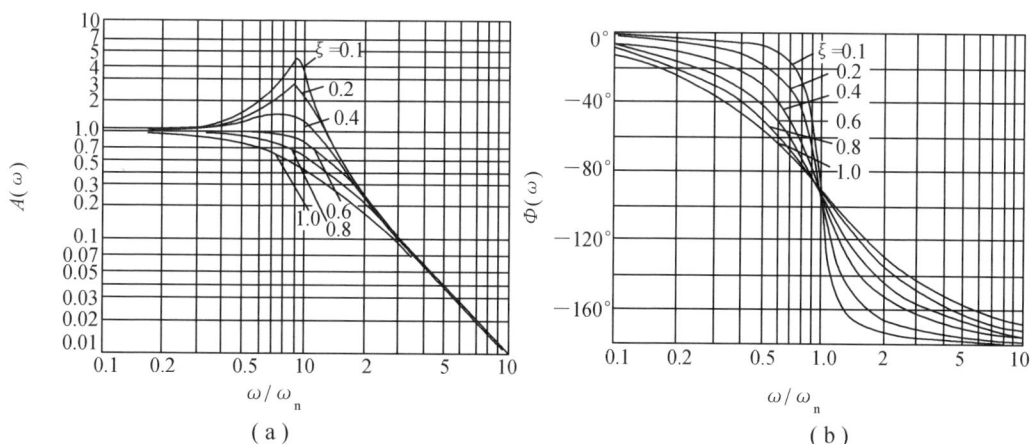

图 1.7 二阶仪表频率响应特性

（a）幅频特性；（b）相频特性

为了减小动态误差和扩大频率响应范围,一般提高仪表固有频率 ω_n。而固有频率 ω_n 与仪表运动部件质量 m 和弹性敏感元件的刚度 k 有关,即 $\omega_n = (k/m)^{\frac{1}{2}}$。增大刚度 k 和减小质量 m 可提高固有频率,但刚度 k 增加会使仪表灵敏度降低。所以在实际中,应综合各种因素来确定仪表的各个特征参数。

(3)频率响应特性指标

①频带

仪表增益保持在一定值内的频率范围为仪表频带或通频带,对应有上、下截止频率。

②时间常数 τ

用时间常数 τ 来表征一阶仪表的动态特性,τ 越小,频带越宽。

③固有频率 ω_n

二阶仪表的固有频率 ω_n 表征了其动态特性。

④截止频率 ω_c

测量系统幅值比下降到零频率幅值比时所对应的频率,ω_c 是在频域中描述测量系统动态性能的一种指标。

思考题与习题

1-1 核工程检测仪表要满足核电站的特殊环境要求,主要应注意哪些方面的问题?

1-2 根据研究问题的不同如何对测量方法进行分类,各分类方法包括哪些测量方法?

1-3 测量仪表由哪些部分组成,各部分的作用是什么?

1-4 何谓测量值的绝对误差、相对误差、变差? 为什么测量的绝对误差有时不宜作为衡量测量准确度的尺度?

1-5 什么是仪表的动态特性,什么是仪表的静态特性,什么是瞬态响应特性和频率响应特性,各有哪些特性指标?

1-6 什么是仪表的变差、引用误差、附加误差?

1-7 何谓仪表的稳定性和重复性?

1-8 何谓仪表的精度等级、灵敏度? 过高的灵敏度将影响仪表的什么性能?

1-9 什么是仪表的测量范围、上限值、下限值和仪表的量程? 为什么量程比可以作为仪表性能的指标?

1-10 某测温仪表的精度等级为 1.0 级,绝对误差为 ±1 ℃,测量下限为负值(下限的绝对值为测量范围的 10%),试确定该表的测量上限值、下限值及量程。

1-11 某弹簧管压力表的测量范围为 0~1.6 MPa,精度等级为 2.5 级,校验时在某点出现的最大绝对误差为 0.05 MPa,这个仪表是否合格,为什么?

1-12 有一块压力表,其正向可测到 0.6 MPa,负向可测到 -0.1 MPa。现只校验正向部分,其最大误差发生在 0.3 MPa 处,即上行和下行时,标准压力表的指示值分别为 0.305 MPa 和 0.295 MPa,该表是否符合精度等级为 1.5 级的要求?

第 2 章 温 度 检 测

2.1 温度检测概述

温度是反映物体冷热程度的物理参数。从分子运动论的观点看,温度是物体内部分子运动平均动能大小的标志。从这个意义上讲,温度不能直接测量,只能借助于冷热不同的物体之间的热交换,以及物体的某些物理性质随着冷热程度不同而变化的特性,来进行间接测量。利用各种温度传感器可组成多种测温仪表。

2.1.1 温标

如果两个物体的温度不同,温度高的物体就有能力将热量通过一定方式传递给温度低的物体,从这一现象出发,我们建立起温度"高"或"低"的概念。用来衡量温度高低的尺度称为温度标尺,简称温标,它规定了温度的读数起点和基本单位。目前使用较多的温标有热力学温标、国际实用温标、摄氏温标和华氏温标。

1. 热力学温标

热力学温标又称为绝对温标,是建立在热力学基础上的一种理论温标。它规定分子运动停止时的温度为绝对零度。它是与测温物质的任何物理性质无关的一种温标,已由国际权度大会采纳作为国际统一的基本温标。

根据热力学中的卡诺定理,如果在温度为 T_1 的无限大热源和温度为 T_2 的无限大冷源间有一个可逆热机实现了卡诺循环,热源给予热机的热量为 Q_1,热机传给冷源的热量为 Q_2,则存在下列关系式,即

$$\frac{T_1}{T_2} = \frac{Q_1}{Q_2} \tag{2.1}$$

如果在式(2.1)中再规定一个数值来描述某一定点的温度值,那么就可以通过卡诺循环中的传热量来完全地确定温标。1954 年国际权度大会确定水的三相点温度值为 273.16,并将它的 1/273.16 定为一度。依此,这个温标就确定了,即温度值 $T_1 = 273.16(Q_1/Q_2)$,它的温度单位定为开尔文,简记为 K。在我国法定计量单位中,规定使用热力学温度和摄氏温度,即规定水的三相点为 273.16 K 和 0.01 ℃,由此热力学温度和摄氏温度的关系是

$$t = T - 273.15 \ ℃ \tag{2.2}$$

2. 国际实用温标

因为卡诺循环是不能实现的,所以热力学温标是一种理论的温标,不能付诸实施和复现,

这就需要建立一种既使用方便,又具有一定科学技术水平的温标。各国科学家经过努力,于20世纪20年代建立起一种与热力学温标相近的、复现准确度高、使用简便的实用温标,这就是国际实用温标。

温标的基本内容:规定不同温度范围内的基准仪器;选择一些纯物质的平衡态温度作为温标基准点;建立内插公式可计算出任何两个相邻基准点间的温度值。以上被称作温标的"三要素"。

第一个国际实用温标是在1927年建立的,称为ITS – 27。此后大约每隔20年进行一次重大修改,1990年新的国际温标(ITS – 90)开始实施。该温标的基本内容如下:

(1)定义基准点。ITS – 90中有17个定义基准点(见1990国际温标手册);

(2)基准仪器。将整个温标分为4个温区,使用不同的基准仪器,分别为^{3}He 和 ^{4}He 蒸汽压温度计(0.65 ~ 5.0 K),^{3}He 和 ^{4}He 定容气体温度计(3.0 ~ 24.556 1 K),铂电阻温度计(13.81 K ~ 961.78 ℃),光学或光电高温计(961.78 ℃以上);

(3)内插公式(请参阅相关资料)。

3. 摄氏温标

摄氏温标是工程上使用最多的温标。它规定标准大气压下纯水的冰熔点为0度,水的沸点为100度,中间等分为100格,每一等分格为1摄氏度,符号为℃。

4. 华氏温标

华氏温标规定标准大气压下纯水的冰熔点为32度,水的沸点为212度,中间等分为180格,每格为华氏1度,符号为℉。它与摄氏温标的关系为

$$C = \frac{5}{9}(F - 32)\ ℃$$

$$F = 1.8C + 32\ ℉ \tag{2.3}$$

式中,C 为摄氏温度值;F 为华氏温度值。

2.1.2 温度测量仪表的分类

温度不能直接测量,而是借助于物质的某些物理特性是温度的函数,通过对这些物理特性变化量的测量间接地获得温度值。

温度测量仪表的分类方法可按工作原理来划分,有时也根据温度范围(高温、中温、低温等)或仪表的精度(基准、标准等)来划分。

根据测量方法不同,温度测量仪表可分为接触式测温仪表和非接触式测温仪表两大类。

1. 接触式测温仪表

接触式测温仪表是利用感温元件直接与被测介质接触,感受被测介质温度变化。这种测量方法比较直观、可靠。但在有些情况下,它将影响被测温度场的分布,带来测量误差;另外某些介质处于高温或具有腐蚀性时,对测温元件的寿命有很大影响。

2. 非接触式测温仪表

非接触式测温仪表是利用物体的热辐射特性与温度之间的对应关系,对物体的温度进行

非接触测量的仪表。非接触式测温仪表的感受部件不直接与被测对象接触,它通过被测对象与感受部件之间的热辐射作用实现测温,因而不会破坏被测对象的温度场。在理论上测温上限没有限制,但一般其测温准确度较差,通常用于高温测量。如全辐射高温计、比色高温计和单色高温计等。

表2.1列出各种测温仪表的详细分类和适用范围。

表2.1 测温仪表分类及适用范围

温度计分类			适用范围	精 度
接触式	膨胀式	固体 双金属温度计	-80~550 ℃	0.5~5 ℃
		液压 水银温度计	-80~600 ℃	0.5~5 ℃
		有机液体	-200~200 ℃	1~4 ℃
		压力式 气体	-270~500 ℃	0.001~1 ℃
		蒸汽压	-20~350 ℃	0.5~5 ℃
		液体	-30~600 ℃	0.5~5 ℃
	电阻式	金属 铂电阻温度计	-260~850 ℃	0.001~5 ℃
		铜电阻温度计	-50~150 ℃	$0.3\%t~0.35\%t$[注]
		镍电阻温度计	-60~180 ℃	$0.4\%t~0.7\%t$
		铑铁电阻温度计	0.5~300 K	0.001~0.01 K
		非金属 锗电阻温度计	0.5~30 K	0.001~0.01 K
		碳电阻温度计	0.01~70 K	0.01 K
		热敏电阻温度计	-50~350 ℃	0.3~5 ℃
	热电偶	金属 铜-康铜	-200~400 ℃	$0.5\%t~1.5\%t$
		铂铑-铂	-0~1 800 ℃	0.2~9 ℃
		镍铬-考铜	0~800 ℃	$1\%t$
		镍铬-镍硅(镍铝)	-200~1 300 ℃	1.5~10 ℃
		非金属 碳化硼-石墨	600~2 200 ℃	$0.75\%t$
非接触式	辐射式	全辐射高温计	700~2 000 ℃	
		单色高温计	800~2 000 ℃	
		比色高温计	800~2 000 ℃	
		红外温度计	100~700 ℃	

注:表中 t 为测量时温度,下同。

2.2 热电偶温度计

热电偶是目前在科研和生产过程中进行温度测量时应用最普通、最广泛的测量元件。它是利用不同导体间的"热电效应"现象制成的,具有结构简单、制作方便、测量范围宽、应用范围广、准确度高、热惯性小等优点,且能直接输出电信号,便于信号的传输、自动记录和自动控制。

2.2.1 热电偶的测温原理

两种不同的导体或半导体材料 A 和 B 组成如图 2.1 所示的闭合回路,如果 A 和 B 所组成回路的两个接合点处的温度 T 和 T_0 不相同,则回路中就有电流产生,说明回路中有电动势存在,这种现象叫作热电效应。热电效应是塞贝克(Seeback)于 1821 年首先发现的,故又称为塞贝克效应。由此效应所产生的电动势,通常称为热电势,常用符号 $E_{AB}(T, T_0)$ 表示。进一步研究发现,热电势是由两部分电势组成的,即接触电势和温差电势。

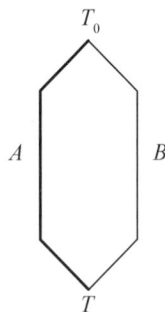

图 2.1 热电偶原理图

1. 接触电势

如图 2.2 所示,当两种不同性质的导体或半导体材料相互接触时,由于内部电子密度不同,例如材料 A 的电子密度大于材料 B,则会有一部分电子从 A 扩散到 B,使得 A 失去电子而呈正电位,B 获得电子而呈负电位,最终形成由 A 向 B 的静电场。静电场的作用又阻止电子进一步地由 A 向 B 扩散。当扩散力和电场力达到平衡时,材料 A 和 B 之间就建立起一个固定的电动势。这种由于两种材料自由电子密度不同而在其接触处形成电动势的现象,称为珀尔帖效应,其电动势称为珀尔帖电

图 2.2 接触电势原理图

势或接触电势。理论上已证明该接触电势的大小和方向主要取决于两种材料的性质和接触面温度的高低,两种导体电子密度的比值越大接触电势越大,接触面温度愈高接触电势也越大,其关系式为

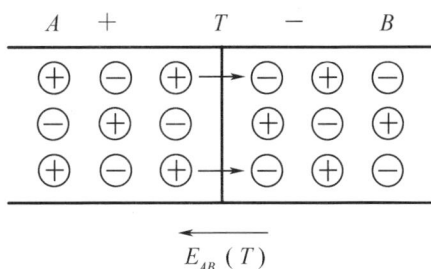

$$E_{AB}(T) = \frac{KT}{e} \ln \frac{N_A(T)}{N_B(T)} \tag{2.4}$$

式中,e 为单位电荷,4.802×10^{-10} 绝对静电单位;K 为玻耳兹曼常数,1.38×10^{-23} J/℃;$N_A(T)$ 和 $N_B(T)$ 为材料 A 和 B 在温度为 T 时的电子密度。

2. 温差电势

如图 2.3 所示,因材料两端温度不同,则两端电子所具有的能量不同,温度较高的一端电子具有较高的能量,其电子将向温度较低的一端运动,于是在材料两端之间形成一个由高温端向低温端的静电场,这个电场将吸引电子从温度低的一端移向温度高的一端,最后达到动态平衡。这种由于同一种导体或半导体材料因其两端温度不同而产生电动势的现象称为汤姆逊效应,其产生的电动势称为汤姆逊电动势或温差电势。温差电势的方向是由低温端指向高温端,其大小与材料两端温度和材料性质有关。如果 $T > T_0$,则温差电势为

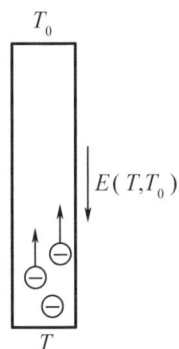

图 2.3 温差电势原理图

$$E(T,T_0) = \frac{K}{e}\int_{T_0}^{T}\frac{1}{N}\mathrm{d}(N \cdot t) \qquad (2.5)$$

式中, N 为材料的电子密度, 是温度的函数; T, T_0 为材料两端的温度; t 为沿材料长度方向的温度分布。

3. 热电偶闭合回路总的热电势

如图 2.4 所示, 由 A 和 B 两种材料所组成的热电偶回路, 两种材料的电子密度分别为 N_A, N_B, 设两端接点温度分别为 T 和 T_0, 且 $T > T_0$, $N_A > N_B$; 沿材料 A 和 B 由一端温度 T 到另一端温度 T_0 的中间各点温度 t 任意分布。很明显回路中存在两个接触电势 $E_{AB}(T)$ 和 $E_{AB}(T_0)$; 两个温差电势 $E_A(T,T_0)$ 和 $E_B(T,T_0)$, 各热电势方向如图 2.4 所示。因此回路的总热电势为

图 2.4　热电偶回路热电势分布图

$$E_{AB}(T,T_0) = E_{AB}(T) + E_B(T,T_0) - E_{AB}(T_0) - E_A(T,T_0) \qquad (2.6)$$

根据式(2.4)有

$$
\begin{aligned}
E_{AB}(T) - E_{AB}(T_0) &= \frac{KT}{e}\ln\frac{N_A(T)}{N_B(T)} - \frac{KT_0}{e}\ln\frac{N_A(T_0)}{N_B(T_0)}\\
&= \frac{K}{e}\int_{T_0}^{T}\mathrm{d}\left(t \cdot \ln\frac{N_A}{N_B}\right)\\
&= \frac{K}{e}\int_{T_0}^{T}\ln\frac{N_A}{N_B}\mathrm{d}t + \frac{K}{e}\int_{T_0}^{T}t\,\mathrm{d}\left(\ln\frac{N_A}{N_B}\right)\\
&= \frac{K}{e}\int_{T_0}^{T}\ln\frac{N_A}{N_B}\mathrm{d}t + \frac{K}{e}\int_{T_0}^{T}t\frac{\mathrm{d}N_A}{N_A} - \frac{K}{e}\int_{T_0}^{T}t\frac{\mathrm{d}N_B}{N_B}
\end{aligned}\qquad (2.7)
$$

根据式(2.5)有

$$
\begin{aligned}
E_B(T,T_0) - E_A(T,T_0) &= \frac{K}{e}\int_{T_0}^{T}\frac{1}{N_B}\mathrm{d}(N_B \cdot t) - \frac{K}{e}\int_{T_0}^{T}\frac{1}{N_A}\mathrm{d}(N_A \cdot t)\\
&= \frac{K}{e}\int_{T_0}^{T}\frac{1}{N_B}\mathrm{d}(N_B \cdot t) - \frac{K}{e}\int_{T_0}^{T}\left(t \cdot \frac{\mathrm{d}N_A}{N_A} + \mathrm{d}t\right)\\
&= \frac{K}{e}\int_{T_0}^{T}t\frac{\mathrm{d}N_B}{N_B} - \frac{K}{e}\int_{T_0}^{T}t\frac{\mathrm{d}N_A}{N_A}
\end{aligned}\qquad (2.8)
$$

将式(2.7)和式(2.8)代入式(2.6), 则

$$E_{AB}(T,T_0) = \frac{K}{e}\int_{T_0}^{T}\ln\frac{N_A}{N_B}\mathrm{d}t \qquad (2.9)$$

若材料 A 和 B 已定, 则 N_A 和 N_B 只是温度的函数, 式(2.9)可以表示为

$$E_{AB}(T,T_0) = f(T) - f(T_0) \qquad (2.10)$$

分析式(2.9)和式(2.10)可以得到如下结论:

(1)热电偶回路热电势的大小, 只与组成热电偶的材料和材料两端连接点所处的温度有关, 与热电偶丝的直径、长度及沿程温度分布无关;

(2)只有用两种不同性质的材料才能组成热电偶, 相同材料组成的闭合回路不会产生热电势;

(3)热电偶的两种材料确定之后, 热电势的大小只与热电偶两端接点的温度有关, 如果 T_0 已知且恒定, 则 $f(T_0)$ 为常数, 回路总热电势 $E_{AB}(T,T_0)$ 只是温度的单值函数。

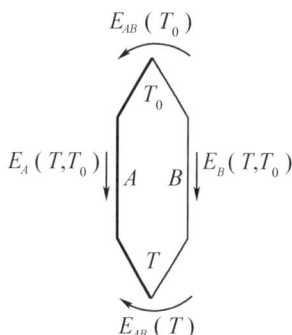

当热电偶用于测量温度时,总是把两个接点之一置于被测温度为 T 的介质中,习惯上把这个接点称为热电偶的热端或测量端。让热电偶的另一接点处于已知恒定温度 T_0 条件下,此接点称作热电偶的冷端或参比端。

应说明,上述公式是理论表达式,实际应用中并不经常利用它计算。通常是将热电偶的冷端温度保持为零度,通过试验将所得的数据作成 $E_{AB}(T,T_0)$ 与 T 的关系表格,即各种标准热电偶的分度表(见附表 I −1 ~ 附表 I −6)。

2.2.2 热电偶的回路性质

在实际测温时,闭合的热电偶回路必然断开,以引入测量热电势的显示仪表和连接导线。由于接入这类仪表,相当于在回路中引入了附加的材料和接点。因此理解了热电偶的测温原理之后,还要进一步掌握热电偶的一些基本规律,并能在实际测温中灵活而熟练地应用这些规律。

1. 均质材料定律

由一种均质材料(电子密度处处相同)组成的闭合回路,不论沿材料长度方向各处温度如何分布,回路中均不产生热电势。反之,如果回路中有热电势存在则材料必为非均质的。该定律已由式(2.9)所证明。

这条规律要求组成热电偶的两种材料 A 和 B 必须各自都是均质的,否则会由于沿热电偶长度方向存在温度梯度而产生附加电势,从而引入热电偶材料不均匀性误差。因此在进行精密测量时要尽可能对热电极材料进行均匀性检验和退火处理。

2. 中间导体定律

在热电偶回路中接入第三种(或多种)均质材料,只要所接入的材料两端连接点温度相同,则所接入的第三种材料不影响原回路的热电势。

图 2.5 就是接入第三种均质材料的典型线路连接图。

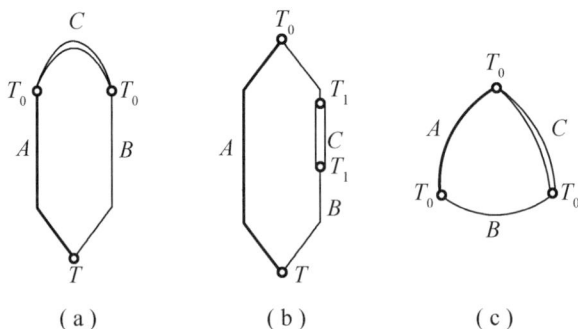

(a)　　　　　(b)　　　　　(c)

图 2.5　热电偶回路中接入第三种材料的接线图

图 2.5(a)所示是在热电偶 A,B 材料的参比端接入第三种材料 C。$A-C$ 和 $B-C$ 的接点处温度均为 T_0,其回路总热电势为

$$E_{ABC}(T,T_0) = E_{AB}(T) + E_B(T,T_0) + E_{BC}(T_0) + E_{CA}(T_0) + E_A(T_0,T)$$

$$= E_{AB}(T) + E_B(T,T_0) + E_{BC}(T_0) + E_{CA}(T_0) - E_A(T,T_0) \qquad (2.11)$$

在进一步分析式(2.11)之前,先分析图2.5(c)所示的特殊情况。图2.5(c)中假定 $A,B,$
C 三种材料的接点温度相同,设为 T_0,则

$$E_{ABC}(T_0) = E_{AB}(T_0) + E_{BC}(T_0) + E_{CA}(T_0)$$

$$= \frac{KT_0}{e}\Big[\ln\frac{N_A(T_0)}{N_B(T_0)} + \ln\frac{N_B(T_0)}{N_C(T_0)} + \ln\frac{N_C(T_0)}{N_A(T_0)}\Big] = 0$$

由此得知 $\qquad\qquad E_{BC}(T_0) + E_{CA}(T_0) = -E_{AB}(T_0) \qquad (2.12)$

将式(2.12)代入式(2.11),得

$$E_{ABC}(T,T_0) = E_{AB}(T) + E_B(T,T_0) - E_{AB}(T_0) - E_A(T,T_0)$$

将此式与式(2.6)比较后,可得

$$E_{ABC}(T,T_0) = E_{AB}(T,T_0) \qquad (2.13)$$

由此证明了中间导体定律的结论。

图2.5(b)所示的回路读者可以自己证明。中间导体定律可推广到热电偶回路中加入更
多种均质材料的情况。

中间导体定律表明热电偶回路中可接入测量热电势的仪表。只要仪表处于稳定的环境温
度,原热电偶回路的热电势将不受接入的测量仪表的影响。同时该定律还表明热电偶的接点
不仅可以焊接而成,也可以借用均质等温的导体加以连接。

3. 中间温度定律

两种不同材料 A,B 组成的热电偶回路,其接点温度分别为 t 和 t_0 时的热电势 $E_{AB}(t,t_0)$ 等
于热电偶在接点温度为 (t,t_n) 和 (t_n,t_0) 时相应的热电势 $E_{AB}(t,t_n)$ 和 $E_{AB}(t_n,t_0)$ 的代数和,其
中 t_n 为中间温度,即

$$E_{AB}(t,t_0) = E_{AB}(t,t_n) + E_{AB}(t_n,t_0) \qquad (2.14)$$

如图2.6所示。

中间温度定律证明非常容易,只需将式(2.10)加上一个 $f(t_n)$ 和减去一个 $f(t_n)$ 即可证得。
该定律说明当热电偶冷端温度 $t_0 \neq 0$ ℃时,只要能测得热电势 $E_{AB}(t,t_0)$,且 t_0 已知,仍可以采
用热电偶分度表求得被测温度 t 值。若将 t_n 设为 0 ℃,式(2.14)化为

$$E_{AB}(t,t_0) = E_{AB}(t,0) + E_{AB}(0,t_0) = E_{AB}(t,0) - E_{AB}(t_0,0)$$

则 $\qquad\qquad E_{AB}(t,0) = E_{AB}(t,t_0) + E_{AB}(t_0,0) \qquad (2.15)$

在热电偶回路中,如果热电偶的电极材料 A 和 B 分别与连接导线 A' 和 B' 相连接(见图
2.7),各有关连接点温度为 t,t_n 和 t_0,那么回路的总热电势等于热电偶两端处于 t 和 t_n 温度条
件下的热电势 $E_{AB}(t,t_n)$ 与连接导线 A' 和 B' 两端处于 t_n 和 t_0 温度条件的热电势 $E_{A'B'}(t_n,t_0)$ 的
代数和。

如图2.7所示回路的总热电势为

$$E_{ABB'A'}(t,t_n,t_0) = E_{AB}(t,t_n) + E_{A'B'}(t_n,t_0) \qquad (2.16)$$

该式证明如下。

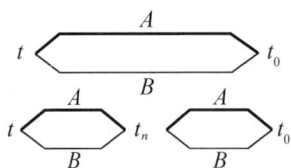

图 2.6　热电偶中间温度定律示意图

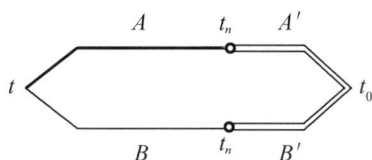

图 2.7　热电偶和连接导线示意图

因为
$$E_{BB'}(T_n) + E_{A'A}(T_n) = \frac{KT_n}{e}\ln\frac{n_B}{n_{B'}}\frac{n_{A'}}{n_A} = \frac{KT_n}{e}\left(\ln\frac{n_{A'}}{n_{B'}} - \ln\frac{n_A}{n_B}\right)$$
$$= E_{A'B'}(T_n) - E_{AB}(T_n)$$

即
$$E_{BB'}(t_n) + E_{A'A}(t_n) = E_{A'B'}(t_n) - E_{AB}(t_n)$$

又知
$$E_{B'A'}(t_0) = -E_{A'B'}(t_0)$$

所以
$$E_{ABB'A}(t,t_n,t_0) = E_{AB}(t) + E_B(t,t_n) + E_{BB'}(t_n) + E_{B'}(t_n,t_0)$$
$$+ E_{B'A'}(t_0) + E_{A'}(t_0,t_n) + E_{A'A}(t_n) + E_A(t_n,t)$$
$$= E_{AB}(t) + E_{A'B'}(t_n) - E_{AB}(t_n) - E_{A'B'}(t_0)$$
$$- E_A(t,t_n) + E_B(t,t_n) - E_{A'}(t_n,t_0) + E_{B'}(t_n,t_0)$$
$$= [E_{AB}(t) - E_{AB}(t_n) - E_A(t,t_n) + E_B(t,t_n)]$$
$$+ [E_{A'B'}(t_n) - E_{A'B'}(t_0) - E_{A'}(t_n,t_0) + E_{B'}(t_n,t_0)]$$
$$= E_{AB}(t,t_n) + E_{A'B'}(t_n,t_0) \tag{2.17}$$

中间温度定律是工业热电偶测温中应用补偿导线的理论依据。

2.2.3　常用热电偶的材料、结构

1. 对热电偶材料的要求

从金属的热电效应来看,理论上任何两种导体都能构成热电偶而用来测量温度,但实际应用上为了保证测量的可靠性和测量的精度,不是所有的导体都适合于做热电偶。热电偶材料应满足以下要求:

(1)两种材料所组成的热电偶应输出较大的热电势,以得到较高的灵敏度,且要求热电势和温度之间尽可能呈线性的函数关系;

(2)能应用于较宽的温度范围,物理化学性能、热电特性都较稳定,即要求有较好的耐热性、抗氧化、抗还原、抗腐蚀等性能;

(3)具有高导电率和低电阻温度系数;

(4)材料来源丰富且复现性好,便于成批生产,制造简单,价格低廉。

但是,目前还没有能够满足上述全部要求的材料,因此在选择热电偶材料时,只能根据具体情况,按照不同测温条件和要求选择不同的材料。

2. 标准化热电偶

标准化热电偶是指定型生产的通用型热电偶,每一种标准化热电偶都有统一的分度表,同

一型号的标准化热电偶具有互换性并有配套仪表供使用。选择热电偶进行温度测量时,应兼顾温度测量范围、价格和准确度三方面的需求。

现将国际上公认的性能优良和产量最大的几种热电偶分述如下。

(1)铂铑$_{10}$ - 铂热电偶(分度号 S)

这是一种贵金属热电偶,正极是铂铑合金,其成分为铂90%与铑10%,负极由纯铂制成。这种热电偶可用于较高温度的测量,可长时间在 0 ~ 1 300 ℃ 之间工作,短时间测量可达到 1 600 ℃。常用金属丝的直径为 0. 35 ~ 0. 5 mm。特殊使用条件下还可以用更细直径的。它的优点是较高纯度的铂和铂铑合金不难制取,复现性好,精度高。一般可用于精密测量或作为国际温标中的基准热电偶;物理化学性能稳定,适于在氧化或中性气氛介质中使用。其缺点是热电势弱,灵敏度较低,价格昂贵,在高温还原介质中容易被侵蚀和污染而变质。

(2)镍铬 - 镍硅热电偶(分度号 K)

这是一种应用很广泛的廉价金属热电偶,正极为镍铬,负极为镍硅。其优点是化学稳定性好,可以在氧化性或中性介质中长时间在1 000 ℃ 以下的温度工作,短期使用可达到1 300 ℃,灵敏度较高、复现性较好,热电特性的线性度好,价格低廉。金属丝直径范围较大,工业应用一般为0. 5 ~ 3 mm。K 型热电偶的热电势率大(比 S 型热电偶大 4 ~ 5 倍),但它的测温准确度比 S 型热电偶低。实验研究使用时,根据需要可以拉延至更细直径。它是工业中和实验室里大量采用的一种热电偶,但在还原性介质或含硫化物气氛中易被侵蚀,所以在这种气氛环境中工作的 K 型热电偶必须加装保护套管。

(3)铜 - 康铜热电偶(分度号 T)

这是一种廉价金属热电偶,正极为铜,负极为康铜。其测温范围为 - 200 ~ 300 ℃,短期使用可达到 400 ℃。常用热电偶丝直径为 0. 2 ~ 1. 6 mm。适用于较低温度的测量,测量精度较高,温度测量在 0 ℃ 以下时,需将正、负极对调。

(4)铂铑$_{30}$ - 铂铑$_6$ 热电偶(分度号 B)

这是一种贵金属热电偶,也称为双铂铑热电偶。其显著特点是测温上限高,可长时间在 1 600 ℃ 高温下工作,短时间可达到 1 800 ℃。其测量精度高,热电偶丝直径为 0. 3 ~ 0. 5 mm,适于在氧化或中性气氛中使用,但不宜在还原气氛中使用,灵敏度较低,价格昂贵。由于这种热电偶在 80 ℃ 以下热电势只有 15 μV,所以无须考虑冷端温度对测量的影响。

除以上几种外,还有铂铑$_{13}$ - 铂(分度号 R)热电偶、铁 - 康铜(分度号 J)、镍铬硅 - 镍硅(分度号 N)和镍铬 - 康铜(分度号 E)热电偶,共八种标准化热电偶,其性能比较见表2.2。

表2.2 标准化热电偶性能比较

分度号	热电偶		等级	温度范围/℃	允许误差[②]
	正极	负极			
S	铂铑$_{10}$[①]	铂	I	0 ~ 1 100	±1 ℃
				1 100 ~ 1 600	$\pm [1 + 0. 003 (t - 1 100)]$℃
			Ⅱ	0 ~ 600	±1.5 ℃
				600 ~ 1 600	$\pm 0. 25\% \mid t \mid$

表 2.2(续)

| 分度号 | 热电偶 | | 等级 | 温度范围/℃ | 允许误差[②] |
	正极	负极			
R	铂铑[13]	铂	I	0 ~ 1 100	±1 ℃
				1 100 ~ 1 600	$\pm[1+0.003(t-1100)]$℃
			II	0 ~ 600	±1.5 ℃
				600 ~ 1 600	$\pm 0.25\% |t|$
B	铂铑[30]	铂铑[6]	II	600 ~ 1 700	$\pm 0.25\% |t|$
			III	600 ~ 800	±4.0 ℃
				800 ~ 1 700	$\pm 0.5\% |t|$
K	镍铬	镍硅	I	−40 ~ 1 100	±1.5 ℃或$\pm 0.4\% |t|$
			II	−40 ~ 1 300	±2.5 ℃或$\pm 0.75\% |t|$
			III	−200 ~ 40	±2.5 ℃或$\pm 1.5\% |t|$
N	镍铬硅	镍硅	I	−40 ~ 1 100	±1.5 ℃或$\pm 0.4\% |t|$
			II	−40 ~ 1 300	±2.5 ℃或$\pm 0.75\% |t|$
			III	−200 ~ 40	±2.5 ℃或$\pm 1.5\% |t|$
E	镍铬	铜镍合金(康铜)	I	−40 ~ 800	±1.5 ℃或$\pm 0.4\% |t|$
			II	−40 ~ 900	±2.5 ℃或$\pm 0.75\% |t|$
			III	−200 ~ 40	±2.5 ℃或$\pm 1.5\% |t|$
J	纯铁	铜镍合金(康铜)	I	−40 ~ 750	±1.5 ℃或$\pm 0.4\% |t|$
			II	−40 ~ 750	±2.5 ℃或$\pm 0.75\% |t|$
T	纯铜	铜镍合金(康铜)	I	−40 ~ 350	±1.5 ℃或$\pm 0.4\% |t|$
			II	−40 ~ 350	±2.5 ℃或$\pm 0.75\% |t|$
			III	−200 ~ 40	±2.5 ℃或$\pm 1.5\% |t|$

注:①t 为被测温度,$|t|$ 为 t 的绝对值。

②允许误差——温度偏差值或被测温度绝对值的百分数表示,二者之中采用最大值。

3. 非标准化热电偶

一般说来尚未定型,又无统一分度表的热电偶称为非标准化热电偶。非标准化热电偶一般用于高温、低温、超低温、高真空和有核辐射等特殊场合。在这些场合中,非标准化热电偶往往具有某些良好的性能。

随着现代科学技术的发展,大量的非标准化热电偶也得到迅速发展以满足某些特殊测温要求。例如钨铼[5] – 钨铼[20]可以测到2 400 ~ 2 800 ℃的高温,在2 000 ℃时的热电势接近30 mV,精度达1%t,但它在高温下易氧化,只能用在真空和惰性气体中。铱铑[40] – 铱热电偶是当前唯一能在氧化气氛中测到2 000 ℃高温的热电偶,因此成为宇航火箭技术中的重要测温工具。镍铬 – 金铁是一种较为理想的低温热电偶,可在2 ~ 273 K 范围内使用。世界各国使用的热电偶有五十几种,需要时可查阅有关文献。

4. 热电偶的结构

热电偶的结构有多种形式。工业上常用的主要有普通型和铠装型两种。此外,还有一些用于专门场合的热电偶。

（1）普通型热电偶

普通型热电偶通常由热电极、绝缘材料、保护套管以及接线盒等主要部分组成，主要用于工业上测量液体、气体、蒸汽等的温度。图 2.8 是一支典型工业用热电偶结构图，热电偶的两根热电极上套有绝缘套管，绝缘套管大多为氧化铝管或工业陶瓷管。保护套管根据测温条件来确定，测量 1 000 ℃ 以下的温度一般用金属套管，测量 1 000 ℃ 以上的温度则多用工业陶瓷甚至氧化铝保护套管。科学研究中所使用的热电偶多由细热电极丝制成，有时不加保护套管以减少热惯性、改善动态响应指标、提高测量精度。

（2）铠装式热电偶

它是由热电极、绝缘材料和金属套管三者一起经拉细加工而组成一体的热电偶，也称套管热电偶，其断面结构如图 2.9 所示。铠装热电偶具有性能稳定、结构紧凑、牢固、抗震等特点；由于测量端热容量小，所以热惯性小，具有很好的动态特性。这种热电偶的外径、长度和测量端的结构形式可以根据需要而选定。外直径从 0.25 ~ 12 mm 不等。

（3）薄膜式热电偶

它是由两种金属薄膜制成的一种特殊结构的热电偶，采用真空蒸镀或化学涂层等制造工艺将两种热电偶材料蒸镀到绝缘基板上，形成薄膜状热电偶，其热端接点既小且薄，为 0.01 ~ 0.1 μm。由于它的测量端热容量很小，适于壁面温度的快速测量，且响应快，其时间常数可达到微秒级，因而可测瞬变的表面温度。基板由云母或浸渍酚醛塑料片等材料做成。热电极有镍铬－镍硅、铜－康铜等。测温范围一般在 300 ℃ 以下，使用时用黏结剂将基片黏附在被测物体表面上。我国制成的薄膜热电偶形状如图 2.10 所示，基板尺寸为 60 mm × 6 mm × 0.2 mm。

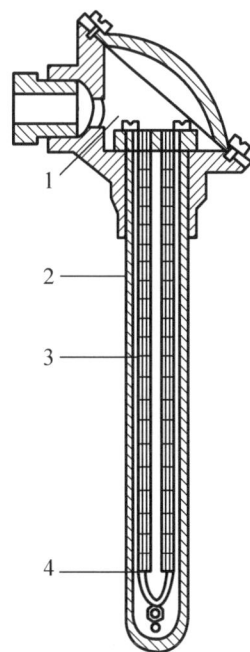

图 2.8 工业热电偶
结构示意图

1—接线盒；2—保护套管；
3—绝缘套管；4—热电偶丝

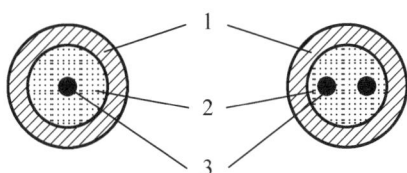

图 2.9 铠装式热电偶断面结构图

1—金属套管；2—绝缘材料；3—热电极

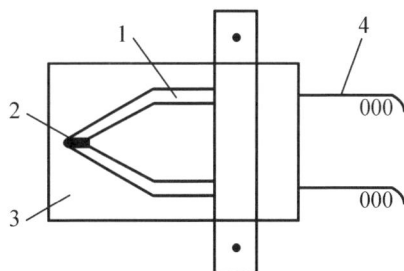

图 2.10 薄膜式热电偶示意图

1—热电极；2—热接点；3—绝缘基板；4—引出线

（4）热套式热电偶

为了保证热电偶感温元件能在高温高压及大流量条件下安全测量，并保证测量准确、反应迅速，制成了热套式热电偶，它专用于主蒸汽管道，用来测量主蒸汽温度。

热套式热电偶的特点是采用了锥形套管、三角锥支撑和热套保温的焊接式安装方式。这种结构形式既保证了热电偶的测温准确度和灵敏度，又提高了热电偶保护套管的机械强度和热冲击性能，其安装示意如图 2.11 所示。

2.2.4　热电偶的冷端补偿

根据热电偶的测温原理，热电偶所产生的热电势 $E(t,t_0)$ 为两端温度 t 和 t_0 的函数。为了便于使用，通常总是使热电势成为温度 t 的单值函数。这就需要冷端温度 t_0 为 0 ℃ 或为某一定值，使热电势只随温度 t 变化，即 $E_{AB}(t,t_0)=f(t)$ 或 $E_{AB}(t,t_0)=f(t)-C$。但由于冷端温度 t_0 受周围环境温度的影响，难以自行保持为 0 ℃ 或某一定值。因此，为减小测量误差，需对热电偶的冷端人为采取措施，使其温度恒定，或用其他方法进行校正和补偿。

1. 冰浴法

这是一种精度最高的处理办法，可以使 t_0 稳定地维持在 0 ℃。其实施办法是将冰水混合物放在保温瓶中，再把细玻璃试管插入冰水混合物中，试管底部注入适量的油类或水银，热电偶的参比端插到试管底部，实现了 $t_0=0$ ℃ 的要求，如图 2.12 所示。

2. 理论修正法

热电偶的分度是在冷端保持为 0 ℃ 条件下进行的。在实际使用条件下，若冷端温度 t_0 不能保持为 0 ℃，则所测得的热电势为相对于 t_0 温度下的热电势，即 $E_{AB}(t,t_0)$。若能将热电偶冷端置于已知的恒温条件下，得到稳定的 t_0 温度，则根据中间温度定律公式(2.15)得

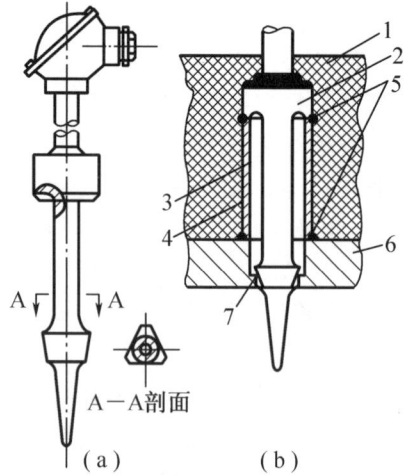

图 2.11　热套式热电偶的结构和安装
（a）结构；（b）安装示意
1—保温层；2—传感器；3—热套；4—安装套管；
5—电焊接口；6—主蒸汽管壁；7—卡紧固定

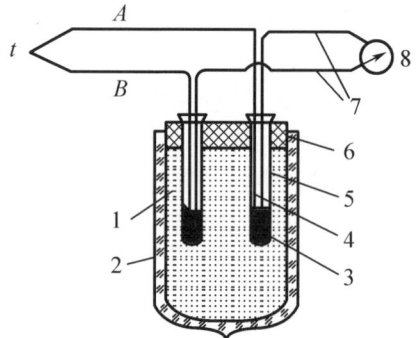

图 2.12　冰浴法示意图
1—冰水混合物；2—保温瓶；3—油类或水银；
4—蒸馏水；5—试管；6—盖；
7—铜导线；8—热电势测量仪表

$$E(t,0)=E(t,t_0)+E(t_0,0)$$

式中，$E(t_0,0)$ 是根据冷端所处的已知稳定温度 t_0 去查热电偶分度表得到的热电势。再根据所测得的热电势 $E(t,t_0)$ 和查表得到 $E(t_0,0)$ 的二者之和去查热电偶分度表，即可得到被测量的实际温度 t。

例 2 - 1　用镍铬 - 镍硅热电偶在冷端温度为 25 ℃ 时，测得的热电势为 34.36 mV。试求该热电偶所测得的实际温度。

解　查附表中镍铬 - 镍硅热电偶的分度表，得 $E(25,0)=1.00$ mV，则

$$E(T,0) = E(T,25) + E(25,0) = 34.36 + 1.00 = 35.36 \text{ mV}$$

再查上述分度表,得所测实际温度为 851 ℃。

3. 冷端补偿器法

很多工业生产过程既没有保持 0 ℃ 的条件,也没有长期维持冷端恒温的条件,热电偶的冷端温度往往是随时间和所处的环境而变化的。在此情况下可以采用冷端补偿器自动补偿的方法,图 2.13 是热电偶回路接入补偿器的示意图。

冷端补偿器是一个不平衡电桥,线路如图 2.13 所示。目前我国的冷端温度补偿器已经统一设计,桥臂 $R_1 = R_2 = R_3 = 1\ \Omega$,采用锰铜丝无感绕制,其电阻温度系数趋于零,即阻值基本不随温度变化。桥臂 R_4 用铜丝无感绕制,其电阻温度系数约为 $4.3 \times 10^{-3}\ \Omega/℃$,当在平衡点温度(规定 0 ℃ 或 20 ℃)时 $R_4 = 1\ \Omega$。R_g 为限流电阻,为配用不同分度号热电偶时作为调整补偿器供电电流之用。桥路供电电压为 4 V 直流电压。

测量时冷端温度补偿器的输出端 ab 与热电偶串接,当冷端温度处于平衡点温度(假设为 0 ℃)时,电桥平衡,桥路没有输出,即 $U_{ba} = 0$,则指示仪表所测得的总电势为

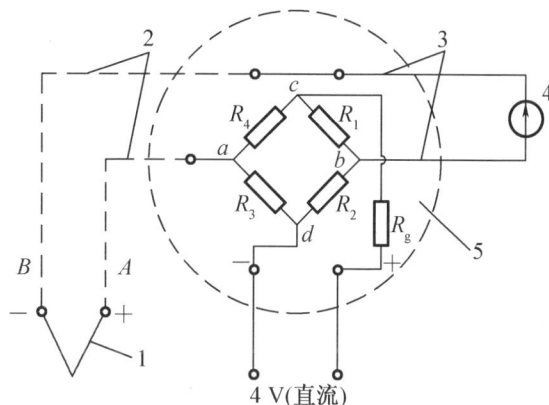

图 2.13　冷端补偿器接入热电偶回路
1—热电偶;2—补偿导线;3—铜导线;
4—指示仪表;5—冷端补偿器

$$E = E(t,t_0) + U_{ba} = E(t,0)$$

当环境温度变化,离开平衡点温度后,R_4 阻值发生变化,破坏了桥路平衡,于是电桥就有不平衡电势输出,其电压方向在超过平衡点温度时与热电偶的热电势方向相同,若低于平衡点温度时与热电偶的热电势相反。可以通过合理设计计算桥路的限流电阻 R_g,使桥路输出电压 U_{ba} 的变化值恰好等于 $[E(t,0) - E(t,t_0)]$,那么指示仪表所测得的总电势将不随 t_0 变化,即

$$E = E(t,t_0) + U_{ba} = E(t,t_0) + [E(t,0) - E(t,t_0)] = E(t,0)$$

该式说明当热电偶冷端温度发生变化时,冷端补偿器的接入,使仪表所指示的总电势 E 仍保持为 $E(t,0)$,相当于热电偶冷端自动处于 0 ℃,从而起到冷端温度自动补偿的作用。实际上这种补偿只有在平衡点温度和计算点温度下可以得到完全补偿。所谓平衡点温度,即上面所提及的 $R_1 \sim R_4$ 均相等且为 1 Ω 时的温度点;所谓计算点温度是指在设计计算电桥时选定的温度点,在这一温度点上,桥路的输出端电压恰好补偿了该型号热电偶冷端温度偏离平衡点温度而产生的热电势变化量。除了平衡点和计算点温度外,在其他各冷端温度值只能得到近似的补偿。

4. 补偿导线法

生产过程用的热电偶一般直径和长度一定,结构固定。而在生产现场往往需要把热电偶的冷端移到离被测介质较远且温度较稳定的场合,以免冷端温度受到被测介质的干扰,但这种

方法安装使用不方便,另一方面也耗费大量的贵金属材料。因此,一般采用一种特殊的导线(称为补偿导线)代替部分热电偶丝作为热电偶的延长。补偿导线的热电特性在 0 ~ 100 ℃ 范围内应与所取代的热电偶丝的热电特性基本一致,且电阻率低,价格必须比主热电偶丝便宜,对于贵金属热电偶而言这一点显得尤为重要。使用补偿导线的连接方式如图 2.14 所示。

从图 2.14 可知,由于引入了补偿导线 A' 和 B' 后,冷端温度由 t_0 变为 t_0',则回路总热电势为

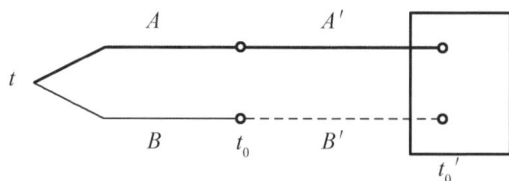

图 2.14 热电偶与补偿导线接线图

$$E = E_{AB}(t, t_0) + E_{A'B'}(t_0, t_0') + E_{AA'}(t_0) + E_{BB'}(t_0)$$

由于材料 A 与 A',B 与 B' 的热电特性相同,即两者的接触电势为零。则有

$$E_{AA'}(t_0) = 0, E_{BB'}(t_0) = 0$$

根据中间温度定律,有

$$E_{AB}(t, t_0) + E_{A'B'}(t_0, t_0') = E_{AB}(t, t_0')$$

那么

$$E = E_{AB}(t, t_0')$$

这相当于把热电偶的冷端迁移到温度为 t_0' 处,然后可再接入冷端补偿器或其他所需仪器。表 2.3 给出了几种常用热电偶的补偿导线特性。

表 2.3 常用热电偶补偿导线技术数据

热电偶名称	补偿导线				标准电动势/mV $(t = 100 ℃, t_0 = 0 ℃)$
	正极		负极		
	材料	颜色	材料	颜色	
镍铬 – 镍硅	铜	红	康铜	棕	4.10 ± 0.15
铂铑 – 铂	铜	红	铜镍	绿	0.64 ± 0.03
镍铬 – 康铜	镍铬	紫	康铜	棕	6.32 ± 0.3
铜 – 康铜	铜	红	康铜	黄	4.76 ± 0.15

2.3 膨胀式温度计

大多数固体和液体,当它们在温度升高时都会膨胀。利用这一物理效应可制成膨胀式温度计,它指示温度的方法是直接观测膨胀量的大小,或者通过传动机构检测它并取得温度信号。膨胀式温度计可分为固体膨胀式、液体膨胀式和气体膨胀式。

2.3.1 固体膨胀式温度计

典型的固体膨胀式温度计是双金属片,它利用线膨胀系数差别较大的两种金属材料制成

双层片状元件,在温度变化时因弯曲变形而使其另一端有明显位移,借此带动指针,这就构成双金属温度计。

原来长度为 l 的一个固体,由于温度的变化 Δt 所产生的长度变化 Δl 可用下式表示:

$$\Delta l = l\alpha\Delta t \tag{2.18}$$

式中,α 为线膨胀系数,在特定的温度范围内一般可作为常数。

将两种不同膨胀率、厚度为 d 的带材 A 和 B 黏合在一起,便组成一个双金属带。温度变化时,由于两种材料的膨胀率不同会使双金属带弯曲,如图 2.15 所示。

若令双金属带在温度为 0 ℃时,初始的长度为 l_0,α_A 和 α_B 分别为材料 A 和 B 的线膨胀系数,且 $\alpha_A < \alpha_B$。假定双金属带受到温度 T 的作用时弯成圆弧形,则

$$\frac{r+d}{r} = \frac{\text{带 } B \text{ 膨胀后的长度}}{\text{带 } A \text{ 膨胀后的长度}}$$

$$= \frac{l_0(1+\alpha_B T)}{l_0(1+\alpha_A T)} \tag{2.19}$$

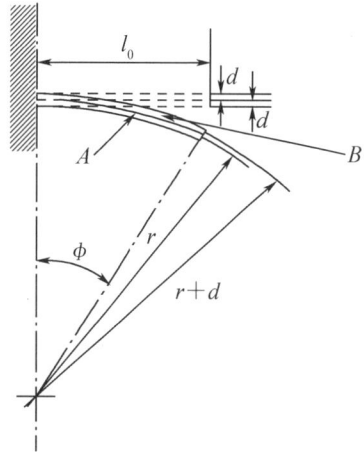

图 2.15　双金属带的弯曲

可解得

$$r = \frac{d(1+\alpha_A T)}{T(\alpha_B - \alpha_A)} \tag{2.20}$$

如果带材 A 采用铁镍合金,那么 α_A 近似为零,则式(2.20)可写为

$$r = \frac{d}{\alpha_B T} \tag{2.21}$$

从上式可以看出,对于较薄的双金属带,d 是比较小的,也就是说双金属带会出现较大的弯曲。双金属带温度计就是利用这一原理制成的。为了增加灵敏度,有时将双金属带绕成螺管形状,温度变化时螺管的一端相对于另一端产生位移,这样可以带动指针在刻度盘上直接给出温度读数,成为指针式测温仪表,如图 2.16 所示。双金属片温度计还可以做成记录式测温仪表或双金属电接点温度表,如图 2.17 所示。

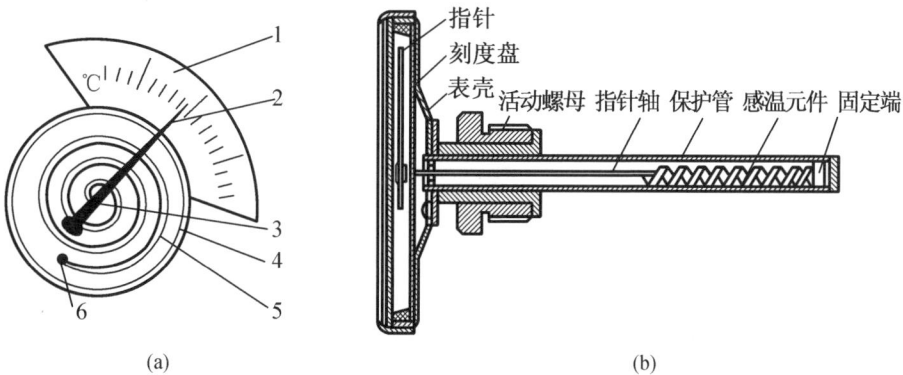

图 2.16　工业用双金属温度计

(a)双金属带温度计;(b)指针式测温仪表

双金属温度计的检测范围一般在(-80~600)℃,国外最低可达-100 ℃,精度一般在1~2.5级,国外最高可达0.5级。

2.3.2 液体膨胀式温度计

一种体积为 V 的液体,由它的温度变化 ΔT 所引起的体积变化 ΔV 可以用下式表示:

$$\Delta V = V\beta\Delta T \tag{2.22}$$

式中,β 为液体体积膨胀系数,在某一温度范围内取平均值。

这种利用液体体积随温度升高而膨胀的原理制成的温度计称为液体膨胀式温度计。最常用的就是玻璃管液体温度计。

图2.18是玻璃管液体温度计示意图。由于液体膨胀系数比玻璃大得多,因此当温度增高时储存在感温泡里的工作液体膨胀而沿毛细管上升。为防止温度过高时液体胀裂玻璃管,在毛细管顶端留有一安全泡。

玻璃管液体温度计的特点是测量准确、读数直观、结构简单、价格低廉,使用方便,因此应用很广泛;但有易碎、不能远传信号和自动记录等缺点。根据所充填的工作液体不同,可分为水银温度计和有机液体温度计两类。前者不粘玻璃,不易氧化,容易获得较高精度,在相当大的范围内(-38~356 ℃)保持液态,在200 ℃以下,其膨胀系数几乎和温度呈线性关系,所以可作为精密的标准温度计。表2.4给出了玻璃管液体温度计常用的工作液体和测温范围。

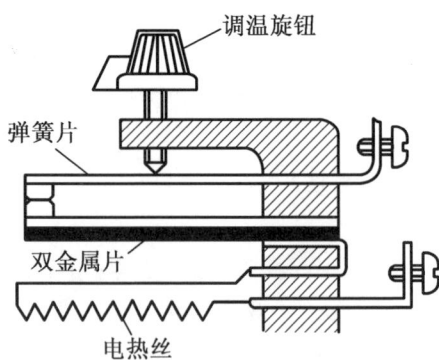

图 2.17 双金属电接点温度计

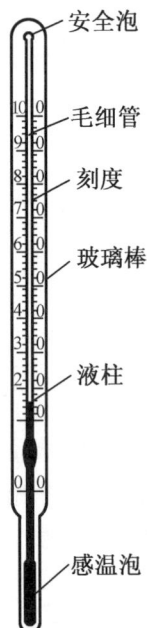

图 2.18 玻璃管液体温度计

表 2.4 玻璃管液体温度计液体工质与测温范围

工作液体	测温范围/℃	备注
水银	-30~750	上限依靠充气加压获得
甲苯	-90~100	
乙醇	-100~75	
石油醚	-130~25	
戊烷	-200~20	

使用液体玻璃管温度计应注意以下两个问题。

1. 零点漂移

玻璃的热胀冷缩也会引起零点位置的移动,因此使用玻璃管液体温度计时,应定期校验零点位置。

2. 露出液柱的校正

使用时必须严格掌握温度计的插入深度,因为温度刻度是在温度计液柱浸入介质中标定的。

实验室用的玻璃温度计通常做成全浸入和部分浸入两种形式。全浸入式使用方法和标准温度计相同;部分浸入式在使用时只插入一定深度,外露部分处于规定的温度条件下。若外露部分的温度与分度规定的条件温度不相同,使用时液柱可按下式求其修正值 Δt:

$$\Delta t = nK(t_B - t_A) \tag{2.23}$$

式中,n 为露出液柱所占的度数(℃);K 为工作液体在玻璃中可见的膨胀系数(水银 $K \approx$ 0.000 16/℃;有机液 $K \approx 0.001\ 24$/℃);t_B 为分度条件下外露部分空气温度(℃);t_A 为使用条件下外露部分空气温度(℃)。

全浸式温度计在使用时未能全浸,则应对外露部分所带来的系统误差作如下修正:

$$\Delta t = nK(t_R - t_A) \tag{2.24}$$

式中,n,K,t_A 同式(2.23);t_R 为液柱示值读数(℃)。

参照图 2.19,可方便地计算出上述两项修正值。图 2.19(a)为全浸入式温度计而未能全浸,其示值为 93 ℃,浸入部分 67 ℃,外露水银柱平均高度 80 ℃ 处的空气温度为 35 ℃,则按式(2.24)得修正值 Δt = +0.24 ℃。图 2.19(b)为部分浸入式温度计,插入深度符合使用要求,但外露部分的空气温度 $t_A = 35$ ℃,按式(2.23)得修正值 $\Delta t = -0.021$ ℃。

如果在水银温度计的感温包附近引出一根导线,在对应某个温度刻度线处再引出一根导线,当温度升至该温度刻度时,水银柱就会把电路接通。反之,温度下降到该刻度以下,

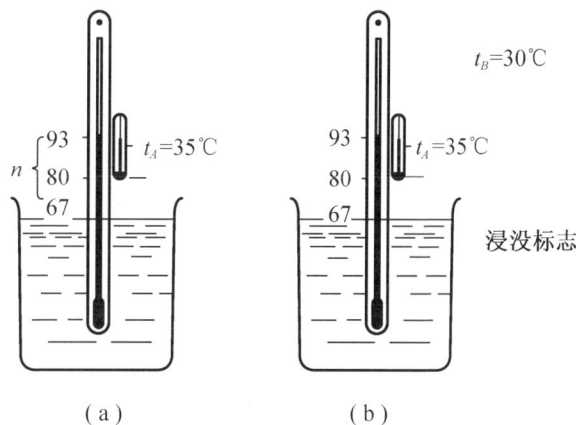

图 2.19　玻璃管水银温度计的温度修正
(a)全浸入式温度计在未全浸使用时的修正;
(b)半浸入式温度计在使用环境温度与分度环境温度不同时的修正

又会把电路断开。这样,就成为有固定切换值的位式调节作用温度传感器。这种既有刻度就地指示,又能发出通断信号的温度计,称为电接点温度计。电接点温度计分为可调式和固定式两种,可调式是上部对应某温度刻度的导线可用磁钢调节其插入毛细管的深度,因而可以调节被控制的温度值。图 2.20 为可调式电接点温度计示意图。固定式是上部的导线在加工定制时就将其固定在某一需要控制的温度数值上,不能进行调节。

2.3.3 压力式温度计

这是根据封闭系统的液体或气体受热后压力变化的原理而制成的测温仪表。图2.21为压力式温度计的原理图，它由敏感元件温包、传压毛细管和弹簧管压力表组成。若给系统充以气体，如氮气，则称为充气式压力温度计，测温上限可达500 ℃，压力与温度的关系接近于线性，但是温泡体积大，热惯性大；若充以液体，如二甲苯、甲醇等，温包小些，测温范围分别为 -40 ~ 200 ℃和 -40 ~ 170 ℃；若充以低沸点的液体，其饱和气压应随被测温度而变，如丙酮，用于50 ~ 200 ℃，但由于饱和气压和饱和气温呈非线性关系，故温度计刻度是不均匀的。图2.22为压力式温度计的典型结构。

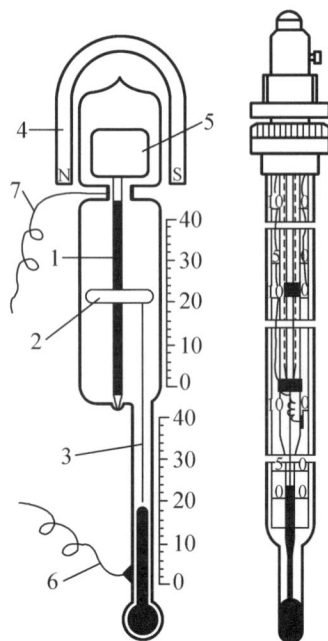

使用压力式温度计必须将温包全部浸入被测介质中，工业上一般采用的毛细管内径为0.15 ~ 0.5 mm，长度为20 ~ 60 m。当毛细管所处的环境温度有较大的波动时会对示值带来误差。大气压的变化或安装位置不当，例如环境温度波动大的场合，均会增加测量误差。这种仪表精度低，但使用简便、抗震动，所以常用在露天变压器和交通工具上，如检测拖拉机发动机的油温或水温。

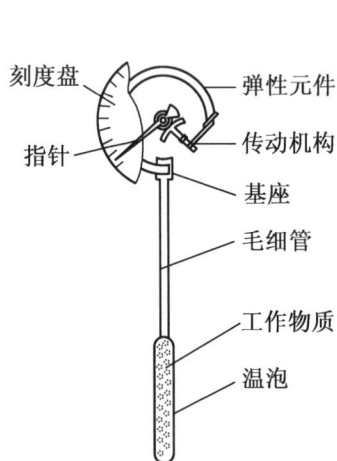

图2.20 可调式电接点水银温度计
1—细长螺钉;2—椭圆形螺母;3—细导线;
4—磁钢帽;5—扁平铁块;6,7—外引线

图2.21 压力式温度计的工作原理

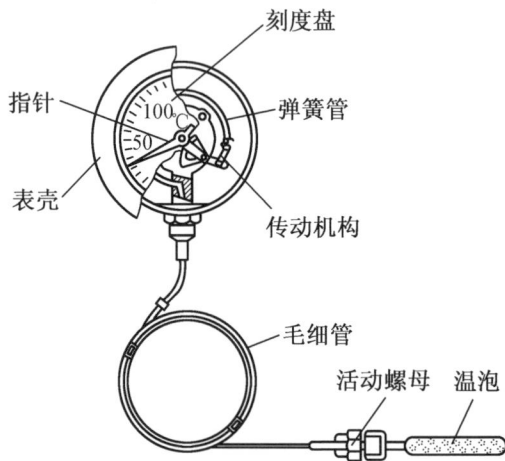

图2.22 压力式温度计的典型结构

2.4 电阻式温度计

电阻式温度计是利用某些导体或半导体材料的电阻值随温度变化的特性制成的测温仪表,分为金属热电阻温度计和半导体热敏电阻温度计。

2.4.1 电阻式温度计原理

绝大多数金属的电阻值随温度而变化,温度越高电阻越大,即具有正的电阻温度系数。大多数金属导体的电阻值 R_t 与温度 $t(℃)$ 的关系可表示为

$$R_t = R_0(1 + At + Bt^2 + Ct^3) \tag{2.25}$$

式中,R_0 为 0 ℃条件下的电阻值;A,B,C 为与金属材料有关的常数。

大多数半导体材料具有负的电阻温度系数,其电阻值 R_T 与热力学温度 $T(K)$ 的关系为

$$R_T = R_{T0}\exp B[(1/T) - (1/T_0)] \tag{2.26}$$

式中,R_{T0} 为热力学温度为 $T_0(K)$ 时的电阻值;B 为与半导体材料有关的常数。

根据 ITS-90 国际温标的规定,13.81 K~961.78 ℃的标准仪器是铂电阻温度计。工业中在 -200~500 ℃的低温和中温范围内同样广泛使用热电阻来测量温度。在试验研究工作中,近几年来碳电阻可以用来测量 1 K 的超低温;高温铂电阻温度计测温上限可达 1 000 ℃,但工业中很少应用。

用于测温的热电阻材料应满足在测温范围内化学和物理性能稳定,复现性好,电阻温度系数大的要求,以得到高灵敏度;同时需电阻率大,电阻温度特性尽可能接近线性,价格低廉。

已被采用的金属电阻和半导体电阻温度计有如下特点:

(1)在中、低温范围内其精度高于热电偶温度计;

(2)灵敏度高,当温度升高 1 ℃时,大多数金属材料热电阻的阻值增加 0.4%~0.6%,半导体材料的阻值则降低 3%~6%;

(3)热电阻感温部分体积比热电偶的热接点大得多,因此不宜测量点温度和动态温度,而半导体热敏电阻体积虽小,但稳定性和复现性较差。

2.4.2 常用热电阻元件

1. 铂热电阻

采用高纯度铂丝绕制成的铂电阻具有测温精度高、性能稳定、复现性好、抗氧化等优点,因此在标准、实验室和工业中铂电阻元件被广泛应用。但其在高温下容易被还原性气氛所污染,铂丝变脆,改变了电阻温度特性,所以需用套管保护方可使用。

绕制铂电阻感温元件的铂丝纯度是决定温度计精度的关键。铂丝纯度越高其稳定性越高、复现性越好、测温精度也越高。铂丝纯度常用 R_{100}/R_0 表示,R_{100} 和 R_0 分别表示 100 ℃和

0 ℃条件下的电阻值。对于标准铂电阻温度计,规定 R_{100}/R_0 不小于1.392 5;对于工业用铂电阻温度计 R_{100}/R_0 为1.391。标准或实验室用的铂电阻 R_0 为 10 Ω 或 30 Ω 左右。国产工业用铂电阻温度计主要有三种,分别为Pt50,Pt100,Pt300,其技术指标列于表2.5。Pt100分度表可参阅附表Ⅰ-7。铂电阻分度表是按下列关系式建立的:

$$-200℃ \leqslant t \leqslant 0 ℃ \qquad R_t = R_0[1 + At + Bt^2 + Ct^3(t - 100)] \qquad (2.27)$$

$$0 ℃ \leqslant t \leqslant 500 ℃ \qquad R_t = R_0(1 + At + Bt^2) \qquad (2.28)$$

式中,$A = 3.968\,47 \times 10^{-3}(℃^{-1})$;$B = -5.847 \times 10^{-7}(℃^{-2})$;$C = -4.22 \times 10^{-12}(℃^{-4})$。

表 2.5　工业用铂电阻温度计技术指标

分度号	R_0/Ω	R_{100}/R_0	R_0 的允许误差	精度	最大允许误差/℃
Pt50	50.00	1.391 0 ± 0.000 7	±0.05%	Ⅰ	Ⅰ级: $-200 \sim 0 ℃:\pm(0.15 + 4.5 \times 10^{-3}t)$ $0 \sim 500 ℃:\pm(0.15 + 3.0 \times 10^{-3}t)$ Ⅱ级: $-200 \sim 0 ℃:\pm(0.3 + 6.0 \times 10^{-3}t)$ $0 \sim 500 ℃:\pm(0.3 + 4.5 \times 10^{-3}t)$
		1.391 0 ± 0.001	±0.1%	Ⅱ	
Pt100	100.00	1.391 0 ± 0.000 7	±0.05%	Ⅰ	
		1.391 0 ± 0.001	±0.1%	Ⅱ	
Pt300	300.00	1.391 0 ± 0.001	±0.1%	Ⅱ	

2. 铜热电阻

工业上除了铂电阻广泛应用外,铜热电阻使用也很普遍。铜热电阻价格低廉,易于提纯和加工成丝,电阻温度系数大,在 0~100 ℃的温度范围内,铜电阻的电阻值与温度的关系几乎是线性的,所以在一些测量精度要求不是很高且温度较低的情况下,可使用铜热电阻。但其在温度超过 150 ℃时易氧化,故多用于测量 -50~150 ℃温度范围,在高温时不宜使用。

我国统一生产的铜电阻温度计有两种:Cu50 和 Cu100。其技术指标列于表2.6中。分度表请查阅附表Ⅰ-8、附表Ⅰ-9。铜热电阻的分度值是以下式所表示的电阻温度关系为依据得到的:

$$R_t = R_0(1 + \alpha t) \qquad (2.29)$$

式中,α 为铜的电阻温度系数,$\alpha = (4.25 \sim 4.28) \times 10^{-3}(℃^{-1})$。

表 2.6　铜电阻温度计技术指标

分度号	R_0/Ω	精度等级	R_0 的允许误差	R_{100}/R_0	最大允许误差/℃
Cu50	50	Ⅱ Ⅲ	±0.1%	Ⅱ级: 1.425 ± 0.001	Ⅱ级: $\pm(0.3 + 3.5 \times 10^{-3}t)$
Cu100	100	Ⅱ Ⅲ		Ⅲ级: 1.425 ± 0.002	Ⅲ级: $\pm(0.3 + 6 \times 10^{-3}t)$

铜电阻体是一个铜丝绕组(包括锰铜补偿部分),它是由直径约为 0.1 mm 的高强度漆包铜线用双线无感绕法(以减小感应电流)绕在圆柱形塑料(或胶木)支架上制成的,如图 2.23 所示。铜电阻丝外面浸以酚醛树脂,起保护作用。用直径 1 mm 的镀银铜丝作引出线,并穿以绝缘套管,铜电阻体和引出线都装在保护套管内。

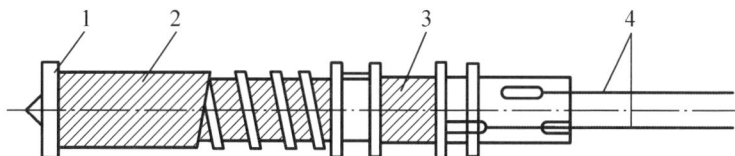

图 2.23 铜热电阻感温元件

1—线圈骨架;2—铜热电阻丝;3—补偿绕组;4—铜引出线

3. 半导体热敏电阻

用半导体热敏电阻作感温元件来测量温度日趋广泛。半导体温度计的最大优点是具有大的负电阻温度系数 -6% ~ -3%,因此灵敏度高。半导体材料电阻率远比金属材料大得多,故可做成体积小而电阻值大的电阻元件,这就使之具有热惯性小和可测量点温度或动态温度的优越性。它的缺点是同种半导体热敏电阻的电阻温度特性分散性大,非线性严重,元件性能不稳定,因此互换性差、精度较低。这些缺点限制了半导体热敏电阻的推广,目前它还只用于一些测温要求较低的场合。但随着半导体材料和器件的发展,它将成为一种很有前途的测温元件。

半导体热敏电阻的材料通常是铁、镍、锰、钼、钛、镁、铜等的氧化物,也可以是它们的碳酸盐、硝酸盐或氯化物等。测温范围约为 -100 ~ 300 ℃。由于元件的互换性差,所以每支半导体温度计需单独分度。其分度方法是在两个温度为 T 和 T_0 的恒温源(一般规定 $T_0 = 298$ K)中测得电阻值 R_T 和 R_{T0},再根据式(2.30)计算,即

$$B = \frac{\ln R_T - \ln R_{T0}}{1/T - 1/T_0} \qquad (2.30)$$

通常 B 在 1 500 ~ 5 000 K 范围内。

2.4.3 热电阻测温元件的结构

铂热电阻体是用细的纯铂丝绕在石英或云母骨架上。铂电阻感温元件的结构如图 2.24 和图 2.25 所示。它主要由以下四部分组成:

1. 电阻丝

常用直径为 0.03 ~ 0.07 mm 的纯铂丝单层绕制,采用双绕法,又称无感绕法。

2. 骨架

热电阻丝绕在骨架上,骨架用来绕制和固定电阻丝,常用云母、石英、陶瓷、玻璃等材料制成,骨架的形状多是片状和棒形的。

3. 引线

引线是热电阻出厂时自身具备的引线,其功能是使感温元件能与外部测量线路相连接。引线通常位于保护管内。保护管内的温度梯度大,因此引线要选用纯度高、不产生热电势的材料。对于工业铂电阻,中低温用银丝作引线,高温用镍丝。对于铜、镍热电阻的引线,一般都用铜、镍丝。为了减少引线电阻的影响,其直径往往比电阻丝的直径大很多。

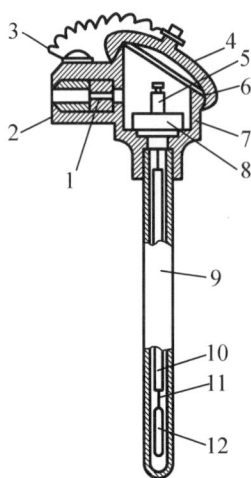

图 2.24 工业用热电阻结构

1—出线密封圈;2—出线螺母;3—小链;4—盖;

5—接线柱;6—密封圈;7—接线盒;8—接线座;

9—保护管;10—绝缘管;11—引出线;12—感温元件

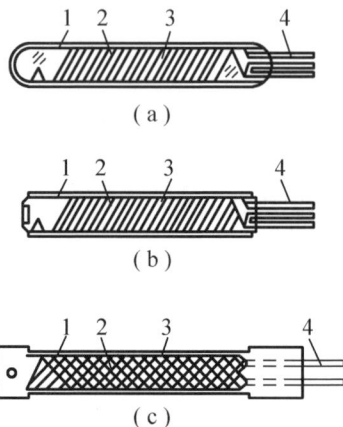

图 2.25 铂热电阻感温元件的几种典型结构

1—外壳或绝缘片;2—铂丝;3—骨架;4—引出线

(a)、(b)三线制元件;(c)二线制元件

热电阻引线有两线制、三线制和四线制三种,如图 2.26 所示。

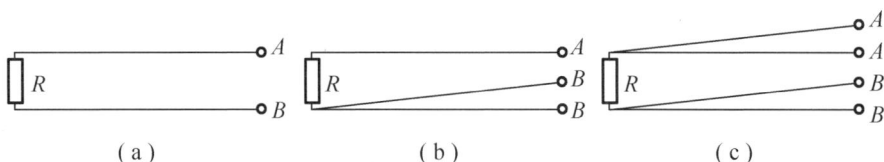

图 2.26 感温元件的引线形式

(a)两线制;(b)三线制;(c)四线制

(1)两线制

在热电阻感温元件的两端各连一根导线的引线形式为两线制。这种两线制热电阻配线简单、费用低,但要考虑引线电阻的附加误差。

(2)三线制

在热电阻感温元件的一端连接两根引线,另一端连接一根引线,此种引线形式称为三线制。它可以消除引线电阻的影响,测量精确度高于两线制,所以应用最广。特别是在测温范围窄、导线长、架设铜导线途中温度发生变化等情况下,必须采用三线制热电阻。

（3）四线制

在热电阻感温元件的两端各连两根引线称为四线制。在高精确度测量时,要采用四线制。这种引线可以消除引线电阻的影响,而且在连接导线阻值相同时,还可消除连接导线电阻的影响。

4. 保护管

它是用来保护已经绕制好的感温元件免受环境损害的管状物,其材质有金属、非金属等多种材料。将热电阻装入保护管内同时和接线盒相连。其初始电阻有两种,分别为 10 Ω 和 100 Ω。

如图 2.27 所示分别为标准铂电阻,铂电阻和铜电阻的热电阻元件。其中图（a）为螺旋形石英骨架,铂丝应无应力,轻附在骨架上,外套以石英套管保护,引出线为直径 0.2 mm 过渡到

图 2.27 热电阻元件结构

（a）标准铂电阻:1—石英骨架;2—铂丝;3—引出线
（b）铂电阻:1—云母片骨架;2—铂丝;3—银丝引出线;
4—保护用云母;5—绑扎用银带
（c）铜电阻:1—塑料骨架;2—漆包线;3—引出线

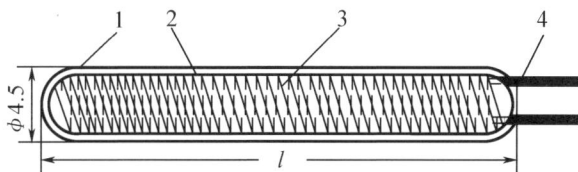

0.3 mm 的铂丝。这种结构形式的感温元件主要用来作标准铂电阻温度计。图（b）是在锯齿状云母薄片上绕细铂丝,外敷一层云母片后缠以银带束紧,最外层用金属套管保护,引出线为直径 1 mm 的银丝,这种形式的感温元件多用于 500 ℃ 以下的工业测温中。图（c）是用直径 0.1 mm 高强度绝缘漆包铜丝无感双线绕在圆柱胶木骨架上,后用绝缘漆粘固,装入金属保护套管中,用直径 1 mm 的铜丝作为引线。为了改善换热条件,对于图（b）和图（c）的结构形式,在电阻体和金属保护套管之间常置有金属片制成的夹持件或铜制内套管（三种结构形式的保护套管在图中均未画出）。

微型铂电阻元件发展很快,它具有体积小、热惯性小、气密性好等优点。测温范围在 −200 ~ 500 ℃ 时它的支架和保护套管均由特种玻璃制成。铂丝直径为 0.04 ~ 0.05 mm,绕在刻有细螺纹的圆柱形玻璃棒上,外面用直径 4.5 mm 的玻璃套管封固,引出线为直径 0.5 mm 的铂丝。其结构形式如图 2.28 所示。如用于工业测温则需外套一金属保护套管。

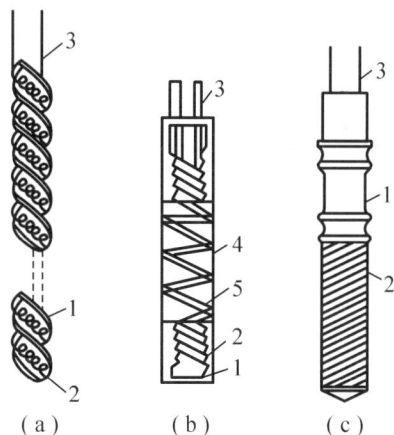

图 2.28 微型铂热电阻元件

1—套管;2—玻璃棒;3—感温铂丝;4—引出线

半导体热敏电阻温度计结构示于图 2.29。图 2.29（a）为带玻璃保护管的热敏电阻温度计;图 2.29（b）为带密封玻璃柱的热敏电阻温度计。电阻体为直径 0.2 ~ 0.5 mm 的珠状小球,

铂丝引线直径为 0.1 mm。

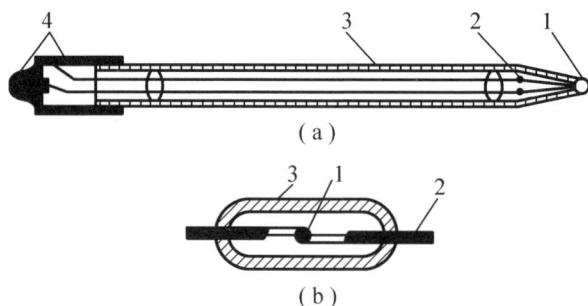

图 2.29　半导体热敏电阻温度计结构
(a)带玻璃保护管;(b)带密封玻璃柱
1—电阻体;2—引出线;3—玻璃保护管;4—引出极

2.5　测温显示仪表

前面介绍了温度测量的敏感元件,对于这些温度测量元件,需要配接二次仪表即测温显示仪表才能指示出所测的温度值。为了直观地将被测温度显示出来,就必须采用显示仪表与其配套使用,组成一个测温系统。工业上广泛应用的显示仪表有动圈式和自动平衡式两大类型。

动圈式显示仪表是我国自行设计制造的系列仪表产品,目前有 XC,XF,XJ 等几个系列,每一个系列中又分为指示型(Z)和指示调节型(T)。它与热电偶、热电阻或其他输出为直流毫伏或电阻变化的测量元件配合,可以显示被测介质的温度或其他参数。与热电偶配套的动圈仪表型号为 $X_F^C Z - 101$ 或 $X_F^C T - 101$ 等;与热电阻配套的动圈仪表型号为 $X_F^C Z - 102$ 或 $X_F^C T - 102$ 等。

动圈式显示仪表具有结构简单、体积小、性能可靠、成本低、使用维护方便等优点,因此在工业生产中,尤其是在中小企业得到广泛应用。

2.5.1　配接热电偶的测温显示仪表

根据热电偶的测温原理,当冷端温度一定时,热电偶回路的热电势只是被测温度的单值函数。因此可以在回路中加入热电势的测量仪表,通过测量热电偶回路的热电势来得到被测温度值。常用的测量热电势的仪表有动圈式仪表、手动电位差计、自动电子电位差计和数字式电压表等。

1. 动圈式温度指示仪表 XCZ - 101

这是一种直接变换式仪表,核心部件是一个磁电式毫伏计,变换信号所需的能量是由热电势供给的,输出信号是仪表指针相对于标尺的位置。国产动圈式温度指示仪的典型型号是 XCZ - 101,其工作原理如图 2.30 所示。

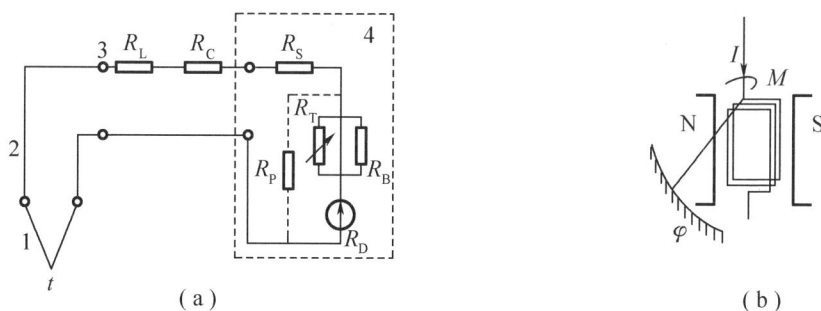

图 2.30　XCZ - 101 动圈式温度指示仪原理图

(a)内部接线图;(b)基本原理图

1—热电偶;2—补偿导线;3—冷端补偿器;4—XCZ - 101 内部线路

图 2.30(a)虚线框内是 XCZ - 101 仪表内部测量部分,其中 R_D 是一种测量微安级电流的磁电式指示仪表。热电偶经过补偿导线、冷端补偿器和外部调整电阻 R_C 再与温度指示仪相连接。

图 2.30(b)是磁电式指示仪表的基本原理图。当处于均匀恒定磁场中的线圈通以电流 I 时,线圈将产生转动力矩 M,在线圈几何尺寸和匝数已定的条件下,M 只与流过线圈的电流大小成正比,即

$$M = KI \tag{2.31}$$

式中,K 为比例常数。该力矩 M 促使线圈绕中心轴转动。线圈转动时,支持线圈的张丝便产生反力矩 M_n,其大小与动圈的偏转角 φ 成正比,即

$$M_n = W \cdot \varphi \tag{2.32}$$

式中,W 为比例常数,相当于张丝转动单位角度时所产生的力矩。其值由张丝材料性质、几何尺寸所决定。

当两力矩 M 和 M_n 平衡时,动圈停止在某一位置上,此时动圈的偏转角为

$$\varphi = \frac{K}{W} \cdot I = CI \tag{2.33}$$

式中,C 是仪表灵敏度。显然动圈偏转角与流过动圈的电流具有单值正比关系。

从图 2.30(a)中可以看出,流过仪表的电流为

$$I = \frac{E_t}{\sum R}$$

式中,E_t 为回路的热电势;$\sum R$ 为回路的总电阻值。

可见只有在 $\sum R$ 一定时,动圈偏转角 φ 才能正确地反映热电势的值,因此保持回路总电阻恒定或基本不变是保证测温精度的关键。而 $\sum R = R_N + R_E$,其中 R_N 是仪表内部等效电阻,R_E 是仪表外部电阻。

(1)仪表外部电阻 R_E

其包括热电偶、补偿导线和连接导线电阻 R_2、冷端补偿器等效电阻 R_L 以及外接调整电阻 R_C。其中 R_C 采用锰铜丝绕制,调整 R_C 使得外部电阻 R_E 等于仪表设计时的规定值(我国规定

$R_E = 15\ \Omega$ 或 $5\ \Omega$)。除 R_C 外,R_E 中的其他各电阻值均随周围环境温度的变化而有微小变化,很难做到有效补偿,因此会带来一定的测量误差。

(2)仪表内部电阻 R_N

其包括串联调整电阻 R_S、动圈电阻 R_D、温度补偿电阻 R_B 和 R_T。调整 R_S 的大小可以改变仪表的量程。只要所配用的热电偶型号和测温范围已定,仪表在出厂时 R_S 就被确定了。R_D 是用细铜丝绕制成的线框,电阻值随仪表所处的环境温度而呈近似线性变化。为保证 R_N 尽可能恒定以减少测温误差,必须采取适当的温度补偿措施,为此串接以 R_B 和 R_T 并联的温度补偿回路。R_B 采用锰铜丝无感绕制,R_T 为具有负温度系数的热敏电阻。R_B 和 R_T 的并联等效电阻为 R_K。从图 2.31 可以看出($R_D + R_B /\!/ R_T$)的等效电阻 R 随环境温度变化甚微。

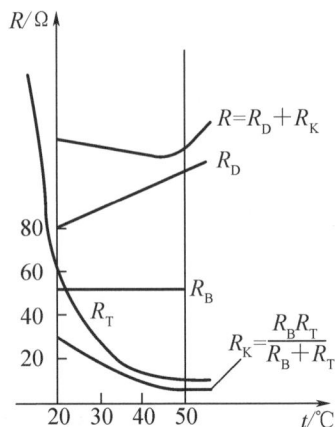

图 2.31　对环境温度进行补偿的曲线

国产 XCZ – 101 动圈式测温仪表典型线路的电阻值为 $R_S = 200 \sim 1\ 000\ \Omega$,根据热电偶型号和测温范围而定;$R_D = 80\ \Omega$;$R_B = 50\ \Omega$;$R_T(20) = 68\ \Omega$;$R_P = 600\ \Omega$ 是仪表阻尼电阻,用以改善仪表阻尼特性。

该仪表精度等级为一级。可以一支热电偶配用一台动圈测温仪表,也可以几支热电偶通过切换开关共同配用一台动圈测温仪表,图 2.32 示出接线方式的一种。

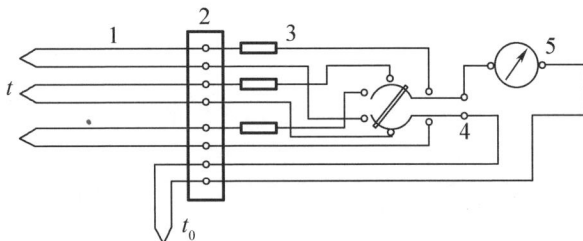

图 2.32　多支热电偶共用一台动圈仪表
1—热电偶及补偿导线;2—接线箱;3—铜导线及线路电阻;
4—切换开关;5—动圈式温度指示仪

2. 动圈式温度指示仪表 XFZ – 101

XFZ 系列动圈式仪表既可与热电偶配用也可与热电阻配用,它与 XCZ 系列动圈式仪表的不同之处在于 XFZ 系列的测量电路主要由线性集成运算放大器构成,如图 2.33 所示为配接热电偶的 XFZ – 101 型动圈式仪表的组成方框图。测量机构中采用了大力矩游丝和玻璃支撑动圈。微弱的输入信号经放大器放大后,输出伏级电压信号。该信号经测量机构线路(R_S 和动圈电阻 R_D)转换为电流。电流在永久磁铁的磁场中产生旋转力矩,驱动动圈及指针偏转,同时引起游丝变形产生反作用力矩。当旋转力矩与反作用力矩相等时,动圈停止转动。动圈及指针的偏转角度与输入电流成正比,该电流取决于输入的热电动势的值,因此仪表的指针便指示出相应的温度值。

该仪表由于采用了高放大倍数的集成电路线性放大器,通过动圈的电流增大很多,动圈得到的旋转力矩较大,故称为强力矩动圈式仪表。由于采用强力矩游丝作为平衡元件,故稳定性好,具有较强的抗震能力。又因在集成运算放大器中可设置冷端温度自动补偿,故不需在热电偶测温回路中接入冷端温度补偿器。此外,由于运算放大器的输入阻抗很大,外电路的等效电阻与输入阻抗相比,可忽略不计,因此 XFZ – 101 对外电路等效电阻没有具体要求,给使用带来了方便,也相当于增加了一级串联校正环节,提高了仪表的准确度。

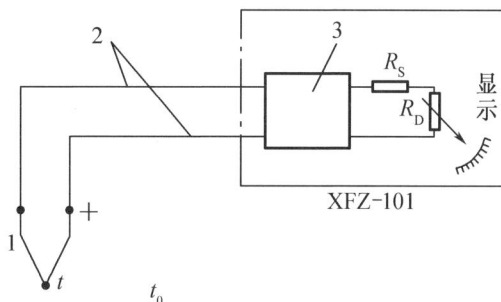

图 2.33　XFZ – 101 型动圈仪表组成方框图
1—热电偶;2—补偿导线;3—线性放大器

3. 直流电位差计

用动圈式测温仪表测量热电势虽然比较方便,但因有电流流过总回路,会因回路电阻变化而给测温带来误差。又由于机械方面和电磁方面的因素很难进一步提高测量精度。因此在高精度温度测量中常用直流电位差计测量热电势。

电位差计测量按随动平衡方式工作,采用把被测量与已知标准量比较后的差值调节至零差的测量方法,所以当电位差计处于静态平衡时热电偶回路没有电流,对测量回路电阻值的变化没有严格的要求。

(1)手动电位差计

手动电位差计是一种带积分环节的仪器,因此具有无差特性,这就决定了它可以具有很高的测量精度,工作原理如图 2.34 所示。

图 2.34 中的直流工作电源 E_B 是干电池或直流稳压电源,E_N 为标准电池。图 2.34 中共有三个回路:(a)由 E_B,R_S,R_N,R_{ABC} 所组成的工作电流回路,回路的电流为 I;(b)由 E_N,R_N 和检流计 G 所组成的校准回路,回路电流为 i_N,其功能是调整工作电流 I 维持设计时所规定的电流值;(c)由 E_t,R_{AB} 和检流计 G 组成的测量回路,回路电流为 i。

当开关 K 置向"标准"位置时,校准回路工作,其电压方程为

图 2.34　手动电位差计原理图

$$E_N - IR_N = i_N(R_N + R_G + R_{EN}) \tag{2.34}$$

式中,R_G 为检流计的内阻;R_{EN} 是标准电池的内阻。调整 R_S 以改变工作电流回路的工作电流 I,使检流计 G 指零,即 $i_N = 0$,则 $E_N = IR_N$,此时 I 就是电位差计所要求的工作电流值。

当开关 K 置向"测量"位置时,测量回路工作,其电压方程为

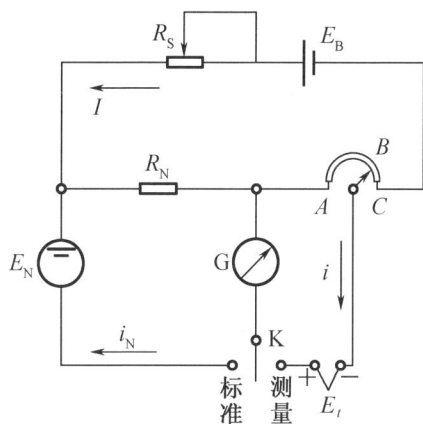

$$E_t - IR_{AB} = i(R_{AB} + R_G + R_E) \qquad (2.35)$$

式中，R_E 为热电偶及连接导线的电阻。移动电阻 R_{ABC} 的滑动点 B 使检流计 G 指零，则 $i = 0$，$E_t = IR_{AB}$。由于 I 已是精确的工作电流值，同时 R_{AB} 也由刻度盘精确地已知，所以 E_t 的测量值也就相当精确。

手动电位差计的精确度决定于高灵敏度的检流计、仪表内稳定和准确的各电阻值以及稳定的标准电压。常用高精度的手动电位差计最小读数可达 $0.01~\mu V$。

（2）自动电子电位差计

由于手动电位差计精度高，在精密测量中显示出很大的优越性，所以广泛地应用于科学实验和计量部门中。而在工业生产过程中大多需要进行连续测量与记录，要求既要具有较高测量精度又能连续自动记录被测温度。自动电子电位差计是较理想的一种，它的精度等级为 0.5 级，除可以自动显示和自动记录被测温度值外，还可以自动补偿热电偶的冷端温度。增加附件后还能增加参数超限自动报警、多笔记录和对被测参数进行自动控制等多种功能。

自动电子电位差计的基本工作原理如图 2.35 所示。它的工作电流回路和测量回路可以和手动电位差计类比，只是去掉了检流计，而用电子放大器对微小的不平衡电压进行放大，然后驱动可逆电动机通过一套机械装置自动进行电压平衡的操作，最终消除不平衡电压的存在。因此它也是一种带积分环节具有无差特性的仪表。

图 2.35 中的 E_B 为稳压电源，恒值电流 I 流过电阻 R_P。若 R_P 上的分压 $U_{AB} = E_t$，则电子放大器的输入偏差电压 $\Delta E = E_t - U_{AB} = 0$，$R_P$ 上的滑动点 B 的位置反映了被测值 E_t 的大小。若 $U_{AB} \neq E_t$，则电子放大器的输入偏差电压 $\Delta E \neq 0$，经放大后能有足够的功

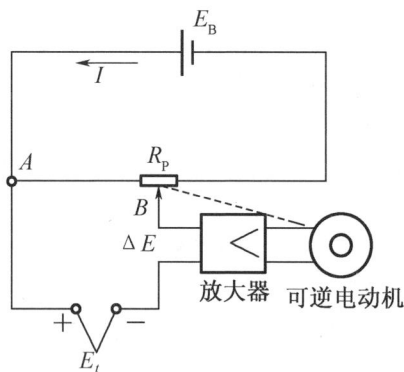

图 2.35　自动电子电位差计原理图

率去驱动可逆电动机，并根据 $\Delta E > 0$ 或 $\Delta E < 0$ 做正向或反向转动，经机械系统带动 R_P 的滑点 B 或左或右移动，直到 E_t 和 U_{AB} 相平衡，即 $\Delta E = 0$ 时为止。

4. 数字式电压表

热电偶所配用的数字式电压表的基本原理是把被测模拟电压量转换为二进制的数字量，再用数码显示器按十进制数码显示出来，其核心部件是模 – 数转换器，简称为 A/D 转换器。

比较实用的 A/D 转换器根据转换原理的不同可分为两种：一种为逐次逼近式；一种为双积分式。前者的转换速度快，在计算机数据采集与处理系统中所用的 A/D 转换器多属此类，它每转换一次所需时间为 $1 \sim 100~\mu s$，最通用的约为 $25~\mu s$。双积分式虽然转换速度较慢，每转换一次约 $30~ms$，但其抗干扰能力较强，价格低，常用于数字电压表中。

双积分式 A/D 转换器是用产生一个脉冲数正比于输入模拟电压值的原理进行的。输入模拟电压信号第一次在一个固定时间间隔内积分，然后把积分电路的输入端导通到一个已知的参考电压上进行第二次积分，从导通到积分输出达到规定值所需时间间隔为 T_x，T_x 内的振荡脉冲数正比于输入模拟电压值。图 2.36 为双积分式 A/D 转换器的原理框图和波形示意图。

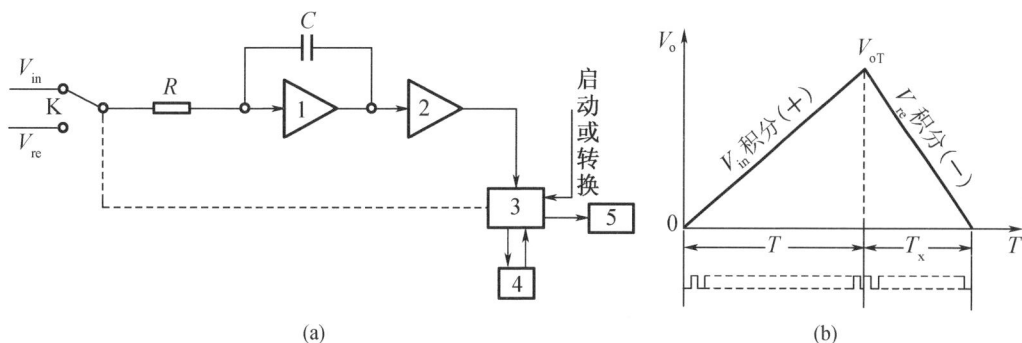

图 2.36　双积分式 A/D 转换器原理图与波形示意图

1—积分放大器；2—模拟比较器；3—控制逻辑电路及计数器；4—时钟；5—数码显示器

（a）原理框图；（b）波形示意图

控制逻辑单元收到启动或转换信号后，便发出脉冲指令驱动开关 K 使输入模拟电压 V_{in} 接通积分放大器开始积分，当积分器输出 V_o 稍高于 0 V 时，模拟比较器输出改变状态，触发计数器接受时钟的振荡脉冲，当积分进行到规定的时间间隔 T 时恰好计数器全置"1"，此时控制逻辑驱使 K 接到参考电压 V_{re}（V_{re} 的极性与 V_{in} 相反），于是积分器的输出电压直线下降到 0 V，当电压越过 0 V 时，比较器输出又改变状态，计数器停止计数，这是第二次积分过程，时间间隔为 T_x。

从图 2.36 上的波形图可以看出，在 T 时刻终点积分器输出电压 V_{oT} 为

$$V_{oT} = \frac{1}{RC}\int_0^T V_{in}\mathrm{d}t = \frac{TV_{in}}{RC} \tag{2.36}$$

在 T_x 时间间隔内，积分器的输出由 V_{oT} 降为 0，即

$$\frac{1}{RC}\int_0^{T_x} V_{re}\mathrm{d}t = \frac{T_x V_{re}}{RC} \tag{2.37}$$

比较式（2.36）和式（2.37）可知

$$T_x = \frac{V_{in}}{V_{re}}T \tag{2.38}$$

由于 T 是计数器由全"0"到全"1"所需的时间，因此在时钟振荡频率固定的条件下，T 是一个固定量；V_{re} 也是定值。所以时间间隔 T_x 正比于模拟输入电压 V_{in}，即在第二次积分过程时间 T_x 内计数器所记录的时钟振荡器脉冲数代表了被测的输入电压值，然后由数字显示器显示出来。从理论分析可知，这种双积分 A/D 转换器不受电容值和时钟频率的影响，因为它们对向上积分和向下积分具有同样的影响。

应该指出，这里所介绍的数字式电压表是一种很通用的仪表，是数字式仪表的基础。数字式电流表、电阻表和数字式万用表的核心部分仍为数字式电压表，只不过是在测量电流时，先将被测电流流经一个已知的标准电阻，使其转换成电压值；测量电阻时，利用仪表内附加的恒流源，恒流电流通过被测电阻先转换成电压值。

2.5.2　配接热电阻的测温显示仪表

电阻阻值的测量方法很多。热电阻的阻值测量，习惯上多采用不平衡电桥和自动平衡电桥。

1. 动圈式温度指示仪 XCZ – 102

不平衡电桥原理图如图 2.37 所示,其中三个桥臂 R_1,R_2,R_3 为锰铜丝绕制的固定电阻值。R_t 为电阻测温元件,随被测温度而变。供给电桥的电压 U_{ab} 维持不变。

电桥输出不平衡电压 U_{cd} 为

$$U_{cd} = U_{ab}\left(\frac{R_3}{R_1 + R_3} - \frac{R_t}{R_2 + R_t}\right) \tag{2.39}$$

由于 R_1,R_2,R_3 及 U_{ab} 固定不变,则 U_{cd} 是 R_t 的单值函数。在 c,d 输出端连接一支磁电式动圈微安表,其动圈等效电阻为 R_M,运用戴维南定理得流过 R_M 的电流 I_M 为

$$I_M = \frac{U_{cd}}{R_M} = \frac{U_{ab}}{R_M}\left(\frac{R_3}{R_1 + R_3} - \frac{R_t}{R_2 + R_t}\right) \tag{2.40}$$

很显然,I_M 是 R_t 的单值函数,即动圈式微安表的指针偏转位置反映 R_t 的大小。以不平衡电桥原理为基础的 XCZ – 102 型动圈式温度指示仪原理线路如图 2.38 所示。

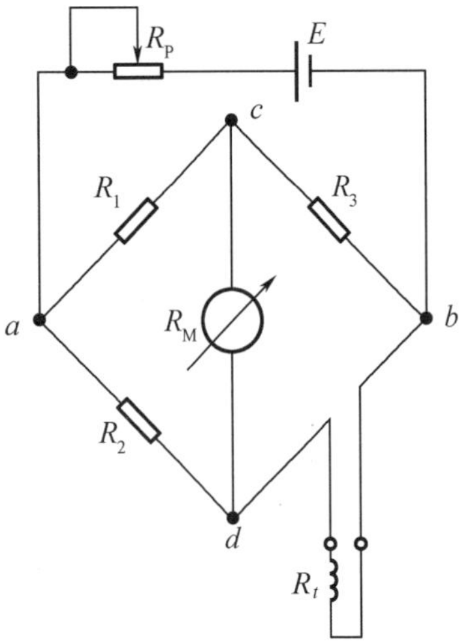

图 2.37　不平衡电桥原理图

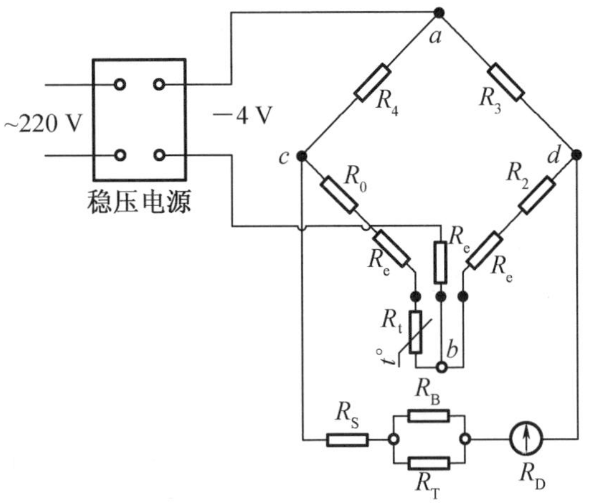

图 2.38　XCZ – 102 动圈式温度指示仪原理线路图

其电源采用直流稳压电源,加在桥路对角线上的电压 $U_{ab} = 4$ V。热电阻 R_t 与 XCZ – 102 温度指示仪的连接线路电阻必须严格控制,保证其等于规定值,否则将对测量结果产生影响。我国生产的 XCZ – 102 温度指示仪规定连接线路电阻 R_e 有 5 Ω 和 15 Ω 两种规格,使用时必须注意区分。

热电阻元件和 XCZ – 102 温度指示仪式的连接有两种典型的接线方式——二线制和三线制。

（1）二线制接线

如图 2.39(a) 所示,把 XCZ – 102 温度指示仪和热电阻 R_t 之间用两条铜导线连接,导线的分布电阻分别为 r_2 和 r_3,为了满足仪表规定的线路电阻 $R_e = 5$ Ω(或 $R_e = 15$ Ω) 的要求,需加以锰铜丝绕制的线路调整电阻 R_{e2} 和 R_{e3},使得 $R_{e2} + r_2 = R_{e3} + r_3 = R_{e1} = R_e = 5$(或 15) Ω。由于 r_2 和 r_3 都加在电桥的 bc 桥臂上,所以当环境温度变化而引起 r_2 和 r_3 的变化会给测量带来较

大的误差。

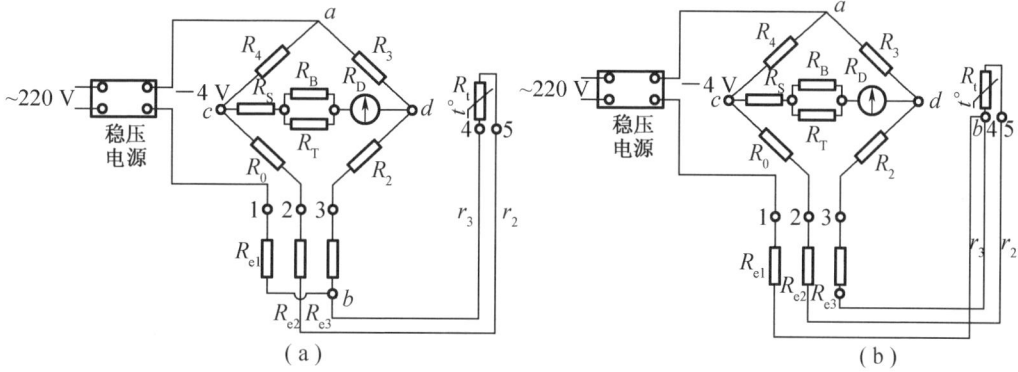

图 2.39　热电阻测温系统的接线方式

（a）两线制；（b）三线制

（2）三线制接线

如图 2.39（b）所示，温度指示仪和热电阻元件之间用三条铜导线连接，不平衡电桥的顶点 b 与二线制接线明显不同，使 r_2 和 r_3 分别分配到电桥的 bc 和 bd 两个桥臂上。一般情况下三条连接导线材料、直径、长度均相同，即 $r_2 = r_3$。当环境温度变化时将使得两桥臂阻值同方向同增量变化，由此而产生的测量误差比二线制接线显著减小。

2. 自动电子平衡电桥

XCZ - 102 型温度指示仪精度为 1.0 级，且不能自动记录被测参数。因此工业中重要的温度测量，凡配有热电阻测温元件的，大量采用自动电子平衡电桥。它具有 0.5 级精度，可自动记录被测参数，还带有自动调节功能。自动电子平衡电桥外形、电子放大器和记录系统均与自动电子电位差计相同，只是测量线路有所不同。图 2.40 是 XDD 型晶体管小型自动电子平衡电桥的原理图，图中较详细地画出了测量线路。

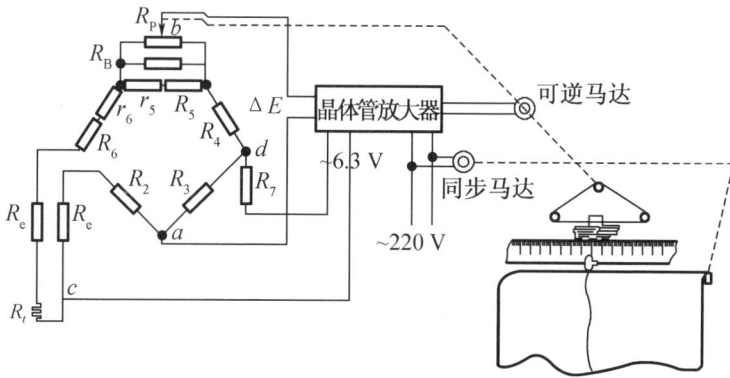

图 2.40　自动电子平衡电桥原理图

测量线路为一交流平衡电桥,交流供电电压为 6.3 V,取自放大器的电源变压器,采用三线制接线方式。R_t 是热电阻元件,它与线路电阻 R_e、起始电阻 R_6、微调起始电阻 r_6 以及量程电阻 R_5、微调量程电阻 r_5、滑线电阻 R_P 和工艺电阻 R_B 并联后的左半部分组成电桥上支路的一个桥臂,上支路的另一桥臂由 R_5,r_5 和 R_P,R_B 并联后的右半部分与限流电阻 R_4 组成。下支路两个桥臂分别是 $R_2 + R_e$ 和 R_3。图 2.40 中线路电阻 R_e 规定为 15 Ω。当热电阻 R_t 随被测量温度变化时,测量桥路输出不平衡电压 ΔE 至电子放大器,经放大后信号可根据相位的正负驱动可逆电动机或正向或反向转动,带动滑动电阻 R_P 的滑点 b 移动,直到电桥重新平衡为止。与此同时可逆电动机带动指针和记录笔来指示和记录被测温度值。

2.6　温度变送器

从前面几节看到,传感器的输出量不同,与之配套的显示仪表也不相同,如热电偶温度传感器要配输入毫伏信号的 XCZ-101 型动圈式仪表或电子自动电位差计,热电阻温度传感器要配输入电阻信号的 XCZ-102 型动圈式仪表或自动电子平衡电桥,这给显示仪表的制造和使用带来很多不便。如果能将不同类型传感器的输出量变换成统一的标准量,就可以实现显示仪表的通用化,减少显示仪表在制造和使用上的不便。

温度变送器实质上就是这样一种信号变换仪表。它可以和各种标准化热电偶或标准化热电阻配套使用,将热电势或热电阻变换成统一的直流电流或电压,作为显示仪表的输入量。温度变送器由输入回路、放大电路和反馈回路等组成,如图 2.41 所示。输入回路发出和温度相对应的直流毫伏信号 E_t,跟来自反馈电路的信号 U_f(平衡补偿电压)相比较,二者的差值送到放大电路,然后转换成直流电流或电压输出。

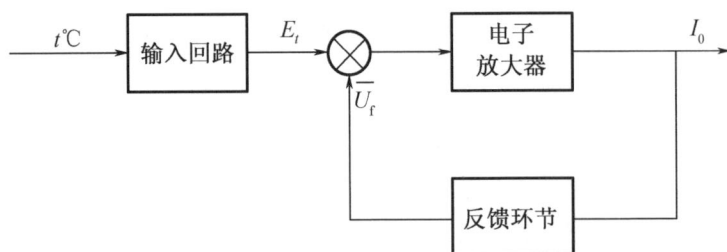

图 2.41　温度变送器方框图

根据电平衡原理组成的温度变送器,其工作原理如图 2.42 所示。放大电路的输入信号是 E_t 与 U_f 的差值,E_t 随温度而改变,U_f 等于输出电流 I_0 与反馈电阻 R_f 的乘积($I_0 R_f$)。温度变化使 E_t 值改变时,放大电路的输出电流 I_0 就增大或减小;同时,反馈电压也相应变化,并与 E_t 进行电平衡补偿。由于电子放大电路具有相当大的放大倍数 K,因此,即使放大电路的输出信号($E_t - U_f$)只有很小的变化,也足以使输出电流 I_0 的变动范围达到 0~10 mA 或 4~20 mA。在稳定状态下,放大电路的输入信号可用下式表达:

$$E_t - U_f = 0 \tag{2.41}$$

即　　　　$E_t \approx U_f = I_0 R_f$　(2.42)

式(2.42)表示仪表的输出量 I_0 和输入量 E_t 之间的关系。从上述分析可以看出,这类仪表的电平衡补偿过程是自动进行的。当 $K \gg 1$ 时,输入量和输出量之间的关系取决于反馈环节,只要反馈环节的输入量和输出量成线性关系,就能保证整个仪表的线性,减小了放大器中由于晶体管本身的非线性因素对仪表的输入和输出量的影响。由于反馈环节主要是由电阻等元件组成的,这就能较好地达到上述要求。

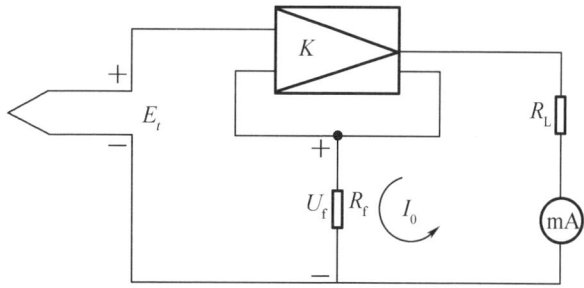

图 2.42　温度变送器组成原理图

下面介绍两种工业上常用的温度变送器。

2.6.1　ITE 型热电偶温度变送器

ITE 型温度变送器是目前在电厂中广泛使用的主要变送单元之一。它能与各种标准测温元件(热电偶、热电阻)配合使用,连续地将被测温度值线性地转换成 1～5 V DC 或 4～20 mA DC 统一信号输送到指示、记录仪表或控制系统,以实现生产过程的自动检测或自动控制。

1. 电路的组成和工作原理

采用 24 V DC 供电的普通型 ITE 型热电偶温度变送器的原理方框图如图 2.43 所示,它主要由线性化输入回路和放大输出回路两大部分组成。

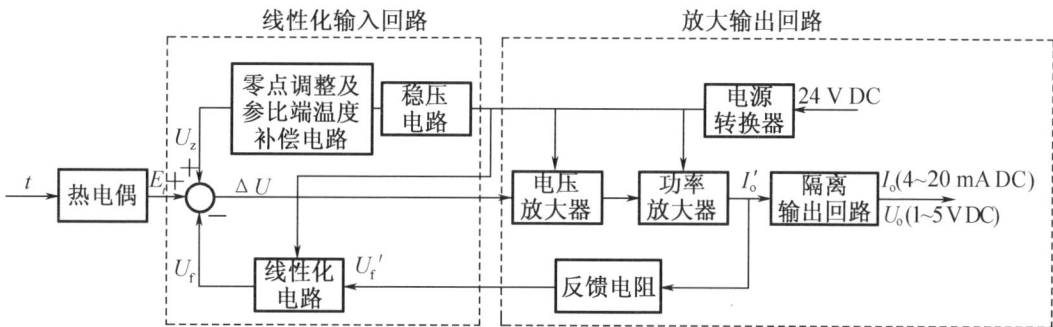

图 2.43　ITE 型热电偶温度变送器的组成原理框图

线性化输入回路的作用如下:

(1)将功率放大器输出的反馈电压信号转换成与热电偶的热电特性有相似非线性特性的电压信号;

(2)实现热电偶冷端温度自动补偿和整机调零,以及零点迁移和量程范围的调整;

(3)对反馈电压、冷端补偿电压、零点迁移电压及输入热电势进行综合运算。

放大输出回路的作用如下:

（1）将线性化输入回路输出的综合信号放大转换成 4～20 mA DC 或 1～5 V DC 的统一信号输出供给负载，并向内部的线性化电路输出 0.2～1.0 V 的反馈电压信号；

（2）通过电流互感器实现输入回路与输出回路的电隔离，以增强仪表的抗干扰能力。

由原理框图可知，被测温度 t 经热电偶转换成相应的热电动势 E_t，送入线性化输入回路，E_t 与线性化电路输出的反馈电压 U_f 和零点调整及参比端温度补偿电路输出的电压 U_z 进行综合运算后，送到电压放大器 N_1，经 N_1 及功率放大器放大并转换成电流信号 I_o'，该电流信号再经隔离输出回路转换成 1～5 V DC 或 4～20 mA DC 信号送到指示、记录仪表或控制系统。与此同时，I_o' 信号还通过反馈电阻转换成相应的反馈电压 U_f'，并送到线性化电路进行运算处理，转换成与热电偶的热电特性近似一致的反馈电压 U_f 输出，U_f 反馈到电压放大器的反相输入端，实现整机的负反馈作用。当整机电路处于平衡状态时，变送器的输出电压 U_o（或电流 I_o）与被测温度 t 成线性关系。

2. 使用中应注意的问题

（1）变送器既可输出 4～20 mA DC 电流信号，又可输出 1～5 V DC 电压信号，但两者的输出端子不同。当采用电流输出时，其外接负载电阻 100 Ω。

（2）零位和量程调整互有影响，需反复调整。

2.6.2 ITE 型热电阻温度变送器

ITE 型热电阻温度变送器能与各种标准热电阻配合使用，连续地将被测温度线性地转换成 4～20 mA DC 或 1～5 V DC 统一信号，送给记录指示仪表或控制仪表，以实现生产过程的自动检测或自动控制。

1. 电路的组成和工作原理

ITE 型热电阻温度变送器的原理方框图如图 2.44 所示。由方框图可知，ITE 型热电阻温度变送器与热电偶温度变送器的组成基本相同，都由线性化输入电路和放大输出回路两大部分组成，且二者的放大输出部分一样，仅线性化输入部分不同。

ITE 型热电阻温度变送器线性化输入回路的作用如下：

（1）将输入热电阻 R_t 线性地转换成与被测温度 t 相对应的电势信号 E_t，并对热电阻连接导线电阻所引起的测量误差进行补偿；

（2）实现整机调零，以及零点迁移和量程范围的调整；

（3）对电势信号 E_t、调零及零点迁移电压 U_z 和反馈电压 U_f 进行综合运算。

放大输出回路的作用与热电偶温度变送器的放大输出回路作用相同。

由图 2.44 可知，被测温度 t 经热电阻转换成相应的热电阻值输至线性化电路，由线性化电路将其转换成相应的电势信号 E_t，E_t 与线性化电路输出的反馈电压 U_f 和零点调整及参比端温度补偿电路输出的电压 U_z 进行综合运算后，送到电压放大器 N_1，经 N_1 及功率放大器放大并转换成电流信号 I_o'，该电流信号再经隔离输出回路转换成 1～5 V DC 或 4～20 mA DC 信号送到指示、记录仪表或控制系统。与此同时，信号还通过反馈电阻转换成相应的反馈电压 U_f'，并送到线性化电路进行运算处理，转换成反馈电压 U_f 输出，U_f 反馈到电压放大器的反相

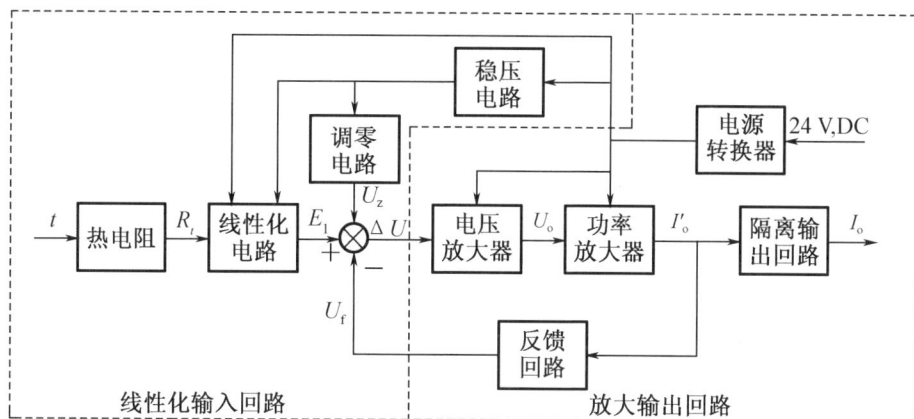

图 2.44　ITE 型热电阻温度变送器的组成原理框图

输入端,实现整机的负反馈作用。当整机电路处于平衡状态时,变送器的输出电压 U_o(或电流 I)与被测温度 t 成线性关系。

2. 使用

该变送器的零点调整和量程调整相互影响,在实际调试过程中需反复进行调整,直到二者均符合规定数值为止。

该变送器在使用时,还必须按如下要求进行外部配线:

(1)与热电阻相连接的每根输入导线电阻 r 应符合 $r \le$ 输入量程(℃)×0.1 Ω,但其最大电阻不得超过 10 Ω。

(2)该变送器既可输出 4 ~ 20 mA DC 电流信号,也可输出 1 ~ 5 V DC 电压信号,但二者的输出端子不同。当采用电流输出时,最大外接负载电阻为 100 Ω。

2.7　接触式测温技术

接触式测温时,无论是膨胀式温度计、电阻式温度计,还是热电偶温度计,从根本上说,温度计指示的温度只是感温部本身的温度(例如热电偶热接点的温度)。通常,人们将感温部的温度就作为被测对象的温度,这只不过是一种近似,某些情况下两者的差别可能很大。我们已经学习了接触式测温仪表,能够准确得到感温部本身的温度信息。因此,本节只解决这样的问题:怎样才能使感温部的温度反映出被测对象的真实温度,或者怎样来计算测量误差。

接触式测温仪表种类繁多,热电偶使用最为普遍。这里我们以热电偶作为分析对象,但叙述的一般原理对各种接触式测温仪表都是适用的。

2.7.1　影响接触式温度测量的各种因素

接触式温度计给出的只是流体或固体中某些温度的近似值。有许多因素使得温度计的输出与测点的真实温度(即未放置温度计时的温度)发生偏差。首先,插入温度计本身就会使被测点及其周围的热状况发生改变,所以也就改变了温度分布。例如,由于存在着温度计而使热量顺温度计流入或流出测点,就会使测点及其周围的温度场产生畸变。在流体中,插入温度计会使测点处的流动状态发生变化,这也会使温度场发生畸变。气流在边界层中的滞止效应会使温度计受到气动加热。对于各种因素造成的误差,人们希望找到相应的修正公式来校正温度计的输出,以便得到准确的温度值。可是实际上与温度计有关的传热与流动问题是十分复杂的,分析时只能使用简化的模型,所得的修正公式也只有近似的性质。当然,只要分析模型大体上反映实际情况,这种近似比不加修正还是前进了一大步。

为了说明在分析温度测量误差时遇到的传热问题的复杂性,我们来考察一个置于气流中的温度传感器,如图2.45所示。传感器用支杆支持,或者就以导线本身来支持。图中虚线代表热量交换的途径。传感器本身通过各种途径与周围环境发生能量交换,例如通过支杆与安装传感器的壁面发生热传导;与其他可以见到的表面发生辐射换热;与气流进行对流及辐射换热;在高速气流情况下,由于边界层的黏性耗散,传感器还要受到气动加热。支杆或导线也要通过辐射和对流与气体及壁面发生热交换,而且这种换热可能对传感器与壁面间的热传导产生相当大的影响。若传感器带有辐射屏蔽罩或速度滞止罩等,它本身可能是一个相当复杂的构件。即使传感器只是一个裸露的热偶接点,对于每一个传热机制——传导、对流和辐射——来说,热接点的几何形状也并非是理论分析中常用的基本形状。

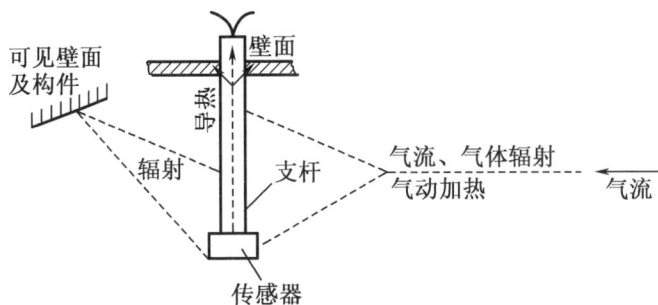

图 2.45　气流中温度传感器的传热途径

上述的讨论说明,接触式温度测量产生误差的原因可以归纳为以下几个方面。

1. 传热学方面的原因

气流与传感器之间存在热流,有热流必然就有温差。如果热量是由气体流向传感器,那么传感器的温度一定低于气流温度。反之,传感器的温度就要高于气体温度。

2. 气动原因

高速气流对传感器的气动加热。

3. 动态误差

如果气体温度是随时间变化的,由于传感器具有一定的热惯性,因此它的温度不能立即反映出气体的瞬时温度。

4. 化学原因

如果被测气体中存在化学反应条件,那么铂类贵金属会起催化作用,使得铂类热偶接点周围的气体温度显著升高。在燃烧器中,热电偶也可能成为一个火焰稳定器,由于火焰的加热,使测量产生很大误差。

测量液体温度的困难一般要比测量气体温度小得多。液体流速一般很低,速度误差可不必考虑,虽然同样存在传热与动态误差,但由于液体的放热系数很大,所以情况远没有测量气体温度时那么严重。因此本节以气体温度测量作为分析对象,但分析的原则同样适合于液体温度的测量。

2.7.2 高速气流温度测量、速度误差分析

温度是对分子无序运动平均动能的描写。对于气流,除有分子的无序运动外,还有分子的有向运动。当气流受到扰动时,分子的有向运动很容易转变为无序运动,而使气体温度升高。插入气流中的温度计便是一种扰动的来源,因此温度计感受到的是升高了的温度。当气流的马赫数 Ma 超过 0.2 时,这种温度升高便变得明显起来,在大马赫数下,温度升高具有很大的数值。这是用接触式方法测量高速气流温度所遇到的特殊问题。导热误差、辐射误差在高速气流温度测量中也存在。但是由于流速高,对流换热系数很大,所以导热误差、辐射误差都居次要地位。

1. 速度误差及恢复系数

通常用静温 T_0 来度量气流的无序动能,用动温 T_v 来度量气流的有向动能。因此可以得出

$$mc_p T_v = \frac{mv^2}{2}$$

故

$$T_v = \frac{v^2}{2c_p} \tag{2.43}$$

式中,m 为气团质量;v 为气流速度;c_p 为定压比热容[J/(kg·℃)]。

式(2.43)表明,动温是气流动能的当量温度,也就是气流有向运动的动能在绝热条件下全部转化为热能所引起的温升。

静温与动温之和为气流的总温,用符号 T^* 来表示。

$$T^* = T_0 + T_v = T_0 + \frac{v^2}{2c_p} \tag{2.44}$$

应用主流的马赫数,可将式(2.44)表示为

$$\frac{T^*}{T_0} = 1 + \frac{k-1}{2}(Ma)^2 \tag{2.45}$$

式中,k 为绝热指数,对于空气 $k = 1.4$,对于燃气 $k = 1.33$。Ma 为马赫数,其定义为

$$Ma = v/a$$

式中,a 是流体中的声速。对于理想气体

$$a = \sqrt{kRT} \tag{2.46}$$

式中, R 为气体常数。

由式(2.44)可见,以速度 v 运动的气体,当其滞止后动能无损失地全部转换成内能,这时气体的温度是总温。一般情况下人们需要知道气体的静温 T_0,因为气体的物理性质取决于该温度。如果直接测量 T_0 就需使测温传感器随同流体以相同速度运动,这显然是不实际的。

实际上处于高速气流中固定安装的测温传感器,如热电偶或热电阻,对高速气流只有一定的滞止作用,并非完全绝热滞止,因此传感器既不能直接指示静温 T_0,也不能简单地测量总温 T^*,传感器实际的指示值被称为有效温度,记作 T_g。T_g 高于自由流静温 T_0,而低于自由流总温 T^*,$(T^* - T_g)$ 即为速度误差。如果不考虑测温元件的对外散热损失,用 $(T_g - T_0)$ 表示气流被传感器滞止恢复为内能的部分,定义为

$$r = \frac{T_g - T_0}{T^* - T_0} = \frac{T_g - T_0}{\dfrac{v^2}{2c_p}} \tag{2.47}$$

式中, r 为恢复系数,或称为复温系数。

根据式(2.45)和式(2.47)可以将速度误差 ΔT_v 用恢复系数 r 表示出来,即

$$\Delta T_v = T^* - T_g = (1 - r)\frac{v^2}{2c_p} = (1 - r)\left[\frac{\dfrac{k-1}{2}(Ma)^2}{1 + \dfrac{k-1}{2}(Ma)^2}\right]T^* \tag{2.48}$$

式(2.48)表明,速度误差 ΔT_v 与马赫数 Ma、恢复系数 r 有关,为了减小速度误差 ΔT_v,希望温度计的恢复系数 r 要大,气流流经温度计的 Ma 数要小。但是被测气流的 Ma 数通常不能随意改变,因此减小速度误差的主要途径是提高热电偶的恢复系数,使它接近于 1 并具有较稳定的数值。恢复系数是一个很复杂的参数,它和气流的马赫数 Ma、普朗特数 Pr、雷诺数 Re 及温度传感器的尺寸、结构、安装方法和材料都有关系,一般采用实验方法来测定。大量的实验数据表明,Pr 数接近 0.7 的气体,若热偶丝与气流平行,$r = 0.86 \pm 0.09$,若热偶丝与气流垂直,$r = 0.68 \pm 0.07$。

2. 减小速度误差的方法

处理温度传感器的速度误差问题有两种途径。一种是根据使用工况,用实验方法测出其恢复系数 r 值,然后计算修正值。由式(2.45)、式(2.47)可导出

$$T_0 = T_g \frac{1}{1 + r\dfrac{k-1}{2}(Ma)^2} \tag{2.49}$$

$$T^* = T_g \frac{1 + \dfrac{k-1}{2}(Ma)^2}{1 + r\dfrac{k-1}{2}(Ma)^2} \tag{2.50}$$

由此,若已知气流马赫数 Ma,传感器恢复系数 r,并测出气流的有效温度 T_g 后即可求得气流的静温 T_0 及总温 T^*。另一途径是设法使气流滞止。如果气流绝热滞止下来,它的总温就很容易测到。如果测量试验段中的气流温度,而试验段中的气流速度是由实验任务决定的,不允许

整个气流都滞止下来,我们仍然可以设法让很少一部分气流滞止下来。为此,可在温度传感器上装设滞止罩,使流过传感器的气流速度降低到一定程度,从而使速度误差减小到允许范围之内而予以忽略。滞止罩内的气流虽被滞止而温度升高,但由于它要向主流散失热量,所以它的温度仍然要比气流总温低。或者说,温度传感器装设滞止罩后仍然可以用温度恢复系数来描写它。图 2.46 是带滞止罩的热电偶示意图。

　　带滞止罩的热电偶称为总温热电偶,表面看来,滞止罩内的气流速度似乎越低越好,实际上由于罩内气体要向主流散热,应当不断有新鲜气体来替换,因此存在一个最佳的内流速度。图 2.47 列举了两种滞止式热电偶的结构及其 r 值与气流速度的关系。图 2.47(a)用于亚音速气流温度

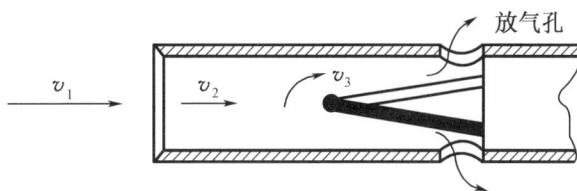

图 2.46　带滞止罩的热电偶

测量。图 2.47(b)用于超音速气流温度测量。由图可见,装上滞止罩后,r 值提高到 0.95 ~ 0.99。

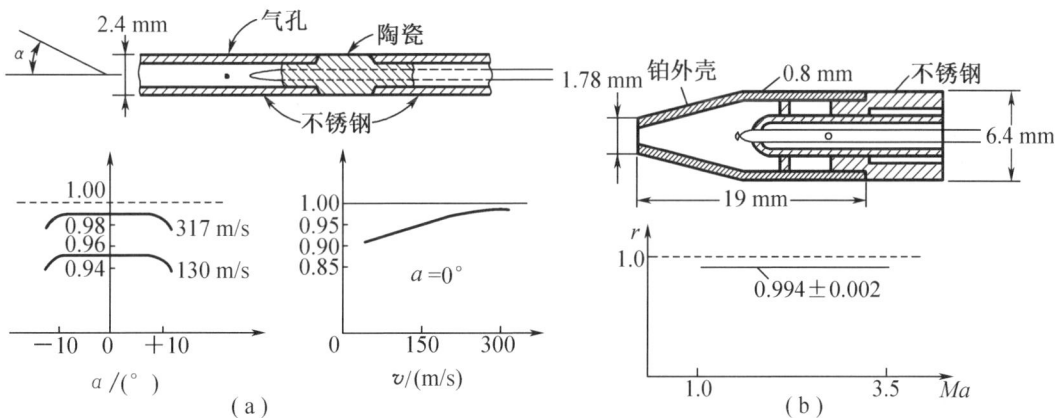

图 2.47　测量滞止温度传感器
(a)较低 Ma 时;(b)较高 Ma 时

　　综上所述,采用滞止罩,并使测量端与气流平行来提高恢复系数 r 值是减小速度误差的主要途径。在滞止罩入口处加工一个倒角可增大对气流方向的不灵敏角。

3. 恢复系数 r 的测定

　　热电偶在一定马赫数和安装角的恢复系数最终都是用实验的方法来测定的。测定恢复系数是在专用的校准风洞上进行的,图 2.48 为校准风洞示意图。

　　气流在稳压箱中的流速很低,热电偶 3 测出的温度是总温 T^*,被测定的热电偶 2 处于绝热喷管出口的高速气流中,测得有效温度 T_g;则由式(2.48)可知,热电偶 2 的恢复系数 r 为

$$r = 1 - \frac{(T^* - T_g)/T^*}{\left[\frac{k-1}{2}(Ma)^2\right] \Big/ \left[1 + \frac{k-1}{2}(Ma)^2\right]} \tag{2.51}$$

因为

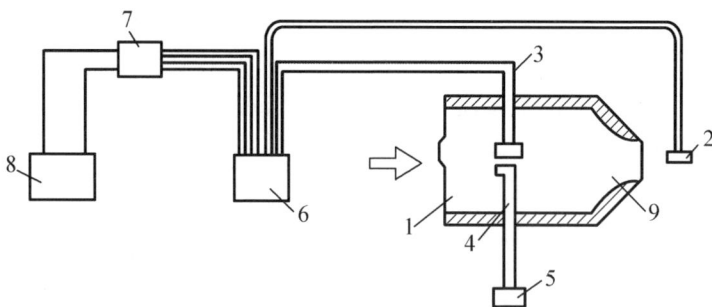

图 2.48　恢复系数测定装置

1—稳压箱;2—待测热电偶;3—总温热电偶;4—总压管;
5—压力计;6—冰瓶;7—切换开关;8—电位差计;9—喷管

$$Ma = \sqrt{\frac{2}{k-1}\left[\left(\frac{p^*}{p}\right)^{\frac{k-1}{k}} - 1\right]} \tag{2.52}$$

所以

$$r = 1 - \frac{T^* - T_g}{\left[1 - \left(\frac{p}{p^*}\right)^{\frac{k-1}{k}}\right]T^*} \tag{2.53}$$

式中 p 和 p^* 分别为静压和总压。亚音速气流喷嘴出口处的静压为大气压力,可由大气压力计读取,总压可由总压管 4 和压力指示仪 5 测量。

由此可见,只要测得 T^*,$(T^* - T_g)$ 及射流总压 p^* 和静压 p,就可求出 r 值。

2.7.3　高温气流温度测量、辐射误差分析

因为辐射换热与温度的四次方成正比,所以随着被测气体温度的增高,温度传感器与周围容器壁的辐射换热相对于对流和导热换热所占比例增大。尤其当测温元件周围有低温吸热面时,测温元件对冷壁面辐射热较大,使温度计示值低于实际气体温度,造成以辐射为主的测温误差。

1. 辐射误差的分析模型

通过图 2.49 对高温烟气温度测量误差进行分析。

设烟气温度为 t_q,用热电偶测温示值为 t_r,烟道四壁冷壁面温度为 t_s,其传热分析如下:

(1)高温烟气主要以对流方式传热给热电偶,忽略烟气对热电偶的导热和辐射换热,则传热量为

$$Q_\alpha = \alpha A(t_q - t_r) \tag{2.54}$$

式中,α 为烟气对热电偶的对流传热系数;A 为热电偶的传热表面积。

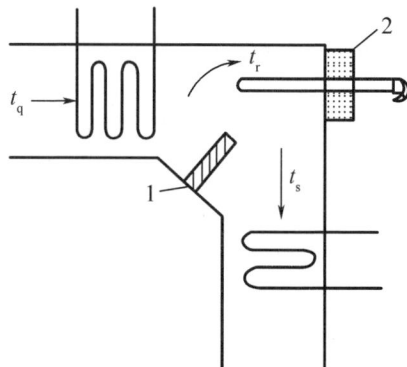

图 2.49　测量烟气温度示意图

1—挡板;2—绝热层

（2）沿热电偶保护套管导出的热量为

$$Q_\lambda = -\lambda f\left(\frac{\partial^2 t}{\partial x^2}\right) \tag{2.55}$$

式中，λ 为热电偶套管材料的导热系数；f 为热电偶套管的截面积；x 为热电偶枢轴的方向；t 为热电偶套管沿枢轴方向的温度分布。

（3）热电偶与周围冷壁面的热交换主要以辐射方式进行，即

$$Q_R = \varepsilon_n A\sigma\left[(t_r + 273)^4 - (t_s + 273)^4\right] \tag{2.56}$$

式中，ε_n 为系统的辐射率（黑度系数）；σ 为玻耳兹曼常数，为 5.67×10^{-8} W/($m^2 \cdot K^4$)。

（4）由于被测温度随时间变化而引起热电偶的动态吸热量为

$$Q_t = \rho cV\frac{\partial t}{\partial \tau} \tag{2.57}$$

式中，ρ, c, V 分别为热电偶测温元件的密度、比热容、体积。

综合式（2.54）～式（2.57），则热电偶的热平衡方程式可写成

$$Q_\alpha = Q_R + Q_\lambda + Q_t$$

即

$$\alpha A(t_q - t_r) = \varepsilon_n A\sigma\left[(t_r + 273)^4 - (t_s + 273)^4\right] - \lambda f\frac{\partial^2 t}{\partial x^2} + \rho cV\frac{\partial t}{\partial \tau} \tag{2.58}$$

或

$$t_r = t_q + \left(\frac{\lambda f}{\alpha A}\right)\frac{\partial^2 t}{\partial x^2} - \frac{\varepsilon_n \sigma}{\alpha}\left[(t_r + 273)^4 - (t_s + 273)^4\right] - \left(\frac{\rho cV}{\alpha A}\right)\frac{\partial t}{\partial \tau} \tag{2.59}$$

当热电偶测温达到稳态时，$\frac{\partial t}{\partial \tau} = 0$；若测温元件使用合理、安装正确，其导热误差也可忽略，则方程式（2.58）可简化为

$$\alpha(t_q - t_r) = \varepsilon_n \sigma\left[(t_r + 273)^4 - (t_s + 273)^4\right] \tag{2.60}$$

则热电偶的测温辐射误差 ΔT_R 为

$$\Delta T_R = t_q - t_r = \frac{\varepsilon_n \sigma}{\alpha}\left[(t_r + 273)^4 - (t_s + 273)^4\right] \tag{2.61}$$

当热电偶周围冷壁表面积比热电偶元件表面积大得多时，系统辐射率 ε_n 就接近热电偶的辐射率 ε。

2. 减小辐射误差的措施

由辐射误差的表达式（2.61）可以看出，降低辐射误差 ΔT_R 主要有三个途径：①提高热电偶周围冷壁面的温度 t_s；②增大对流换热系数 α；③降低热电偶的黑度系数。目前已被采用的具体实施办法有以下几种。

（1）加遮热罩

一般是在热电偶外套上 1～3 层薄壁同心圆筒状的遮热罩，如图 2.50 所示。

加遮热罩后测温热电偶和冷壁面被隔离开来，温度传感器不直接对冷壁面进行热辐射，而是对温度高的遮热罩进行辐射散热，相当于提高了 t_s，在遮热罩内壁光亮镀镍以降低 ε，从而减少了测温误差。罩的层数越多减小辐射误差的效果越好；但层数多，工艺困难，不可靠，而且层与层之间需要足够大的空间以确保气体流通达到良好的对流换热。

采用电热式单层屏蔽罩也能达到很好的测温效果。电热屏蔽罩上装有附加温度传感器，

调节加到屏蔽罩上的电流,使测温传感器温度和附加温度传感器温度相同,所测温度即为流体真实温度。屏蔽罩对冷壁面的热辐射由电加热器所代替。

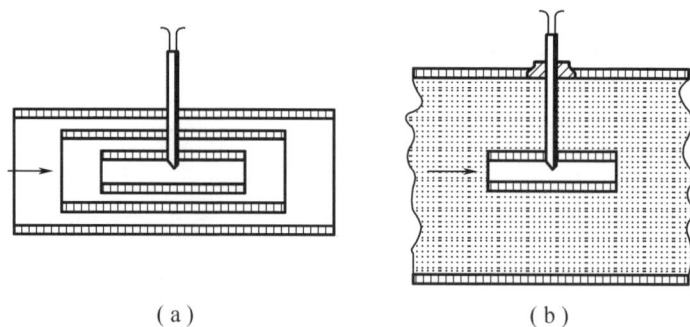

图 2.50 加遮热罩示意图

(a)加 3 层遮热罩;(b)加 1 层遮热罩

（2）双热电偶

如图 2.51 所示,双热电偶由两支材料相同、丝径不同、测量端裸露的热电偶组成,可通过该两支热电偶的测量示值计算出被测高温气体的温度。

设两支热电偶的直径分别为 d_1 和 d_2,且 $d_1 > d_2$。裸露的测量端处在相近的位置,气流对测量端的对流传热系数分别为 α_1 和 α_2。若被测气体温度为 T_q,周围冷壁面温度为 T_s,两支热电偶的辐射率相同,即 $\varepsilon_1 = \varepsilon_2$。热电偶安装正确以致导热误差可以忽略。它们的测温指示值分别为 T_1 和 T_2。按式(2.61)得其辐射误差为

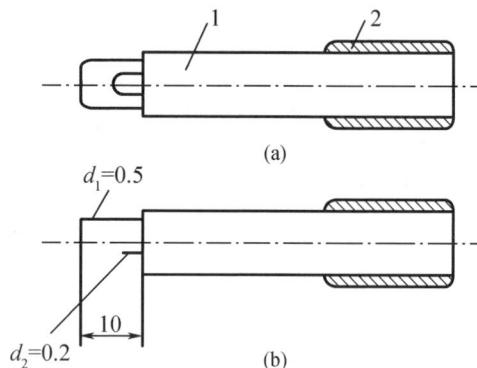

图 2.51 双热电偶示意图

1—四孔瓷管;2—耐热钢外套

$$T_q - T_1 = \frac{\varepsilon_1 \sigma}{\alpha_1}(T_1^4 - T_s^4) \tag{2.62}$$

$$T_q - T_2 = \frac{\varepsilon_2 \sigma}{\alpha_2}(T_2^4 - T_s^4) \tag{2.63}$$

如果热电偶垂直于气流方向安装,根据传热学原理可知在一定流速范围内其对流换热系数 $\alpha = Kd^{m-1}$,其中 K 为常数,所以 $\alpha_1/\alpha_2 = (d_1/d_2)^{m-1}$。若在使用时满足 $T_1^4 \gg T_s^4$ 和 $T_2^4 \gg T_s^4$,那么根据式(2.62)和式(2.63)很容易计算出气体温度为

$$T_q = T_1 + \frac{T_2 - T_1}{1 - (d_1/d_2)^{m-1}(T_2/T_1)^4} \tag{2.64}$$

实际应用双热电偶时应满足 $4 > d_1/d_2 > 2$。对于高温烟气介质 m 在 $0.37 \sim 0.41$ 之间,对于空气或淡烟气 $m \approx 0.5$。

（3）抽气式热电偶

由公式(2.61)可知,增加测温元件和被测气体之间的对流换热系数可以减少辐射误差,

因此在工业试验中常用抽气式热电偶。它使热电偶测量端局部流速提高,抽气式热电偶工作原理如图 2.52 所示。

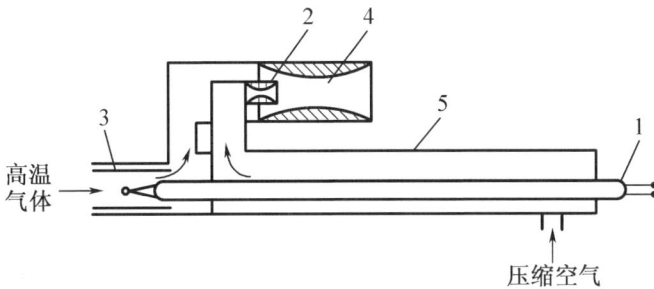

图 2.52 抽气式热电偶原理图
1—铠装热电偶;2—喷嘴;3—遮热罩;4—混合室扩张管;5—外金属套管

使压缩空气或蒸汽通过喷嘴 2,在喷嘴处造成负压,被测高温气体将沿箭头所示的方向以较高流速被抽走,铠装热电偶的裸露端处于该流速下。图 2.53 示出一种抽气热电偶的抽气速度与温度示值的关系,速度越低温度示值偏差越大,当速度增加到 100 m/s 以上时,温度示值趋于稳定。因此一般情况下设计其流速在 100～200 m/s 范围内。

(4)零直径外推法

应用几个直径不同的热电偶来测量烟气的温度,根据这些热电偶测得的温度值,用作图法外推热电偶直径等于零时的温度值,从而求得烟气的真实温度。图 2.54 为外推直径为零时所示的温度,并给出抽气热电偶的温度值。

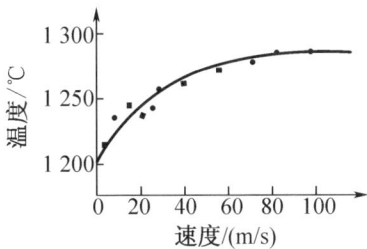

图 2.53 抽气速度与温度示值关系图

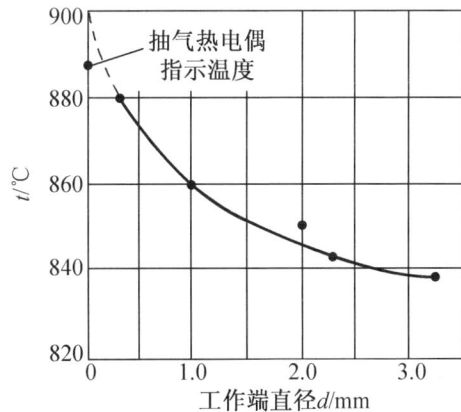

图 2.54 不同直径热电偶的指示温度曲线

2.7.4 动态温度的测量、动态误差分析

根据前面的分析可知,对于高速气流温度测量来说,突出的问题是速度误差,对导热误差与辐射误差可以忽略;而对于高温气流温度测量来说,突出的问题是辐射误差。在上述两个问

题中,处理的都是静态问题,也就是说,气流温度以及温度传感器输出的信息都不是随时间变动的。现在我们将讨论"动态"的问题。所谓"动态",其主要特征表现为温度传感器输出的信息是随时间变化的。造成这种变化可以有两方面的原因:一种原因是气流本身的温度是变化的,或者用传感器去扫描一个不均匀的温度场,因此传感器感受的温度本身是变化的;另一种原因是气流温度并不变化,但是传感器由常温突然进入高温之中,由于气流与传感器间的不稳定传热过程,使得传感器的温度随时间而变化。在各种动态过程中,传感器的温度并不等于被测温度,其差值即为动态响应误差,或简称为动态误差。

动态误差主要来源于温度传感器的热惯性。由于温度传感器具有热惯性,当温度随时间急剧变化时,传感器所感受的温度必然滞后于介质温度的变化。如果忽略导热误差、辐射误差的影响,则由式(2.58)有

$$\alpha A(t_q - t_r) = \rho c V \frac{\mathrm{d}t_r}{\mathrm{d}\tau} \tag{2.65}$$

则动态误差为

$$t_q - t_r = \frac{\rho c V}{\alpha A} \frac{\mathrm{d}t_r}{\mathrm{d}\tau} = K \frac{\mathrm{d}t_r}{\mathrm{d}\tau} \tag{2.66}$$

式中, $K = \frac{\rho c V}{\alpha A}$ 称为热惯性系数,也称为时间常数。

式(2.66)为动态误差的近似数学表达式。由式可知,如果传感器的时间常数 K 已知,则可以从测量到的温度变化率($\mathrm{d}t_r/\mathrm{d}\tau$)之值计算出动态误差。

如果式(2.66)的初始条件为 $\tau = 0$ 时 $t_r = t_{r0}$, t_q 为常数,则可解出式(2.66)的通解为

$$t_r - t_{r0} = (t_q - t_{r0})(1 - \mathrm{e}^{-\frac{\tau}{K}}) \tag{2.67}$$

若设 $t_{r0} = 0$,则式(2.67)为

$$t_r = t_q(1 - \mathrm{e}^{-\frac{\tau}{K}}) \tag{2.68}$$

由此可算出,当 $\tau = K$ 时, $t_r = 0.632t_q$ 。根据这一结果,我们可以通过实验来确定时间常数 K 值。将传感器放入 t_q 已知的介质中,当传感器示值温度 t_r 上升到已知温度 t_q 的63.2%时所对应的时间即为时间常数 K 。

另一方面,由式(2.67)可推得温升曲线在初始时刻的斜率为

$$\frac{\mathrm{d}t_r}{\mathrm{d}\tau}\bigg|_{\tau=0} = \frac{t_q - t_{r0}}{K}$$

由此可知,若在温升曲线的起始点作切线,则切线与 t_q 水平线相交点的时间坐标即为时间常数 K 。温度传感器的时间常数越大,说明传感器与被测气流达到热平衡所需的时间越长。因此要减小动态误差关键在于减小时间常数。其途径有减小传感器的几何尺寸、增大对流换热系数等。

2.7.5 壁面温度的测量

在工程上和科学试验中往往需要测量某些物体的表面温度,常用的是热电偶测量表面温度的方法。这种方法具有热接点小、热损失少、测温范围大,具有较高精度,相对比较方便等优点,特别是薄膜式热电偶的发展更给壁面温度的测量带来方便。性能稳定的热敏电阻和特制的薄片形热电阻元件也可用于测量壁面温度,当视具体条件而定。

热电偶与被测表面接触方式基本上有四种,如图 2.55 所示。图 2.55(a)为点接触,热电偶的测量端直接与被测表面相接触;图 2.55(b)为面接触,先将热电偶的测量端与导热性能良好的金属薄片焊接在一起,然后再与被测表面接触;图 2.55(c)为等温线接触,热电偶测量端固定在被测表面后,沿被测表面等温线绝缘敷设至少 20 倍线径的距离,再引出;图 2.55(d)为分立接触,两热电极分别与被测表面接触。

不管采用哪种接触方式,引起测量误差的主要原因是热电偶丝的导热损失。热电偶的热接点从被测表面吸收热量,其中一部分沿热偶丝导出逸散到周围环境之中,使热接点温度低于被测表面的实际温度。图 2.55 中四种接触方法以(c)的误差最小,因为热电偶丝沿等温线敷设,热接点的导热损失达到最小。(b)方式次之,热电偶丝的热损失由导热良好的金属片补充。(a)方式误差最大,因为导热损失全部集中在一个点上,热量不能得到充分补充。如果在相同敷设方式下,热电偶的直径粗,则沿热偶丝轴向导热损失大,使测量误差增加;被测对象面积大,壁厚,则热容量大,测量误差相对减小;热接点附近气流扰动大,对流放热系数大,测量误差也相应增大;被测材料的导热系数越大,热电偶丝从热接点导出的热量容易得到补充,使得测量误差越小。

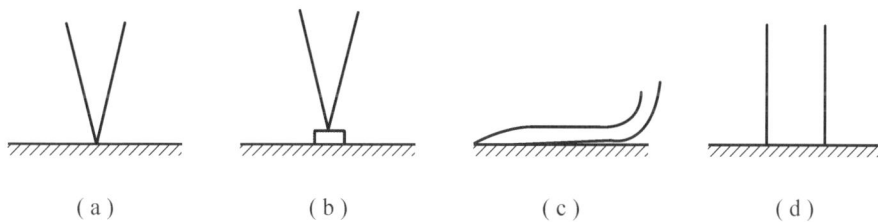

图 2.55 热电偶与被测表面的接触方式
(a)点接触;(b)面接触;(c)等温线接触;(d)分立接触

归结起来壁面温度测量应优先考虑下列问题:
(1)在强度允许条件下,应尽量采用直径小、导热系数低的热电偶;
(2)优先考虑等温线敷设;
(3)被测材料为非良导热体可采用面接触方式;
(4)如被测材料允许,表面开槽敷设对提高测量精度更为有利。

2.8 非接触式温度计

接触式测温方法是利用测温传感器与被测对象直接接触,且大多情况下要使测温元件和被测对象处于热平衡状态下进行测量。这意味着传感器必须经得起被测温度条件下各种气氛的腐蚀、氧化、污染、还原,甚至振动等考验,小的被测对象插入测温元件后还会较大地歪曲温度的原始分布。对于有些运动着的物体,几乎无法用接触方式实现其温度的连续测量。在接触式温度传感器不能承受的高温条件下,温度测量必须另辟蹊径。因此,基于热辐射原理的非接触式光学温度计得到了较快的发展和应用。

任何物体的温度高于绝对零度时就有能量释出,其中以热能方式向外发射的那一部分称为热辐射。非接触式温度计就是利用测定物体辐射能的方法测定温度的。由于它不与被测介质接触,不会破坏被测介质的温度场,动态响应好,因此可用于测量非稳态热力过程的温度值。此外,它的测量上限不受材料性质的影响,测温范围大,特别适用于高温测量。

非接触式测温仪表大致分成两类:一类是通常所说的光学辐射式高温计,包括单色光学高温计、光电高温计、全辐射高温计、比色高温计等;另一类是红外辐射仪,包括全红外辐射型、单色红外辐射型、比色型等。

根据普朗克(Planck)定律,绝对黑体的单色辐射强度 $E_{0\lambda}$ 为

$$E_{0\lambda} = C_1 \lambda^{-5} [\exp(C_2/\lambda T) - 1]^{-1} \qquad (2.69)$$

式中,C_1 为普朗克第一辐射常数,$C_1 = 37\ 413\ \text{W} \cdot \mu m^4/cm^2$;$C_2$ 为普朗克第二辐射常数,$C_2 = 14\ 388\ \mu m \cdot k$;$\lambda$ 为辐射波长,μm;T 为黑体绝对温度,K。采用上述单位后 $E_{0\lambda}$ 的单位为 $\text{W}/(cm^2 \cdot \mu m)$。

温度在 3 000 K 以下时,普朗克公式可用维恩(Vien)公式代替,误差在 1% 以内。维恩公式为

$$E_{0\lambda} = C_1 \lambda^{-5} \exp(-C_2/\lambda T) \qquad (2.70)$$

由式(2.69)和式(2.70)可知,当波长 λ 确定以后,只要能测定相应波长的 $E_{0\lambda}$ 值,就可求出温度 T。国际上用温度为 1 064.18 ℃,即金凝固点的黑体辐射强度作为比较基准,这样就可以用下式对金凝固点以上的温度进行分度:

$$\frac{E_{0\lambda}}{E_{0\lambda,g}} = \frac{\exp(C_2/\lambda t_g) - 1}{\exp(C_2/\lambda T) - 1} \qquad (2.71)$$

式中,t_g 为金的凝固点;$E_{0\lambda,g}$ 为在金凝固点和波长 λ 时黑体的辐射强度;T 为被测温度,K。

普朗克公式的函数曲线如图 2.56 所示。由曲线可见,当温度升高时,单色辐射强度随之增长,曲线的峰值随温度增高向波长较短的方向移动。

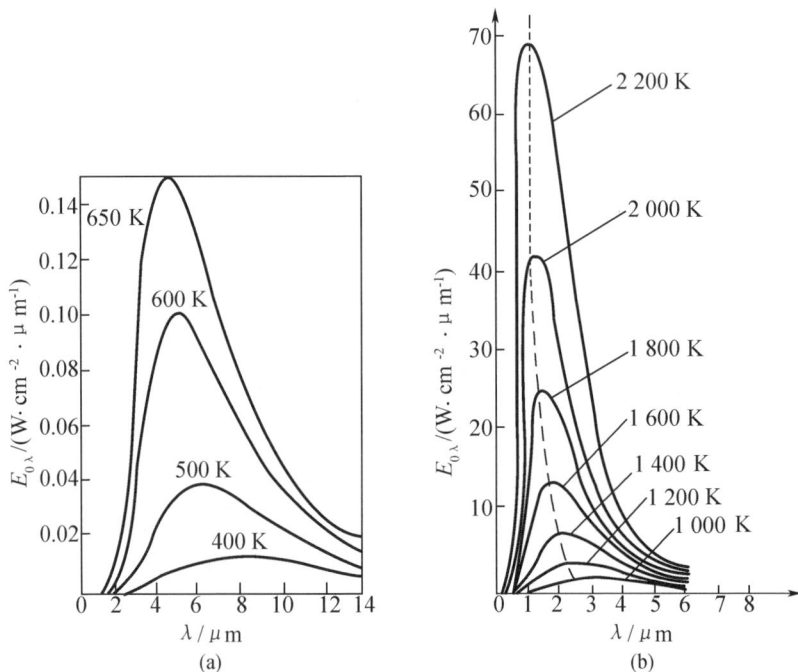

图 2.56 辐射强度与波长和温度的关系曲线

2.8.1　单色辐射式光学高温计

单色辐射式光学高温计是利用亮度比较取代辐射强度比较进行测温的。由于物体的温度高于 700 ℃时就会明显地发出可见光,并具有一定的亮度,其单色亮度 $B_{0\lambda}$ 与单色辐射强度 $E_{0\lambda}$ 成正比,即

$$B_{0\lambda} = CE_{0\lambda} \tag{2.72}$$

式中,C 为比例系数。将式(2.70)的维恩公式代入式(2.72)可得

$$B_{0\lambda} = CC_1\lambda^{-5}e^{-(C_2/\lambda T_s)} \tag{2.73}$$

式中,T_s 为黑体的温度。

灰体也有类似式(2.73)的关系式,即

$$B_\lambda = CE_\lambda = C\varepsilon_\lambda C_1\lambda^{-5}e^{-(C_2/\lambda T)} \tag{2.74}$$

式中,B_λ 为灰体的亮度;E_λ 为灰体单色辐射强度;ε_λ 为物体的单色灰度;T 为灰体温度。

当温度为 T_s 的黑体亮度 $B_{0\lambda}$ 与温度为 T 的灰体的亮度 B_λ 相等时,由式(2.73)和式(2.74)得

$$\frac{1}{T_s} - \frac{1}{T} = \frac{\lambda}{C_2}\ln\frac{1}{\varepsilon_\lambda} \tag{2.75}$$

因为 $0 < \varepsilon_\lambda < 1$,因此 $T_s < T$。由此可见,从光学温度计直接测到的温度 T_s,要比实际灰体的温度低,所以必须根据物体表面的灰度 ε_λ 用式(2.75)加以修正。图 2.57 为光学高温计修正曲线。

1. 灯丝隐灭式光学高温计

灯丝隐灭式光学高温计是一种典型的单色辐射光学高温计,在所有的辐射式温度计中它的精度最高,因此很多国家用它来作为基准仪器复现黄金凝固点温度以上的国际实用温标。

灯丝隐灭式光学高温计的原理如图 2.58 所示。它是将被测物单色辐射亮度与一个可调电流的温度灯的亮度进行比较,每一个电流对应的灯丝温度是已知的,如果两者的亮度相同,则灯丝轮廓就隐灭于被测物体的影像中(见图 2.59(c))。电流读数即为物体的亮度温度,再根据图 2.57 求出物体的真实温度。

2. 光电高温计

灯丝隐灭式光学高温计主要用人的眼睛来判断亮度平衡状态,所以测量温度是不连续的,难以做到被测温度的自动记录。因此,能自动平衡亮度和自动连续记录被测温度示值的光电式高温计得以发展和应用。光电高温计用光电器件作为敏感元件感受辐射源的亮度变化,并将其转换为与亮度成比例的电信号,此信号经电子放大器放大后被自动记录下来作为被测物体的温度值。图 2.60 是 WDL 型光电高温计的工作原理示意图。

被测物体 17 发射的辐射能量由物镜 1 聚集,通过光阑 2 和遮光板 6 上的窗口 3,透过装于遮光板内的红色滤光片(图 2.60 上未示出)射至光电器件(硅光电池)4 上。被测物体发出的光束必须盖满孔 3,这可由瞄准透镜 10、反射镜 11 和观察孔 12 所组成的瞄准系统来进行观察。

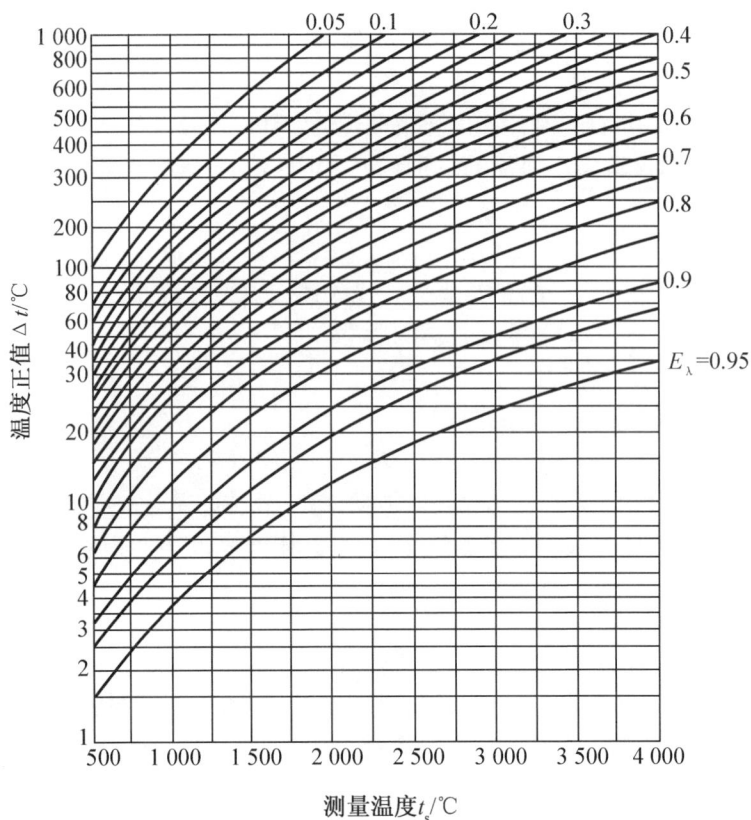

图 2.57 光学高温计修正曲线

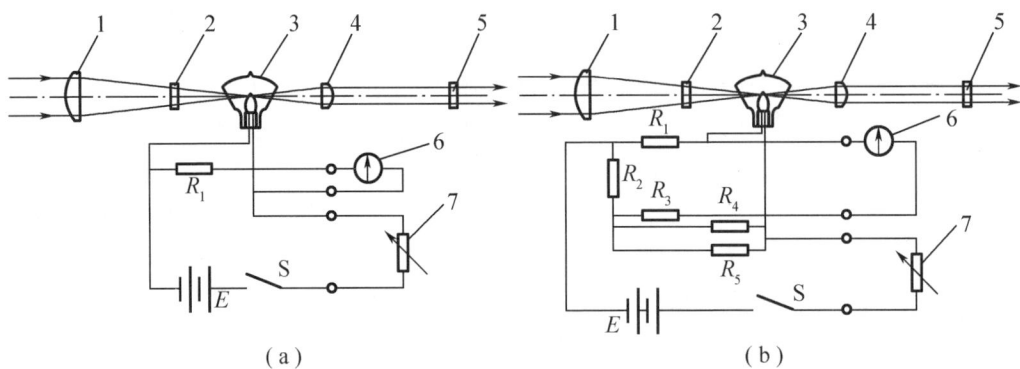

（a）　　　　　　　　　　　　　　（b）

图 2.58 隐丝式光学高温计原理图

（a）电压式；（b）电桥式

1—物镜；2—吸收玻璃；3—高温计温度灯；4—目镜；5—红色滤光片；6—测量电表；7—可变电阻

从反馈灯 15 发出的辐射能量通过遮光板 6 上的窗口 5，透过同一块上述的红色滤光片也投射到同一光电器件 4 上。在遮光板 6 前面放置着光调制器。光调制器的激磁绕组 9 通以 50 Hz 交流电，所产生的交变磁场与永久磁钢 8 相互作用而使调制片 7 产生 50 Hz 的机械振动，交替地打开和遮住窗口 3 和 5，使被测物体和反馈灯的辐射能量交替地投射到硅光电池

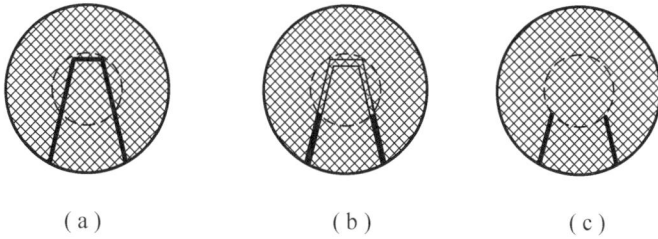

图 2.59 隐丝式光学高温计的亮度调整
(a)灯丝太暗;(b)灯丝太亮;(c)隐丝(正确)

上。当两辐射能量不相等时,光电器件就产生一个脉冲光电流 I,它与这两个单色辐射能量之差成比例。当 I 的数值经过放大器负反馈,使反馈灯的亮度与被测物体的亮度相等时,脉冲光电流为零。电子电位差计 16 用来自动指示和记录 I 的数值,刻度为温度值。由于采用了光电负反馈,仪表的稳定性能主要取决于反馈灯的"电流 – 辐射强度"特性关系的稳定程度。

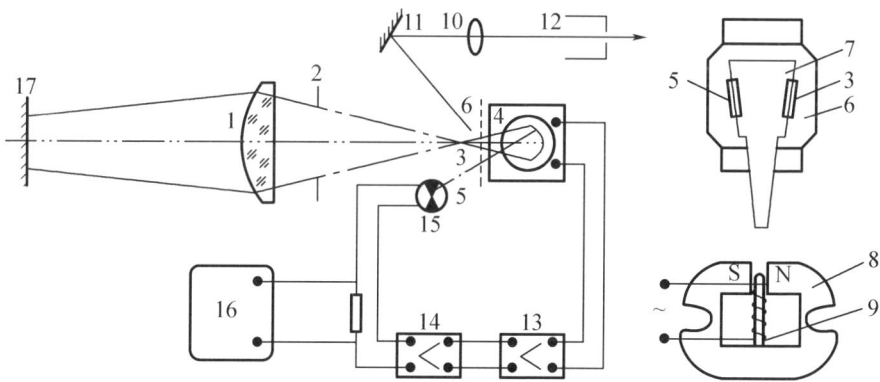

图 2.60 光电高温计工作原理图
(a)工作原理示意图;(b)光调制器

1—物镜;2—光阑;3、5—孔;4—光电器件;6—遮光板;7—调制片;8—永久磁钢;9—激磁绕组;10—透镜;
11—反射镜;12—观察孔;13—前置放大器;14—主放大器;15—反馈灯;16—电位差;17—被测物体

有些型号的光电高温计不采用上述机械振动式光调制器,而是采用同步电动机带动一只转动圆盘作为光调制器,圆盘上开有小窗口以使被测物体和反馈灯的光束交替通过投至光电池上,调制频率为 400 Hz。其他部分的原理同前述。

光学高温计除由于黑度系数造成的测量误差外,被测物体与高温计之间的介质对辐射的吸收也会给测量结果带来误差,所以要求观测点与被测物体之间的距离不要太大,一般不超过 3 m,以 1 ~ 2 m 为宜。

2.8.2 全辐射高温计

全辐射高温计是借助于测量物体全部辐射能量来确定物体温度的。根据斯忒藩 – 玻耳兹

曼(Stefen - Boltzmann)公式有

$$E_0 = \int_0^\infty E_{0\lambda} \mathrm{d}\lambda = \sigma_0 T^4 \tag{2.76}$$

式中,σ_0 为斯忒藩 - 波耳兹曼常数,等于 5.67×10^{-12} W/(m² · K⁴)。当某个基准温度 T_1 下的黑体辐射能$(E_0)_1$ 为已知时,测量未知温度 T 的黑体辐射能 E_0 可由式(2.76)导出,即

$$\frac{(E_0)_1}{E_0} = \frac{T_1^4}{T^4}$$

如果所测物体是灰度为 ε 的灰体时,其温度可由下式修正

$$T = T_s \sqrt[4]{1/\varepsilon} \tag{2.77}$$

图 2.61 为全辐射高温计原理示意图。被测物体的全辐射能量(波长 $\lambda = 0 \sim \infty$)由物镜 1 聚焦经光阑 2 投射到热接收器 4 上,这种热接收器多为热电堆,热电堆结构(见图 2.62)由 16 对或 8 对直径为 0.05 ~ 0.07 mm 的镍铬 - 考铜热电偶串联而成,以得到较大的热电势。每一对热电偶的测量端焊在靶心镍箔上,冷端由考铜箔串联起来,其输出热电势由显示仪表或记录仪表读出。整个高温计机壳内壁面涂成黑色,以便减少杂光干扰并形成黑体条件。

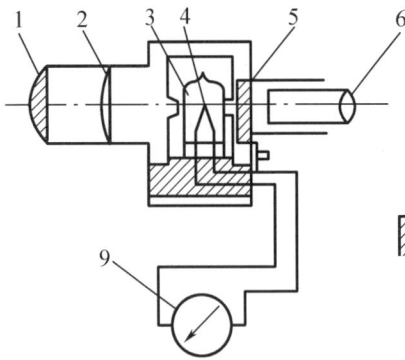

图 2.61　全辐射高温计原理图

1—物镜;2—光阑;3—玻璃泡;4—热电堆;
5—灰色滤光片;6—目镜;7—铂铑;8—云母片;9—二次仪表

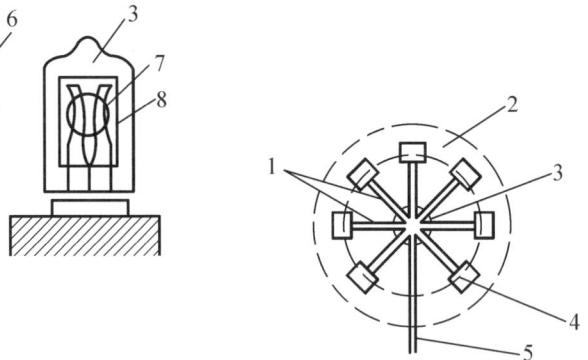

图 2.62　热电堆结构

1—热电偶;2—云母环;3—靶心;
4—考铜箔;5—引出线

从式(2.77)可知,由于 ε 总是小于1,所以测得的辐射温度总是低于实际物体的真实温度。

2.8.3　比色高温计

比色高温计是利用两种不同波长的辐射强度的比值来测量温度的,因此又称为双色高温计。由于单色辐射率为 ε_λ 的物体的单色辐射强度为

$$E_\lambda = \varepsilon_\lambda C_1 \lambda^{-5} \exp\left(-\frac{C_2}{\lambda T}\right) \tag{2.78}$$

因此,两个单色波长为 λ_1 和 λ_2 的同温度的辐射强度之比为

$$\frac{E_{\lambda 1}}{E_{\lambda 2}} = \left(\frac{\lambda_2}{\lambda_1}\right)^5 \left(\frac{\varepsilon_{\lambda 1}}{\varepsilon_{\lambda 2}}\right) \exp\left[\frac{C_2\left(\frac{1}{\lambda_2} - \frac{1}{\lambda_1}\right)}{T}\right] \tag{2.79}$$

即

$$T = 1 \bigg/ \left[\left(\ln \frac{E_{\lambda 1}}{E_{\lambda 2}} - A - P \right) B \right] \qquad (2.80)$$

式中,$A = 5 \ln \dfrac{\lambda_2}{\lambda_1}$;$B = C_2 \left(\dfrac{1}{\lambda_2} - \dfrac{1}{\lambda_1} \right)$;$P = \ln \left(\dfrac{\varepsilon_{\lambda 1}}{\varepsilon_{\lambda 2}} \right)$。

对于黑体有 $\varepsilon_{\lambda 1} = \varepsilon_{\lambda 2} = 1$,灰体有 $\varepsilon_{\lambda 1} = \varepsilon_{\lambda 2}$,此时都有 $P = 0$。因此,用双色高温计测定灰体时,其温度测定值与同等辐射强度比的黑体温度相等,故无须修正。

图 2.63 是单通道光电比色高温计的工作原理图。被测物体的辐射能量经物镜组 1 聚焦,经过通孔成像镜 2 而到达硅光电池接收器 5。同步电动机 4 带动圆盘 3 转动,圆盘上装有两种不同颜色的滤光片,交替通过两种波长的光,使接收器 5 输出两个相应的电信号。对被测对象的瞄准是由反射镜 8、倒像镜 7 和目镜 6 来实现的。为使光电池工作稳定,将其安装在一恒温容器内,容器温度由光电池恒温电路自动控制。

单通道比色高温计的测温范围为 900 ~ 2 000 ℃,仪表基本误差为 ± 1%。如果采用 PbS 光电池代替硅光电池作为接收器,则测温下限可到 400 ℃。

图 2.64 为双通道比色高温计原理图。它采用分光镜把辐射能分成不同波长的两

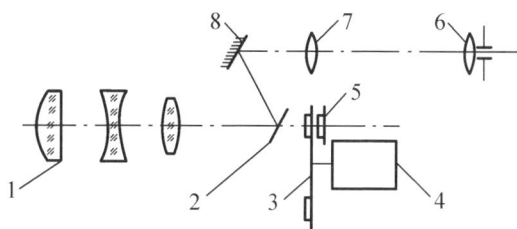

图 2.63 单通道光电比色高温计原理图

1—物镜组;2—通孔成像镜;3—调制盘;4—同步电动机;
5—硅光电池接收器;6—目镜;7—倒像镜;8—反射镜

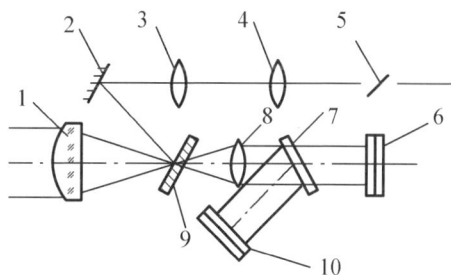

图 2.64 双通道光电比色高温计原理图

1—物镜;2—反射镜;3—倒像镜;4—目镜;5—人眼;
6,10—硅光电池;7—分光镜;8—物镜;9—视场光阑

路,即红外光透过分光镜 7 投射到硅光电池 6 上;可见光则被分光镜反射到另一光电池 10 上。利用两个硅光电池输出信号的差值,就可求得被测物体的比色温度值。

2.8.4 红外测温仪

当被测物体的温度低于 700 ℃时,不会明显地发出可见光,此时就难以使用上述辐射式温度计来测温。由于在这个温度段(0 ~ 700 ℃)内全是红外辐射,所以需要使用红外敏感元件来检测。图 2.65 为红外测温仪的工作原理图,它和光电高温计的工作原理有类同之处,为光学反馈式结构。被测物体 S 和参考源 R 的红外辐射经圆盘调制器 T 调制后输至红外敏感检测器 D。圆盘调制器 T 由同步电动机 M 所带动。检测器 D 的输出电信号经放大器 A 和相敏整流器 K 后送至控制放大器 C,控制参考源的辐射强度。当参考源和被测物体的辐射强度一致时,参考源的加热电流即代表被测温度,由指示器 I 显示出被测物体的温度值。

热像仪利用红外扫描原理来测量物体表面温度分布,它摄取来自被测物体各部分射向仪器的红外辐射通量的分布,利用红外探测器水平扫描和垂直扫描,顺序地直接测量被测物体各

部分发射出的红外辐射,综合起来就得到物体发射的红外辐射通量的分布图像,这种图像称为热像图或称为温度场图。

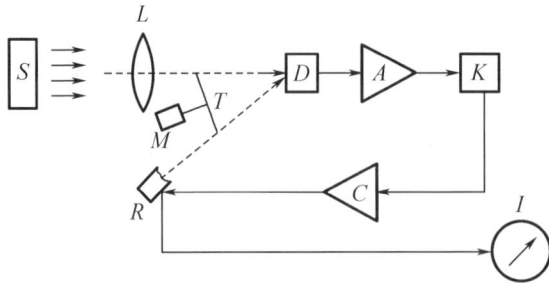

图 2.65　红外测温仪工作原理图

S—被测物体;L—光学系统;D—红外探测器;
A—放大器;K—相敏整流器;C—控制放大器;
R—参考源;M—电动机;I—指示器;T—调制盘

2.9　温度检测仪表在压水堆核电站的应用

核电站的温度检测仪表,就其原理来说,与火电厂的温度检测仪表没有本质的不同,只是使用方法和型号根据堆型不同而有些差别而已,就核电站温度检测范围和场合不同而所用温度检测仪表也有所不同。

2.9.1　热电偶在堆芯温度测量中的应用

压水堆核电站的温度检测仪表中核岛部分所用的热电偶是镍铬－镍铝热电偶。这种热电偶主要用于堆芯温度的检测。经过考察镍铬－镍铝、铁－康铜、铜－康铜、铂－铂铑,钨－镍、钨－钨铼等热电偶,在热中子通量 1×10^{24} 中子/(厘米^2·秒)下较长时间的辐射,其结论为镍铬－镍铝最稳定,铁－康铜次之,其余四种热电偶在辐照期间都发生了成分的变化,从而必然造成热电偶性质的改变。因此核反应堆芯的温度检测常用镍铬－镍铝热电偶。

镍铬－镍铝热电偶直径约 3 mm,采用不锈钢套管,氧化铝绝缘,尾部接一只插件式热电偶连接器。

为了验证堆芯设计参数和计算各热管因子,堆芯温度与堆芯中子通量结合起来,可以决定堆芯最大可能的输出功率,所以堆芯温度检测,是指检测预定的燃料组件的出口冷却剂温度。通常有几十根镍铬－镍铝热电偶,通过贯穿压力壳上封头的导向管,伸向燃料组件出口处,信号经热电偶的延伸线连接到安全壳内的冷端箱里,再经贯穿件与铜导线送给记录和数据处理系统。

堆芯温度测量的功能如下:

(1)给出堆芯温度分布图,并连续记录堆芯温度,显示最高堆芯温度及最小温度裕度;

(2)探测或验证堆内径向功率分布不平衡程度;

(3)判断是否有控制棒脱离所在棒组;

（4）供操纵员观察发生事故时和事故后堆芯温度和过冷度的变化趋势。

大亚湾核电站堆芯温度检测是用 40 个热电偶实现的。热电偶由铬镍合金 – 铝镍合金制成,包壳用不锈钢,并用氧化铝作绝缘材料。这 40 个热电偶在堆芯的布置情况如图 2.66 所示。40 只热电偶分为 A,B 两个通道,每个通道有 20 个热电偶。温度信号由热电偶导线管经 4 根热电偶柱引出。

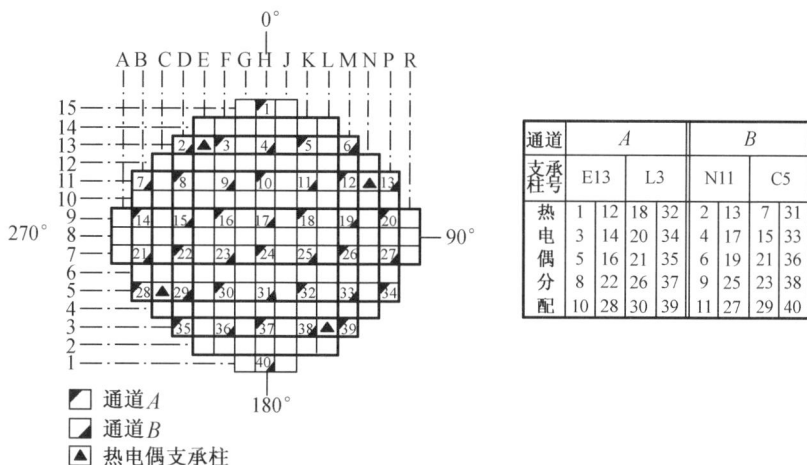

通道	A		B	
支承柱号	E13	L3	N11	C5
热 电 偶 分 配	1 12	18 32	2 13	7 31
	3 14	20 34	4 17	15 33
	5 16	21 35	6 19	21 36
	8 22	26 37	9 25	23 38
	10 28	30 39	11 27	29 40

▧ 通道 A
◪ 通道 B
▲ 热电偶支承柱

图 2.66 堆芯热电偶布置

热电偶在堆芯的安装情况如图 2.67 所示。热电偶的热端固定在所测燃料组件冷却剂出口处、上堆芯支承板上方的角承板上。热电偶导线穿入导线管,每 10 只导线管穿入一只热电偶支承柱,共有 4 个支承柱。热电偶支承柱穿过压力容器顶盖。导线管穿出热电偶支承柱之外后,经过热电偶导线管接头。热电偶经过连接器与同材料的延伸线相连,延伸线接往冷端箱。压力容器头部连接器焊在压力容器上。在热电偶支承柱和压力容器头部连接器之间是可拆密封结构,在导线管和热电偶支承柱之间是焊接密封结构。热电偶 – 导线管接头是热电偶和导线管之间的可拆密封结构。

冷端箱有两个,位于安全壳外,由单根镍线和铬线绞绕组成的延伸线接到冷端箱端子上,由转接铜线将温度信号引至电气厂房的堆芯冷却监测机柜。冷端箱温度由电阻温度计探测,温度信号也输至堆芯冷却监测机柜,用以冷端温度补偿。

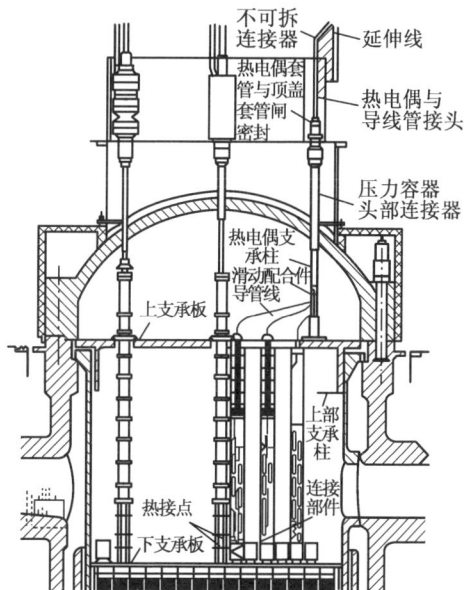

图 2.67 堆芯热电偶安装图

燃料组件冷却剂出口温度检测系统的二次仪表和控制设备均安装在主控室内。

大亚湾核电站堆芯温度检测所用的镍铬 – 镍铝热电偶的主要特性是:$\phi = 3.17$ mm,

$L = 6.0 \sim 9.2$ m，量程为 $0 \sim 1\,200$ ℃；

精度为 0 ℃ $< T < 375$ ℃时，± 1.5 ℃；$T > 375$ ℃时，$\pm 0.4\% T$。

2.9.2　热电阻在核电站核岛温度测量中的应用

热电阻至今未被广泛应用到核反应堆堆芯温度的测量中，其原因是在较高的核辐射场中金属电阻会发生变化，而且变化的数值是辐射形式以及辐射期间和辐射之后金属温度的复杂的函数，同时普通的电阻温度计比热电偶大得多，不便于应用到反应堆堆芯中。然而热电阻常用于反应堆进出口冷却剂温度的测量，因为这时其处于较低的核辐射场中。

铂热电阻主要用于核电站反应堆冷却剂回路温度的监测。反应堆冷却剂在反应堆进、出口处的温度及其温差 ΔT 和平均温度 T_{avg} 是反应堆最重要的检测参数之一，其中 T_{avg} 是反应堆功率调节系统的主调节量，超温 ΔT 和超功率 ΔT 保护参数整定值是 ΔT 和 T_{avg} 的函数。

控制系统和反应堆保护系统所采用的反应堆冷却剂温度，是通过直接浸没在小旁通回路内(而不是浸没在反应堆主冷却剂管内)的电阻温度探测器测量的。电阻温度探测器安装在该旁通回路的歧管中，歧管口径比较大，足以装进电阻温度探测器。在每个反应堆冷却剂环路中，都有两个旁通回路：一个旁通回路用于热段温度测量，另一个用于冷段温度测量。

热段歧管中产生流动的驱动压头，是蒸汽发生器进出口压差。分开角度为 120°(在断面上)的三个进水口接收来自热段的样品流。这些样品流在进入歧管前混合在一起。通往蒸汽发生器和反应堆冷却剂泵之间的中间段的回返管线，是热段歧管样品流和冷段歧管样品流共用的。冷段歧管的进水接管在反应堆冷却剂泵的下游。因为泵的混合作用，它不需要多个进水口，只采用一个接管就够了。产生冷段歧管水流动的驱动水头是水泵进出口压差。图 2.68 是电阻温度探测器歧管示意图。

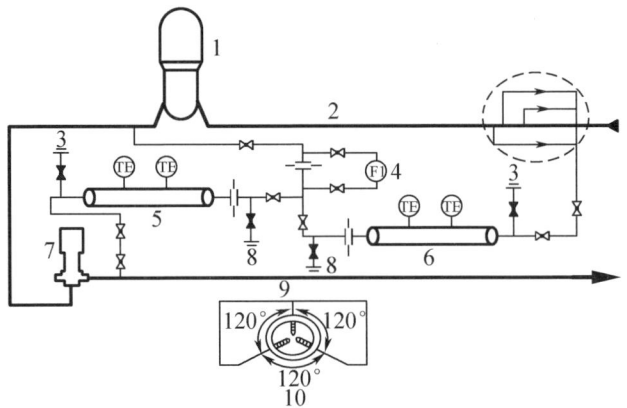

图 2.68　典型的电阻温度计回路

1—蒸汽发生器；2—热段；3—排气孔；4—旁路流量仪表；
5—冷段歧管；6—热段歧管；7—反应堆冷却剂泵；8—排水孔；
9—冷段；10—热段剖面图；TE—温度探测器；FI—流量仪表

这些电阻温度探测器是窄量程(277 ~ 332 ℃)探测器。由热段温度和冷段温度可以得到冷却剂回路的平均温度 T_{avg} 和温差 ΔT。

在旁路上用铂热电阻测量温度有两个作用：①能得到热段温度和冷段温度；②产生反应堆控制和保护系统所必需的主回路冷却剂的平均温度信号 T_{avg} 和主回路冷却剂在热段和冷段的温差 ΔT。

不直接在冷管段和热管段上安装铂热电阻而要在旁路管线上安装铂热电阻测量温度的理由如下：

（1）在旁路管线能得到更加均匀的流体温度；

（2）在旁路管线中流体的低流速使得可以利用裸露的、没有套管的响应速度快的铂热电阻元件；

（3）旁路系统允许在不需要对一回路采取某些措施的情况下，就可以检修铂热电阻测温元件。

反应堆进、出口冷却剂温度检测时的具体测点是在每条环路上设置了六个铂热电阻：其中热段三个，两个工作，一个备用；冷段三个，两个工作，一个备用。

反应堆冷却剂环路温度，还可以通过安装在每个环路反应堆冷却剂管线测孔内的宽量程（−18 ~ 371 ℃）电阻温度探测器测量。这种探测器被用来指示升温和冷却期间的温度。

2.9.3 热电阻在核电站常规岛的应用

热电阻广泛用于核电站常规岛各种温度的检测，例如铜热电阻 G_{53} 用于汽轮发电机轴承回油温度和汽机推力瓦工作及非工作面温度的测量，以及发电机定子线圈温度测量；铂热电阻 BA_1 用于回水加热器进、出口水温和发电机铁芯温度的检测。

思考题与习题

2 – 1 温度测量的基础是什么？

2 – 2 热电偶测温原理是什么，热电偶回路产生热电势的必要条件是什么？

2 – 3 可否在热电偶闭合回路中介入导线和仪表，为什么？

2 – 4 国际上公认的标准化热电偶有几种，分度号都是什么？

2 – 5 热电偶测温时为什么要进行冷端温度补偿，冷端温度补偿的方法有哪些？

2 – 6 热电偶测温回路的电阻由哪些部分组成？回路电阻对测量结果有什么影响？采取什么措施减少其影响？

2 – 7 在热电偶测温电路中采用补偿导线时，应如何连接，需要注意哪些问题？

2 – 8 铠装热电偶的测量端一般有哪几种形式，简述其结构、特点及应用条件。

2 – 9 用分度号为 S 的热电偶测温，其参比端温度为 20 ℃，测得热电势 $E = (t, 20) = 11.30$ mV，试求被测温度 t。

2 – 10 用分度号为 K 的镍铬 – 镍硅热电偶测量温度，在没有采取冷端温度补偿的情况下，显示仪表指示值为 500 ℃，而这时冷端温度为 60 ℃，试问实际温度应为多少？ 如果热端温度不变，设法使冷端温度保持在 20 ℃，此时显示仪表的指示值应为多少？

2 – 11 试述热电阻测温原理，并说明常用热电阻的种类及 R_0 值为多少？

2 – 12 热电阻测温元件为什么采用三线制接法，常用的测温显示仪表有哪些？

2 – 13 分析接触测温方法产生测温误差的原因，在实际应用中用哪些措施克服？

2 – 14 简述温度变送器的工作原理。

2 – 15 在实际的温度测量中，应从哪几方面考虑进行温度仪表选型？

2 – 16 在国标中热电偶与热电阻的精度是如何分级的？

2 – 17 如何提高热电偶的响应时间？

2-18 采用热电偶进行壁面温度测量时,有哪几种接触形式,其特点各是什么?

2-19 辐射测温方法的特点是什么,常用的辐射式测温仪有哪几类?

2-20 采用比色高温计测得某物体的颜色温度为1 358 ℃,已知黑度为 $\varepsilon_{\lambda 1} = 0.36(\lambda_1 = 0.5\ \mu m)$,$\varepsilon_{\lambda 2} = 0.33(\lambda_2 = 0.58\ \mu m)$。问在未作黑度修正的情况下,用镍铬–康铜热电偶和与之相匹配的毫伏计(0~800 ℃)来测量温度,但在测量时未采用补偿导线与补偿器,毫伏计的机械零点在标尺的 0 ℃处。问:

(1)当毫伏计指示在 200 ℃,冷端温度为 25 ℃时,对象温度实际为多少?

(2)如对象温度未发生变化,但冷端的温度为 50 ℃,此时毫伏计的指示值为多少?

(3)毫伏计不变,但热电偶却误用成镍铬–镍硅。当冷端温度为 25 ℃,毫伏计指示于 200 ℃处时,问对象温度为多少?

2-21 用单色光学高温计测量已氧化的碳钢的表面温度时,表计指示温度为 920 ℃,问碳钢表面的真实温度是多少? 如果碳钢的单色辐射黑度 ε 的误差为 ±5%,求由此带来的测量误差(假定单色光为红光,$\lambda = 0.65\ \mu m$)。

2-22 用全辐射高温计测量磨光的钢板表面温度时,试计算出表计指示温度分别为 1 000 K 与 2 000 K 时钢板表面的真实温度。当全辐射黑度系数 ε 的估计出现 10% 的误差时,问由此带来的测量误差是多少?

2-23 已知比色高温计所用的光线波长分别为 $\lambda_1 = 0.8\ \mu m$、$\lambda_2 = 1\ \mu m$,被测物体在相应波长下的黑度系数之比为 $\varepsilon_{\lambda 1}/\varepsilon_{\lambda 2} = 1.1 \pm 5\%$,试计算出表计温度分别为 1 000 K 和 2 000 K 时被测物体的真实温度,并计算出由于比值 $\varepsilon_{\lambda 1}/\varepsilon_{\lambda 2}$ 的误差所带来的测温误差。

2-24 温度检测仪表在核电站中是如何应用的?

第3章　压 力 检 测

3.1　压力检测概述

压力是重要的热工参数之一。所谓压力是指垂直作用在单位面积上的力,即物理学上的压强。在核电站中,为了使核岛和常规岛的各种设备安全经济地运行,必须对压力加以监视和控制;要具体了解各设备的运行状况及深入研究其内部的工作过程,也须知道其特定区域的压力分布。

由于地球表面存在大气压力,物体受压的情况也各有不同,不同场合下的压力有不同的表示方法,如绝对压力、表压力、负压力或真空度、压差等。

由于参考点不同,在工程上压力的表示方式有三种:绝对压力 p_a、表压力 p、负压力或真空度 p_v。

绝对压力 p_a 是被测介质作用于物体表面上的全部压力,以完全真空作为零标准的压力。用来测量绝对压力的仪表称为绝对压力表。

表压力 p 是指用一般压力表所测得的压力,它以当地大气压作为零标准,等于绝对压力与当地大气压 p_0 之差,即

$$p = p_a - p_0 \tag{3.1}$$

式中,大气压 p_0 是地球表面空气柱所形成的压力,它随地理纬度、海拔高度及气象条件而变化。可以用专门的大气压力表(简称气压表)测得,它的数值也是以绝对压力零位作基准得到的,因此也是绝对压力。

真空度 p_v 是指接近真空的程度。当绝对压力小于大气压力时,表压力为负值,其绝对值称为真空度,表达式为

$$p_v = p_0 - p_a \tag{3.2}$$

差压 Δp 是用两个压力之差表示的压力,也就是以大气压以外的任意压力作零标准的压力,即

$$\Delta p = p_1 - p_2 \tag{3.3}$$

差压在各种热工量、机械量测量中用得很多。差压测量使用的是差压计。在差压计中一般将压力高的一侧称为正压,压力低的一侧称为负压,但这个负压是相对正压而言的,并不一定低于当地大气压力,与表示真空度的负压是截然不同的。

绝对压力 p_a、表压力 p、真空度或负压力大气压 p_v 和压力差 p_0 的相互关系如图3.1所示。

在国际单位制(SI)和我国法定计量单位中,压力的单位是"帕斯卡",简称"帕",符号为"Pa",且

$$1\ Pa = 1\ N/m^2$$

即 1 N(牛顿)的力垂直均匀作用在 1 m^2 的面积上所形成的压力值为 1 Pa。

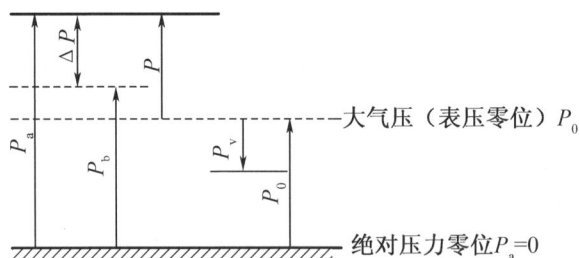

图 3.1 各种压力之间的关系

过去采用的压力单位"工程大气压(kgf/cm^2)""毫米汞柱(mmHg)""毫米水柱(mmH_2O)""物理大气压(atm)"等均应改为法定计量单位帕,或兆帕(MPa),1 MPa = 10^6 Pa。各种压力单位与"帕"之间的换算关系见表 3.1。

表 3.1 压力单位换算表

单位	帕(Pa)	巴(bar)	毫巴(mbar)	毫米水柱(mmH_2O)	标准大气压(atm)	工程大气压(at)	毫米汞柱(mmHg)	磅力/英寸^2($1bf/in^2$)
帕(Pa)	1	1×10^{-5}	1×10^{-2}	$1.019\,716 \times 10^{-1}$	$0.986\,923\,6 \times 10^{-5}$	$1.019\,716 \times 10^{-5}$	$0.750\,06 \times 10^{-2}$	$1.450\,442 \times 10^{-4}$
巴(bar)	1×10^5	1	10^3	$1.019\,716 \times 10^4$	$0.986\,923\,6$	$1.019\,716$	$0.750\,06 \times 10^3$	$1.450\,442 \times 10$
毫巴(mbar)	1×10^2	1×10^{-3}	1	$1.019\,716 \times 10$	$0.986\,923\,6 \times 10^{-3}$	$1.019\,716 \times 10^{-3}$	$0.750\,06$	$1.450\,442 \times 10^{-2}$
毫米水柱(mmH_2O)	$0.980\,665 \times 10$	$0.980\,665 \times 10^{-4}$	$0.980\,665 \times 10^{-1}$	1	$0.967\,8 \times 10^{-4}$	1×10^{-4}	$0.735\,57 \times 10^{-10}$	1.422×10^{-3}
标准大气压(atm)	$1.013\,25 \times 10^5$	$1.013\,25$	$1.013\,25 \times 10^3$	$1.033\,227 \times 10^4$	1	$1.033\,2$	0.76×10^3	$1.469\,6 \times 10$
工程大气压(at)	$0.980\,665 \times 10^5$	$0.980\,665$	$0.980\,665 \times 10^3$	10^4	$0.967\,8$	1	$0.735\,56 \times 10^3$	$1.422\,398 \times 10$
毫米汞柱(mmHg)	$1.333\,224 \times 10^2$	$1.333\,224 \times 10^{-3}$	$1.333\,224$	$1.359\,51 \times 10$	1.316×10^{-3}	$1.359\,51 \times 10^{-3}$	1	1.934×10^{-2}
磅力/英寸^2($1bf/in^2$)	$0.689\,49 \times 10^4$	$0.689\,49 \times 10^{-1}$	$0.089\,49 \times 10^2$	$0.703\,07 \times 10^3$	$0.680\,5 \times 10^{-1}$	0.707×10^{-1}	$0.517\,15 \times 10^2$	1

按敏感元件和测压原理的特性不同,压力测量仪表一般分为以下四类。

1. 液柱式压力计

它是依据重力与被测压力平衡的原理制成的,可将被测压力转换为液柱的高度差进行测量,例如 U 形管压力计、单管压力计以及斜管压力计等。

2. 弹性式压力计

它是依据弹性力与被测压力平衡的原理制成的,弹性元件感受压力后会产生弹性变形,形成弹性力,当弹性力与被测压力相平衡时,弹性元件变形的多少反映了被测压力的大小。据此原理工作的各种弹性式压力计在工业上得到了广泛的应用,如弹簧管压力计、波纹管压力计以及膜盒式压力计等。

3. 电气式压力计

它是利用一些物质与压力有关的物理性质进行测压的。一些物质受压后,它的某些物理性质会发生变化,通过测量这种变化就能测量出压力。据此原理制造出的各种压力传感器往往具有精度高、体积小、动态特性好等优点,压力传感器成为近年来压力测量的一个主要发展方向,常用的压力传感器有电阻应变片式、电容式、压电式、电感式、霍耳式等。

4. 活塞式压力计

它是根据水压机液体传送压力的原理,将被测压力转换成活塞面积上所加平衡砝码的质量。它普遍地被作为标准仪器用来校验或刻度弹性式压力计。

3.2　液柱式压力计

液柱式测压仪表是根据流体静力学原理,利用液柱所产生的压力与被测压力平衡,并根据液柱高度来确定被测压力大小的压力计。所用液体叫作封液,常用的有水、酒精、水银等。液柱式压力计多用于测量低压、负压和压力差。常用的液柱式压力计有 U 形管压力计、单管压力计和斜管微压计。它们的结构形式如图 3.2 所示。

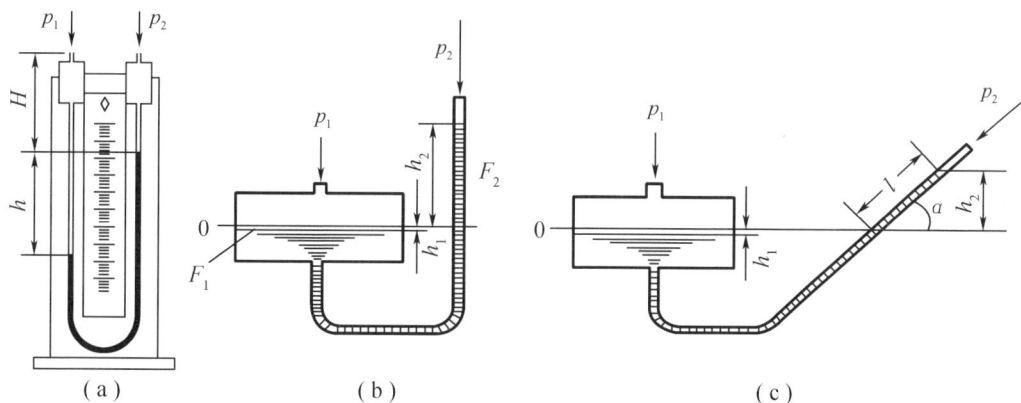

图 3.2　液柱式压力计
(a)U 形管压力计;(b)单管压力计;(c)斜管微压计

3.2.1　U形管压力计

U形管压力计的结构如图3.2(a)所示,在U形管压力计两端接通压力p_1,p_2,则p_1,p_2与封液液柱高度h间有如下关系:

$$p_1 - p_2 = gh(\rho - \rho_1) + gH(\rho_2 - \rho_1) \tag{3.4}$$

式中,ρ_1,ρ_2,ρ分别为左右两侧介质及封液密度;H为右侧介质高度;g为重力加速度。

当$\rho_1 \approx \rho_2$时,式(3.4)可简化为

$$p_1 - p_2 = gh(\rho - \rho_1) \tag{3.5}$$

若$\rho_1 \approx \rho_2$,且$\rho \gg \rho_1$,则有

$$p_1 - p_2 = gh\rho \tag{3.6}$$

由式(3.6)可知,当U形管内封液密度一定并已知时,液柱高度差h反映了压力的大小,这就是液柱式压力计测量压力的基本工作原理。

根据被测压力的大小及要求,其封液可采用水或水银,有时为了避免细玻璃管中的毛细管作用,其封液也可选用酒精或苯。U形管压力计的测压范围最大不超过0.2 MPa。

3.2.2　单管压力计

单管压力计的结构如图3.2(b)所示。其两侧压力差为

$$\Delta p = p_1 - p_2 = (h_1 + h_2)g(\rho - \rho_1)$$
$$= g(\rho - \rho_1)(1 + F_2/F_1)h_2 \tag{3.7}$$

式中,F_1,F_2分别为容器和单管的截面积;h_2为封液液柱高度。

若$F_1 \gg F_2$,且$\rho \gg \rho_1$,则

$$p_1 - p_2 = g\rho h_2 \tag{3.8}$$

贝兹(Bates)微压计就是利用单管压力计的原理制成的,其结构如图3.3所示。在大容器的中部插有一根升管,被测压力接到容器的软管上(若测压差,则低压端接到升管上端的压力接头上)。被测压力高于环境大气压时,升管中的液面上升,在升管中的浮子也随之上升。浮子的下端挂有玻璃刻度板,投影仪将刻度的一段放大约20倍后显示在具有游标的毛玻璃上。相邻两刻线相差为1 mm,用游标尺读数的方法可精确读出1 Pa的压力。

3.2.3　斜管压力计

斜管压力计的结构如图3.2(c)所示。斜管微压计两侧压力p_1,p_2和液柱长度l的关系可

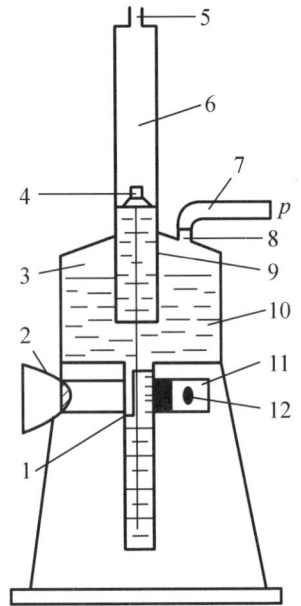

图3.3　贝兹微压计

1—毛玻璃片;2—目镜;3—宽断面容器;4—浮子;5,8—压力接头;6—升管;7—软管;9—玻璃刻度;10—测量液体;11—投影装置;12—灯泡

表示为

$$p_1 - p_2 = g\rho l\sin\alpha \tag{3.9}$$

式中,α 为斜管的倾斜角度;l 为液柱长度。

从式(3.9)可以看出,斜管压力计的刻度比 U 形管压力计的刻度放大了 $1/\sin\alpha$ 倍。若采用酒精作为封液,则更便于测量微压,一般这种斜管压力计适于测量 2 ~ 2 000 Pa 范围的压力。

3.2.4　液柱式压力计的测量误差及其修正

在实际使用时,很多因素都会影响到液柱式压力计的测量精度,对某一具体测量问题,有些影响因素可以忽略,有些必须加以修正。

1. 环境温度变化的影响

当环境温度偏离规定温度时,封液密度、标尺长度都会发生变化。由于封液的体膨胀系数比标尺的线膨胀系数大 1 ~ 2 个数量级,对于一般的工业测量,主要考虑温度变化引起的封液密度变化对压力测量的影响,而精密测量时还需要对标尺长度变化的影响进行修正。

环境温度偏离规定温度 20 ℃后,封液密度改变对压力计读数影响的修正公式为

$$h_{20} = h[1 - \beta(t - 20)] \tag{3.10}$$

式中,h_{20} 为 20 ℃时封液液柱高度;h 为 t ℃时封液液柱高度;β 为封液的体膨胀系数;t 为测量时的实际温度。

2. 重力加速度变化的修正

仪器使用地点的重力加速度 g_ϕ 由下式计算:

$$g_\phi = \frac{g_N[1 - 0.002\,65\cos(2\phi)]}{(1 + 2H/R)} \tag{3.11}$$

式中,H 为使用地点海拔高度,m;ϕ 为使用地点海拔纬度,(°);g_N 为9.806 65 m/s^2,标准重力加速度;R 为地球的半径(纬度45°海平面处),6 356 766 m。因此有

$$h_N = h_\phi g_\phi/g_N \tag{3.12}$$

式中,h_N 为标准地点封液液柱高度;h_ϕ 为测量地点封液液柱高度。

3. 毛细现象造成的误差

毛细现象使封液表面形成弯月面,这不仅会引起读数误差,而且会引起液柱的升高或降低。这种误差与封液的表面张力、管径、管内壁的洁净度等因素有关,难以精确得到。实际应用时,常常通过加大管径来减少毛细现象的影响。封液为酒精,管子内径 $d \geq 3$ mm;水、水银作封液,$d \geq 8$ mm。

此外液柱式压力计还存在刻度、读数、安装等方面的误差。读数时,眼睛应与封液弯月面的最高点或最低点持平,并沿切线方向读数。U 形管压力计和单管压力计都要求垂直安装,否则将会带来较大误差。

3.3 弹性式压力计

弹性式压力计以各种形式的弹性元件受压后产生的弹性变形作为测量的基础,常用的弹性元件有弹簧管、膜片和波纹管,相应的有弹簧管压力计、膜式压力计和波纹管式压差计。弹性元件变形产生的位移较小,往往需要把它变换为指针的角位移或电信号、气信号,以便显示压力的大小。

3.3.1 弹簧管压力计

弹簧管是弹簧管压力计的主要测压元件。弹簧管的横截面呈椭圆形或扁圆形,是一根空心的金属管,其一端封闭为自由端,另一端固定在仪表的外壳上,并与被测介质相通的管接头连接,如图 3.4 和图 3.5 所示。当具有压力的介质进入管的内腔后,由于弹簧管的横截面是椭圆形或扁圆形的,所以在压力的作用下它会发生变形。短轴方向的内表面积比长轴方向的大,因而受力也大,当管内压力比管外大时,短轴要变长些,长轴要变短些,管子截面更圆,产生弹性变形,使弯成圆弧状的弹簧管向外伸张,在自由端产生位移。此位移经杆系和齿轮机构带动指针,当变形引起的弹性力与被测压力产生的作用力平衡时,变形停止,指针指示出相应的压力值。

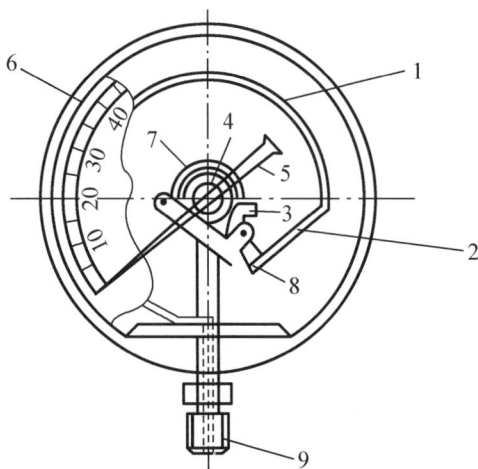

图 3.4 单圈弹簧管压力计

1—弹簧管;2—拉杆;3—扇形齿轮;4—中心齿轮;
5—指针;6—刻度盘;7—游丝;8—调节螺钉;9—接头

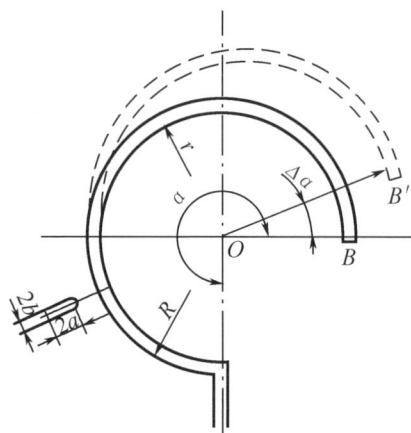

图 3.5 单圈弹簧管的结构

这种单圈弹簧管压力计的自由端的位移量不能太大,一般不超过 2 ~ 5 mm。为了提高弹簧管的灵敏度,增加自由端的位移量,可采用盘旋弹簧管或螺旋形弹簧管,如图 3.6 所示。

普通的单圈弹簧压力计的精度是 1 ~ 4 级,精密的是 0.1 ~ 0.5 级,测量范围从真空到 10^9 Pa。为了保证弹簧管压力表的指示正确和长期使用,应使仪表工作在正常允许的压力范围内。对于波动较大的压力,仪表的示值应经常处于量程范围的1/2附近;被测压力波动小时,仪表示值可在量程范围的 2/3 左右,但被测压力值一般不应低于量程范围的1/3。另外,还要注意仪表的防振、防爆、防腐等问题,并要定期校验。

为了生产工艺的需要或设备安全,常希望把压力控制在一定的范围之内。当压力高于或低于规定范围时,希望仪表能发出灯光或声音信号,提醒操作者予以注意。因此可采用电接点压力计,其测量工作原理和一般弹簧管压力计完全相同,但它有一套发信机构。在其指针的下部有两个指针,一个为高压给定指针,一个为低压给定指针,利用专用钥匙在表盘的中间旋动给定指针的销子,将给定指针拨到所要控制的压力上限和下限值处。

在高低压给定值指针和指示指针上各带有电接点。电接点式压力计的结构和电路示意如图 3.7 所示。当指示指针位于高、低压给定指针之间时,三个电接点彼此断开,不发信号。当指示指针位于低压给定值指针的位置时,低压接点接通,低压指示灯亮,表示压力过低。当压力达到上限时,即指示指针位于高压给定指针的位置,高压接点接通,高压指示灯亮,表示压力过高。电接点压力计除作为高、低压报警外,还可以接其他继电器等自动设备,起连锁和自动操纵作用。但这种仪表只能指示压力的高低,不能远传压力指示。触点控制部分的供电电压,交流电不得超过380 V;直流电不超过220 V。触点的最大容量为 10 VA,通过的最大电流为 1 A。使用时不能超过上述电功率,以免将触头烧掉。电接点压力计的准确度一般为 1.5~2.5 级。

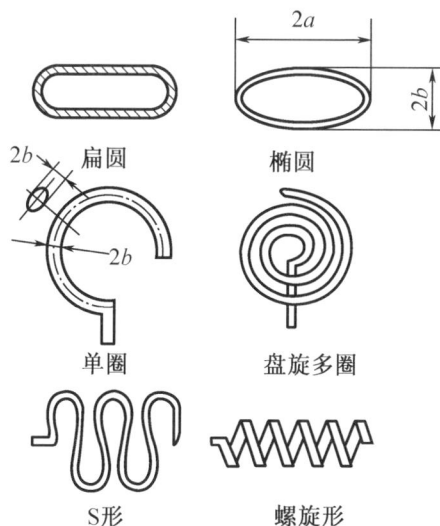

图 3.6 弹簧管及其横截面

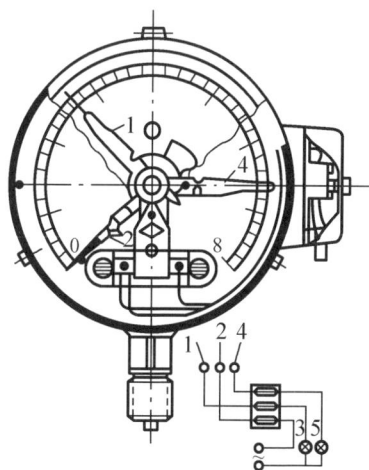

图 3.7 电接点压力计
1—低压给定指针及接点;2—指针及接点;
3—绿灯;4—高压给定指针及接点;5—红灯

3.3.2 膜式压力计

膜式压力计分为膜片压力计和膜盒压力计两种。前者主要用于测量腐蚀性介质或非凝固、非结晶的黏性介质的压力;后者常用于测量气体的微压或负压。它们的敏感元件分别是膜片和膜盒,膜片和膜盒的形状如图 3.8 所示。

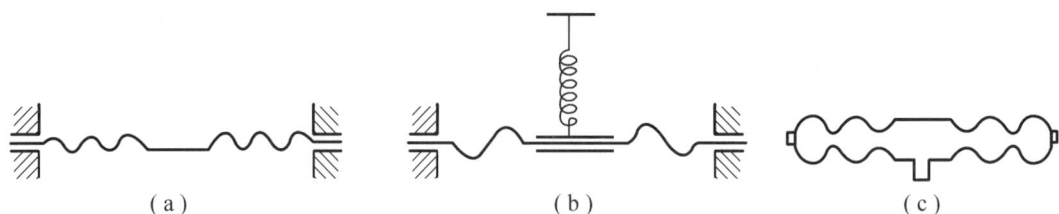

图 3.8　膜片和膜盒
(a)弹性膜片;(b)挠性膜片;(c)膜盒

1. 膜片压力计

膜片压力计的膜片可分为弹性膜片和挠性膜片两种。膜片呈圆形,一般由金属制成,常用的弹性波纹膜片是一种压有环状同心波纹的圆形薄片,它的四周被固定起来。通入压力后,膜片将向压力低的一面弯曲,其中心产生一定的位移(即挠度),通过传动机构带动指针转动,指示出被测压力。其挠度与压力的关系主要由波纹形状、数目、深度和膜片的厚度、直径决定,而边缘部分的波纹情况则基本上决定了膜片的特性,中部波纹的影响很小。挠性膜片只起隔离被测介质的作用,它本身几乎没有弹性,是由固定在膜片上的弹簧来平衡被测压力的。膜片压力计适用于真空度 $0 \sim 6 \times 10^6$ Pa 的压力测量。

2. 膜盒压力计

为了增大膜片的位移量以提高灵敏度,可以把两片金属膜片的周边焊接在一起,形成膜盒,也可以把多个膜盒串接在一起,形成膜盒组。图 3.9 为一膜盒压力计的结构示意图,其传动机构和显示装置在原理上与弹簧管压力计基本相同。膜盒压力计适用于 $0 \sim \pm 4 \times 10^4$ Pa 压力的测量。

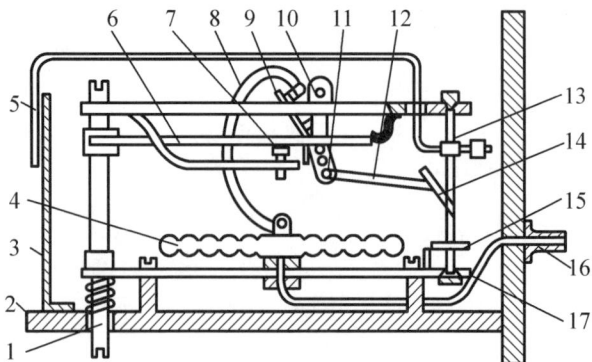

图 3.9　膜盒压力计结构图

1—调零螺杆;2—机座;3—刻度板;4—膜盒;5—指针;6—调零板;
7—限位螺钉;8—弧形连杆;9—双金属片;10—轴;11—杠杆架;
12—连杆;13—指针轴;14—杠杆;15—游丝;16—管接头;17—导压管

3.3.3 波纹管式压差计

波纹管是外周沿轴向有深槽形波纹状皱褶,可沿轴向伸缩的薄壁管子,其外形如图 3.10 所示。它受压时的线性输出范围比受拉时的大,故常在压缩状态下使用。为了改善仪表性能,提高测量精度,便于改变仪表量程,实际应用时波纹管常和刚度比它大几倍的弹簧结合起来使用,这时仪表性能主要由弹簧决定。

波纹管式压差计以波纹管为感压元件来测量压差信号,有单波纹管和双波纹管两种,主要用作流量和液位测量的显示仪表。下面以双波纹管压差计为例来说明这类压差计的工作原理。

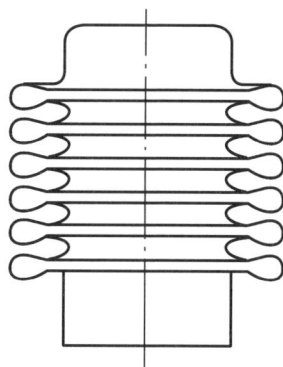

图 3.10 波纹管

图 3.11 为双波纹管压差计的结构示意图。连接轴 1 固定在波纹管 B_1,B_2 端面的刚性端盖上,B_1,B_2 被刚性地连接在一起。B_1,B_2 通过阻尼环 11 与中心基座 8 间的环形间隙,以及中心基座上的阻尼旁路 10 相通。量程弹簧组 7 在低压室,它两端分别固定在连接轴和中心基座上。接入被测压差后,B_1 被压缩,其中的填充液就通过环形间隙和阻尼旁路流向 B_2,使 B_2 伸长,量程弹簧 7 被拉伸,直至压差在 B_1 和 B_2 两个端面上形成的力与量程弹簧和波纹管产生的弹力相平衡为止。这时连接轴系向低压侧有位移,挡板 3 推动摆杆 4,带动扭力管 5 转动,使一端与扭力管固定在一起的心轴 6 发生扭转,此转角反映了被测压差的大小。

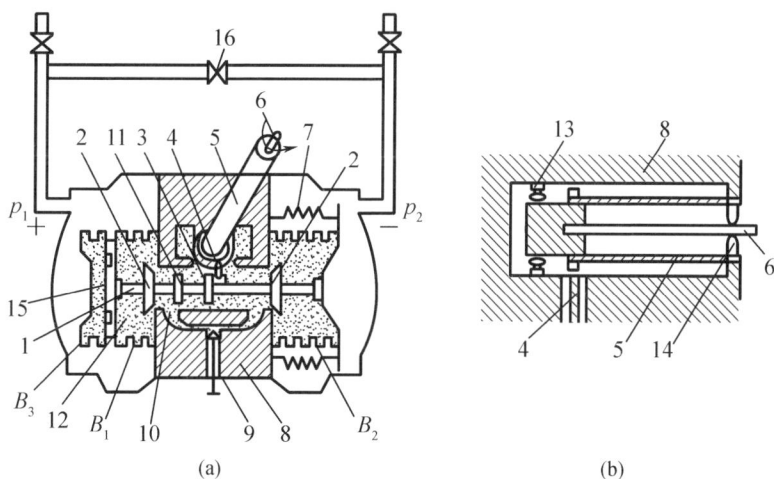

图 3.11 双波纹管压差计结构图

(a)内部结构;(b)扭力管结构

1—连接轴;2—单向受压保护阀;3—推板;4—摆杆;5—扭力管;6—心轴;7—量程弹簧;8—中心基座;9—阻尼阀;10—阻尼旁路;11—阻尼环;12—填充液;13—滚针轴承;14—玛瑙轴承;15—隔板;16—平衡阀

波纹管 B_3 有小孔和 B_1 相通,当温度变化引起 B_1,B_2 内填充液的体积变化时,B_1,B_2 的体积基本不变,多余或不足部分的填充液通过小孔流进或流出 B_3,起到温度补偿作用,即

$$\Delta p = p_1 - p_2 = \frac{2K_1 + K_2}{A} \Delta S \tag{3.13}$$

式中,K_1 为波纹管刚度;K_2 为量程弹簧刚度;A 为波纹管有效面积;ΔS 为连接轴位移。

阻尼阀9起控制填充液在阻尼旁路10中的流动阻力的作用,以防仪表迟延过大或压差变化频繁时引起系统振荡。单向保护阀2保护仪表在压差过大或单向受压时不致损坏。

3.3.4　弹性式压力计的误差及改善途径

1. 弹性式压力计的误差

弹性式压力计的误差主要来源于以下几个方面:

(1)迟滞误差

相同压力下,同一弹性元件正反行程的变形量不一样,产生迟滞误差。

(2)后效误差

弹性元件的变形落后于被测压力的变化,引起弹性后效误差。

(3)间隙误差

仪表的各种活动部件之间有间隙,示值与弹性元件的变形不可能完全对应,引起间隙误差。

(4)摩擦误差

仪表的活动部件运动时,相互间存在摩擦力,产生摩擦误差。

(5)温度误差

环境温度的变化会引起金属材料弹性模量的变化,造成温度误差。

2. 改善途径

提高弹性压力计精度的主要途径有以下几个:

(1)采用无迟滞误差或迟滞误差极小的"全弹性"材料和温度误差很小的"恒弹性"材料制造弹性元件,如合金 Ni42CrTi、Ni36CrTiA,这些是用得较广泛的恒弹性材料,熔凝石英是较理想的全弹性材料和恒弹性材料。

(2)采用新的转换技术,减少或取消中间传动机构,以减少间隙误差和摩擦误差,如电阻应变转化技术。

(3)限制弹性元件的位移量,采用无干摩擦的弹性支承或磁悬浮支承等。

(4)采用合适的制造工艺,使材料的优良性能得到充分的发挥。

3.4　电气式压力计

弹性式压力计由于结构简单,使用和维修方便,测压范围较宽,因此在工业生产中应用十分广泛。然而,在测量快速变化、脉动压力和高真空、超高压等场合,其动态和静态性能均不能满足要求,因此大多采用电气式压力计。

电气式压力计通常是将压力的变化转换为电阻、电感或电势等电参量的变化。由于它输出的是电量,便于信号远传,尤其是便于与计算机连接组成数据自动采集系统,所以得到了广泛的应用,极大地推进了试验技术的发展。

电气式压力计的种类很多,分类方式也不尽相同。从压力转换成电量的途径来看,有基于电磁效应、压阻效应、压电效应、光电效应等的电阻式、电容式、电感式、压电式,等等。从压力对电量的控制方式来分可以分为主动式和被动式两大类,主动式是压力直接通过各种物理效应转化为电量的输出,而被动式则必须从外界输入电能,而这个电能又被所测量的压力以某种方式所控制。本节将较详细地介绍几种使用比较广泛的电气式压力计。

3.4.1　电阻应变片式压力传感器

被测压力作用于弹性敏感元件上,使它产生变形,在其变形的部位粘贴有电阻应变片,电阻应变片感受被测压力的变化,按这种原理设计的传感器称为电阻应变片式压力传感器。

1. 电阻的应变效应

若电阻丝的长度为 l,截面积为 A,电阻率为 ρ,电阻值为 R,则有

$$R = \rho \frac{l}{A} \tag{3.14}$$

设在外力作用下,电阻丝各参数的变化相应为 $dl, dA, d\rho, dR$,把式(3.14)微分并除以 R,可得电阻的相对变化为

$$\frac{dR}{R} = \frac{d\rho}{\rho} + \frac{dl}{l} - \frac{dA}{A} \tag{3.15}$$

由材料力学知识可知,$dl/l = \varepsilon$ 叫作轴向应变,简称应变;dA/A 叫作横向应变,两者的关系为

$$\frac{dA}{A} = -2\mu\varepsilon \tag{3.16}$$

式中,μ 为材料的泊松系数。

引入上述符号后,式(3.15)可改写为

$$\frac{dR}{R} = \left[(1 + 2\mu) + \frac{d\rho/\rho}{\varepsilon} \right]\varepsilon = K_0\varepsilon \tag{3.17}$$

式中,K_0 称为单根电阻丝的灵敏度系数,其意义为单位应变所引起的电阻的相对变化。K_0 是通过实验获得的,在弹性极限内,大多数金属的 K_0 是常数。一般金属材料的 K_0 为 $2\sim6$,半导体材料的 K_0 值可高达 180。

当金属丝制作成电阻应变片后,电阻应变片的灵敏系数 K 将不同于单根金属丝的灵敏系数 K_0,需要重新通过实验测定。实验证明,应变片电阻的相对变化与应变的关系在很大范围内仍然是线性的,即

$$\frac{dR}{R} = K\varepsilon \tag{3.18}$$

由式(3.18)可见,在 K 是常数的情况下,只要测量出应变片电阻值的相对变化,就可以直接得知其应变量,进而求得被测压力。

应变片由应变敏感元件、基片和覆盖层、引出线三部分组成,其典型结构如图 3.12 所示。

应变敏感元件是应变片的核心部分,一般由金属丝、金属箔或半导体材料组成,由它将机械应变转为电阻的变化,基片和覆盖层起固定和保护应变敏感元件、传递应变和电气绝缘的作用。

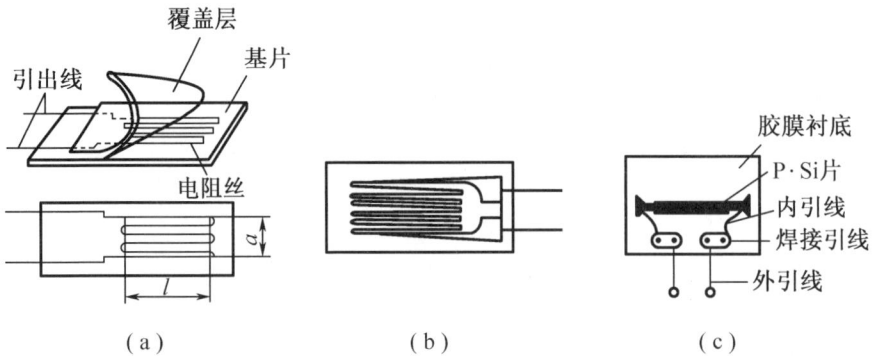

图 3.12 电阻应变片

(a)丝绕式;(b)箔式;(c)半导体式

2. 电阻应变片式压力传感器的结构

电阻应变片式压力传感器一般由应变片、应变筒、外引线等部分组成。主要结构形式有膜片式、筒式、组合式三种,它们的原理性结构如图 3.13 中(a),(b),(c)所示。

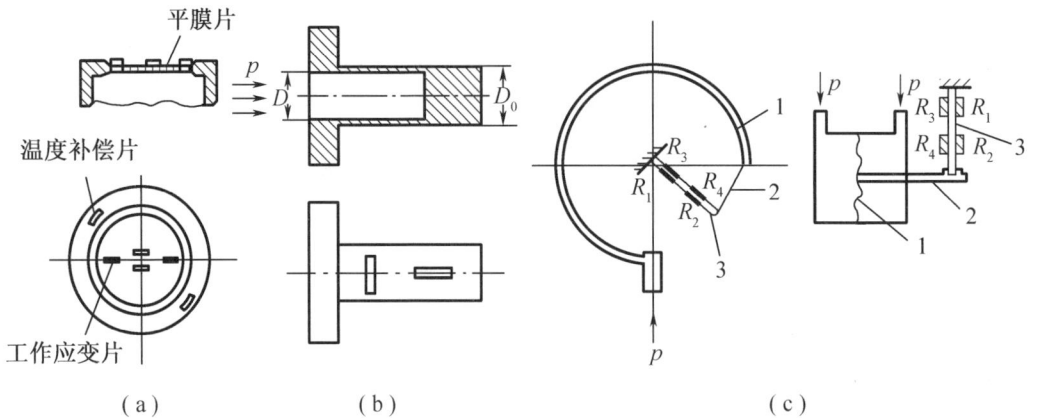

图 3.13 电阻应变片式压力传感器

(a)膜片式;(b)筒式;(c)组合式

1—弹性元件;2—连杆(推杆或拉杆);3—悬臂梁;R_1,R_2,R_3,R_4—应变片

我们以筒式为例来说明电阻应变式压力传感器的构成。传感器的弹性敏感元件是一个薄壁筒,也是传感器的核心部分。应变筒一般由合金钢制成,在压力作用下产生变形,粘贴在外壁上的横向应变片 R_1 与纵向应变片 R_2 同时产生正应变 ε_1 和负应变 ε_2,如图 3.14 所示,即电阻应变片 R_1 受拉伸而 R_2 受压缩,连成如图 3.15 所示的电桥电路。该电路不仅增加了仪器的输出,同时可进行自温度补偿,此输出通过电缆引线与应变仪的电桥盒相连接。

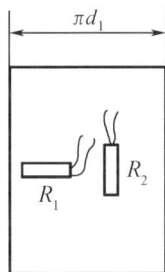

图 3.14　应变筒展开图

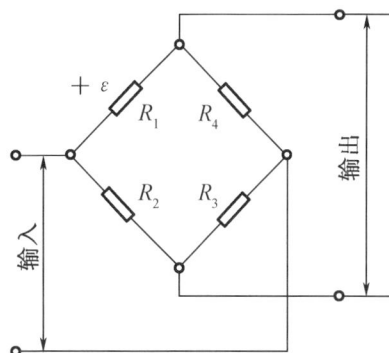

图 3.15　电桥电路

3. 温度补偿与桥式电路输出

前已述及,电阻应变片式压力传感器是依据压力产生应变,应变导致阻值变化而测得压力的原理制成的。但应变片的电阻受温度影响很大,其电阻值会随着温度的变化而变化;另一方面,弹性元件和应变片的线膨胀系数很难完全一样,但它们又是粘贴在一起的,温度变化时就会产生附加应变。因此,电阻应变式压力传感器需要采取温度补偿措施,通常采用电桥补偿的方法,电桥补偿电路有半桥和全桥两种。采用电桥方式的原因一个是可以起到温度补偿的作用,另一个是可以提高信号的输出幅度。

（1）半桥电路

半桥电路如图 3.15 所示。将工作应变片 R_1 与补偿应变片 R_2 安装在相邻的两个桥臂上,使 ΔR_{1t} 与 ΔR_{2t} 相同,根据电桥理论可知,其输出电压与温度变化无关,当感受应变时电桥将产生相应的输出电压。

（2）全桥电路

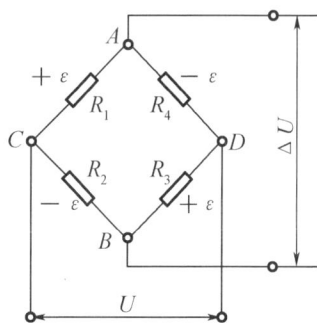

图 3.16　全桥电路

全桥电路如图 3.16 所示。所谓全桥即四个桥臂电阻 R_1,R_2,R_3,R_4 都是工作片,受压力作用后,其对应阻值增量分别为 ΔR_1,ΔR_2,ΔR_3,ΔR_4,则输出电压 ΔU 为

$$\Delta U = U_A - U_B = \frac{R_1 + \Delta R_1}{R_1 + \Delta R_1 + R_4 + \Delta R_4}U - \frac{R_2 + \Delta R_2}{R_2 + \Delta R_2 + R_3 + \Delta R_3}U \qquad (3.19)$$

将式(3.19)通分并略去分子分母中的 ΔR_i 的二次微量,可简化为

$$\Delta U = \frac{U(\Delta R_1 - \Delta R_2 + \Delta R_3 - \Delta R_4)}{4\left(R + \dfrac{\Delta R_1}{2} + \dfrac{\Delta R_2}{2} + \dfrac{\Delta R_3}{2} + \dfrac{\Delta R_4}{2}\right)} \qquad (3.20)$$

因 $\dfrac{\Delta R_i}{2} \ll R$,则 ΔU 可简化为

$$\Delta U = \frac{U(\Delta R_1 - \Delta R_2 + \Delta R_3 - \Delta R_4)}{4R} \qquad (3.21)$$

又因 $\dfrac{\Delta R}{R} = K\varepsilon, K$ 为灵敏度系数, ε 为应变量,故 ΔU 为

$$\Delta U = \frac{UK}{4}(\varepsilon_1 - \varepsilon_2 + \varepsilon_3 - \varepsilon_4)$$

当 ε_2 与 ε_4 为负应变时,全桥输出为

$$\Delta U = \frac{UK}{4}(\varepsilon_1 + \varepsilon_2 + \varepsilon_3 + \varepsilon_4) \tag{3.22}$$

4. 电阻应变片式压力传感器测量系统

电阻应变片式压力传感器通过不平衡电桥把电阻的变化转换为电流或电压的信号输出。由于信号很微弱,要经过多级放大才能驱动各种显示或记录仪表,常用的配套仪表为动态应变仪。图 3.17 所示为典型的测量系统,它由传感器、电桥盒、动态应变仪和光线示波器组成。

图 3.17　测量系统框图

传感器感受压力信号并将其转换为电信号输出;电桥盒用于半桥形式输出的传感器,若传感器为全桥形式,则可省去电桥盒;动态应变仪为一个多级阻容耦合放大电路,带有较大负反馈以改善线性,放大后调幅载波信号加于相敏检波器进行检波,经滤波器滤掉载波后,即可得到正比于压力信号的电压输出;光线示波器作为测量系统的记录仪表,其工作原理可查阅有关资料。

应该指出,近年来计算机技术的普及与应用为测试技术的研究与发展提供了技术保障。对于图 3.17 所示的测量系统,只需去掉光线示波器,改为 A/D 数据采集卡与计算机相连,即可构成计算机数据采集系统。

3.4.2　电感式压力传感器

1. 电感式压力传感器工作原理

电感式压力传感器以电磁感应原理为基础,利用磁性材料和空气的磁导率不同,把弹性元件的位移量转换为电路中电感量的变化或互感量的变化,再通过测量线路转变为相应的电流或电压信号。

图 3.18(a)为气隙式电感压力传感器的原理示意图。线圈 2 由恒定的交流电源供电后产生磁场,衔铁 1,铁芯 3 和气隙组成闭合磁路,由于气隙的磁阻比铁芯和衔铁的磁阻大得多,线圈的电感量 L 可表示为

$$L = \frac{W^2 \mu_0 S}{2\delta} \tag{3.23}$$

式中,W 为线圈的匝数;μ_0 为空气的磁导率;S 为气隙的截面积;δ 为气隙的宽度。

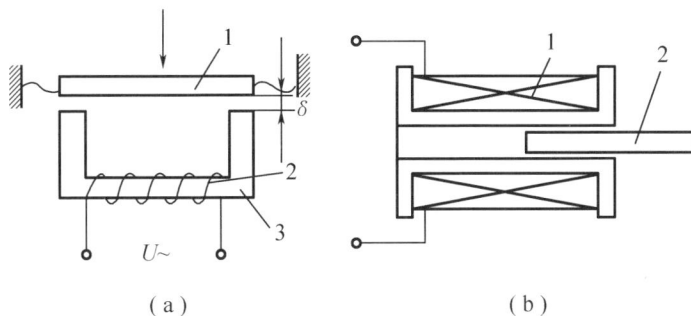

图 3.18　电感式压力传感器原理示意图
(a)气隙式；(b)螺管式

弹性元件与衔铁相连,弹性元件感受压力产生位移,使气隙宽度 δ 产生变化,从而使电感 L 量发生变化。

在实际应用时,W,μ_0,S 都是常数,电感 L 只与气隙宽度 δ 有关。由于 L 与 δ 成反比关系,因此为了得到较好的线性特性,必须把衔铁的工作位移限制得较小。若 δ_0 为传感器的初始气隙,$\Delta\delta$ 为衔铁的工作位移,则一般取

$$\Delta\delta = (0.1 \sim 0.2)\delta_0$$

当弹性元件的位移较大时,可采用图 3.18(b)所示的螺管式电感传感器。它由绕在骨架上的线圈 1 和可沿线圈轴向移动并和弹性元件相连的铁芯 2 组成。它实质上是个调感线圈。

上述传感器虽然结构简单,但存在驱动衔铁或铁芯需要的力较大、线圈电阻的温度误差不易补偿等缺点,所以实际应用较少,而往往采用如图 3.19 所示的差动式电感传感器。

2. 差动式电感压力传感器

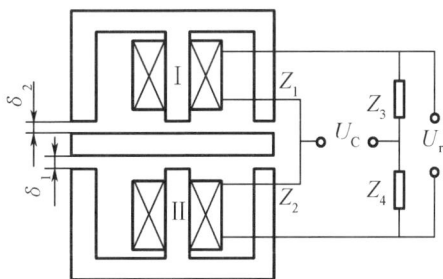

图 3.19　差动式电感传感器原理

两个完全对称的简单电感压力传感器,共用一个活动衔铁便构成了差动式电感压力传感器。图 3.19 为 E 形差动电感压力传感器的原理图,该传感器的特点是磁路系统 Ⅰ 与 Ⅱ 的导磁体的几何尺寸完全相同,上下两个线圈的电气参数即线圈的电阻、电感、匝数也完全一致。其初始气隙为 $\delta_1 = \delta_2 = \delta_0$,当衔铁受压有 $\Delta\delta$ 变化,磁路 Ⅰ 气隙变成 $\delta_0 + \Delta\delta$ 时,磁路 Ⅱ 气隙变为 $\delta_0 - \Delta\delta$,它们的电感分别为

$$L_1 = \frac{W^2\mu_0 S_0}{2(\delta_0 + \Delta\delta)} \tag{3.24}$$

$$L_2 = \frac{W^2\mu_0 S_0}{2(\delta_0 - \Delta\delta)} \tag{3.25}$$

从式(3.24)和式(3.25)可以看出,它们的电感是一增一减的,将这样的变化接入电桥,如图 3.20 所示,此为差动式电感传感器电桥电路。两个线圈 Z_1,Z_2 接成交流电桥的相邻两臂,即

半桥输入,另外两个桥臂由阻抗 Z_3,Z_4 组成,从而比单绕组电感传感器有更大的电压输出。测出电压的大小和相位就能判定位移量的大小和方向,也就测出了压力的大小和方向,即输出电压 U_C 是压力的函数,$U_C = f(p)$。

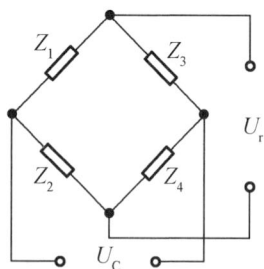

图 3.20 差动式电感传感器电桥

电桥输出电压与传感器衔铁位移量之间的关系为差动式电感压力传感器的输出特性。

根据电桥平衡原理,在初始条件 $\delta_1 = \delta_2 = \delta_0$ 时,输出电压为 U_C,从图 3.20 可知

$$U_C = \frac{Z_1 Z_4 - Z_2 Z_3}{(Z_1 + Z_2)(Z_3 + Z_4)} U_r \qquad (3.26)$$

当 $Z_3 = Z_4 = Z$ 时,有

$$U_C = \frac{Z_1 - Z_2}{2(Z_1 + Z_2)} U_r \qquad (3.27)$$

式中,$Z_1 = R_1 + i\omega L_1$;$Z_2 = R_2 + i\omega L_2$。其中,R_1,R_2 为单个线圈的直流电阻,ω 为电源电压的角频率。将 Z_1,Z_2 的表达式代入式(3.27)得

$$U_C = \frac{i\omega(L_1 - L_2)}{2(Z_1 + Z_2)} U_r \qquad (3.28)$$

由于在工作中 L_1 与 L_2 是一增一减,Z_1 与 Z_2 之和变化甚微,故可以认为输出电压正比于 $L_1 - L_2$,即

$$U_C = K'(L_1 - L_2) U_r \qquad (3.29)$$

将式(3.24)、式(3.25)代入式(3.29)则得

$$U_C = K' \left[\frac{W^2 \mu_0 S_0}{2(\delta_0 + \Delta\delta)} - \frac{W^2 \mu_0 S_0}{2(\delta_0 - \Delta\delta)} \right] U_r = K' \frac{W^2 \mu_0 S_0}{2} \left[\frac{1}{\delta_0 + \Delta\delta} - \frac{1}{\delta_0 - \Delta\delta} \right] U_r$$

$$= -K' L_0 \frac{2\delta_0 \Delta\delta}{\delta_0^2 - \Delta\delta^2} U_r \qquad (3.30)$$

从式(3.30)可看出,差动式电感压力传感器的线性有了很大的改善,因分母中的 $\Delta\delta$ 变为了平方项,图 3.21 是差动式电感压力传感器的一对线圈的 $L_1 = f(\delta)$,$L_2 = f(\delta)$ 以及 $L_1 - L_2 = f(\delta)$ 的关系曲线,从图中可以看出,$L_1 - L_2 = f(\delta)$ 曲线的线性大为改善,因此差动式电感压力传感器的线性可扩大到起始间隙的 0.3 ~ 0.4 倍。

若略去式(3.30)中的 $\Delta\delta^2$ 项,该式成为

$$U_C = -\frac{2K' L_0 U_r}{\delta_0} \Delta\delta = -K\Delta\delta \qquad (3.31)$$

式中,K 为差动式电感压力传感器的灵敏度,其物理意义是衔铁单位移动量引起的电桥电压的输出,K 值越大,灵敏度越高。K 值是下列参数的函数

$$K = f(W, \mu_0, S_0, \delta_0, U_r)$$

显然桥压 U_r 越高、起始气隙 δ_0 越小,初始电磁参数越高,则灵敏度就越高。

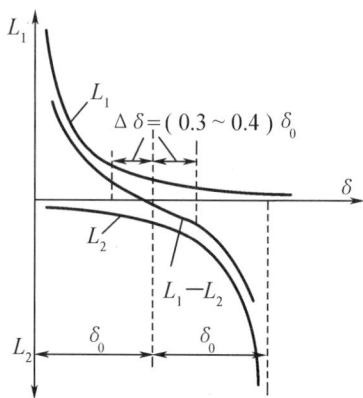

图 3.21 差动电感传感器特性曲线

电感式压力传感器的特点是灵敏度高、输出功率大、结构简单、工作可靠,但不适合于测量高频脉动压力,且较笨重,精度一般为 0.5 ~ 1 级。

外界工作条件的变化和内部结构特性的影响,是电感式压力传感器产生测量误差的主要原因,如环境温度变化,电源电压和频率的波动,线圈的电气参数、几何参数不对称,导磁材料的不对称、不均质等。

3.4.3 霍耳式压力传感器

霍耳式压力传感器是利用霍耳效应把压力引起的弹性元件的位移转换成电势输出的装置。如图 3.22 所示,把一半导体单晶薄片放在磁感应强度为 B 的磁场中,在它的两个端面上通以电流 I,则在它的另两个端面上产生电势 U_H,这种物理现象称为霍耳效应。电势 U_H 称为霍耳电势;电流 I 称为控制电流;能产生霍耳效应的片子称为霍耳元件。电荷在磁场中运动,受磁场力 F 作用而发生偏移,是霍耳效应产生的原因。

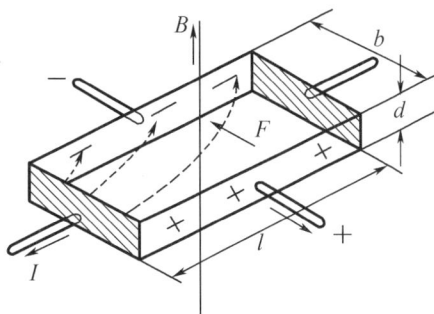

图 3.22 霍耳效应

霍耳电势可表示为

$$U_H = \frac{R_H I B}{d} = K_H I B \tag{3.32}$$

式中,R_H 为霍耳系数;d 为霍耳元件厚度;K_H 为霍耳元件的灵敏度。

图 3.23 为霍耳压力传感器的结构示意图,它主要由弹性元件、霍耳元件和一对永久磁钢构成。这对磁钢的磁场强度相同而异极相对,它们之间在一定范围内形成一个磁感应强度 B 沿 x 方向线性变化的非均匀磁场,如图 3.24 所示。工作时,控制电流 I 为恒值,霍耳元件在此磁场中移动,在不同位置将感受到不同的磁感应强度,其输出电势随其位置不同而改变。当被

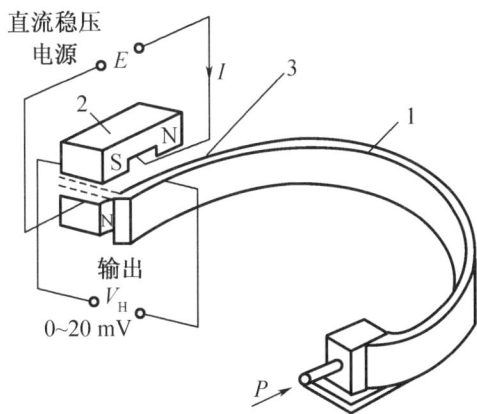

图 3.23 霍耳式压力传感器结构

1—弹簧管;2—磁铁;3—霍耳元件

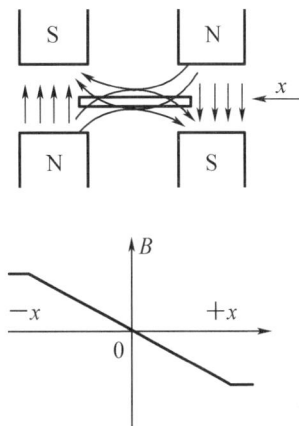

图 3.24 磁极间磁感应强度的分布

测压力为零时,霍耳元件处于非均匀磁场的正中,其输出电势为零;当被测压力不为零的时候,霍耳元件被弹性元件带动偏离中间位置,则有正比于位移的电势输出。若弹性元件的位移与被测压力成正比,则传感器的输出电势也与被测压力成正比。

常用的霍耳式压力传感器的输出电势为 20 ~ 30 mV,可直接用毫伏计作指示仪表,测量精度 1.5 级。它的优点是灵敏度较高,测量仪表简单,但测量精度受温度影响较大。在实际应用中应对霍耳元件采取恒温或其他温度补偿措施。

3.4.4　电容式压力传感器

电容器的电容量由它的两个极板的大小、形状、相对位置和电介质的介电常数决定。如果一个极板固定不动,另一个极板感受压力,并随着压力的变化而改变极板间的相对位置,电容量的变化就反映了被测压力的变化,这是电容式压力传感器的基本工作原理。图 3.25 为电容式压力传感器的原理示意图。

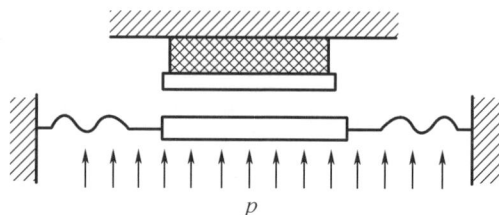

图 3.25　电容式压力传感器原理图

平板电容器的电容量 C 为

$$C = \frac{\varepsilon S}{\delta} \tag{3.33}$$

式中,ε 为极板间电介质的介电常数;S 为极板间的有效面积;δ 为极板间的距离。

若电容的动极板感受压力产生位移 $\Delta\delta$,则电容量将随之改变,其变化量 ΔC 为

$$\Delta C = \frac{\varepsilon S}{\delta - \Delta\delta} - \frac{\varepsilon S}{\delta}$$

$$= C \frac{\Delta\delta/\delta}{1 - \Delta\delta/\delta} \tag{3.34}$$

可见,当 ε,S 确定之后,可以通过测量电容量的变化得到动极板的位移量,进而求得被测压力的变化。电容式压力传感器的工作原理正是基于以上关系。输出电容的变化 ΔC 与输入位移 $\Delta\delta$ 间的关系是非线性的,只有在 $\Delta\delta/\delta \ll 1$ 的条件下才有近似的线性关系

$$\Delta C = C \frac{\Delta\delta}{\delta} \tag{3.35}$$

为了保证电容式压力传感器近似线性的工作特性,测量时必须限制动极板的位移量。

为了提高传感器的灵敏度和改善其输出的非线性,实际应用的电容式压力传感器常采用差动的形式,即感压动极板在两个静极板之间,当压力改变时,一个电容的电容量增加,另一个电容量减少,灵敏度可提高一倍,而非线性则可大大降低。

把电容式压力传感器的输出电容转换为电压、电流或频率信号并加以放大的常用测量线路有交流不平衡线路、自动平衡电桥线路、差动脉冲宽度调制线路、运算放大器式线路。

电容式压力传感器具有结构简单,所需输入能量小,没有摩擦,灵敏度高,动态响应好,过载能力强,自热影响极小,能在恶劣环境下工作等优点,近年来受到了广泛重视。影响电容式压力传感器测量精度的主要因素是线路寄生电容、电缆电容和温度、湿度等外界干扰。没有极

良好的绝缘和屏蔽,它将无法正常工作,这正是过去长时间限制它的应用的原因。集成电路技术的发展和新材料新工艺的进步,已使上述因素对测量精度的影响大大减少,为电容式压力传感器的应用开辟了广阔的前景。

常见的电容式压差传感器的结构形式如图 3.26 所示。

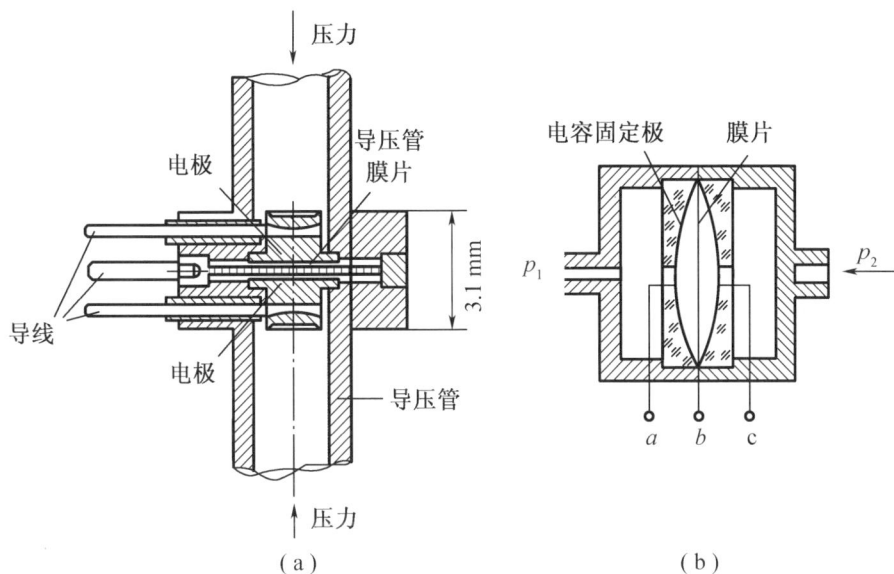

图 3.26 电容式压差传感器

3.4.5 压电式压力传感器

压电式压力传感器利用压电材料的压电效应,将压力转换为相应的电信号,经放大器、记录仪而得到被测的压力参数。

所谓压电效应,就是一些物质在一定方向上受外力作用而产生变形时,在它们的表面上会产生电荷;当外力去掉后,它们又重新回到不带电状态,这种现象称为压电效应。能产生压电效应的材料可分为两类,一类是天然或人造的单晶体,如石英等;另一类是人造多晶体压电陶瓷,如钛酸钡、锆钛酸铅等。石英晶体的性能稳定,其介电常数和压电系数的温度稳定性很好,在常温范围内几乎不随温度变化,另外它的机械强度高,绝缘性能好,但价格昂贵,一般只用于精度要求很高的传感器中。压电陶瓷受力作用时,在垂直于极化方向的平面上产生电荷,其电荷量与压电系数和作用力成正比。压电陶瓷的压电系数比石英晶体的大,且价格便宜,广泛用作传感器的压电元件。

理想石英(SiO_2)晶体是六边体系,其结构如图 3.27 所示。在晶体学中以三个互相垂直的轴

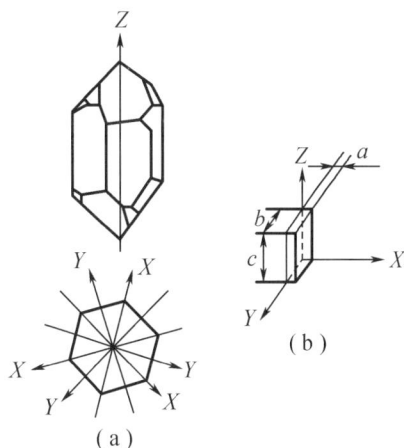

图 3.27 石英晶体结构简图

X—电气轴;Z—光学轴;Y—中性轴

来表示它的特性,纵向的 Z 轴称为光学轴,过棱线而垂直于光轴的 X 轴称为电气轴,垂直于 XZ 平面的 Y 轴称为机械轴或中性轴。

如果从石英晶体切出一个平行六面体,使它的结晶面分别平行于电轴、光轴和机械轴,取出这个晶面,通常把沿电气轴 X 方向力 F_X 的作用下产生电荷的现象称为"纵向压电效应",而把沿机械轴 Y 方向力 F_Y 的作用下产生电荷的现象称为"横向压电效应",而沿光轴 Z 方向的作用力,石英不会产生电荷。图 3.28 是在压力作用下石英所产生的压电效应。

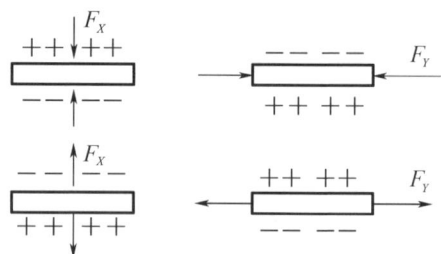

图 3.28 石英压电效应

根据压电理论,压电晶体表面上的电荷密度即极化强度与晶体片的机械变形成正比,也就是说在弹性变形范围内,极化强度与压力成正比,其数学表达式如下:

$$\varPi = K\frac{F_X}{S} \tag{3.36}$$

式中,$\varPi$ 为极化强度,即在压电晶体表面上的电荷密度;K 为压电系数;F_X 为平行于 X 轴方向的作用力;S 为垂直于 X 轴的晶片面积。

因极化强度 $\varPi$ 表示的是压电晶体表面的电荷密度,则面积为 S 的面上的电荷总量 Q_X 等于

$$Q_X = \varPi S = KF_X \tag{3.37}$$

从式(3.37)可以看出,晶体受力后产生的电荷量 Q_X 与作用力 F_X 成正比,而与晶体面积无关。

图 3.29 是一个水冷式石英晶体压电传感器的结构图。被测压力将通过膜片 1 及传力件 2 和底座 3 加到石英片 4 上。石英晶体一共三片,下面的石英片起保护作用,使上面的不致被挤破。上面两个工作石英片之间的金属箔 6 把负电位导出到导电环 5。工作石英片的正极通过壳体接地。导线穿过胶玻璃导管 8 及玻璃导管 7 与导电环 5 连接,导线的另一端接到外部引出端 9 上。冷却水的流通情况如箭头所示。两个工作石英片既是感压的弹性元件,又是机电变换元件,在脉动压力的作用下它们作轴向强迫振动,同时产生变化的电荷。它们并联连接,是为了提高传感器的电荷灵敏度;若串联连接,则可提高电压灵敏度。

压电传感器产生的信号非常微弱,输出阻抗很高,必须经过前置放大,把微弱的信号放大,并把高输出阻抗变换成低输出阻抗,才能为一般的测量仪器所接受。从压电元件的工作原理看,它的输出可以是电压信号,也可以

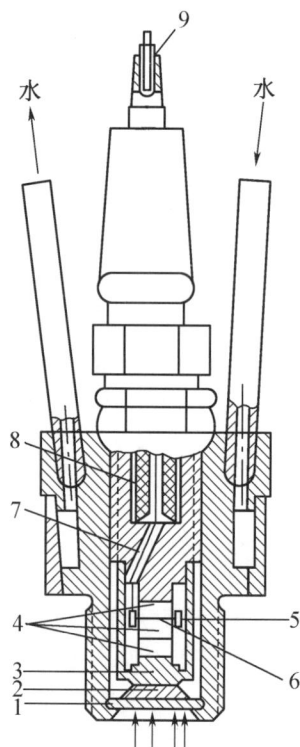

图 3.29 石英晶体压电传感器构造

1—弹性膜片;2—传力件;3—底座;4—石英片(三片);5—导电环;6—金属箔;7—玻璃导管;8—胶玻璃导管;9—引出导线插头

是电荷信号。所以,前置放大器有两种,一种是输出电压信号的电压放大器,另一种是输出电荷信号的电荷放大器。

压电式压力传感器因其固有频率高不能用于静态压力测量。被测压力变化的频率太低或太高,环境温度和湿度的改变,都会改变传感器的灵敏度,造成测量误差。压电陶瓷的压电系数是逐年降低的,以压电陶瓷为压电元件的传感器应定期校正其灵敏度,以保证测量精度。电缆噪声和接地回路噪声也会造成测量误差,应设法避免。采用电压前置放大器时,测量结果受测量回路参数的影响,不能随意更换出厂配套的电缆。

3.5　测压仪表的选择、安装与标定

压力测量系统应看作是由被测对象、取压口、导压管和压力仪表等组成的。压力检测仪表的正确选择、安装和校准是保证其在生产过程中发挥应有作用及保证测量结果安全可靠的重要环节。

3.5.1　压力表的选择

压力表的选择是一项重要的工作,如果选用不当,不仅不能正确、及时地反映被测对象压力的变化,还可能引起事故。选用时应根据生产工艺对压力检测的要求、被测介质的特性、现场使用的环境及生产过程对仪表的要求,如信号是否需要远传、控制、记录或报警等,再结合各类压力仪表的特点,本着节约的原则合理地考虑仪表的类型、量程、准确度等。

1. 压力表种类和型号的选择

(1)从被测介质压力大小来考虑

如测量微压(几百至几千帕),宜采用液柱式压力计或膜盒压力计;如被测介质压力不大,在 15 kPa 以下,且不要求迅速读数的,可选 U 形管压力计或单管压力计;如要求迅速读数,可选用膜盒压力表;如测高压(大于 50 kPa),应选用弹簧管压力表;若需测快速变化的压力,应选压阻式压力计等电气式压力计;若被测的是管道水流压力且压力脉动频率较高,应选电阻应变式压力计。

(2)从被测介质的性质来考虑

对酸、碱、氨及其他腐蚀性介质应选用防腐压力表,如以不锈钢为膜片的膜片压力表;对易结晶、黏度大的介质应选用膜片压力表;对氧、乙炔等介质应选用专用压力表。

(3)从使用环境来考虑

对爆炸性气氛环境,使用电气压力表时,应选择防爆型;机械振动强烈的场合,应选用船用压力表;对温度特别高或特别低的环境,应选择温度系数小的敏感元件和变换元件。

(4)从仪表输出信号的要求来考虑

若只需就地观察压力变化,应选用弹簧管压力计;若需远传,则应选用电气式压力计,如霍耳式压力计等;若需报警或位式调节,应选用带电接点的压力计。

2. 压力表量程的选择

为了保证压力计能在安全的范围内可靠工作,并兼顾到被测对象可能发生的异常超压情况,对仪表的量程选择必须留有余地。

测量稳定压力时,最大工作压力不应超过量程的 3/4;测量脉动压力时,最大工作压力则不应超过量程的 2/3;测高压时,则不应超过量程的 3/5。为了保证测量准确度,最小工作压力不应低于量程的 1/3。当被测压力变化范围大,最大和最小工作压力可能不能同时满足上述要求时,应首先满足最大工作压力条件。

目前我国出厂的压力(包括差压)检测仪表有统一的量程系列,它们是 1 kPa,1.6 kPa,2.5 kPa,4.0 kPa,6.0 kPa 以及它们的 10^n 倍数(n 为整数)。

3. 压力表精度等级的选择

压力表的精度等级主要根据生产允许的最大误差来确定。根据我国压力表的新标准 CB/T1226—2001 的规定,一般压力表的精度等级分:1 级,1.6 级,2.5 级,4.0 级,并应符合表 3.2 所示的规定。

精密压力表的精度等级为 0.1 级,0.16 级,0.25 级,0.4 级。它既可作为检定一般压力表的标准器,也可作为高精度压力测量之用。

例 3 – 1 有一个压力容器,在正常工作时其内压力稳定,压力变化范围为 0.4 ~ 0.6 MPa,要求就地显示即可,且测量误差应不大于被测压力的 5%,试选择压力表并确定该表的量程和精度等级。

解 由题意可知,选弹簧管压力计即可。设弹簧管压力计的量程为 A,由于被测压力比较稳定,则根据最大工作压力有

$$0.6 < \frac{3}{4}A, 则 A > 0.8 \text{ MPa}$$

根据最小工作压力有

$$0.4 > \frac{1}{3}A, 则 A < 1.2 \text{ MPa}$$

根据压力表的量程系列,可选量程范围为 0 ~ 1.0 MPa 的弹簧管压力计。

该表的最大允许误差为

$$\gamma_{\max} < \frac{0.4 \times 5\%}{1.0 - 0} \times 100\% = 2.0\%$$

按照压力表的精度等级,应选 1.6 级的压力表。

综上所述,应选 1.6 级、量程为 0 ~ 1.0 MPa 的弹簧管压力计。

3.5.2 压力表的安装

要保证压力的准确测量,不仅要依赖于测压仪表的准确度,而且还与压力信号的获取、传递等中间环节有关。因此应根据具体被测介质、管路和环境条件,选取适当的取压口,并正确安装引压管路和测量仪表。下面仅介绍静态压力测量的一般方法。

1. 取压口的选择

取压口的选择应能代表被测压力的真实情况。安装时应注意取压口的位置和形状。

（1）取压口位置

①取压点应选在被测介质流动的直线管道上，远离局部阻力件；且不要选在管路的拐弯、分叉、死角或其他能形成漩涡的地方。

②取压口开孔位置的选择应使压力信号走向合理，避免发生气塞、水塞或流入污物。具体说，当测量气体时，取压口应开在设备的上方，如图3.30(a)所示，以防止液体或污物进入压力计中，避免气体凝结而造成水塞；当测量液体时，取压口应开在容器的中下部（但不是最底部），以免气体进入而产生气塞或污物流入，如图3.30(b)所示；当测量蒸汽时，应按图3.30(c)所示确定取压口开孔位置，以避免发生气塞、水塞或流入污物。

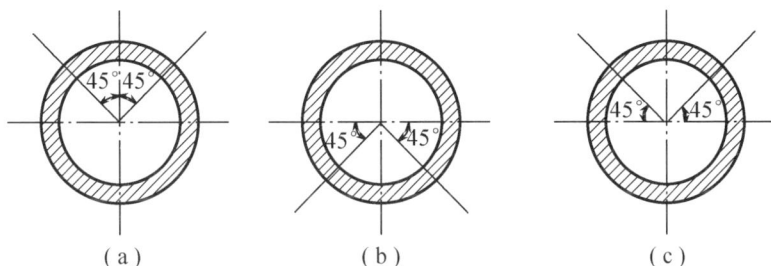

图3.30 取压口开孔位置

(a)测量气体；(b)测量液体；(c)测量蒸汽

③取压口应无机械振动或振动不至于引起测量系统的损坏。

④测量差压时，两个取压口应在同一水平面上，以避免产生固定的系统误差。

⑤导压管最好不伸入被测对象内部，而在管壁上开一形状规整的取压口，再接上导压管，如图3.31中的a所示。当一定要插入对象内部时，其管口平面应严格与流体流动方向平行，如图3.31中的b所示，若如图3.31中的c或d那样放置就会得出错误的测量结果。

⑥取压口与仪表（测压口）应在同一水平面上，否则应进行校正，其校正公式为

$$\Delta p = \pm \rho g h \qquad (3.38)$$

式中，Δp 为校正值，Pa；ρ 密度，kg/m³；h 压力表与取压口的高度差，m。

如果压力表在取压口上方，校正取正值；反之取负值。

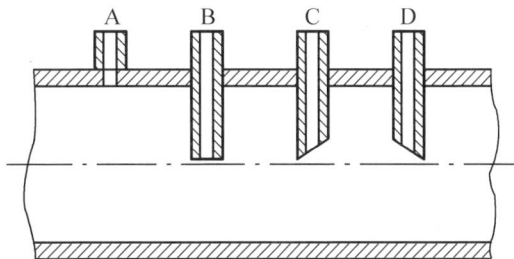

图3.31 导压管与管道的连接

（2）取压口的形状

①取压口一般为垂直于容器或管道内壁面的圆形开口。

②取压口的轴线应尽可能地垂直于流线，偏斜不得超过5°～10°。

③取压口应无明显的倒角，表面应无毛刺和凹凸不平。

④口径在保证加工方便和不发生堵塞的情况下应尽量小,但在压力波动比较频繁和对动态性能要求高时可适当加大口径。

2. 导压管的敷设

导压管是传递压力、压差信号的,安装不当会造成能量损失,应满足以下技术条件。

(1)管路长度与导压管直径

一般在工业测量中,管路长度不得超过90 m,测量高温介质时不得小于3 m;导压管直径一般在7~38 mm之间。表3.2列出了导压管长度、直径与被测流体的关系。

表3.2 被测流体在不同导压管长度下的导压管直径(mm)

被测流体	管路长度/m		
	<16	16~45	45~90
水、蒸汽、干气体	7~9	10	13
湿气体	13	13	13
低、中黏度的油品	13	19	25
脏液体、脏气体	25	25	38

(2)导压管的敷设

①管路应垂直或倾斜敷设,不得有水平段。

②导压管倾斜度至少为3/100,一般为1/12。

③测量液体时下坡,且在导压管系统的最高处应安装集气瓶,如图3.32(a)所示;测量气体时上坡,且在导压管的最低处应安装水分离器,如图3.32(b)所示;当被测介质有可能产生沉淀物析出时,应安装沉淀器,如图3.32(c)所示。测量差压时,两根导压管要平行放置,并尽量靠近,以使两导压管内的介质温度相等。

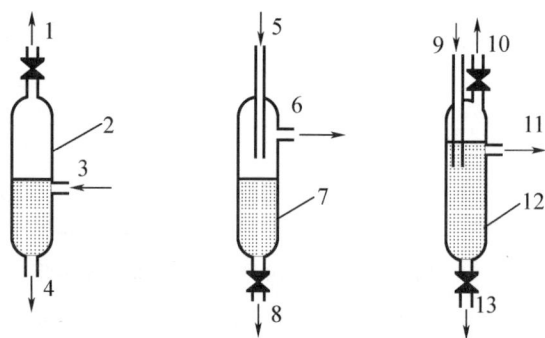

图3.32 排气、排水、排污装置示意图
(a)排气;(b)排水;(c)排污
1,10—排气;2—集气瓶;3,9—液体输入;4,11—液体输出;
5—气体输入;6—气体输出;7—水分离器;8—排液;
12—沉淀器;13—排沉淀物

④当导压介质的黏度较大时还要加大倾斜度。

⑤在测量低压时,倾斜度还要增大到5/100~10/100。

⑥导压管在靠近取压口处应安装关断阀,以方便检修。

⑦在需要进行现场校验和经常冲洗导压管的情况下,应装三通开关。

(3)压力表的安装

①安装位置应易于检修、观察。

②尽量避开振源和热源的影响,必要时加装隔热板,减小热辐射;测高温流体或蒸汽压力时应加装回转冷凝管,如图3.33(a)所示。

③对于测量波动频繁的压力,如压缩机出口、泵出口等,可增装阻尼装置,如图3.33(b)所示。

④测量腐蚀介质时,必须采取保护措施,安装隔离罐,如图3.34所示。

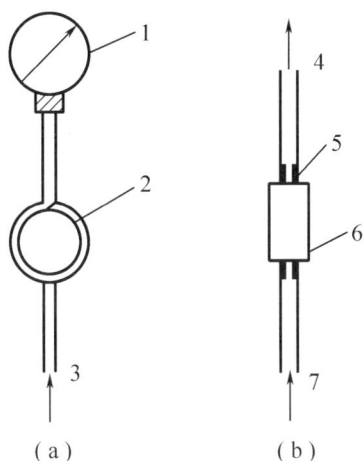

图 3.33 冷凝与阻尼装置示意图

(a)冷暖装置;(b)阻尼装置

1—压力表;2—回转冷凝管;3,7—被测压力;

4—接压力表;5—阻尼器;6—缓冲罐

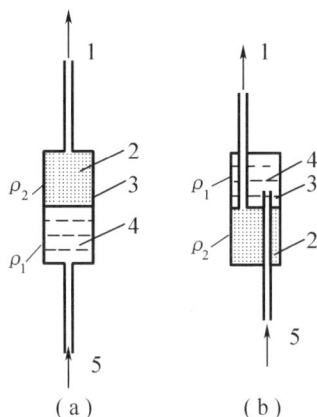

图 3.34 隔离罐示意图

(a)$\rho_1 > \rho_2$;(b)$\rho_1 < \rho_2$

1—接压力表;2—隔离介质;3—隔离罐;

4—被测介质;5—被测压力;

ρ_1—测量介质密度;ρ_2—隔离介质密度

3.5.3 压力表的标定

压力检测仪表在出厂前均需经过标定,使之符合准确度等级要求;使用中的仪表会因弹性元件疲劳、传动机构磨损及腐蚀、电子元器件的老化等造成误差,所以必须定期进行标定,以保证测量结果有足够的准确度;另外,新的仪表在安装使用前,为防止运输过程中由于振动或碰撞所造成的误差,也应对新仪表进行标定,以保证仪表示值的可靠性。标定有静态标定和动态标定两种。

1. 静态标定

测压仪表的静态标定首先应有一个稳定的标准压力源,它的压力应有足够精确的方法来测量,常用的有活塞式压力计、标准弹簧压力计、力平衡式压力计等,我们只介绍活塞式压力计。

图3.35所示为活塞式压力计的示意图。它由压力发生部分和测量部分组成。

压力发生部分——手摇泵4通过手轮7旋转丝杆8,推动工作活塞9挤压工作液,经工作液传给测量活塞1。工作液一般采用洁净的变压器油或蓖麻油等。

测量部分——测量活塞1上端的托盘12上放有荷重砝码2,活塞1插入在活塞柱3内,下端承受手摇泵4向左挤压工作液5所产生的压力 p 的作用。当作用在活塞1下端的油压与活塞1、托盘12及砝码2的质量所产生的压力相平衡时,活塞就被托起并稳定在一定位置上。因此,根据所加砝码与活塞、托盘的质量以及活塞承压的有效面积就可确定被测压力的数值。

被测压力的大小可用下式计算:

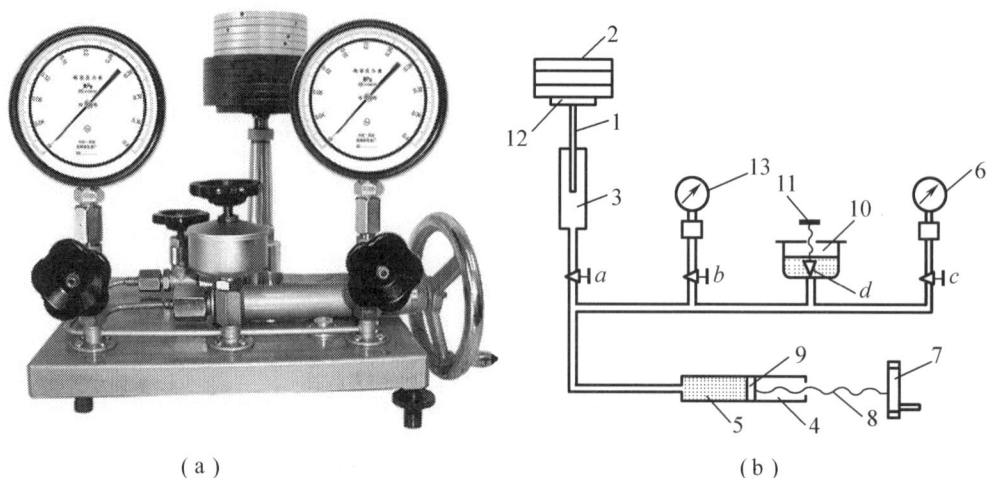

（a）　　　　　　　　　　　　　　　　　（b）

图 3.35　活塞式压力计示意图

（a）活塞式压力计示意图；（b）活塞式压力计原理示意图

1—测量活塞；2—砝码；3—活塞柱；4—手摇泵；5—工作液；6—被校压力表；7—手轮；

8—丝杆；9—手摇泵活塞；10—油杯；11—进油阀手轮；12—托盘；13—标准压力表；

a,b,c—切断阀；d—进油阀

$$p = \frac{(m_1 + m_2)g}{A} \tag{3.39}$$

式中，p 为被测压力，Pa；m_1 为活塞、托盘的质量，kg；m_2 为砝码质量，kg；A 为活塞承受压力的有效面积，m^2；g 为重力加速度，m/s^2。

由于活塞的有效面积 A 与活塞、托盘的质量 m_1 是固定不变的，所以专用砝码的质量就和油压具有简单的比例关系。活塞式压力计在出厂前一般已将砝码校好并标以相应的压力值。这样在校验压力表时，只要静压达到平衡，直接读取砝码上的数值即可知道油压系统内压力的数值。如果把被校验压力表 6 上的指示值 p' 与这个标准压力值 p 相比较，便可知道被校压力表的误差大小。也可在 b 阀上接标准压力表，由手摇泵改变工作液压力，比较被校验表和标准表上的指示值，逐点进行校验。

为了消除摩擦力的影响，手摇转速应保持在 120 ± 10 r/min，延读 $2 \sim 10$ min。操作时应注意台面水平，可由水平调节螺钉来完成。

当校验真空表时，其操作方法与校验压力表略有不同，可按下列步骤进行：

（1）清除活塞式压力计内部的传压工作介质油。

（2）关死切断阀 a,b,c（见图 3.35），开启进油阀 d，并将手摇泵螺杆全部旋入泵内（顺时针旋转）。

（3）关死进油阀 d，打开切断阀 b,c（b 阀上接标准真空计或 U 形管水银压力计），逆时针旋转手摇泵手轮，使系统内产生真空。若旋出一次尚未达到所需真空时，可重复（2），（3）直至得到所需的真空为止。

其他要求与检验压力表相同。

用压力表校验仪校验真空计设备简单、操作方便。但校验仪产生的真空只能达到 $-8.6 \times$

10^4 Pa(−650 mmHg)。若需校验更高的真空时,可用真空泵作为真空源进行校验。

2. 动态标定

用于测量动态压力的压力传感器,除了静态标定外,还要进行动态标定,其目的是为了得到它们的频率响应特性,以确定它们的适用范围、动态误差等。

动态标定有两种方法,一种是将传感器输入标准频率及标准幅值的压力信号与它的输出信号进行比较,这种方法称为对比法,例如将测压仪表装在标准风洞上进行标定;另一种方法是通过激波管产生一个阶跃的压力并施加于待标定的压力传感器上,根据其输出曲线求得它们的频率响应特性。

3.6　气流压力测量

当气体以较高速度流动时,测量其中的压力要受到气体流动速度的影响,所以气流中的压力测量是一类特殊的压力测量问题。

气流的压力是指气流单位面积上所承受的法向表面力。在静止气体中,由于不存在切向力,故这个表面力与所取面积的方向无关,该压力称为静压。在流动气体中,静压是指相对于运动坐标上的压力,它可用与运动方向平行的单位面积的表面力来衡量。总压是指气流某点上速度等熵滞止为零时所达到的压力,又称滞止压力。若速度相对于相对坐标等熵滞止,则可称为相对滞止压力。总压与静压之差,称为该点的动压。

测量气流的压力,主要是测量气流的总压和静压。最常用的仪器是以空气动力测压法为基础的总压管和静压管。严格地讲,它是由感受头、连接管和二次仪表组成的测压系统。感受头,即测压管,在其表面根据测量要求开以若干个小孔以感受气流中的压力;连接管所起的作用是将感受到的压力信号传送到显示或记录部分;而二次仪表可以是我们前面所介绍的所有测压仪表中的任一种。图 3.36 给出了气流压力测量系统简图。

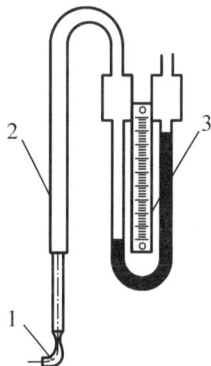

图 3.36　气流压力测量系统图
1—测压管(感受部分);
2—连接管(传送部分);
3—二次仪表(指示部分)

3.6.1　总压测量

1. 总压的测量方法及不敏感偏流角

气流总压是指气流等熵滞止压力。用于总压测量的测压管称为总压管。图 3.37 为最简单的总压管示意图,总压管的一端管口轴线对准气流方向,另一端管口与二次仪表相连,这样便可测出被测点的气流总压与大气压之差。

为了得到满意的测量结果,要求管口无毛刺,壁面光洁;并要求管口轴线对准来流方向。

前者在制造加工时可以得到保证,而后者就会给使用上带来困难。因此,实际应用时希望在管口轴线相对于气流方向有一定的偏流角 α 时,它仍能正确地反映气流的总压。习惯上取使测量误差占速度头 1% 的偏流角 α 作为总压管的不敏感偏流角 α_p,α_p 的范围越大,对测量越有利。

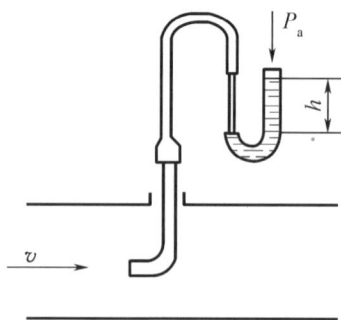

实验表明,不同形式总压管的不敏感偏流角是不同的,图 3.38 列出了几种典型的总压管对气流方向的敏感情况,p_α^*,p^* 分别是气流总压的测量值和真实值。从图 3.38 中可以看出,半圆形总压管的 α_p 最小,而带导流套总压管的 α_p 最大,在亚音速区达 $\pm 40° \sim \pm 45°$。

图 3.37　最简单的总压管

各种总压管的不敏感偏流角 α_p 在不同程度上还受着 Ma 的影响,偏流角 α 不大时,Ma 的影响不显著;当 α 增大时,随着 Ma 的增大,总压的测量误差也越来越大。

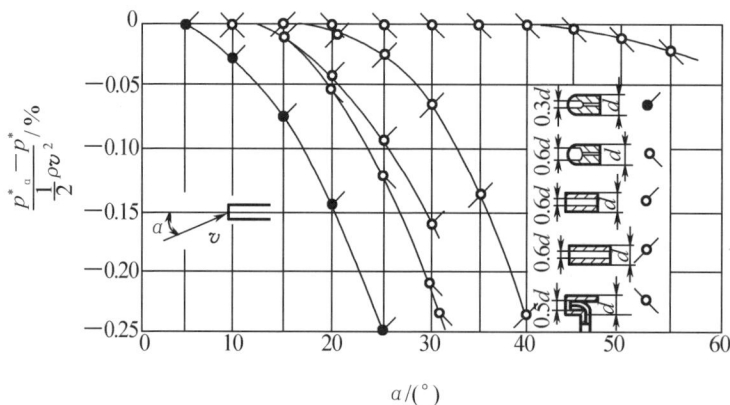

图 3.38　不同形式总压管对气流偏斜的敏感性

应该指出,同一形式的总压管由于工艺制造误差,它的 α_p 也不同,因此严格地说,每根总压管在使用前都必须在校准风洞上标定它的角度特性。

选用总压管,要根据气流的速度范围、流道的条件和对气流方向的不敏感性,决定所用总压管的结构形式,在满足要求的前提下,其结构形式越简单越好;同时在保证一定的结构刚度的前提下,总压管应具有较小的尺寸,以减少对流场的干扰。

2. 总压管的结构及其性能

（1）单点 L 形总压管

单点 L 形总压管是最常见的单点总压管,图 3.39 是其头部结构。它制造方便,使用、安装简单,支杆对测量结果影响小,其缺点是不敏感偏流角 α_p 较小,一般为 $\pm 10° \sim \pm 15°$,如果将孔口加一个扩张角,则 α_p 可加大至 $\pm 25° \sim \pm 30°$。

（2）带导流套的总压管

在 L 形总压管管口增加一个导流套,如图 3.40 所示。导流套进口处的锥面为收敛段,气流经过导流套后被整流,使总压管的不敏感偏流角 α_p 大大提高,可达 $\pm40° \sim \pm45°$。它的缺点是 α_p 随 Ma 的变化较明显;头部尺寸较大,对气流流动有较大的影响,因而使用时必须注意。

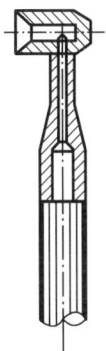

图 3.39　单点 L 型总压管

图 3.40　带导流套的总压管

(3)多点总压管

在实际测量中,有时需要沿某一方向同时测出多点的总压。把若干个单点总压管按一定方式组合在一起,就构成了多点总压管。各单点总压管沿支杆轴向分布,组成多点梳状总压管,常见的有凸嘴型、凹窝型和带套型,如图 3.41 所示。各单点总压管沿支杆的径向分布组成多点耙状总压管,如图 3.42 所示。

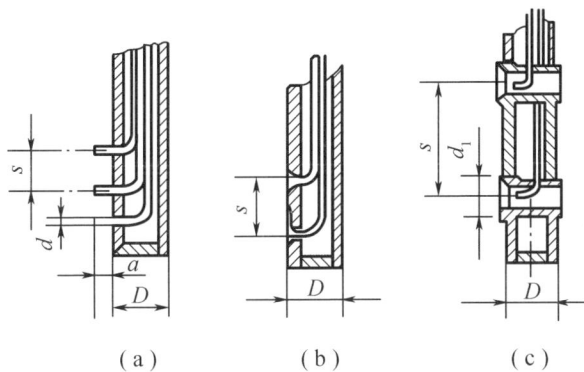

(a)　　　　(b)　　　　(c)

图 3.41　多点梳状总压管

(a)凸嘴型;(b)凹窝型;(c)带套型

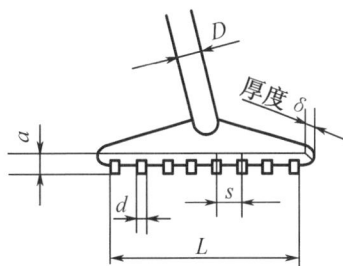

图 3.42　多点耙状总压管

多点总压管能同时测出多点的总压,但制造较复杂,对流场干扰大。梳状凸嘴型总压管和耙状总压管的不敏感偏流角 α_p 较小;凹窝型的 α_p 较大,但测量精度受气流扰动的影响较大;带套型的 α_p 最大,但结构较复杂。在实际使用时要根据具体情况选用。

(4)附面层总压管

附面层内的气流总压比主流内的小很多,而附面层本身又很薄,这需要用专门的附面层总压管进行测量。

附面层内的速度梯度很大,而且是非均匀变化的,这些因素造成总压管感受的总压平均值总是大于其测压孔几何中心处的总压值,即总压管的有效中心向速度较高的一侧移动了。为了使总压管的有效中心尽量靠近几何中心,附面层总压管的感受管截面常做成扁平的形状,感受孔往往是一道窄缝。图 3.43 是一种附面层总压管的结构形式。一般取 $h = 0.03 \sim 0.1$ mm,$H = 0.1 \sim 0.18$ mm。

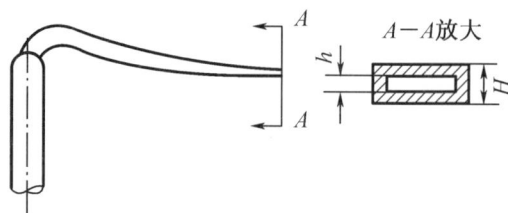

图 3.43　附面层总压管

附面层总压管在使用前要仔细校准,而且只能用于和校准时同样的雷诺数范围内。由于其感受孔尺寸极小,使用时还要特别注意其示值滞后的现象。

3.6.2　静压测量

当传感器在气流中与气流以相同的速度运动时,感受到的就是气流的静压。静压测量对偏流角、Ma、传感器的结构参数等影响测量精度的因素更为敏感,所以静压测量比总压测量困难得多。静压测量有时在机械的固体壁面处进行,有时需在流场中进行,前者采用壁面静压孔,后者采用静压管。

1. 壁面静压孔

这是测量气流静压最方便的方法。静压孔的位置应选在流体流线是直线的地方,这里整个截面上的静压基本相等;要求开孔处有足够的直管段,管道内壁面要光滑平整。否则,即使静压孔的设计加工正确,也会引起 1% ~ 3% 的误差。

壁面开静压孔后,对流场的干扰是不可避免的,为了减少干扰,提高测量精度,对静压孔的设计加工有严格的技术要求,具体要求如下:

(1)静压孔的开孔直径一般以 0.5 ~ 1.0 mm 为宜。若 Ma 为 0.8,由此引起的误差约为 0.1% ~ 1.0%。静压孔过大过小都不好,孔径越大,其附近的流线变形越严重(见图 3.44),误差也就越大;孔径太小会增加加工上的困难,易被堵塞,也会增加滞后时间。

流动方向 →

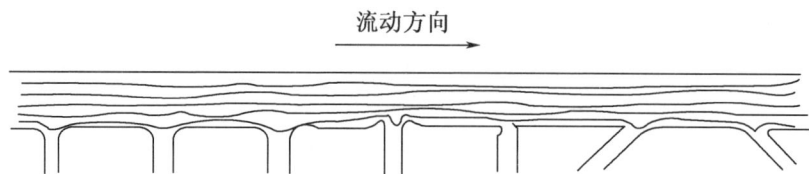

图 3.44　壁面静压孔附近的流线

(2)静压孔的轴线应和管道内壁面垂直,孔的边缘应尖锐,无毛刺,无倒角,孔的壁面应光滑。

(3)静压孔的深度为 l,直径为 d,一般取 $l/d \geqslant 3$,太浅了会增加流线弯曲的影响。

（4）连接静压孔与导压管的管接头要固定在流道壁上，只要流道壁厚度允许，螺纹连接的方法比焊接的方法好，以免热应力使壁面变形，干扰流场。

2. 静压管

当需要测量气流中某点的静压时，就要使用静压管。置于气流中的静压管对气流的干扰较大，为了减少测量误差，在满足刚度要求的前提下，它的几何尺寸应尽量小，静压管应对气流方向的变化尽量不敏感。静压孔轴线应垂直于气流方向。下面介绍三种常用的静压管。

（1）L 形（直角形）静压管

L 形静压管结构简单，加工容易，性能也不错，应用较广，主要缺点是轴向尺寸较大。图 3.45 是典型的 L 形静压管。由于静压管头部呈半球体，气流在此获得加速，静压降低；又因为支杆对气流有滞止作用，流速降低，静压升高，所以在 L 形静压管的头部和支杆之间选择适当的位置设置静压孔，可以得到接近真实静压的测量值。

气流方向与头部轴线的夹角为 L 形静压管的偏流角 α，α 的存在往往难以避免，这就引起测量误差。为了减少此影响，一般在其表面沿圆周方向等距离开 2～8 个静压孔。

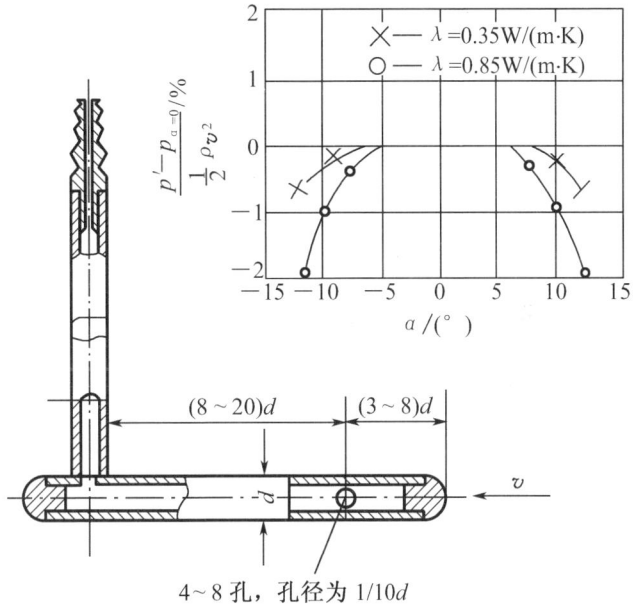

图 3.45　L 形（直角形）静压管

L 形静压管的管径常取 1～2 mm，孔径常取 0.3～0.4 mm。实验数据表明，Re 在 $500 \sim 3 \times 10^5$ 的范围内对静压测量值没有影响。

（2）圆盘形静压管

图 3.46 是典型的圆盘形静压管。测量时，它应和气流的流动方向垂直，使圆盘平面平行于气流方向，其静压孔感受到的就是气流的静压。圆盘形静压管的测量值对与圆盘平面平行的气流方向变化（α 角的变化）不敏感，但对气流与其轴向的夹角（即 β 角）的变化却极其敏感。所以它的加工精度要求高，特别要求支杆与圆盘平面垂直；使用时要特别注意 β 角的影响，并避免损坏圆盘，即使轻微的损伤也会降低测量精度。

测量的误差及对 β 角的敏感性常随圆盘直径的减小而增大，但直径过大又增加了对气流的干扰，圆盘直径常取 15～20 mm。

（3）带导流管的静压管

一般静压管的不敏感偏流角都较小，在静压孔外加了导流管后，这种状况得到了明显的改善，见图 3.47。不敏感偏流角 α_p 可达 ±30°，β_p 可达 ±20°。这种静压管可用于三元气流中测量静压，但导流管的形状比较复杂，加工比较困难；其头部尺寸难以做得很小，在小尺寸的流道中难以应用。

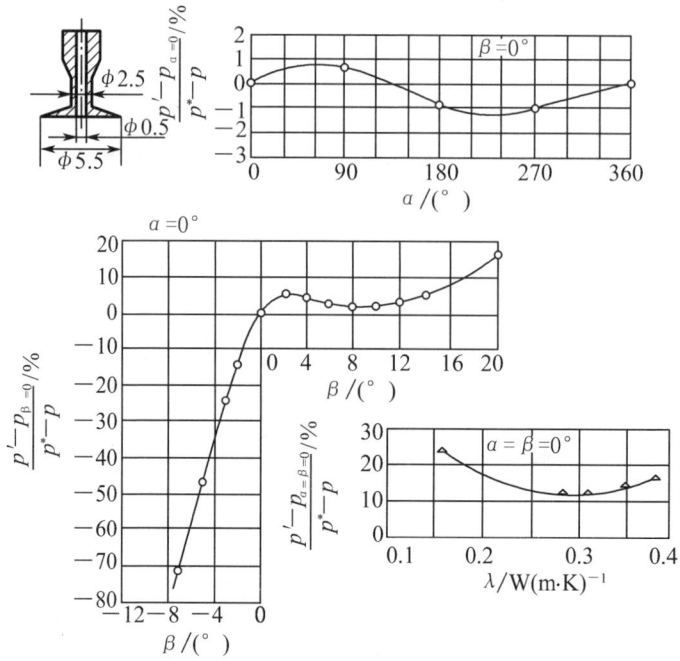

图 3.46　圆盘形静压管及试验特性

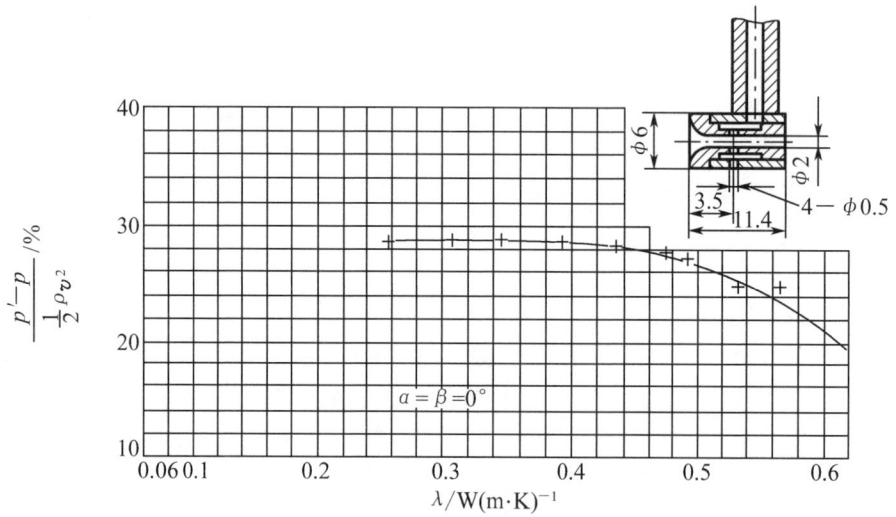

图 3.47　带导流管的静压管及其特性

3.7 反应堆冷却剂回路压力测量

反应堆冷却剂回路压力同样是反应堆控制与安全运行的重要参数之一。

压力传感器一般是利用液柱高度的改变或弹性元件位移的原理制成的,由于仪表液体与冷却剂可能存在偶然相混的缘故,液柱元件从未广泛地用于堆芯或壳体内部压力的测量。通常是使用弹性敏感元件,如广东核电站使用的压力和差压变送器中的弹性元件为波纹膜、波纹管及单晶硅等弹性元件。冷却剂压力可用安装在壳体内部的敏感元件来测量,也可以用延伸到壳体外部的引压管接头相联结的敏感元件来测量。

压水堆冷却剂回路的压力测量,通常是在稳压器上安装一个支管段,再从支管段上引出几个引压管送至压力变送器来测量冷却剂回路的压力。

稳压器有七路压力测量通道:两路用于压力调节,三路向反应堆保护系统提供压力保护信息,两路用于校正压力测量通道。

压力测量按其量程可分为两种:一种为启动和停堆过程中的宽量程测量;另一种是功率运行期间的高起点窄量程测量。压力测量中多采用弹簧管压力计作为测量装置。

思考题与习题

3-1 什么是压力?工程技术中流体压力如何分类?压力的法定计量单位是什么?

3-2 某容器的顶部压力和底部压力分别为 -50 kPa 和 300 kPa,若当地的大气压力为标准大气压,试求容器顶部和底部处的绝对压力以及顶部与底部间的压差。

3-3 弹性式压力计的测压原理是什么?常用的弹性元件有哪些类型?弹性式压力计有哪些误差,误差改善途径有哪些?

3-4 试述双波纹管压差计的工作原理。

3-5 试述电容式压力传感器的工作原理,如何减小平行极板式电容压力传感器的非线性特性?

3-6 应变式压力变送器测压原理是什么?金属应变片和半导体应变片有什么不同?

3-7 何谓压电效应?压电式压力传感器的特点是什么?

3-8 在压力表与测压点所处高度不同时,如何进行读数校正?

3-9 要实现准确的压力测量需要注意哪些环节?了解从取压口到测压仪表整个压力测量系统中各组成部分的作用及要求。

3-10 简述测压仪表的选择原则。

3-11 试述活塞式压力计如何实现对压力表的静态标定。

3-12 用弹簧管压力计测量蒸汽管道内压力,仪表低于管道安装,二者所处标高为 1.6 m 和 6 m,若仪表指示值为 0.7 MPa。已知蒸汽冷凝水的密度为 $\rho = 966 \text{ kg/m}^3$,重力加速度 $g = 9.8 \text{ m/s}^2$,试求蒸汽管道内的实际压力值。

3-13 压力传感器或变送器在工艺管道上安装时,需注意什么?

第4章 流量检测

由于流量测量应用的领域广泛,流体的种类又很多,而且在对各种流体进行测量时其状态(压力、温度)、性质也不相同,因此相适用的流量测量方法和使用的仪表也不尽相同。目前,流量测量的方法和流量仪表种类很多,从流量测量原理和测量方法上说,凡是能与流体的流速发生关系的物理现象或物理效应均可以用于流体流量的测量。

鉴于流量测量方法多、仪表多的情况,很难找出一种分类方法能把目前所有的流量仪表全部包括进去。流量仪表可大致分为以下几类:

(1)体积式流量计。体积式流量计在进行流量测量时相当于一个标准容器,在测量的过程中,它连续不断地对流体进行度量,流量的大小与仪表度量的次数成正比。这类流量仪表有椭圆齿轮流量计、腰轮(罗茨)流量计、刮板式流量计等。

(2)速度式流量计。速度式流量测量方法以直接测量管道内流体流速作为流量测量的依据。若测得的是管道截面上的平均流速 v,则流体的体积流量 $Q = Av$,A 为管道截面积。这类流量计有涡轮流量计、漩涡流量计、电磁流量计、超声波流量计等。

(3)差压式流量计。根据伯努利定律通过测量流体流动过程中产生的差压信号来测量流量。这类流量计有节流装置、弯管流量计、皮托管、均速管、转子流量计、靶式流量计等。

4.1 差压式流量计

差压式测量方法是流量测量方法中使用历史最久、应用最广泛的一种。它的原理是根据伯努利定律通过测量流体流动过程中产生的差压信号来测量流量。这种差压可能是由于流体滞止造成的,也可能是由于流体流通截面改变引起流速变化造成的,下面加以具体介绍。

4.1.1 标准节流装置

节流装置用于测量流量,其工作原理如下:在管道内部装有断面变化的节流件,当流体流经节流件时由于流束收缩,节流件前后流体的静压力不同,即在节流件的前后产生静压差,利用压差与流速的关系可进一步测出流量。

节流装置由节流件、取压装置和节流件上游侧第一个阻力件、第二个阻力件、下游侧第一个阻力件以及它们之间的直管段所组成。对于未经标定的节流装置,只要它与已经经过充分实验标定的节流装置几何相似和动力学相似,则在已知有关参数的条件下,可以认为节流件前后的静压力差与所流过流体的流量间有确定的数值关系,因此可以通过测量压差来测量流量。

节流件的形式很多,有孔板、喷嘴、文丘利管、圆缺孔板等。有的甚至可用管道上的部件如弯头等所产生的压差来测量流量,但是由于它所产生的压差值较小,影响的因素较多,因此很难测量准确。应用最多的是孔板、喷嘴和文丘利管等节流件。我们把这几种标准化了的节流件、规定了的取压方式和规定长度的前后直管段,总称为标准节流装置。对这些标准节流装置在规定的流体种类和流动条件下进行了大量的实验,求得了流量与压差的关系,并形成了标准。标准节流装置同时规定了它所适应的流体种类、流体流动条件,以及对管道条件、安装条件、流体参数等要求。

由于标准节流装置具有结构简单、使用寿命长、适应性广和不需要单独标定等优点,因而在流量测量仪表中占据主要地位。

1. 标准节流件及其取压装置

目前国际上规定的标准节流件有下列几种。

标准孔板。可以采用角接取压、法兰取压、D 和 $D/2$ 取压方式。

喷嘴。其形式有标准喷嘴和长径喷嘴两种。它们的取压方式不同,标准喷嘴采用角接取压法,而长径喷嘴的上游取压口在距喷嘴入口端面 $1D$ 处,下游取压口在距喷嘴入口端面的 $0.5D$ 处。

文丘利管。它是由入口收缩段、圆筒形喉部和圆锥形扩散段三部分组成。根据收缩段是呈圆锥形或是呈圆弧形,又可分为文丘利管和文丘利喷嘴。古典文丘利管上游取压位于距收缩段与入口圆筒相交的平面的 $1/2$ 处,文丘利喷嘴上游取压口与标准喷嘴相同,它们的下游取压口分别在距圆筒形喉部起始端的 $0.5D$ 处和 $0.3d$ 处。

(1)标准孔板

①孔板本体

标准孔板的形状如图 4.1 所示。它是一带有圆孔的板,圆孔与管道同心,直角入口边缘非常锐利。

标准孔板的开孔直径 d 是一个非常重要的尺寸,对制成的孔板应至少取四个大致相等的角度测得直径,然后取平均值。任一孔径的单测值与平均值之差不得大于 0.05%。孔径 d 在任何情况下应大于或等于 12.5 mm。根据所用孔板的取压方式,直径比 $\beta = d/D$(D 为管道直径)总是大于或等于 0.20 或 0.23,而小于或等于 0.75 或 0.80。

孔板开孔上游侧的直角入口边缘应锐利无毛刺和划痕。若直角入口边缘形成圆弧,其圆弧半径 r_k 应小于或等于 $0.0004D$,或无可见的反光。圆筒的厚度 e 和孔板厚度 E 不能过大,$e = (0.005 \sim 0.02)D$,$E = e \sim 0.05D$。在各处测得的 e 和 E 的测量值不得超过 $0.001D$ 和 $0.005D$。

图 4.1　标准孔板

标准孔板的进口圆筒形部分应与管道同心安装,其中心线与管道中心线的偏差不得大于 $0.015D$ $(1/\beta - 1)$,孔板必须与管道轴线垂直,其偏差不得超过 $\pm 1°$。

②取压装置

取压装置是指取压的位置与取压口的结构形式的总称。国际上常用的取压方式有角接取压、法兰取压和 D 与 $D/2$ 取压,其取压的位置如图 4.2 所示。

a. 角接取压装置。角接取压装置包括单独钻孔取压用的夹紧环(见图 4.3 所示的下半部分)和环室取压用的环室(见图 4.3 的上半部分)。角接取压标准孔板适用于管径 D 为

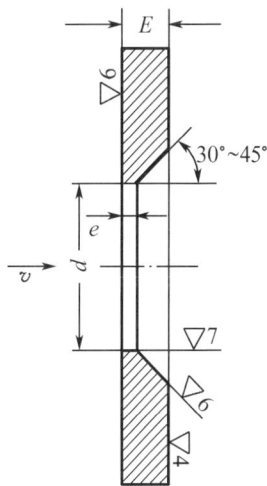

50 ~ 1 000 mm 和直径比 β 为 0.22 ~ 0.80 的范围,适用的雷诺数范围为 Re_D $= 5 \times 10^3 \sim 10^7$（见附表 Ⅱ － 4）。

环室取压的前后环室装在节流件的两侧。环室夹在法兰之间,法兰和环室、环室和节流件之间放有垫片并夹紧。节流件前后的静压力是从前、后环室和节流件前后端面之间所形成的连续环隙处取得的,其值为整个圆周上静压力的平均值。环隙宽度 α 规定为当 $\beta \leqslant 0.65$ 时, $0.005D \leqslant \alpha \leqslant 0.03D$;当 $\beta > 0.65$ 时, $0.01D \leqslant \alpha \leqslant 0.02D$。

对于任意的 β 值,环隙宽度 α 应为 1 ~ 10 mm。环隙的厚度 $f \geqslant 2\alpha$。环腔截面积 $hc \geqslant \frac{1}{2}\pi D\alpha$。若环隙由断续的 n 个面积为 f' 的长方形孔所组成,则 $hc \geqslant \frac{1}{2}nf'$。

环腔与导压管之间的连通孔应为等直径圆筒形,其长度应大于或等于 2ϕ。ϕ 为连通的孔的直径,其值为 4 ~ 10 mm。

单独钻孔取压口可以钻在法兰上,也可以钻在法兰之间的夹紧环上。钻孔直径 b 值大小的规定范围同环室取压环隙宽度 a,但对可能析出水汽的气体和液体,其 b 值则在 4 ~ 10 mm 范围内。取压孔如设在夹紧环内壁的出口边缘时,必须与夹紧环内壁平齐,并应有不大于取压孔径十分之一的倒角,无可见的毛刺或突出物。取压孔应为从夹紧环内壁算起至少有长度为 $2b$ 的等直径圆筒形,其轴线应尽可能与管道轴线垂直。

垫片的厚度应保证 a 或 b 值不超过规定值。

b. 法兰取压装置。法兰取压装置即为设有取压孔的法兰,其结构如图 4.4 所示。上、下游的取压孔必须垂直于管道轴线,上、下游取压孔的直径 b 相同,b 值不得大于 0.08D,实际尺寸应为 6 ~ 12 mm。可以在孔板上下游侧规定的位置上同时设有几个法兰取压

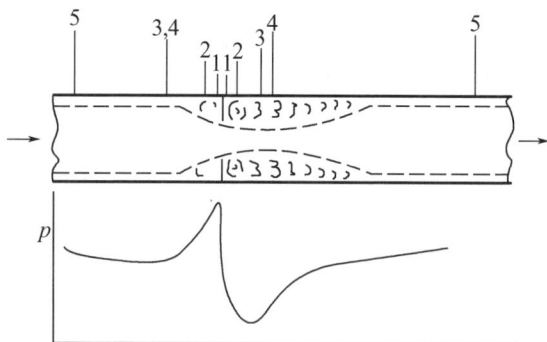
图 4.2 节流装置的取压位置
l_1, l_2 为上下游取压口中心与孔板前后端面间的距离
1 － 1 角接取压法,$l_1 = l_2$ 均等于取压孔孔径(或取压口宽度)的一半
2 － 2 法兰取压法,$l_1 = l_2 = 25.4$ mm
3 － 3 D 与 $D/2$ 取压法,$l_1 = 1D, l_2 = 1/2D$(距孔板前端面)
4 － 4 理论取压法,$l_1 = 1D, l_2 = (0.34 \sim 0.84)D$
5 － 5 损失取压法,$l_1 = 2.5D, l_2 = 8D$

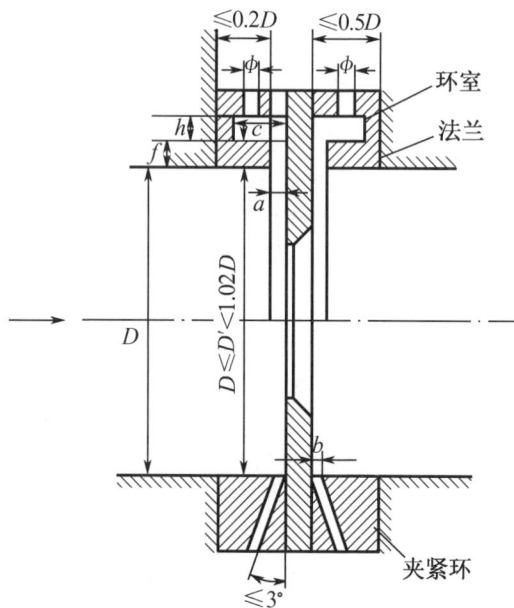
图 4.3 环室取压和单独钻孔取压装置结构

孔,但在同一侧的取压孔应按等角距配置。

法兰取压标准孔板适用的管道直径 D 为 $50 \sim$ 750 mm,直径比 β 为 $0.1 \sim 0.75$,雷诺数 Re_D 为 $8 \times 10^3 \sim 1 \times 10^7$。

c. D 和 $D/2$ 取压装置。此取压装置的特点是上下游取压口的位置名义上等于 D 和 $D/2$,但实际上可以有一定的变动范围,且不需要对流量系数进行修正。上游取压口至孔板上游端面间距 l_{y1} 可在 $0.9D$ 至 $1.1D$ 之间。对于下游取压口至孔板上游端面间距 l_{y2},当 $\beta \leqslant 0.6$ 时,l_{y2} 可在 $0.48D \sim 0.52D$ 之间;当 $\beta > 0.6$ 时,l_{y2} 可在 $0.49D \sim 0.51D$ 之间。

（2）标准喷嘴

标准喷嘴仅采用角接取压法,它适用的管道直径 D 为 $50 \sim 1\,000$ mm,直径比 β 为 $0.32 \sim 0.8$,雷诺数为 $2 \times 10^4 \sim 2 \times 10^6$（详见附表 Ⅱ -5）。

标准喷嘴的结构如图 4.5 所示。其廓形由进口

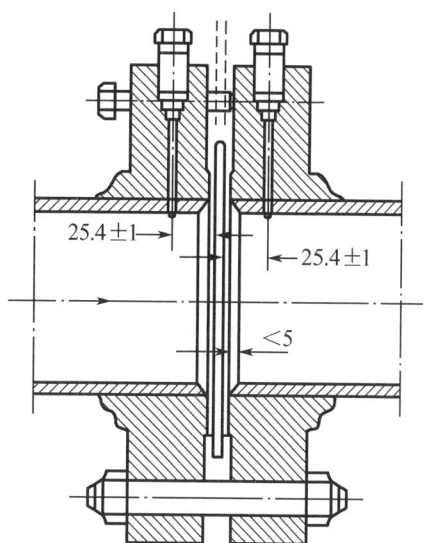

图 4.4　法兰取压装置

端面 A、收缩部分第一圆弧曲面 C_1 与第二圆弧曲面 C_2、圆筒形喉部 e 和出口边缘保护槽 H 所组成。圆筒形喉部的直径即为节流件的开孔直径,其长度为 $0.3d$。开孔直径 d 应是不少于 8 个单测值的算术平均值,其中 4 个是在圆筒形喉部的始端,4 个是在圆筒形喉部的终端,并分别在大致相距 $45°$ 角的位置上测得。任一单测值与 d 的平均值间的偏差不得超过 $\pm 0.05\%$。各段形线之间须相切,不得有任何不光滑的部分。

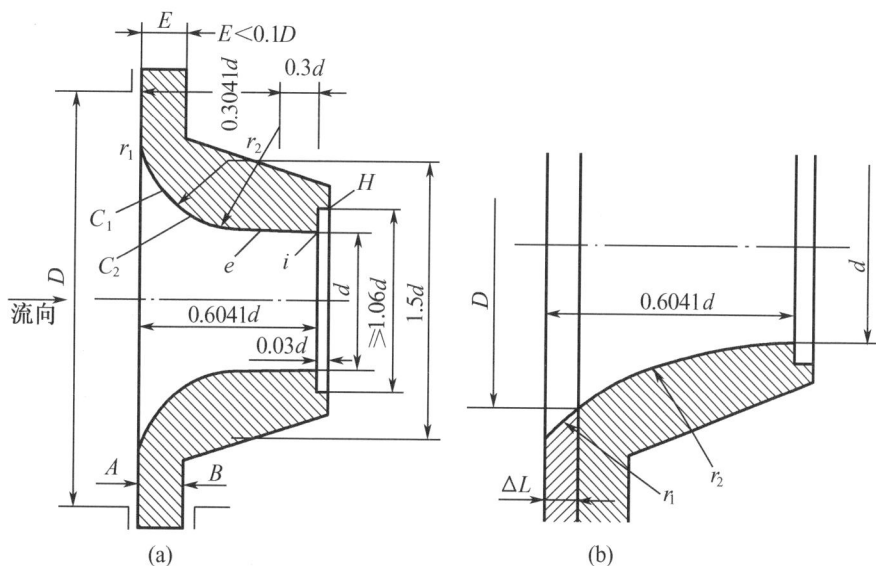

图 4.5　ISA1932 标准喷嘴

（a）$\beta \leqslant 2/3$；（b）$\beta > 2/3$

当$\beta > 2/3$时,喷嘴收缩部分入口端的直径$(1.5d)$将大于管道内径D[见图4.5(b)],故必须切去入口端的一部分,使其直径与管道内径D相等,切去的长度ΔL为

$$\Delta L = \left[0.2 - \left(\frac{0.75}{\beta} - \frac{0.25}{\beta^2} - 0.5225\right)^{\frac{1}{2}}\right]d \tag{4.1}$$

喷嘴的主要尺寸要求如下:喷嘴厚度$E \leqslant 0.1D$;当$\beta \leqslant 0.5$时,曲面C_1的半径$r_1 = 0.2d \pm 0.02d$;当$\beta > 0.5$时,$r_1 = 0.2d \pm 0.006d$;当$\beta < 0.5$时,曲面C_2的半径$r_2 = 1/3d \pm 0.03d$,当$\beta \geqslant 0.5$时,$r_2 = 1/3d \pm 0.01d$。

国际标准化组织颁布的ISO-5167,还把长径喷嘴作为标准喷嘴。与ISA1932喷嘴不同的是,长径喷嘴进口收缩部分的形状为1/4个椭圆的弧段,喉部为一圆筒,它适用于D为50~630 mm,β为0.2~0.8,Re_D为$2 \times 10^4 \sim 1 \times 10^7$;管道相对粗糙度$k/D \leqslant 10 \times 10^{-4}$的情况。其上、下游取压口距喷嘴入口端面距离为$1D$和$1/2D$。

(3)文丘利管

文丘利管由收缩段、圆筒形喉部C和圆锥形扩散管三部分所组成。按收缩段的形状不同,它又分为古典文丘利管和文丘利喷嘴。

①古典文丘利管

古典文丘利管由入口圆筒段A、圆锥形收缩段B、圆筒形喉部C和圆锥形扩散段E所组成。按圆锥形收缩段内表面加工的方法和圆锥形收缩段与喉部圆筒相交的型线的不同,又可分为粗糙收缩段式、经加工的收缩段式和粗焊铁板收缩段式。古典文丘利管的几何型线如图4.6所示。

现以粗焊铁板收缩段式古典文丘利管为例加以说明。入口圆筒段A、收缩段B和圆筒形喉部各相连线段不应有连接曲面,内表面应清洁、无硬皮,可以电镀,内表面焊缝应与周围表面齐平,且不得靠近任何取压口。文丘利管适用的条件如下:当200 mm$\leqslant D \leqslant$1 200 mm,$0.4 \leqslant \beta \leqslant 0.7$,$2 \times 10^5 \leqslant Re_D \leqslant 2 \times 10^6$时,流出系数$c = 0.985$。其膨胀修正系数$\varepsilon$与标准喷嘴相同。

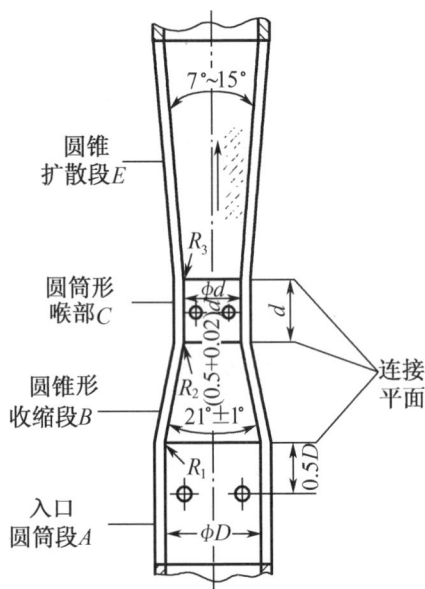

图4.6 文丘利管的几何型线

②文丘利喷嘴

文丘利喷嘴的型线如图4.7所示。它是由呈弧形的收缩段、圆筒形喉部和扩散段所构成的。收缩段与ISA1932喷嘴相同,喉部由长度$0.3d$的部分E和长度$0.4d$到$0.45d$的部分E'所组成。扩散段的夹角ψ应小于或等于30°。当扩散段出口直径小于直径D时称为截头式的文丘利管;如果扩散段出口直径等于直径D时,称为非截头式文丘利管。扩散段的长短并不影响流量系数,但扩散段的夹角对压力损失有影响。文丘利喷嘴的适用条件如下:当65 mm$\leqslant D \leqslant$500 mm、$d \geqslant 50$ mm、$0.316 \leqslant \beta \leqslant 0.775$、$1.5 \times 10^5 \leqslant Re_D \leqslant 2 \times 10^6$时,流出系数$c = 0.9858 - 0.196\beta^{4.5}$。膨胀修正系数与标准喷嘴相同。

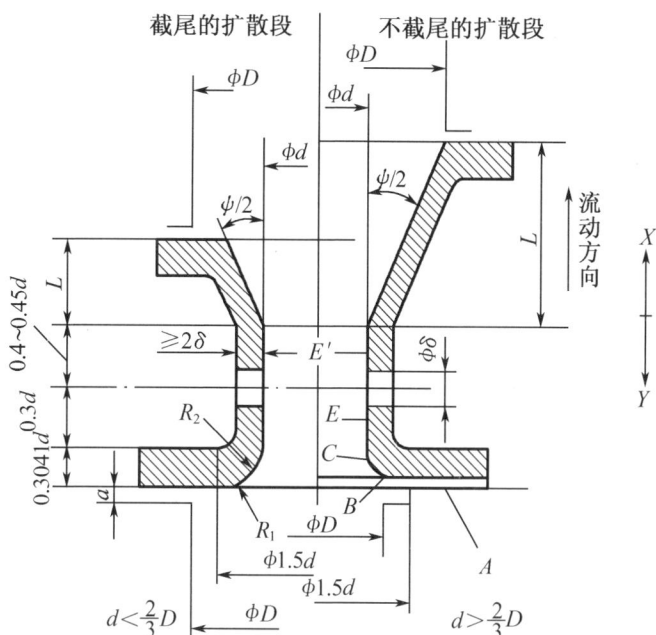

图 4.7　文丘利喷嘴

2. 流体条件和管道条件

流经节流装置的流量与压差的关系,是在特定的流体与流体流动条件下,以及在节流件上游侧 1D 处已形成典型的紊流流速分布并且无漩涡的条件下通过实验获得的。若流体及其流动条件改变或靠近节流件上游侧有漩涡,则它们之间的关系就要发生变化。因此适用于节流装置的流体、流动条件、管道条件和安装要求必须符合标准的规定。

(1)流体条件

标准节流装置只适用于圆管中单相、均质的流体或具有高度分散的胶体溶液。它要求流体必须充满管道,在流经节流装置时流体不发生相变,流速小于声速,同时流速应是恒定的或者只随时间作轻微而缓慢地变化。流体在流经节流件前,其流束必须与管道轴线平行,不得有漩涡。

(2)管道条件

节流装置前后直管段、上游侧第一与第二个局部阻力件间的直管段以及差压信号管路,如图 4.8 所示。

①管道条件

节流装置前后的管段,经目测应是直的。节流件用的测量圆管的直径,在节流件上下游侧 2D 长度范围内必须实测。其方法为在上游侧 0D,1/2D,1D 和 2D 处,与管道轴线垂直的截面上各取大致相等的等角距离的四个内径的单测值,此 16 个单测值的平均值为计算得到的管道内径,并要求任意单测值与平均值间的偏差不得大于 ±0.3%。下游侧的直管段亦应如此,但要求较低,任意单测值与平均值间的偏差不得大于 ±2%。

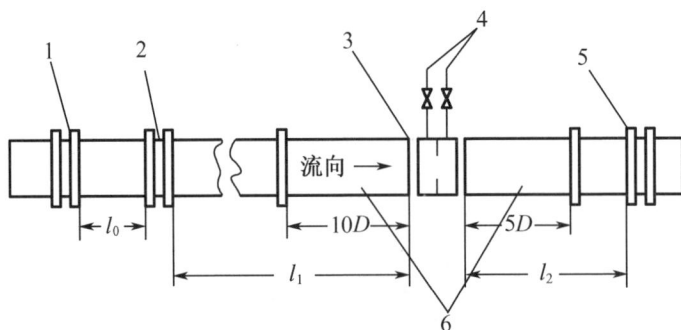

图 4.8   整套节流装置示意图

1—节流件上游侧第二个局部阻力件;2—节流件上游侧第一个局部阻力件;3—
节流件和取压装置;4—压差信号管路;5—节流件下游侧第一个局部阻力件;6—
节流件前后的测量管;l_0—上游侧第一和第二局部阻力件间的直管段;l_1—节流
件上游侧的直管段;l_2—节流件下游侧的直管段

管道内壁应该洁净,可以是光滑的,也可以是粗糙的。在节流件上游侧 $10D$ 长的管道内,当管道内壁的相对平均粗糙度 k/D 值小于表 4.1 所规定的限值时,则视为光滑管(简称光管)。国家标准就是在该条件下用实验方法得到的光管流量系数(α_0)。若 k/D 值大于表 4.1 所规定的限值时,则称为粗糙管。

表 4.1   光滑管相对平均粗糙度 k/D 极限值

β^2		0.063	0.071	0.10	0.15	0.20	0.30	0.40	0.50	0.60	0.64
$k/D \times 10^4 \leqslant$	孔板	55.0	42.0	20.0	8.7	6.3	4.7	4.2	4.0	3.9	3.9
	喷嘴	—	—	31.0	12.2	7.7	5.3	4.6	4.2	3.9	3.9

②节流件上下游侧直管段长度要求

节流件上下游侧最小直管段长度与节流件上下游侧阻力件的形式和节流件开孔直径比 β 值的关系见表 4.2。若实际的直管段长度中有一个大于括号内的数值而小于括号外的数值时,则所测流量的极限相对误差应算术相加 $\pm 0.5\%$。

在上游侧第一个阻力件与第二个阻力件间的直管段长度 l_0,按第二个阻力件的形式和 $\beta = 0.7$(不论实际的 β 值是多少)取表 4.2 所列数值的一半。对于试验研究用系统,最小直管段长度至少应为表 4.2 所列数值的一倍。如空间不够,可以在管内加装调整流速分布的整流器来缩短直管段。

表 4.2 节流件上下游侧的最小直管段的长度

β	节流件上游侧的局部阻力件形式和最小管段的长度 l_1						节流件下游侧的最小管段的长度 l_2（左面所有局部阻力件形式）
	一个90°弯头或三通	在同一平面内有多个90°弯头	在不同平面内有多个90°弯头	收缩管或扩大管	球阀（全开）	闸阀（全开）	
1	2	3	4	5	6	7	8
≤0.2	10(6)	14(7)	34(17)	16(8)	18(9)	12(6)	4(2)
0.25	10(6)	14(7)	34(17)	16(8)	18(9)	12(6)	4(2)
0.30	10(6)	16(8)	34(17)	16(8)	18(9)	12(6)	5(2.5)
0.35	12(6)	16(8)	36(18)	16(8)	18(9)	12(6)	5(2.5)
0.40	14(7)	18(9)	36(18)	16(8)	20(10)	12(6)	6(3)
0.45	14(7)	18(9)	38(19)	16(8)	20(10)	12(6)	6(3)
0.50	14(7)	20(10)	40(20)	20(10)	22(11)	12(6)	6(3)
0.55	16(8)	22(11)	44(22)	20(10)	24(12)	14(7)	6(3)
0.60	18(9)	26(13)	48(24)	22(11)	26(13)	14(7)	7(3.5)
0.65	22(11)	32(16)	54(27)	24(12)	28(14)	16(8)	7(3.5)
0.70	28(14)	36(18)	62(31)	26(13)	32(16)	20(10)	7(3.5)
0.75	36(18)	42(21)	70(35)	28(14)	36(18)	24(12)	8(4)
0.80	46(23)	50(25)	80(40)	30(15)	44(22)	30(15)	8(4)

对于所有 β 值	阻 力 件	要求最小的上游直管长
	具有直径比 β≥0.5 的骤缩对称异径管	30(15)
	直径 ≤0.03D 的温度计保护套	5(3)
	直径在 0.03D 和 0.13D 之间的温度计保护套	20(10)

注:(1)本表适用于标准规定的各种节流件;
　　(2)本表引用数字为管道内径 D 的倍数。

3. 标准节流装置的流量方程

流量方程,就是流经节流装置的流量与形成的压差间的关系,它可以通过伯努利方程和流体的连续方程来求得。但是完全从理论上定量地推导出流量与压差间的关系目前还是不可能的,而只能通过求得流量系数来推导出二者的关系。

(1)流量方程

①不可压缩流体流量方程

我们以不可压缩流体流经孔板为例,来分析流体流经节流件的情况,此时有 $\rho_1 = \rho_2 = \rho$,图4.9是其示意图。当流体流经孔板时,由于流束断面的变化,流束的速度显著增高,

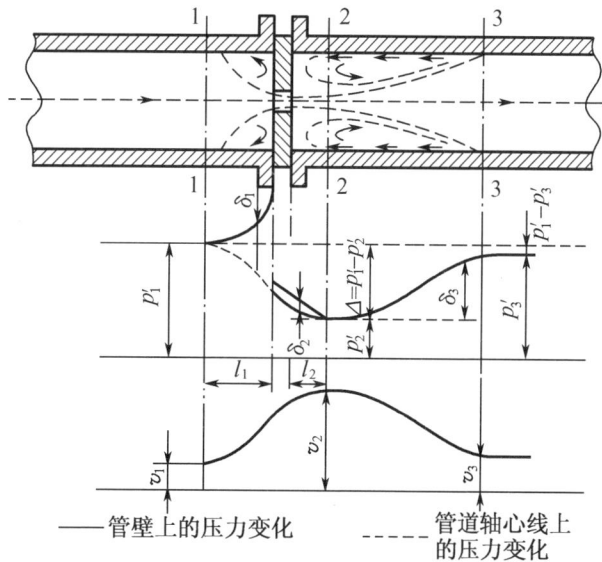

——管壁上的压力变化　　- - - - 管道轴心线上的压力变化

图 4.9 流体流经节流件时压力和流速的变化情况

因而动能增加,流体的静压力则随之减少。流体经孔板后,流束的断面逐步扩大而恢复到原来的状态,流速逐渐降低到原来的流速,静压力也随之逐渐回升。但是由于流体的能量在流动过程中有一部分消耗于摩擦、涡流、撞击等方面,所以压力不能完全恢复,而有一个压力降,此压力降就称为流体流经节流件的压力损失 δ_p。此外,由于节流件前后流束不是缓变流,所以在同一管道截面上的静压力是不等的。如在紧靠孔板的管壁处,由于流速的减少,压力是上升的(图 4.9 中静压力 p 特性曲线中的实线),而在管的轴线上,流速是增加的,压力则是减少的(图中的虚线)。

为了推导流量方程,我们在管道上取两个截面:截面 1 - 1 和 2 - 2,并列出这两个截面流体总流的伯努利方程,即

$$p_1' + c_1 \frac{\rho v_1^2}{2} = p_2' + c_2 \frac{\rho v_2^2}{2} + \xi \frac{\rho v_2^2}{2} \tag{4.2}$$

式中,c_1,c_2 为总流的动能的修正系数;ξ 为阻力系数。

流体总流的连续方程为

$$v_1 \frac{\pi D^2}{4} = v_2 \frac{\pi d'^2}{4} \tag{4.3}$$

设节流件的开孔直径为 d,定义

$$\beta = \frac{d}{D} \tag{4.4}$$

收缩系数为

$$\mu = \frac{d'^2}{d^2} \tag{4.5}$$

将式(4.4)、式(4.5)代入式(4.2)、式(4.3),并联立求解,得

$$v_2 = \frac{1}{\sqrt{c_2 + \xi - c_1 \mu^2 \beta^4}} \sqrt{\frac{2}{\rho}(p_1' - p_2')} \tag{4.6}$$

体积流量为

$$q_V = \frac{1}{\sqrt{c_2 + \xi - c_1 \mu^2 \beta^4}} \frac{\pi}{4} d'^2 \sqrt{\frac{2}{\rho}(p_1' - p_2')} \tag{4.7}$$

因为流束最小截面 2 的位置随流速变化而变化,而实际取压点的位置是固定的,用固定取压点处的静压 p_1,p_2 代替 p_1',p_2' 时,须引入一个取压系数 ψ,则

$$\psi = \frac{p_1' - p_2'}{p_1 - p_2} \tag{4.8}$$

在实际应用中,用实测压力差 $(p_1 - p_2)$ 替代 $(p_1' - p_2')$,并用节流件的开孔直径 d 代替 d',则流量公式为

$$q_V = \frac{\mu \sqrt{\psi}}{\sqrt{c_2 + \xi - c_1 \mu^2 \beta^4}} \frac{\pi}{4} d^2 \sqrt{\frac{2}{\rho}(p_1 - p_2)} \tag{4.9}$$

$$\alpha = \frac{\mu \sqrt{\psi}}{\sqrt{c_2 + \xi - c_1 \mu^2 \beta^4}} \tag{4.10}$$

式中,α 为流量系数,是各种节流装置的重要参数。流量系数是由实验求得的,其值一般在 0.6 ~ 1.2 之间。

质量流量为

$$q_m = \alpha \frac{\pi}{4} d^2 \sqrt{2\rho(p_1 - p_2)} \tag{4.11}$$

②可压缩流体的流量方程

可压缩流体流经节流件时,由于压力的变化,密度随之变化。如果仍用以不可压缩流体的伯努利方程为基础得出流量系数,则算出的流量偏大。为此,标准规定公式中的 ρ 用节流前流体的密度 ρ_1,流量系数采用液体标定的数值,而把流体可压缩性的影响用一流束膨胀修正系数 ε 来修正。显然,不可压缩流体的 $\varepsilon = 1$,可压缩流体的 $\varepsilon < 1$,于是流量方程可写为

$$q_V = \alpha\varepsilon \frac{\pi}{4} d^2 \sqrt{\frac{2}{\rho_1}(p_1 - p_2)} \tag{4.12}$$

$$q_m = \alpha\varepsilon \frac{\pi}{4} d^2 \sqrt{2\rho_1(p_1 - p_2)} \tag{4.13}$$

(2)流量方程中的 ε, α 的特性

①膨胀系数 ε

流束的膨胀系数 ε 是一个考虑压缩性影响的系数。它与节流件前后的压力比 p_2/p_1(或 $(p_1 - p_2)/p_1$),β, k 等因素有关,其中 k 是被测介质的等熵指数。

当 $p_2/p_1 \geqslant 0.75, 50 \text{ mm} \leqslant D \leqslant 1\,000 \text{ mm}, 0.22 \leqslant \beta \leqslant 0.80$ 时,使用角接取压标准孔板的 ε 可按下列经验公式确定:

$$\varepsilon = 1 - (0.370\,3 + 0.318\,4\beta^4)\left[1 - \left(\frac{p_2}{p_1}\right)^{1/k}\right]^{0.935} \tag{4.14}$$

根据式(4.14)在常用的 $k, p_2/p_1, \beta$ 等范围内计算出的 ε 值列于附表 Ⅱ - 6 中。

同样使用法兰取压时标准孔板的 ε 可按下列经验公式确定:

$$\varepsilon = 1 - (0.41 + 0.35\beta^4)\frac{\Delta p}{\rho_1}\frac{1}{k} \tag{4.14'}$$

根据式(4.14')在常用的 $k, p_2/p_1, \beta$ 等范围内计算出的 ε 值列于附表 Ⅱ - 7 中。

②流量系数 α

无论对于不可压缩流体还是可压缩流体,理论上 α 的值取决于 μ, β 和 ξ。

流束收缩系数 μ 是考虑到流束在通过节流装置后,流束在惯性力的影响下的附加收缩。它随流束的收缩程度而定,也就是取决于直径比 β 和惯性力与摩擦力之比(雷诺数 Re_D),即 $\mu = f(Re_D, \beta)$。这里惯性力决定于流体的速度和密度;内摩擦力取决于黏性(流体的运动黏度)。当雷诺数增大时,惯性力比摩擦力增加得快,节流件后流束就是在惯性力超过摩擦力的影响下,使得收缩增大,即 μ 发生变化。

系数 ξ 是考虑到管壁取压点的位置及其结构等影响。对于标准节流件(用标准的取压方式)ξ 的数值与 1 相差不多。

由上述分析可知,一定的节流元件其流量系数 α 和一定的直径比 β、流体雷诺数 Re_D 有关,即

$$\alpha = f(Re_D, \beta)$$

式中的雷诺数是对直径为 D 的管道的雷诺数,$Re_D = \dfrac{vD}{\nu}$(ν 为运动黏度)。

由此也看出,如果两个几何相似的节流装置,只要流束的 Re_D 相等,那么它们的流量系数

也是相等的。这种情况下，流量系数仅随雷诺数单值而变动，即

$$\alpha = \phi(Re_D)$$

因此完全有条件通过实验来确定 α 值。在实验室中以非常光滑的管道，即节流件前管道内壁相对粗糙度 $k_s/D \leqslant 0.000\,4$ 时，用实验方法得出的流量系数称为光管流量系数 α_0。

如果是粗糙管道，应对 α_0 作一个修正，即粗糙管的流量系数 α 可表示为

$$\alpha = \gamma_{Re}\alpha_0 \tag{4.15}$$

式中，γ_{Re} 为管道粗糙度修正系数，且

$$\gamma_{Re} = (\gamma_0 - 1)\left(\frac{\lg Re_D}{n}\right)^2 + 1 \tag{4.16}$$

此式中 γ_0 与 β，k_s/D 有关，可从表 4.3 中查得，标准孔板 n 取 6，标准喷嘴 n 取 5.5。

当 $Re_D \geqslant 10^6$ 时，$\gamma_{Re} = \gamma_0$ 则

$$\alpha = \gamma_0\alpha_0 \tag{4.17}$$

表 4.3　标准孔板的 γ_0

$\dfrac{D/k_s}{\gamma_0}$ β^2	400	800	1 200	1 600	2 000	2 400	2 800	3 200	≥3 400
0.1	1.002	1.000	1.000	1.000	1.000	1.000	1.000	1.000	1.000
0.2	1.003	1.002	1.001	1.000	1.000	1.000	1.000	1.000	1.000
0.3	1.006	1.004	1.002	1.001	1.000	1.000	1.000	1.000	1.000
0.4	1.009	1.006	1.004	1.002	1.001	1.000	1.000	1.000	1.000
0.5	1.014	1.009	1.006	1.004	1.002	1.001	1.000	1.000	1.000
0.6	1.020	1.013	1.009	1.006	1.003	1.002	1.000	1.000	1.000
0.64	1.024	1.016	1.011	1.007	1.004	1.002	1.002	1.000	1.000

式(4.15)、式(4.16)和式(4.17)都仅适用于角接取压孔板。附表Ⅱ-4列出了角接取压标准孔板的 α_0 值。

使用时根据 β，Re_D 查出 α_0；按 k_s/D，β 从表 4.3 查出 γ_0；如 $Re_D \geqslant 10^6$，则由式(4.17)计算 α 值；如 $Re_D \leqslant 10^5$，则由式(4.16)计算 γ_{Re}，再按式(4.15)求 α 值。

（3）流体流过节流件的压力损失

流体流过节流件后，压力不能恢复到原来的数值。这个压力损失随 β 值减小而增大，同时也与节流件的形式有关，流体流过孔板和喷嘴时的压力损失比在文丘利管的压力损失要大。这个压力损失可用实验的方法求得，也可按下式近似地计算得出，即

$$\delta_p = \left(\frac{1 - \alpha\beta^2}{1 + \alpha\beta^2}\right)\Delta p \tag{4.18}$$

（4）流量测量总误差的估算方法

由于流量公式中各参数和系数可以认为是互相独立的，根据间接测量误差传递定律，由流量公式 $q_m = \alpha\varepsilon\dfrac{\pi}{4}d^2\sqrt{2\rho_1\Delta p}$ 可以推导出流量测量基本相对误差的公式，即

$$\frac{\sigma_m}{q_m} = \pm \left[\left(\frac{\sigma_\alpha}{\alpha} \right)^2 + \left(\frac{\sigma_\varepsilon}{\varepsilon} \right)^2 + \left(2 \frac{\sigma_d}{d} \right)^2 + \left(\frac{1}{2} \frac{\sigma_{\rho_1}}{\rho_1} \right)^2 + \left(\frac{1}{2} \frac{\sigma_{\Delta p}}{\Delta p} \right)^2 \right]^{\frac{1}{2}} \qquad (4.19)$$

①D 和 d 的测量误差对流量系数 α 的影响

在运用标准求流量系数 α 时, β 值是通过测量管径 D 和节流件开孔直径 d 所得到的, 进而查表得到流量系数 α 值。但由于 D 和 d 在测量中存在误差, 故必然要增加 α 值的误差。α 值与开孔直径比 β 有如下的近似关系:

$$\alpha = C + 0.5\beta^4 \qquad (4.20)$$

式中 C 为常数。

由于 D 和 d 的测量误差而引起流量系数增加的基本相对误差为

$$\frac{\sigma_\alpha}{\alpha} = \left| \frac{2\beta^4}{\alpha} \frac{\sigma_d}{d} \right| + \left| \frac{2\beta^4}{\alpha} \frac{\sigma_D}{D} \right| \qquad (4.21)$$

考虑 D 和 d 这两部分测量误差所引起流量系数 α 增加的误差后, 流量测量总误差为

$$\frac{\sigma_m}{q_m} = \pm \left[\left(\frac{\sigma_\alpha}{\alpha} \right)^2 + \left(\frac{\sigma_\varepsilon}{\varepsilon} \right)^2 + 4 \left(\frac{\beta^4}{\alpha} \right)^2 \left(\frac{\sigma_D}{D} \right)^2 + 4 \left(1 + \frac{\beta^4}{\alpha} \right)^2 \left(\frac{\sigma_d}{d} \right)^2 + \frac{1}{4} \left(\frac{\sigma_{\rho_1}}{\rho_1} \right)^2 + \frac{1}{4} \left(\frac{\sigma_{\Delta p}}{\Delta p} \right)^2 \right]^{\frac{1}{2}}$$

$$(4.22)$$

②各项基本相对误差的计算

a. $\dfrac{\sigma_\alpha}{\alpha}$ 和 $\dfrac{\sigma_\varepsilon}{\varepsilon}$ 的算法在前面已作了说明。

b. $\dfrac{\sigma_D}{D}$ 和 $\dfrac{\sigma_d}{d}$ 的估算。$\dfrac{\sigma_D}{D}$ 为管径的基本相对误差。若以 20 ℃ 时 D_{20} 为实测值, 则可把 $\dfrac{\sigma_D}{D} = \pm 0.1\%$ 作为估算值; 若 D_{20} 为公称值, 则可令 $\dfrac{\sigma_D}{D} = \pm 0.5\% \sim 1.5\%$。

$\dfrac{\sigma_d}{d}$ 为节流件开孔直径的基本相对误差, 但 d_{20} 必须实测, 则可令 $\dfrac{\sigma_d}{d} = \pm 0.05\%$。

c. $\dfrac{\sigma_{\Delta p}}{\Delta p}$ 的估算。$\dfrac{\sigma_{\Delta p}}{\Delta p}$ 为压差的基本相对误差, 原则上应包括差压信号管路、变送器、显示仪表以及它们之间的连接件等的误差。现主要以差压显示仪表为例来分析 $\dfrac{\sigma_{\Delta p}}{\Delta p}$ 的估算方法。

标准规定, 差压显示仪表的精度为仪表上限值的最大误差的百分数, 并认为最大误差等于 3σ 的值。如量程为 $0 \sim 0.1$ MPa 的 1.0 级表, 在常用流量下压差的示值为 $\Delta p_{com} = 0.05$ MPa, 则

$$\frac{\sigma_{\Delta p}}{\Delta p} \approx \frac{1}{3} \times \frac{1}{100} \times \frac{0.1 - 0}{0.05} = 0.006\ 7 = 0.67\%$$

d. $\dfrac{\sigma_{\rho_1}}{\rho_1}$ 的估算。$\dfrac{\sigma_{\rho_1}}{\rho_1}$ 为节流件前流体密度的基本相对误差。ρ_1 值是根据测量的温度 T_1 和压力 p_1 值查表得到的。因此, $\dfrac{\sigma_{\rho_1}}{\rho_1}$ 值应包含表列值的基本误差和 T 与 p 的测量误差。$\dfrac{\sigma_{\rho_1}}{\rho_1}$ 值的估算是比较复杂的, 在工业测量中可按如下所示的近似值方法进行估算:

液体　当测温条件 $\dfrac{\sigma_t}{t} \leqslant 5\%$ 时, $\dfrac{\sigma_{\rho_1}}{\rho_1} = \pm 0.03\%$ (包括查表误差)。

水蒸气　当 $\dfrac{\sigma_t}{t} \leqslant \pm 5\%$，$\dfrac{\sigma_{P_1}}{P_1} \leqslant \pm 5\%$ 时，$\dfrac{\sigma_{\rho_1}}{\rho_1} \leqslant \pm 3\%$；

　　　　当 $\dfrac{\sigma_t}{t} \leqslant \pm 1\%$，$\dfrac{\sigma_{P_1}}{P_1} \leqslant \pm 1\%$ 时，$\dfrac{\sigma_{\rho_1}}{\rho_1} \leqslant \pm 0.5\%$。

气体　　当 $\dfrac{\sigma_t}{t} \leqslant \pm 1\%$，$\dfrac{\sigma_{P_1}}{P_1} \leqslant \pm 1\%$ 时，$\dfrac{\sigma_{\rho_1}}{\rho_1} \leqslant \pm 1.5\%$。

4. 节流装置流量计用的差压计

节流装置与差压计共同组成了节流件变压降式流量计。工业上使用的差压计主要有双管式、环天平式、钟罩式、浮子式、膜式和双波纹管式等。

根据需要，差压计可配有指示、记录和流量积算机构。有的还加上远传变送器、报警和自动调节装置等。

差压计的标尺可按压差分度，也可按流量分度。差压计的额定压差上限值 Δp 为由下式决定的系列值，即

$$\Delta p = b \times 10^n \qquad (4.23)$$

式中 b 为 $1,1.6,2.5,4$ 和 6.3 中任意的一个数值；n 为任意一个正的或负的整数，或零。按流量分度时，额定上限值 Q 等于由下式所决定的系列值，即

$$Q = a \times 10^n \qquad (4.24)$$

式中 a 为 $1,1.25,1.6,2.5,3.2,4,5,6.3$ 和 8 中任意的一个数值；n 为任意一个正的或负的整数或零。

由于流量与压差间为平方关系，因此差压计标尺上的流量分度是不均匀的。愈接近标尺上限分格愈大。若要进行流量积算求得累计流量或者将流量信号输入调节系统，就必须对流量标尺进行线性化，也就是通过差压计结构上的开方装置或电子开方线路对差压计输出信号进行开方，得到与流量成线性关系的信号。

配合标准节流装置的差压计可以是双波纹管式差压计和膜式差压计，它们的基本工作原理在第 3 章中已介绍，在此不再赘述。

5. 标准节流装置的计算

（1）计算命题

在实际工作中，节流装置的计算命题主要有以下两类：

①已知管道内径、节流件的形式、节流件的开孔直径、取压方式和被测流体等条件，要求根据所测得的压差值计算相对应的流量。这类命题主要用于校核已有的节流装置。

②已知管道内径、被测流体参数和预计的流量变化范围等数据，要求设计节流装置，即要求选择节流件的形式、取压方式和确定节流件的开孔直径；选择差压计的量程范围和形式；计算测量误差等。

（2）实用计算公式

工业流量测量的节流装置在我国目前还习惯采用工程单位制，这时流量公式为

$$q_V = 0.012\,52\alpha_0\gamma_{Re}\varepsilon d^2\sqrt{\dfrac{\Delta p}{\rho_1}} = 0.012\,52\varepsilon\gamma_{Re}\alpha_0\beta^2 D^2\sqrt{\dfrac{\Delta p}{\rho_1}} = 0.012\,51\varepsilon\gamma_{Re}\alpha_0\beta^2 D^2\sqrt{\dfrac{h_{20}}{\rho_1}}$$

$$(4.25)$$

$$q_m = 0.012\,52\alpha_0\gamma_{Re}\varepsilon d^2 \sqrt{\rho_1\Delta p} = 0.012\,52\varepsilon\gamma_{Re}\alpha_0\beta^2 D^2 \sqrt{\rho_1\Delta p}$$
$$= 0.012\,51\varepsilon\gamma_{Re}\alpha_0\beta^2 D^2 \sqrt{\rho_1 h_{20}} \tag{4.25'}$$

式中，q_V 为体积流量，m^3/h；q_m 为质量流量，kg/h；d 和 D 分别为节流件开孔直径和管道内径，mm；Δp 为压差值，kgf/m^2；h_{20} 为 20 ℃水柱表示的压差值，mmH_2O。上述各项均是指工作状态下的数值。常数项 $0.012\,52 = 3\,600\times10^{-6}\times\dfrac{\pi}{4}\times\sqrt{2g_0}$，重力加速度 $g_0 = 9.81\ m/s^2$。常数项 $0.012\,51$ 是考虑用 h_{20} 代替用标准状态下 0 ℃时的 h_0 的压差值校正以后的数值。

在标准重力加速度下，流体密度 ρ_1（kg/m^3）和重度 γ（N/m^3）以及质量流量 q_m（kg/h）和重力流量 q_w（N/h）在数值上分别相等。

（3）节流装置的计算方法

运用流量公式完成节流装置设计时，要完成选择压差、确定开孔直径和误差范围的任务。此外，还必须求得公式中全部系数，而这些系数又与压差和开孔直径比有关。因此，在实际工程中往往是根据经验确定在最大流量下的最大压差，作为选择差压计的压差上限。继之求出常用流量下的压差，再假定 $\varepsilon = 1$，$\gamma_{Re} = 1$，按流量公式求出 $(\alpha_0\beta^2)_1$。在一定的 Re_D 的条件下依照 $\alpha_0 = f(\alpha_0\beta^2, Re_D, \beta)$ 的附表 Ⅱ-9 ~ 附表 Ⅱ-11 求出 β_1 值。在此基础上求出 ε 和 γ_{Re} 值，再一次用公式求出 $(\alpha_0\beta^2)_2$，最后确定值 β_2。在数据合理的条件下，用这样的方法逐步地求出合乎要求的 d 值，完全可行。

法兰取压标准孔板的设计方法较简单，只要在 $D/k \geqslant 1\,000$ 的条件下，它就可以不考虑粗糙度的影响。还有一种在我国较少应用的计算方法，是使流量和 d 取整数，这种方法有利于节流件的系列化，提高制造精度，但这样差压计的标尺必须逐台标定。

为了使设计的标准节流装置达到满意的精度，对压差、量程比和管道内壁的粗糙度的确定分述如下。

①压差的选择

为了提高测量的精度，压差上限值应选大值，β 值应选较小值，在设计中尽可能使 $\beta_1 \leqslant 0.5$。这样可使流量系数 α 在较低的 Re_D 就趋于稳定，即允许的 $Re_{D\min}$ 较小。在实际情况中就有可能使其最小流量下的 Re_D 大于允许的 $Re_{D\min}$，从而扩大了量程范围。另外，β 值小、ΔP 大不仅可提高测量精度，而且可使节流件前后所需的最小直管段较短。但是 β 值较小，节流件的压力损失也大。因此压差上限位的选择应综合上述因素和实际需要来确定。

压差的选择有下列三种情况，分述如下。

a. 当压力损失 δ_p、直管段管段长度 l_1, l_2, l_0 和实际最小雷诺数均有特别规定时，根据标准节流装置适用的最小雷诺数 $Re_{D\min}$ 推荐值（附表 Ⅱ-1、附表 Ⅱ-2 和附表 Ⅱ-3）查得 β 值。然后再根据有关图表查得压差的上限值。

b. 当压力损失和直管段长度等无特殊要求时，可按下列程序确定压差上限：

（a）令实际最小雷诺数等于推荐使用的最小雷诺数，在附表 Ⅱ-1、附表 Ⅱ-2 或附表 Ⅱ-3 上查得 β 值。

（b）$\beta \geqslant 0.5$ 时，取 $\beta = 0.5$；若 $\beta < 0.5$，则以查得的 β 值作为选择压差的依据。

（c）根据 β 值，令 $Re_D = 10^6$，查附表 Ⅱ-9、附表 Ⅱ-10 和附表 Ⅱ-11 得 $\alpha_0\beta_2$。

（d）运用流量公式，求出压差，并将计算结果圆整到系列值 ΔP 上去。

(e)当被测介质为气体或蒸汽时,应验证 $p_2/p_1 \geq 0.75$,否则应取较大的 β 值,直到符合要求为止。

c. 当压力损失 δ_p 有特别规定时,可按下述程序确定压差上限:

(a)对于标准孔板,$\Delta P = (2 \sim 2.5)\delta_p$;对于喷嘴,$\Delta P = (3 \sim 3.5)\delta_p$。得到的 ΔP 值圆整到较其值小,但接近它的系列值 ΔP。

(b)对于气体或水蒸气,同样要保证 $p_2/p_1 \geq 0.75$。

②量程比的确定

允许测量的最大流量和最小流量的比值称为量程比。在规定的量程比范围内测量流量能够保证测量精度。流量 q_v 和压差 $\Delta p^{\frac{1}{2}}$ 并不严格地成比例,这与流量系数 α 和 Re_D 等许多因素有关,并随雷诺数的变化而变化。实际上并不存在当 Re_D 大于某一个所谓极限雷诺数后流量系数就不再变化了的概念。标准给出了在一定的 β 值下适用的最小雷诺数 Re_{Dmin} 推荐值,在此条件下可保证量程比为 4 时流量系数 α 值的偏差小于 0.5%。

③管道内壁粗糙度的确定

根据标准规定,管道内壁平均相对粗糙度 k_s/D 应该用实验方法先测出直管的阻力系数 λ 值后,再用柯尔布鲁克公式确定,即

$$\frac{k_s}{D} = 3.71 \times 10^{-1/\sqrt{\lambda}} - 9.34 \frac{1}{Re_D \sqrt{\lambda}}$$

在实际应用中,不具备实际测量 λ 值条件时,也可采用表4.4所列的不同材质的管道 k 值。

表4.4 各种常用材质的管道内壁绝对平均粗糙度 k_s 值

材质	状况	k/mm	材质	状况	k/mm
黄铜、铜、铝、塑料、玻璃	光滑无沉积物的管子	<0.03	钢	严重起皮的钢管	>2
				涂沥青的新钢管	0.03 ~ 0.05
				一般的涂沥青的钢管	010 ~ 0.20
				镀锌钢管	0.13
钢	新冷拔无缝钢管	<0.03			
	新热拉无缝钢管	<0.03			
	新轧制无缝钢管	0.05 ~ 0.10	铸铁	新铸铁管	0.25
	新纵缝焊接管	0.05 ~ 0.10		锈蚀铸铁管	0.10 ~ 1.5
	新螺旋焊接管	0.10		起皮铸铁管	>1.5
	轻微锈蚀钢管	0.10 ~ 0.20		涂沥青的新铸铁管	0.10 ~ 0.15
	锈蚀钢管	0.20 ~ 0.30	石棉水泥	绝热的和不绝热的石棉水泥管	<0.03
	有长硬皮的钢管	0.50 ~ 2		不绝热的一般石棉水泥管	0.05

(4)计算举例

现仅举工程中常用的已知必要参数,要求设计标准节流装置中的角接取压标准孔板的例子。

①已知条件(或称命题计算任务书)

要求设计标准节流装置中的角接取压标准孔板。

②辅助计算

按 q_{mmax} 选流量标尺上限为 $q_m = 63$ 吨/小时。据附表 II-12 查得管道材质的线膨胀系数

$\lambda_D = 11.16 \times 10^{-6}$ mm/(mm·℃),则工作状态下的管道内径为

$$D_t = D_{20}[1 + \lambda_D(t - 20)] = 100[1 + 11.16 \times 10^{-6} \times (30 - 20)] = 100.011\ 2 \text{ mm}$$

水在工作状态下的绝对压力 $P_1 = P_1 + P_a = 0.6 + 0.1 = 0.7$ MPa;根据附表 Ⅱ -14 查得水的动力黏度 $\eta = 81.6 \times 9.806\ 65 \times 10^{-6}$ kgf·s/m²,根据附表 Ⅱ -13 查得水的密度 $\rho_1 = 996.016$ kg/m³,又根据表4.4查得管道粗糙度 $k_s = 0.075$ mm,则管径与粗糙度之比 $D/k_s = 100/0.075 = 1\ 333$。

按照 $Re_D = 0.036 \times \dfrac{q_m}{D\eta}$,算出 $Re_{Dmin} = 0.036 \times \dfrac{25\ 000 \times 9.806\ 65}{100.011\ 2 \times 81.6 \times 9.806\ 65 \times 10^{-6}} = 1.10 \times 10^5$,同理 $Re_{com} = 1.98 \times 10^5$。

确定压差上限:根据 $Re_{Dmin} = 1.10 \times 10^5$ 附表 Ⅱ -1 采用 $\beta < 0.725$ 的任意 β 值时,在最小流量与最大流量的测量范围内,由于 Re_D 的变化所引起的流量系数 α 的变化,其附加误差小于 0.5%。由于命题任务书(见表4.5)规定压力损失的大小不受限制,故取 $\beta = 0.5$,并令 $\gamma_{Re} = 1$, $Re_D = 10^6$,查附表 Ⅱ -9 得 $\alpha_0\beta^2 = 0.156\ 0$,则

$$h_{20max} = \frac{q^2_{Mmax}}{(0.012\ 51\alpha_0\beta^2 D^2)^2\rho_1} = \frac{63\ 000^2}{(0.012\ 51 \times 0.156\ 0 \times 100.011\ 2^2)^2 \times 996.016}$$
$$= 10\ 458 \text{ mmH}_2\text{O} = 10\ 458 \times 9.80\ 665 \times 10^{-6} = 0.102\ 56 \text{ MPa}$$

取 $h_{20max} = 10\ 000$ mmH$_2$O。选用 DBC -321 电动差压变送器。在常用流量下的压差为

$$h_{20com} = \left(\frac{q_{mcom}}{q_{mmax}}\right)^2 h_{20max} = \left(\frac{45}{63}\right)^2 \times 10\ 000 = 5\ 100 \text{ mmH}_2\text{O} = 0.051 \text{ MPa}$$

表 4.5　命题计算任务书(第二类命题)

序号	项目	符号	单位	数值
1	被测介质名称			水
2	流量范围:正常	M_{com}	t/h	45
	最大	M_{max}	t/h	63
	最小	M_{min}	t/h	25
3	工作压力	P_1	MPa	0.6(表压)
4	工作温度	t_1	℃	30
5	压力损失	δ_P	MPa	不限
6	管道内径	D_{20}	mm	100
7	管道材质			20# 新无缝钢管
8	节流件与取压方式			角接取压(环室)标准孔板
9	节流件材质			工业用铜
10	要求差压计形式			DBC 型电动差压变送器
11				

③计算

a. 令 $\gamma_{Re}=1$,初算 $(\alpha_0\beta^2)_1$ 值为

$$(\alpha_0\beta^2)_1 = \frac{q_{mcom}}{0.012\,51D^2\sqrt{\rho_1 h_{20com}}} = \frac{45\,000}{0.012\,51\times100.011\,2^2\sqrt{996.016\times5\,100}} = 0.159\,6$$

b. 根据 $(\alpha_0\beta^2)_1$ 和 Re_{Dcom} 求 β_1 初值。查附表 Ⅱ-9,取接近 $Re_{Dcom}=1.98\times10^5$,$(\alpha_0\beta^2)_1=0.159\,6$ 的 β 值,取 $\beta_1=0.505$。

c. 根据 D/k_s,β_1 和 Re_{Dcom},查表 4.3,得 $\gamma_0=1.001$,算出 γ_{Re} 值为

$$\gamma_{Re} = (\gamma_0-1)\left(\frac{\lg Re_D}{6}\right)^2+1 = (1.001-1)\left(\frac{\lg1.98\times10^5}{6}\right)^2+1 = 1.000\,78$$

d. 再算 $(\alpha_0\beta^2)_2$ 值为

$$(\alpha_0\beta^2)_2 = \frac{(\alpha_0\beta^2)_1}{\gamma_{Re}} = \frac{0.159\,6}{1.000\,78} = 0.159\,5$$

e. 根据 $(\alpha_0\beta^2)_2$,Re_{Dcom} 求 β_2 和 α_0 值。查附表 Ⅱ-9 所得见表 4.6。

表 4.6 查得 β,α 值

$Re_D=1\times10^5$			$Re_D=5\times10^5$		
β	α_0	$\alpha_0\beta^2$	β	α_0	$\alpha_0\beta^2$
0.500	0.625 6	0.156 4	0.505	0.625 1	0.159 4
0.505	0.626 6	0.159 8	0.510	0.626 1	0.162 9

f. 用内插法求得

(a) $Re_D=1\times10^5$ 时

$$\beta_2' = 0.500 + \frac{0.505-0.500}{0.159\,8-0.156\,4}\times(0.159\,5-0.156\,4) = 0.504\,6$$

$$\alpha_0' = 0.625\,6 + \frac{0.626\,6-0.625\,6}{0.159\,8-0.156\,4}\times(0.159\,5-0.156\,4) = 0.626\,5$$

(b) $Re_D=5\times10^5$ 时

$$\beta_2'' = 0.505 + \frac{0.510-0.505}{0.162\,9-0.159\,4}\times(0.159\,5-0.159\,4) = 0.505\,1$$

$$\alpha_0'' = 0.625\,1 + \frac{0.626\,1-0.625\,1}{0.162\,9-0.159\,4}\times(0.159\,5-0.159\,4) = 0.625\,1$$

(c) $Re_D=2\times10^5$ 时

$$\beta_2 = 0.504\,6 + \frac{0.505\,1-0.504\,6}{(5-1)\times10^5}\times(2-1)\times10^5 = 0.504\,7$$

$$\alpha_0 = 0.626\,5 - \frac{0.626\,5-0.625\,1}{(5-1)\times10^5}\times(2-1)\times10^5 = 0.626\,2$$

g. 求 d 值为

$$d = \beta_2 D = 0.504\,7\times100.011\,2 = 50.475\,7 \text{ mm}$$

h. 验算：

$$q_{mcom} = 0.012\,51\alpha_0\gamma_{Re}d^2\sqrt{\rho_1 h_{20com}}$$

$$= 0.012\,51 \times 0.626\,2 \times 1.000\,8 \times 50.475\,7^2 \times \sqrt{996.016 \times 5\,100}$$

$$= 45\,019.495 \text{ kg/h}$$

$$\delta_M = \frac{45\,019 - 45\,000}{45\,000} = 0.043\% < 0.2\%$$

故上述计算合格。

i. 计算加工条件下 d_{20} 值。查附表 Ⅱ－12，得 $\lambda_d = 16.60 \times 10^{-6}$ mm/（mm · ℃）

$$d_{20} = \frac{d}{[1 + \lambda_d(t - 20)]} = \frac{50.475\,7}{[1 + 16.60 \times 10^{-6} \times (30 - 20)]} = 50.47 \pm 0.026 \text{ mm}$$

j. 求实际最大压力损失 δ_p 为

$$\delta_p = \frac{1 - \alpha_0\beta^2}{1 + \alpha_0\beta^2} \times h_{20max} = \frac{1 - 0.159\,5}{1 + 0.159\,5} \times 10\,000 = 7\,249 \text{ mmH}_2\text{O} = 7.249 \times 10^{-3} \text{ MPa}$$

k. 确定直管段长度。查表 4.2 得 $l_1 = 20D = 2\,000$ mm，$l_2 = 6D = 600$ mm，$l_0 = 18D = 1\,800$ mm。

l. 计算流量测量总误差为

$$\frac{\sigma_{q_m}}{q_m} = \pm\left\{\left(\frac{\sigma_\alpha}{\alpha}\right)^2 + \left(\frac{\sigma_\varepsilon}{\varepsilon}\right)^2 + 4\left(\frac{\beta^4}{\alpha}\right)^2\left(\frac{\sigma_D}{D}\right)^2 + 4\left[1 + \left(\frac{\beta^4}{\alpha}\right)^2\right]\left(\frac{\sigma_d}{d}\right)^2 + \right.$$

$$\left. \frac{1}{4}\left(\frac{\sigma_{\Delta p}}{\Delta p}\right)^2 + \frac{1}{4}\left(\frac{\sigma_{\rho_1}}{\rho_1}\right)^2\right\}^{\frac{1}{2}}\%$$

由标准中查取，式中 $\frac{\sigma_\alpha}{\alpha}$ 计算如下：

$$\frac{\sigma_\alpha}{\alpha} = \pm 0.25 \times \left[1 + 2\beta^4 + 100(\gamma_{Re} - 1) + \beta^2(\lg Re_D - 6)^2 + \frac{50}{D}\right]$$

$$= \pm 0.25 \times \left[1 + 2 \times 0.504\,7^4 + 100(1.000\,8 - 1) + 0.504\,7^2 \times (\lg(2 \times 10^5) - 6)^2 + \frac{50}{100.011\,2}\right]$$

$$= 0.458\,5$$

可得

$$\left(\frac{\sigma_\alpha}{\alpha}\right)^2 = 0.212$$

式中 $\frac{\sigma_\varepsilon}{\varepsilon}$ 计算如下：

$$\frac{\sigma_\varepsilon}{\varepsilon} = \begin{cases} \pm\left(\dfrac{2\Delta p}{p_1}\right)\% & 0.2 \leqslant \beta \leqslant 0.75 \\ \pm\left(4\,\dfrac{\Delta p}{p_1}\right)\% & 0.75 < \beta \leqslant 0.8 \end{cases}$$

可得

$$\left(\frac{\sigma_\varepsilon}{\varepsilon}\right)^2 \approx 0$$

$$4\left(\frac{\beta^4}{\alpha}\right)^2\left(\frac{\sigma_D}{D}\right)^2 = 4\left(\frac{0.504\ 7^4}{0.626\ 2}\right)^2 \times 0.75^2 = 0.024\ 14$$

$$4\left[1+\left(\frac{\beta^4}{\alpha}\right)^2\right]\left(\frac{\sigma_d}{d}\right)^2 = 4\left[1+\left(\frac{0.504\ 7^4}{0.626\ 2}\right)^2\right] \times 0.05^2 = 0.010\ 11$$

$$\frac{1}{4}\left(\frac{\sigma_{\Delta p}}{\Delta p}\right)^2 = \frac{1}{4}\left(\frac{1}{3}\xi\frac{\Delta p_{\max}}{\Delta p_{\mathrm{com}}}\right)^2 = \frac{1}{4}\left(\frac{1}{3}\times 1\times\frac{100\ 00}{5\ 100}\right)^2 = 0.106\ 8$$

$$\frac{1}{4}\left(\frac{\sigma_{\rho_1}}{\rho_1}\right)^2 = \frac{1}{4}\times 0.03^2 = 0.002\ 25$$

$$\frac{\sigma_{q_m}}{q_m} = \pm(0.210\ 2+0.024\ 14+0.010\ 11+0.106\ 8+0.002\ 25)^{\frac{1}{2}} = \pm 0.594\ 6\%$$

④制造和安装不符合标准的附加误差

a. 孔板直角入口边缘不锐利，圆弧半径的实测值 $\gamma_k = 0.05$ 毫米，任意的 γ_k 单测值与平均值比较，最大偏差不超过 $\pm 20\%$。

当 $\gamma_k/d = 0.05/50.47 = 0.001$，由附表 Ⅱ – 15 查得 $b_k = 1.005$，其附加误差 $\dfrac{\tau_{b_k}}{b_k} = \pm 0.5\%$。

对粗糙管流量系数 α 的基本误差应与其附加误差几何相加，即

$$\frac{\sigma_{a_b}}{a_b} = \pm\left[\left(\frac{\sigma_a}{a}\right)^2+\left(\frac{1}{2}\frac{\tau_{b_k}}{b_k}\right)^2\right]^{\frac{1}{2}} = \pm\left[\left(\frac{\sigma_\alpha}{\alpha}\right)^2+\left(\frac{\sigma_{b_k}}{b_k}\right)^2\right]^{\frac{1}{2}} = \pm[0.458\ 5^2+0.25^2]^{\frac{1}{2}}$$
$$= \pm 0.522\ 2\%$$

b. 在规定的孔板位置上设一个 $d_n = 2$ 毫米的疏气孔。查附表 Ⅱ – 16 得 $b_n = 1.002$，则孔板的开孔直径为

$$d'_{20} = d_{20}\left[1+\left(\frac{d_n}{d_{20}}\right)^2\right]^{\frac{1}{2}} = 50.47\left[1+\left(\frac{2}{50.47}\right)^2\right]^{\frac{1}{2}} = 50.509\ 6\ \mathrm{mm}$$

按规定疏气孔的 d_n 应为实测值，则孔板修正后的开孔直径基本相对误差 $\dfrac{\sigma'_{d20}}{d'_{20}} = \pm 0.1\%$。

c. 安装后孔板与管道不同心，其偏心率 $e_x = 4$ 毫米，$\dfrac{e_x}{D} = \dfrac{4}{100} = 0.04$。管道 $\dfrac{e_x}{D} \leqslant$

$0.015\left(\dfrac{1}{\beta}-1\right)$ 时，粗糙管的流量系数 α 的基本误差可不再考虑任何附加误差。

综合上述结果，实际粗糙管的流量系数 α_b 应为
$$\alpha_b = \alpha_0\gamma_{Re}b_kb_n = 0.626\ 2\times 1.000\ 78\times 1.005\times 1.002 = 0.6311$$

实际流量值应为

$$q'_{\mathrm{Mcom}} = 0.012\ 51\alpha_0\gamma_{Re}b_kb_nd^2\times\sqrt{\rho_1h_{20\mathrm{com}}} = 0.012\ 51\times 0.631\ 1\times 50.509\ 6^2\sqrt{996.016\times 5\ 100}$$
$$= 45\ 396.42\ \mathrm{kg/h}$$

实际流量测量总误差为

$$\frac{\sigma_{q'_m}}{q'_m} = \pm\left\{\left(\frac{\sigma_{\alpha_b}}{\alpha_b}\right)^2+\left(\frac{\sigma_\varepsilon}{\varepsilon}\right)^2+4\left(\frac{\beta^4}{\alpha}\right)^2\left(\frac{\sigma_D}{D}\right)^2+4\left[1+\left(\frac{\beta^4}{\alpha}\right)^2\right]\left(\frac{\sigma_{d'}}{d'}\right)^2+\frac{1}{4}\left(\frac{\sigma_{\Delta p}}{\Delta p}\right)^2+\frac{1}{4}\left(\frac{\sigma_{\rho_1}}{\rho_1}\right)^2\right\}^{\frac{1}{2}}\%$$

$$= \pm\left\{0.671\ 3^2+0+4\left(\frac{0.504\ 7^4}{0.631\ 1}\right)^2\times 0.75^2+4\left[1+\left(\frac{0.504\ 7^4}{0.631\ 1}\right)^2\right]\times 0.1^2+\right.$$

$$\frac{1}{4}\left[\frac{1}{3}\times 1\times\frac{10\,000}{5\,100}\right]+\frac{1}{4}\times 0.\,03^{2}\Big\}^{\frac{1}{2}}\%$$

$$=\pm 0.\,789\,8\%\approx\pm 0.\,8\%$$

4.1.2　转子流量计

在工业生产和科研工作中,经常遇到小管径的流量测量问题,而节流装置在管径小于 50 mm 时,还未实现标准化,所以对较小管径的流量测量常用转子流量计。对于比较大的流量测量问题(管道口径在 $\phi 100$ 以上),不用转子流量计,因为这种口径的转子流量计比其他流量计显得笨重。

转子流量计具有结构简单、工作可靠、压力损失小而且恒定、界限雷诺数低和可测较小流量,以及刻度线性等优点,已广泛应用于气体、液体的流量测量和自动控制系统中。转子流量计分为玻璃管转子流量计和金属管转子流量计两大类。玻璃管转子流量计除基型外还有耐腐蚀型、保温型和分流型。金属管转子流量计除基型外还有特殊耐腐蚀型和保温型。

1. 工作原理

转子流量计是一个垂直安装的锥管,其中有一个可以上下自由浮动的浮子,所以转子流量计也称为浮子流量计。浮子在自下而上流动的流体作用下上下浮动,其工作原理如图 4.10 所示。

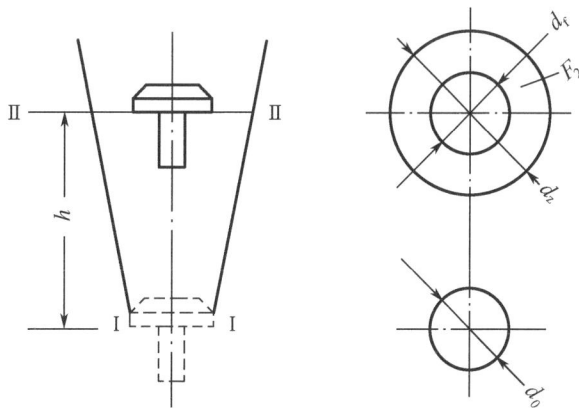

图 4.10　转子流量计工作原理图

浮子在锥管中造成一个环形流通面积,它比浮子上、下面锥管流通面积小而产生节流作用,故在浮子上下面形成静压差,此力方向向上。作用在浮子上的力还有重力、流体对浮子的浮力和流体对浮子的黏性摩擦力,这些力相平衡时浮子停留在一定的位置上。如果流量增加,环形流通截面中的平均流速也加大,使得浮子上下面的静压差增加。浮子向上升起,在新位置处环形截面积增大使差压减小直至差压恢复到原来的数值,这时转子平衡于较上部新的位置上,因此可由转子在锥管中的位置来指示流量。根据节流原理,在节流件前后产生的压差与 $\frac{\gamma}{2g}v^{2}$ 成正比,黏性摩擦力也与 $\frac{\gamma}{2g}v^{2}$ 成正比,故浮子受向上作用的压力为

$$p = a' \frac{\gamma}{2g} v_2^2 \tag{4.26}$$

式中，a' 为系数；v_2 为 Ⅱ - Ⅱ 截面处环形流通面积中的平均流速；g 和 γ 分别为重力加速度和被测流体的重度。

浮子在流体中重力与浮力之差，即作用于浮子上的向下作用力为

$$V(\gamma_f - \gamma) \tag{4.27}$$

式中，V, γ_f, γ 分别为浮子的体积、重度和被测流体的重度。

浮子处于平衡位置时应满足下式：

$$V(\gamma_f - \gamma) = pF_f \tag{4.28}$$

$$V(\gamma_f - \gamma) = a' F_f \frac{\gamma}{2g} v_2^2 \tag{4.29}$$

式中，F_f 为浮子的最大横截面积。

被测流体的体积流量为

$$q_V = F_2 v_2 \tag{4.30}$$

将式（4.29）代入式（4.30）得

$$q_V = \alpha F_2 \sqrt{\frac{2gV(\gamma_f - \gamma)}{\gamma F_f}} \tag{4.31}$$

$$q_W = \alpha F_2 \sqrt{\frac{2gV\gamma(\gamma_f - \gamma)}{F_f}} \tag{4.32}$$

式中，q_V, q_W 和 α 分别为被测流体的体积流量、重力流量和流量系数；F_2 为在 Ⅱ - Ⅱ 截面处浮子与锥管间形成的环形流通面积。

流量系数 α 与浮子的形状、流量计的结构和被测流体的黏度有关，只能由实验来确定。环形流通面积为

$$F_2 = \frac{\pi}{4}(d_z^2 - d_f^2) = \frac{\pi}{4}\left[(d_0 + nh)^2 - d_f^2\right] \tag{4.33}$$

式中，d_z 和 d_f 为截面 Ⅱ - Ⅱ 处锥管的内径和浮子的最大直径；d_0 为刻度标尺零点处锥管的内径；n 为浮子升起单位高度锥管内径变化的大小；h 为由刻度标尺零点算起浮子升起的高度。

由式（4.31）和式（4.32）可以看出，如以 h 作为被测流体流量的刻度标尺，则流量 q_V 与 h 之间是非线性关系。在金属转子流量计中，通过调整传动链中第一个四连杆机构刻度可以实现线性化。玻璃转子流量计是通过控制非线性误差在基本允许误差范围内来解决非线性的。由式（4.33）可以看出，$F_2 = f(h)$ 是浮子上升高度的函数。在式（4.31）中令 $K = \sqrt{\dfrac{2gV(\gamma_f - \gamma)}{\gamma F_f}}$，则有

$$q_V = \alpha K f(h) \tag{4.34}$$

要得到线性刻度必须满足下式：

$$q_V = ah \tag{4.35}$$

式中，$a = \dfrac{q_{V\max}}{h_{\max}}$。将式（4.34）代入式（4.35）得

$$f(h) = \frac{a}{\alpha K} h = \frac{\pi}{4}(d_z^2 - d_f^2)$$

其中

$$d_z^2 = d_f^2 + \frac{4a}{\pi \alpha K}h \tag{4.36}$$

当锥管直径与 h 的关系满足上式即可保证线性刻度,但由于 α 本身不能保持恒定而是随 h 变化,因此要按圆锥形制造锥管。

2. 被测介质重度 γ 改变时示值的换算

转子流量计的流量方程式(4.31)及式(4.32)是在重度 γ 为常数(不可压缩性流体)的条件下导出的。仪表在出厂前是用水或空气标定的,只要流量方程中各量值在使用时与标定时一样,仪表的示值就是准确的。如果使用时的温度、压力及被测介质与标定时不同,这时仪表的示值必须修正。

[注]:通常认为标定时是标准状态,即温度 $T = 293.16$ K,压力 $p = 0.1$ MPa。

(1)测量非水液体时的修正系数

测量非水液体时的修正系数为

$$K = \frac{q_{V2}}{q_{V1}} = \frac{\alpha_2}{\alpha_1}\sqrt{\frac{(\gamma_f - \gamma_2)\gamma_1}{(\gamma_f - \gamma_1)\gamma_2}} \tag{4.37}$$

式中,q_{V1} 和 q_{V2} 分别为用水标定时的流量示值和非水被测介质的实际流量值;γ_1 和 γ_2 分别为水的重度和非水被测介质的实际重度;γ_f、α_1 和 α_2 分别为浮子的重度、测量水时的流量系数和测量非水介质时的流量系数,当被测介质的黏度与水的黏度差别很小时,可以认为 $\alpha_1 = \alpha_2$。

(2)测量非空气气体时的修正系数

对气体来说 $\gamma_f \gg \gamma_1$,$\gamma_f \gg \gamma_2$,这里 γ_f 是浮子的重度,γ_1 是空气在标准状态下的重度,γ_2 是被测气体标准状态下的重度。如果仪表工作时被测气体的温度、压力与标定时相同,则由式(4.31)可得修正系数为

$$K' = \frac{q'_{V2}}{q_{V1}} = \sqrt{\frac{\gamma_1}{\gamma_2}} \tag{4.38}$$

如果工作时被测气体的温度、压力和在标准状态下的重度均与标定时不同,则修正系数为

$$K = \sqrt{\frac{p_1 T_2 \gamma_1}{p_2 T_1 \gamma_2}} = \frac{q_{V2}}{q_{V1}} \tag{4.39}$$

式中,q_{V1} 和 q'_{V2} 分别为标准状态时仪表的示值和被测气体为标准状态时的流量值;q_{V2} 为被测气体的实际流量值;p_1 和 p_2 为标定时和工作时被测气体的绝对压力;T_1 和 T_2 为标定时和工作时被测气体的绝对温度。

例 4 - 1 用某转子流量计测量二氧化碳气体的流量,测量时被测气体的温度是 40 ℃,压力是 0.05 MPa(表压)。如果流量计读数为 120 m³/h 时,问二氧化碳气体的实际流量是多少?已知标定仪表时绝对压力 $p_1 = 0.1$ MPa,温度 $t_1 = 20$ ℃。

解 首先算出所需各值,即

$$T_1 = 273 + 20 = 293 \text{ K}$$
$$T_2 = 273 + 40 = 313 \text{ K}$$
$$p_1 = 0.1 \text{ MPa}$$
$$p_2 = 0.1 + 0.05 = 0.15 \text{ MPa}$$

由气体性质表查得,二氧化碳在 20 ℃,绝对压力 0.1 MPa 时的重度为 $\gamma_2 = 18.064$ N/m³;

空气在 20 ℃、绝对压力 0.1 MPa 时的重度为 $\gamma_1 = 11.817 \ N/m^3$。

根据式(4.39)得二氧化碳气体的实际流量为

$$q_{V2} = K q_{V1} = \sqrt{\frac{p_1 T_2 \gamma_1}{p_2 T_1 \gamma_2}} q_{V1} = 120 \times \sqrt{\frac{0.1 \times 313 \times 11.817}{0.15 \times 293 \times 18.064}} \approx 81.9 \quad m^3/h$$

3. 仪表的安装与误差的计算

(1)仪表的安装

转子流量计必须垂直安装,进出口应保证有长于 5 倍管道直径的直管段。为保证浮子下部导向杆拆装时不被碰弯,金属管转子流量计下部应有可以和仪表同时拆装的直管段。

(2)转子流量计的误差计算

取式(4.31)右边所有变量的偏导数,根据间接测量误差合成法,得转子流量计流量均方根相对误差为

$$\sigma_q = \sqrt{\sigma_\alpha^2 + \sigma_{F_2}^2 + \frac{1}{4}\sigma_V^2 + \frac{1}{4}\sigma_{F_f}^2 + \frac{1}{4}\frac{\gamma_f^2}{(\gamma_f - \gamma)^2}\sigma_{\gamma_f}^2 + \frac{1}{4}\frac{\gamma_f^2}{(\gamma_f - \gamma)^2}\sigma_\gamma^2} \qquad (4.40)$$

式中,σ_α 和 σ_{F_2} 分别为流量系数 α 的均方根相对误差和环形流通面积的均方根相对误差;σ_V 为浮子体积的均方根相对误差;σ_{F_f} 为浮子最大横截面面积的均方根相对误差;σ_{γ_f} 为浮子重度的均方根相对误差;σ_γ 为被测流体重度的均方根相对误差。

对于个别标定的情况,σ_V、σ_{F_f} 和 σ_{γ_f} 决定于仪表的标定误差,而 σ_{F_2} 虽然标定时被包含进去,但由于传动机构等不正常也可引起附加误差。σ_α 与很多因素有关,如以节流装置的 σ_{α_0} 来估计,则 σ_α 应不小于1%。σ_γ 为重度表格数值最后一位有效数字的单位值的一半除以表中所列 γ 值的百分数,一般很小。如果由于被测流体的种类、温度和压力等的变化引起 γ 的变化,应另作修正计算,个别标定的转子流量计的合成误差一般在2%左右。

如果要制造具有互换性的转子流量计,则上述各均方根相对误差均需加以考虑,然后根据式(4.40)来计算总误差。

4.1.3　弯管流量计

1. 弯管流量计的原理及其流量公式

弯管流量计是一种尚未标准化的差压流量计,它没有附加压损,安装简易而且廉价。

稳定流动的流体通过弯管时,由于离心力的作用在弯管内、外侧壁上产生压力差,曲率半径一定的90°弯管,在离开其弯曲中心最远位置和最近位置上所测得压力差的平方根正比于流体的流速,即正比于流体的流量,这就是弯管流量计的基本原理。

图4.11是流体通过具有水平弯曲面的平卧弯管时,弯管外侧壁及内侧壁上的流体压力分布示意图,压力差 $P_1 - P_2$ 在弯管顶点附近达到最大值。

弯管流量计的最简单形式就是一个普通的管道弯头。通常在弯头曲率半径所确定的平面(纵向截面)上离开弯头进口端面45°的外表面和内表面上配置取压口,如图4.12所示。

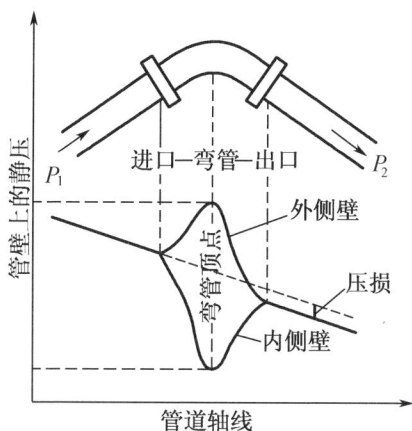

图 4.11　弯管流量计管内压力分布图

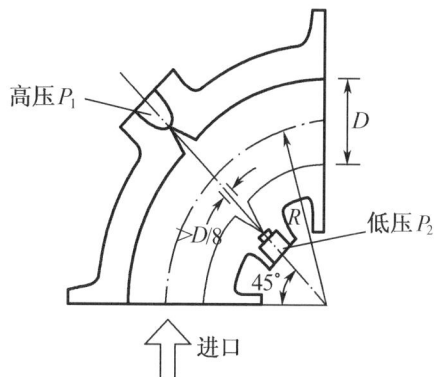

图 4.12　弯管流量计

利用伯努利方程可以推导出弯管流量计的流量公式为

$$q_m = \left(\frac{\pi}{4}D^2\right)\sqrt{\frac{R}{2D}}\ \sqrt{2\rho(P_1 - P_2)} \tag{4.41}$$

$$q_V = \left(\frac{\pi}{4}D^2\right)\sqrt{\frac{R}{2D}}\ \sqrt{\frac{2}{\rho}(P_1 - P_2)} \tag{4.42}$$

式中, q_m 为通过弯管的流体的质量流量; q_V 为通过弯管的流体的体积流量; D 为弯管的内径; R 为弯管的曲率半径; ρ 为流体的密度; P_1 为弯管外侧壁压力; P_2 为弯管内侧壁压力。

式(4.41)和式(4.42)是根据强制旋流理论推导出的理论流量公式,对于实际情况必须加以校正,因此引入校正因数 α,有

$$q_m = \alpha\left(\frac{\pi}{4}D^2\right)\sqrt{\frac{R}{2D}}\ \sqrt{2\rho(P_1 - P_2)} = C\left(\frac{\pi}{4}D^2\right)\sqrt{2\rho(P_1 - P_2)} \tag{4.43}$$

$$q_V = \alpha\left(\frac{\pi}{4}D^2\right)\sqrt{\frac{R}{2D}}\ \sqrt{\frac{2}{\rho}(P_1 - P_2)} = C\left(\frac{\pi}{4}D^2\right)\sqrt{\frac{2}{\rho}(P_1 - P_2)} \tag{4.44}$$

式中, $C = \alpha\sqrt{R/2D}$, C 称为流量系数。

α 的数值取决于取压口的配置位置。当取压口位于离开 90° 弯头进、出口平面都为 45° 的中央直径线最近和最远位置上时, $\alpha = 1$,假如 R 和 D 的尺寸能精确测定,弯头内径等于直管内径,且弯头上游的直管长度不小于 25D 时, α 数值的分布范围在 0.96 至 1.04 之间,亦即 C 值直接采用,误差为 ±4% 左右。

2. 弯管流量计的使用

由于弯管流量计对给定流量所产生的压差有良好的复现性(±0.2% ~ ±0.1%),所以其相当良好地用于压水堆冷却剂流量的检测和控制系统。若对绝对精度有明确的要求,则需对检测系统进行实际流量标定,最好是在现场用实际工作流体进行标定。

对于不经个别标定的实际应用,若精度要求达到 ±3% ~ 5% ,必须精确测定弯管的曲率半径,特别要精确测定弯头的内径 D,弯头的内径与连接管的内径应相等(偏差在 ±1% 以内)。

弯管流量计的上、下游要有足够的直管段($l_1 \geqslant 28D$, $l_2 \geqslant 7D$),取压口应位于弯管的中央直径上弯曲的最外侧和最内侧,取压口直径应大于 $D/8$,同时要特别注意两个取压口的对准。

4.2 速度式流量计

由于速度式流量测量方法是通过测量流速而测得体积流量的,因此了解被测流体的流速分布及其对测量的影响是十分重要的。

4.2.1 速度式流量测量方法概述

速度式流量测量方法是以直接测量管道内流体流速作为流量测量的依据。若测得的是管道截面上的平均流速 $\bar{v}$,则流体的体积流量 $q_V = \bar{v}A$,A 为管道截面积。若测得的是管道截面上的某一点流速 v_r,则流体体积流量 $q_V = Kv_rA$,K 为截面上的平均流速与被测点流速的比值,它与管道内流速分布有关。

在典型的层流或紊流分布的情况下,圆管截面上流速的分布是有规律的,K 为确定的值,但在阀门、弯头等局部阻力件后流速分布变得非常不规则,K 值很难确定,而且通常是不稳定的。因此速度式流量测量方法的一个共同特点是,测量结果的准确度不但取决于仪表本身的准确度,而且与流速在管道截面上的分布情况有关。为了使测量时的流速分布与仪表分度时的流速分布相一致,仪表要求在其前后有足够的直管段或加装整流器,以使流体进入仪表前速度分布就达到典型的层流和紊流的速度分布,如图 4.13 所示。

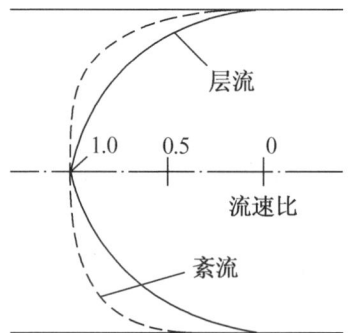

图 4.13　圆管内速度分布图

对于半径为 R 的圆管,在层流($Re_D < 2\,300$)情况下,由于流动分层,沿管道截面的流速分布为

$$v_r = v_{max}\left[1 - \left(\frac{r}{R}\right)^2\right] \tag{4.45}$$

式中,v_{max} 为管道中心处的最大流速;v_r 为离管道中心 r 处的流速;r 为离管道中心的距离。

也就是说,在层流情况下,流速沿管道截面按抛物面分布。由此可计算出管道截面上的平均流速是在 $r_0 = 0.707\,1R$ 处,其数值为管道中心最大流速 v_{max} 的一半,而沿管道直径的流速分布为一抛物线,沿直径的平均速度 $\bar{v}_D = \frac{2}{3}v_{max}$ 所以层流情况下截面上平均速度 $\bar{v}$ 是直径上的平均流速 $\bar{v}_D$ 的 $\frac{3}{4}$ 倍。

在紊流情况下,由于存在流体的径向流动,流速分布随 Re_D 数的增高而逐渐变平,变平的程度还与管道粗糙度有关。对于光滑管道(即 $K_s/D < 0.000\,4$,其中,D 为管道内径,K_s 为内壁的绝对粗糙度),可由如下经验公式表示圆管中紊流下的流速分布:

$$v_r = v_{max}\left(1 - \frac{r}{R}\right)^{\frac{1}{n}} \tag{4.46}$$

式中，n 为与流体管道雷诺数 Re_D 有关的常数；r 为离管道中心的距离。

4.2.2　涡轮流量计

涡轮流量计具有如下优点：①精度高，基本误差在 $\pm 0.25\%$ ～ $\pm 1.5\%$ 之间；②量程比大，一般为 $10:1$；③惯性小，时间常数为毫秒级；④耐压高，被测介质的静压可高达 10 MPa；⑤使用温度范围广，有的型号可测 -200 ℃ 的低温介质的流量，有的可测 400 ℃ 的介质的流量；⑥压力损失小，一般为 0.02 MPa；⑦输出是频率信号，容易实现流量积算和定量控制，并且抗干扰。它可用于测量轻质油（汽油、煤油、柴油）、黏度低的润滑油及腐蚀性不大的酸、碱溶液。仪表的口径为 $\phi 400$ ～ $\phi 600$，插入式可测管道直径为 $\phi 100$ ～ $\phi 1\,000$ 的流量；流体中不能含有杂质，否则误差大，轴承磨损快，仪表寿命低，故仪表前最好装过滤器；不适于测量黏度大的液体。

1. 原理及结构

涡轮流量计实质上为一零功率输出的涡轮机，其结构如图 4.14 所示。当被测流体通过时，冲击涡轮叶片，使涡轮旋转。在一定的流量范围、一定的流体速度下，涡轮转速与流速成正比。当涡轮转动时，涡轮上由导磁不锈钢制成的螺旋形叶片轮流接近处于管壁上的检测线圈，周期性地改变检测线圈磁电回路的磁阻，使通过线圈的磁通量发生周期性变化，使检测线圈产生与流量成正比的脉冲信号。此信号经前置放大器放大后，可远距离传送至显示仪表，在显示仪表中对输入脉冲进行整形，然后一方面对脉冲信号进行积算以显示总量，另一方面将脉冲信号转换为电流输出指示瞬时流量。将涡轮的转速转换为电脉冲信号的方法，除上述磁阻方法外，也可采用感应方法，这时转子用非导磁材料制成，将一小块磁钢埋在涡轮的内腔，当磁钢在涡轮带动下旋转时，固定于壳体上的检测线圈中感应出电脉冲信号。磁阻方法比较简单，并可提高输出电脉冲频率，有利于提高测量准确度。图 4.14 中导流器的作用是导直流体的流束以及作涡轮的轴承支架。导流器和仪表壳体均由非导磁不锈钢制成。使用时，轴承的性能好坏是涡轮流量计使用寿命长短的关键。目前一般采用不锈钢滚珠轴承和聚四氟乙烯、石墨、碳化钨等非金属材料制成的滑动轴承，前者适用于清洁的、有润滑性的液体和气体测量，流体中不能含有固体颗粒，后者适当选择材料可用于非润滑性流体、含微小颗粒和腐蚀性流体测量，以及由于液态流体突然汽化等原因而有可能造成涡轮高速运转的场合。

2. 流量公式

当叶轮处于匀速转动的平衡状态，并假定涡轮上所有的阻力矩均很小时，可得到涡轮运动的稳态公式，即

$$\omega = \frac{v_0 \tan\beta}{r} \tag{4.47}$$

式中，ω 为涡轮的角速度；v_0 为作用于涡轮上的流体速度；r 为涡轮叶片的平均半径；β 为叶片对涡轮轴线的倾角。

检测线圈输出的脉冲频率为

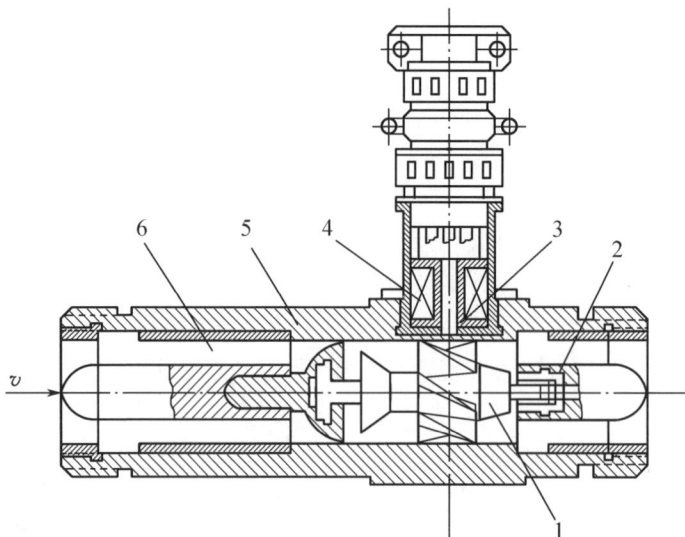

图 4.14 涡轮流量计结构

1—涡轮;2—支承;3—永久磁钢;4—感应线圈;5—壳体;6—导流器

$$f = nz = \frac{\omega}{2\pi}z$$

或

$$\omega = \frac{2\pi f}{z} \tag{4.48}$$

式中,z 为涡轮上的叶片数;n 为涡轮的转速。

流体速度 v_0 为

$$v_0 = \frac{q_V}{F} \tag{4.49}$$

式中,q_V 为流体体积流量;F 为流量计的有效通流面积。

将式(4.47)、式(4.49)代入式(4.48)得

$$f = \frac{z\tan\beta}{2\pi rF}q_V \tag{4.50}$$

令 $\xi = \dfrac{f}{q_V}$,ξ 称为仪表常数,则

$$\xi = \frac{z\tan\beta}{2\pi rF} \tag{4.51}$$

理论上,仪表常数 ξ 仅与仪表结构有关,但实际上 ξ 值受很多因素的影响。例如,由轴承摩擦及电磁阻力矩变化产生的影响;涡轮与流体之间黏性摩擦阻力矩的影响,以及由于速度沿管截面分布不同的影响。

典型的涡轮流量计的特性曲线如图4.15所示,仪表出厂时由制造厂标定后给出其在允许流量测量范围内的平均值。因此,在一定时间间隔内流体流过的总量 q_V 与输出总脉冲数 N 之间的关系为

$$q_V = \frac{N}{\xi} \qquad (4.52)$$

由图 4.15 可以看出,在小流量下,由于存在的阻力矩相对比较大,故仪表常数 ξ 急剧下降,在从层流到紊流的过渡区中,由于层流时流体黏性摩擦阻力矩比紊流时要小,故在特性曲线上出现 ξ 的峰值;当流量再增大时,转动力矩大大超过阻力矩,因此特性曲线虽稍有上升但近于水平线。通常仪表允许使用在特性曲线的平直部分,使 ξ 的线性度在 ±0.5% 以内,复现性在 ±0.1% 以内。

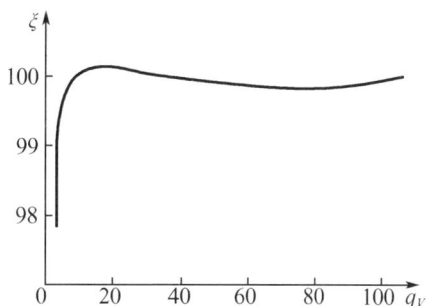

图 4.15　涡轮流量计特性曲线

由于黏性阻力矩的存在,涡轮流量计的特性受流体黏度变化的影响较大,特别在低流量、小口径时更为显著,因此应对涡轮流量计进行实液标定。制造厂常给出仪表用于不同流体黏度范围时的流量测量下限值,以保证在允许测量范围内仪表常数的线性度仍在 ±0.5% 范围之内。在用涡轮流量计测量燃油流量时,保持油温大致不变,使黏度大致相等是重要的。

为了降低管内流速分布不均匀的影响,要保证在流量计前的流速分布不被局部阻力所扭曲,仪表前要有 15D 以上、仪表后要有 5D 以上的直管段。其中 D 是管道直径,必要时要加装整流器。

仪表前应加装滤网,防止杂质进入,仪表使用时应特别注意不能超过规定的最高工作温度、压力和转速。例如,在用高温蒸汽清扫工艺管路时常常会使涡轮流量计损坏,因此必须加装旁路,使冲洗蒸汽不经过仪表。另外,流量计应水平安装,垂直安装会影响仪表特性。仪表应加装逆止阀,防止涡轮倒转。

3. 显示仪表

涡轮流量计的显示仪表实际上是一个脉冲频率测量和计数的仪表,它将涡轮流量变送器输出的单位时间内的脉冲数和一段时间内的脉冲总数按瞬时流量和累计流量显示出来。

这类显示仪表的形式很多,图 4.16 所示的是一种显示仪表的工作原理方框图。它由整形电路、频率瞬时指示电路、仪表常数除法运算电路、电磁计数器和自动回零电路、机内振荡器和电源等部分组成。

整形电路为射极耦合双稳态电路,它将来自变送器前置放大器的脉冲信号整形,成为具有一定幅度并满足脉冲前沿要求的方波信号。

如式(4.52)所示,一段时间内流体流过的总量 q_V 等于总脉冲数 N 除以仪表常数 ξ,而 ξ 值对于不同的涡轮流量变送器是不一样的,出厂时经标定给出,因此要设置一个可变换的系数,与输出脉冲数进行除法运算,才能将脉冲数换算成流体总量数,这些是由仪表常数除法运算电路来完成的。该电路由四位十进制计数触发器、系数设定器、与门组成。四个计数触发器的四个输出端分别与四层波段开关的各层相连成为系数设定器。根据配套的涡轮流量变送器的 ξ 值,可在波段开关上设定 0~9 999 间的相应的 ξ 值。当整形电路输入 ξ 个脉冲时,除法电路通过与门输出脉冲信号,驱动电磁计数器走一个字,表明有一个单位体积的流体流过。此信号脉冲同时触发回零单稳,使各个计数触发器复位至零,准备下次继续计数。若 ξ 带有小数,

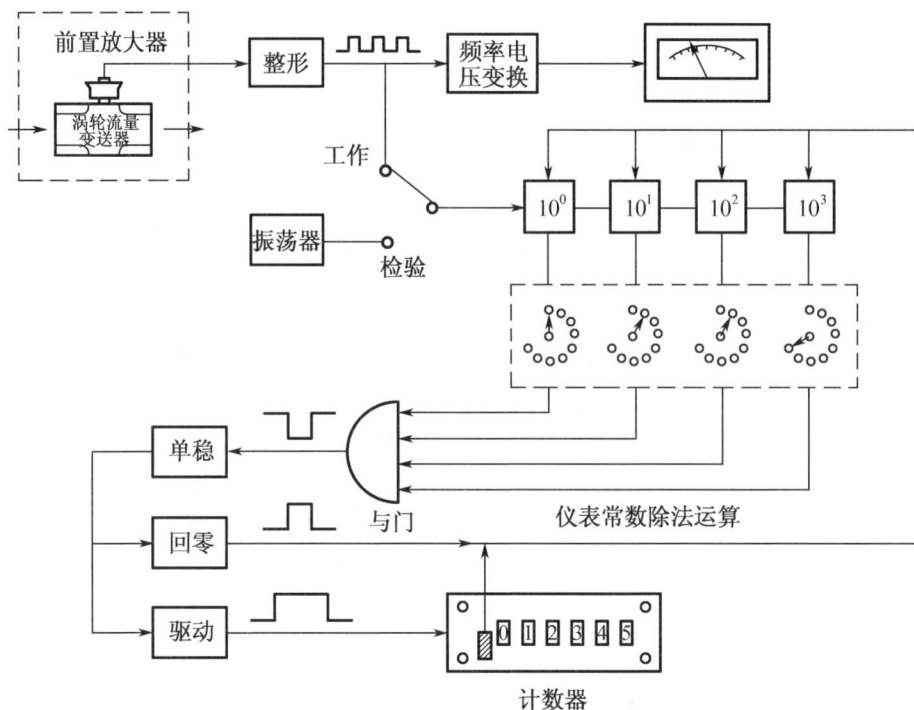

图 4.16 显示仪表工作原理图

则在设置常数时要整数化,乘以 10^m(m 为正整数)。而计数器记下的总流量数也要乘上 10^m。例如,变送器仪表常数 $\xi = 16.25$[脉冲/升],系数设定为 1 625,在一段时间内记下 N_c 个字,则这段时间内流过的总量 $q_V = N_c \times 10^2$。

频率瞬时指示电路的作用是将整形后的脉冲频率线性地转换为电流输出,通过一微安表来指示瞬时流量,表的标尺以频率(赫兹)数分度,指示的频率值 f 除以配套涡轮流量变送器的仪表常数就得瞬时体积流量 q_V 值。

仪表自校时可将开关拨至校验位置,由仪表内的多谐振荡器供给恒定频率的脉冲信号或用电网 50 Hz 频率的信号进行校验。

4.2.3 涡街流量计

由于涡街流量计的测量范围宽(仪表口径愈大,测量范围愈宽,一般可达 100:1),阻力小,具有数字输出,其结构简单且安装、维护方便,输出信号不受流体压力、温度、黏度和密度的影响等优点,正受到广泛的关注。目前涡街流量计的准确度约为 ±(0.5 ~ 1)% 。该流量计对大口径管道的流量测量(例如烟道排气和天然气流量测量)更为便利,这种流量计占流量计市场的 3% ~ 5% 。其按测量原理可分为体积式和质量式,按检测方式分为热敏式、压力式、电容式、超声式、振动式、光电式、光纤式等。

1. 原理与结构

在流体中放置一个对称形状的非流线型柱体时,在它的下游两侧就会交替出现漩涡,涡的旋转方向相反,并轮流地从柱体上分离出来,在下游侧形成漩涡列,也称为"卡门涡街",如图4.17 所示。

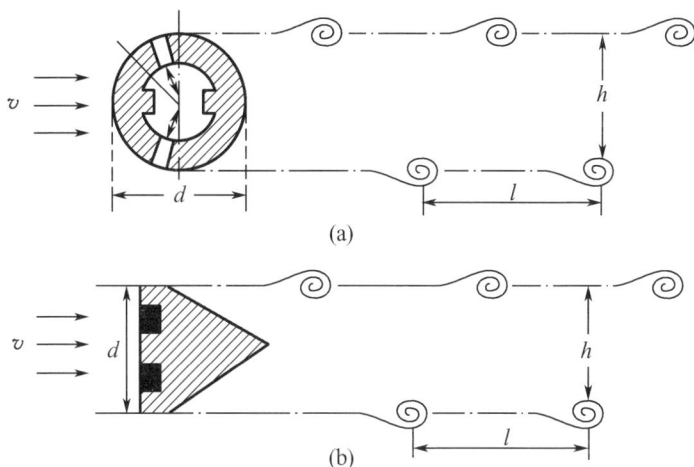

图 4.17 "涡街"的发生情况

(a)圆柱体;(b)等边三角形柱体

实验证明,当漩涡之间的纵向距离 h 和横向距离 l 之间满足下列关系:

$$\text{sh}\left(\frac{\pi h}{l}\right) = 1 \tag{4.53}$$

即

$$\frac{h}{l} = 0.281$$

时,则非对称的"卡门涡街"是稳定的。通过大量实验证明,单侧的漩涡产生频率 f 与柱体附近的流体流速 v 成正比,与柱体的特征尺寸 d 成反比,即

$$f = Sr \cdot \frac{v}{d} \tag{4.54}$$

式中,Sr 为无因次数,称为斯特劳哈尔数。

Sr 是以柱体特征尺寸 d 计算流体雷诺数 Re_D 的函数。而且发现,当 Re_D 在 $2 \times 10^4 \sim 7 \times 10^6$ 的范围内时,Sr 基本不变。对于圆柱体 Sr 的数值为 0.2,对等边三角形柱体为 0.16。因此当柱体的形状、尺寸决定后,就可通过测定单侧漩涡释放频率 f 来测量流速和流量。

对于工业圆管,涡街流量计一般应用在 Re_D 在 1 000 ~ 100 000 范围内的情况。设管内插入柱体和未插入柱体时的管道通流截面比为 m,对于直径为 D 的圆管,可以证明

$$m = 1 - \frac{2}{\pi}\left(\frac{d}{D}\sqrt{1 - \left(\frac{d}{D}\right)^2} + \arcsin\frac{d}{D}\right) \tag{4.55}$$

当 $\frac{d}{D} < 0.3$ 时,有

$$m \approx 1 - 1.25 \frac{d}{D} \tag{4.56}$$

根据流动的连续性,有柱体处的流速 v 和无柱体处的管内平均流速 $\bar{v}$ 与两者流通截面积成反比,即

$$\frac{\bar{v}}{v} = m \tag{4.57}$$

将式(4.56)和式(4.57)代入式(4.54),得圆管中漩涡的发生频率 f 与管内平均流速 $\bar{v}$ 的关系为

$$f = \frac{Sr}{\left(1 - 1.25 \frac{d}{D}\right)} \times \frac{\bar{v}}{d} \tag{4.58}$$

所以,体积流量与频率 f 之间的关系为

$$q_V = \frac{\pi D^2}{4} \bar{v} = \frac{\pi D^2}{4} \left(1 - 1.25 \frac{d}{D}\right) \frac{fd}{Sr} \tag{4.59}$$

令 ξ 为仪表常数,则

$$\xi = \frac{4Sr}{\pi D^2 d \left(1 - 1.25 \frac{d}{D}\right)} \tag{4.60}$$

2. 频率信号的检出

漩涡频率信号 f 的检出方法很多,可以利用漩涡发生时发热体散热条件变化的热检出;也可用漩涡产生时漩涡发生体两侧产生的差压来检出,差压信号可通过电容变送或应变片变送,等等。例如,三角柱漩涡流量计中,在三角柱体的迎流面中间对称地嵌入两个热敏电阻,因三角柱表面涂有陶瓷涂层,所以热敏电阻与柱体是绝缘的。在热敏电阻中通以恒定电流,使其温度在流体静止的情况下比被测流体高 10 ℃ 左右。在三角柱两侧未发生漩涡时,两只热敏电阻温度一致、阻值相等。当三角柱两侧交替发生漩涡时,在发生漩涡的一侧由于流体的漩涡发生能量损失,流速要低于另一侧,因而换热条件变差,使这一侧热敏电阻温度升高,阻值变小。以这两个热敏电阻为电桥的相邻臂,电桥对角线上就输出一列与漩涡发生频率相对应的电压脉冲。经放大、整形后得到与流量相应的脉冲数字输出,或用"脉冲 - 电压"转换电路转换为模拟量输出,供指示和累计用。三角柱漩涡流量计的原理方框图如图 4.18 所示。

3. 涡街流量计的使用与安装

(1)流量系数

根据式(4.59)知流量系数为

$$K = \frac{q_V}{f} = \frac{\pi D^2 d}{4Sr} \left(1 - 1.25 \frac{d}{D}\right) \tag{4.61}$$

流量计的量程范围、线性、复现性等均取决于流量系数 K 的特性。从式(4.61)可以看出,流量系数 K 的特性取决于斯特劳哈尔数 Sr,而 Sr 由不同的 Re_D 决定。不同的漩涡发生体形式就有不同的斯特劳哈尔数,一般具有如下规律:

①雷诺数在临界值 Re_D 以上时,斯特劳哈尔数 Sr 值的变化不超过 $\pm 1\%$,这时 Re_D 值大约

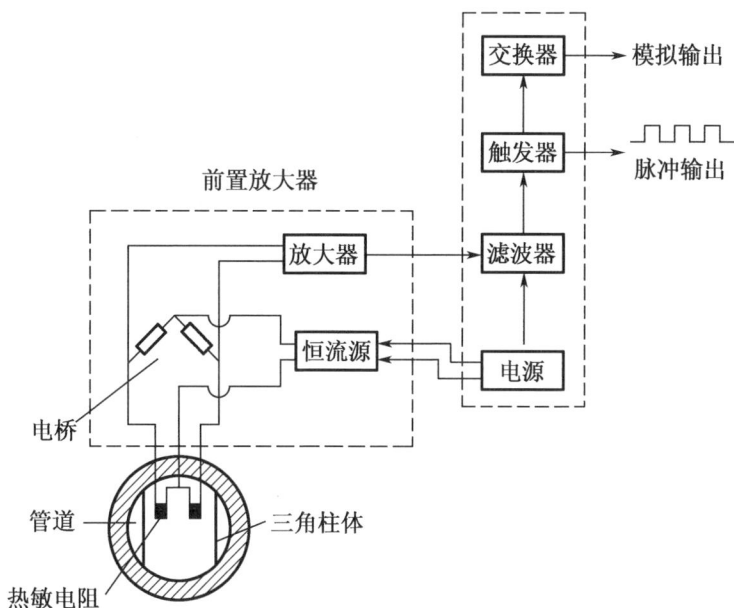

图 4.18　三角柱涡街流量计原理框图

为 5 000 ~ 10 000，Sr 的复现性误差一般小于 ±0.2%；

②雷诺数低于 Re_D 时线性变坏，这就决定了保证精度的最低流速，小口径涡街流量计的最低流速要大些；

③被测流体黏度大时最低流速要大，否则雷诺数在 Re_D 以下就不能进行测量；

④由于流体温度变化而引起黏度变化时，要保证最低流速时雷诺数大于 Re_D。

（2）压力损失

在涡街流量计中漩涡发生体占去流通截面的一部分，所以有节流作用，又由于产生漩涡使得实际流体的流动产生能量损失，表现为压力损失。与其他流量计相比较，压力损失是小的。压力损失随着漩涡发生体的形状和通流截面比 β 值的不同而不同。

（3）安装

①为了保证测量精度，流量计安装位置的前后应有必要的直管段。上游侧如有缩径阻力件时要有 $15D$ 的直管段；如有同平面弯头时要有 $20D$ 的直管段；如果有阀门时要有 $50D$ 的直管段。下游侧的直管段应为 $5D$ 以上。

②涡街流量计可以水平、垂直或其他位置安装，但测量液体时如果是垂直安装，应使液体自下向上流动，以保证管路中总是充满液体。

③要安装于没有冲击和振动的管线上。对于蒸汽管路可能会有冲击和振动，因而要安装支架。虽然涡街流量计的结构比其他多数流量计耐冲击和振动，但还是应尽量安装在冲击和振动都小的地方。

④周围温度和气体条件也应考虑。应尽量避免周围有高温热辐射源。也应避开环境温度变化大的地方。如难以避免，则应采取隔热措施。另外要尽量避免周围有腐蚀性气体。

⑤虽然防水型涡街流量计具有相当好的防水结构，但也不要浸没在水中使用。

(4)涡街流量计使用范围的计算

①量程的计算

一般测量液体时流速范围是 0.38 ~ 6 m/s,测量气体时流速范围为 4 ~ 60 m/s。

②二次仪表的调整

根据仪表标定时取得的 ξ 值(脉冲数/升)和仪表最大流量 q_V(升/秒),由式

$$f = \frac{q_V}{K} = \xi q_V \tag{4.62}$$

即可算出最大流量时送入二次仪表的脉冲频率。利用数字频率计将音频信号发生器的输出频率调至对应最大流量时送入二次仪表的脉冲频率数,当送入二次仪表这个频率时,二次仪表的输出应为最大流量值。

4.2.4 电磁流量计

电磁流量计无可动部件和插入管道的阻流件,所以压力损失极小。其流速测量范围很宽 0.5 ~ 10 m/s,口径从 1 mm到 2 m 以上,反应迅速,可用于测量脉动流、双向流,以及灰浆等含固体颗粒的液体流量。

1. 结构及工作原理

电磁流量计的原理是基于法拉第电磁感应定律,图 4.19 是其结构示意图。

在工作管道的两侧有一对磁极,另有一对电极安装在与磁力线和管道垂直的平面上。当导电流体以平均速度 $\bar{v}$ 流过直径为 D 的测量管段时切割磁力线,

图 4.19 电磁流量计结构示意图

于是在电极上产生感应电势 E,电势方向可由右手定则判断。如磁场的磁感应强度为 B,则电势

$$E = C_1 BD\bar{v} \tag{4.63}$$

式中,C_1 为常数。

因为流过仪表的体积流量

$$q_V = \frac{1}{4}\pi D^2 \bar{v} \tag{4.64}$$

合并式(4.63)和式(4.64),得

$$q_V = \frac{\pi}{4C_1} \times \frac{D}{B}E$$

或

$$E = 4C_1 \frac{B}{\pi D}q_V = Kq_V \tag{4.65}$$

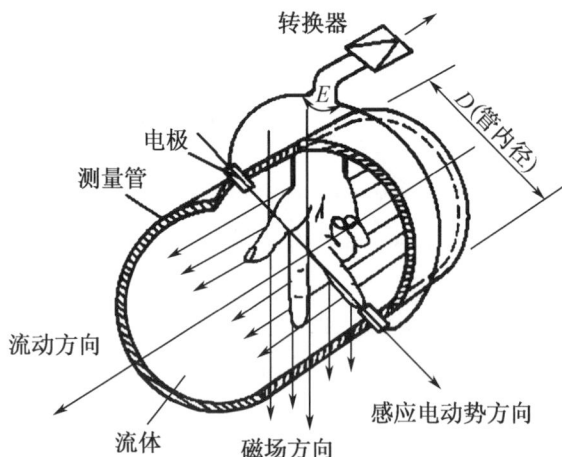

式中,K 为电磁流量计的仪表常数,$K = 4C_1 \dfrac{B}{\pi D}$。当仪表口径 D 和磁感应强度 B 一定时,K 为定值,感应电势与流体体积流量存在线性关系。

为了避免极化作用和接触电位差的影响,工业用电磁流量计通常采用交变磁场,缺点是干扰较大。采用直流磁场对于真实地反映流量的急剧变化有利,故适用于实验室等特殊场合或用来测量不致引起极化现象的非电介性液体,如液态金属之类。

电极与管内衬平齐,电极材料常用非导磁不锈钢制成,也可用铂、金或镀铂、镀金的不锈钢制成。

产生交变磁场的激磁线圈结构根据导管口径不同而有所不同,图 4.20 中所示的情况适合大口径导管(100 mm 以上),将激磁线圈分成多段,每段匝数的分配按余弦分布,并弯成马鞍形驮伏在导管上下两边,在导管和线圈外边再放一个磁轭,以便得到较大的磁通量并提高导管中磁场的均匀性。

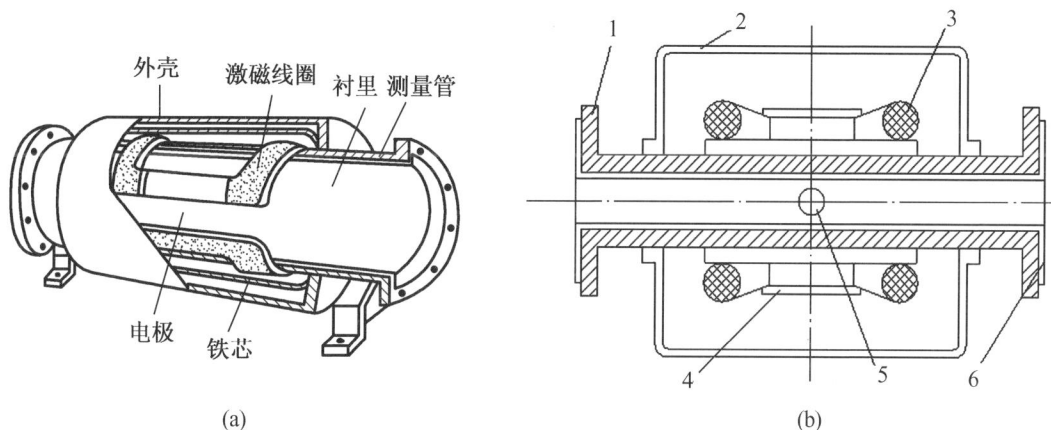

图 4.20 电磁流量计感受件结构示意图
1—导管和法兰;2—外壳;3—马鞍形激磁线圈;4—磁轭;5—电极;6—内衬

采用交变磁场时,磁感应强度 $B = B_m \sin\omega t$,则式(4.63)改写为

$$E = C_1 B_m D \bar{v} \sin\omega t \tag{4.66}$$

式中,B_m 为磁感应强度的幅值;ω 为交变磁场的角频率。

由于交变磁通有可能穿过由被测导电液体、电极引线和感应电势测量仪表等所形成的回路,并在此回路中产生一个干扰电势 e_t,干扰电势的大小为

$$e_t = -C_2 \frac{\mathrm{d}B}{\mathrm{d}t} \tag{4.67}$$

由于 $B = B_m \sin\omega t$,所以上式为

$$e_t = -C_2 \omega B_m \sin\left(\omega t - \frac{\pi}{2}\right) \tag{4.68}$$

可见,信号电势 E 和干扰电势 e_t 的频率相同而相位相差 90°,故称此干扰为正交干扰,严重时其值可与信号电势相当甚至超过,所以要实现测量必须消除此项干扰。消除的方法包括尽可能使电极引线等所形成回路的平面与磁力线平行,以免磁力线穿过此闭合回路,另外还设

有调零电位器,如图 4.21 所示。从一个电极引出两条引线,形成两个闭合回路,而磁力线穿过这两个回路所产生的干扰电势相位相反,通过调节调零电位器,可使它们相互抵消,从而减少了正交干扰。

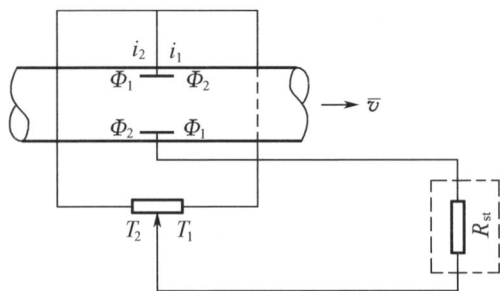

图 4.21 调零电位器示意图

2. 电磁流量计的转换器

一般将输出的交流感应电势信号 E 通过转换部分,转换为 $0 \sim 10$ mA 的统一直流信号输出供显示和记录。由于电磁流量计感受部分的内阻很高,所以要求转换部分具有很高的输入阻抗和较强的抗干扰能力。例如,利用负反馈原理,从转换部分的放大器输出信号中取出正交干扰电势,将它深度负反馈到放大器的输入端,进一步消除正交干扰的影响。

另外,为了消除电磁感应强度 B 的变化对输出的影响,必须对输出感应电势 E 进行乘 $\dfrac{1}{B}$ 的运算,使输出信号与 B 无关。转换部分的原理方框图如图 4.22 所示。

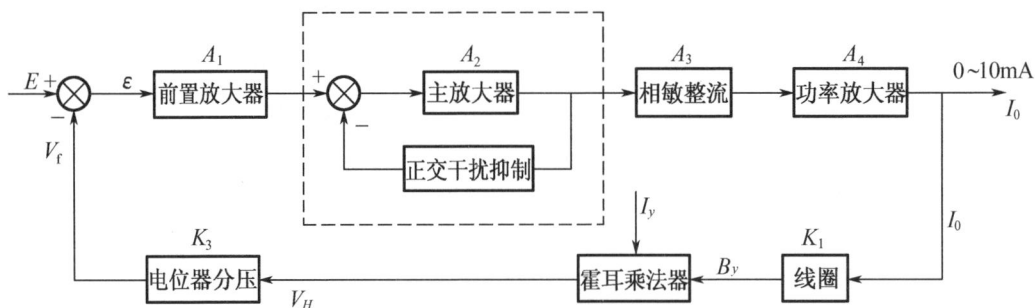

图 4.22 转换部分原理方框图

感应电势 E 与负反馈电压 V_f 比较后得差值信号 ε,ε 经前置放大器、主放大器、相敏整流和功率放大器后得到 $0 \sim 10$ mA 直流电流 I_0,I_0 通过线圈产生磁感应强度 B_y,$B_y = K_1 I_0$,在霍耳乘法器上 B_y 与控制电流 I_y 相乘。控制电流 I_y 与电磁流量计中交变磁场的激磁电流 I_A 取自同一电源,并与 I_A 成比例,即 $I_y = K_2 \times B$。乘法器的输出霍耳电势 V_H 为所得的乘积,$V_\mathrm{H} = K_\mathrm{H} I_y B_y = K_\mathrm{H} K_1 K_2 B I_0$,其中 K_H 为霍耳乘法器的乘法系数。V_H 经分压后得到反馈电压 $V_\mathrm{f} = K_3 V_\mathrm{H}$,$K_3$ 为分压系数。由图 4.22 可知,差值信号 ε 和输出电流 I_0 之间的关系为

$$I_0 = A_1 A_2 A_3 A_4 \varepsilon = A\varepsilon \tag{4.69}$$

式中,A 为正向主通道的放大系数;A_1,A_2,A_3 和 A_4 为各放大器的放大系数和相敏整流器的传递系数。

在反馈通道中,反馈电压 V_f 与输出电流的关系为

$$V_\mathrm{f} = K_\mathrm{H} K_1 K_2 K_3 B I_0 = \beta I_0 \tag{4.70}$$

式中,β 为反馈通道的传递系数。

根据式(4.69)、式(4.70)可得

$$I_0 = A\varepsilon = A(E - V_f) = A(E - \beta I_0) = AE - A\beta I_0$$

即

$$I_0/E = \frac{A}{1 + A\beta} \tag{4.71}$$

当正向主通道放大器的放大系数很大时,即 $A\beta \gg 1$,则

$$I_0/E = \frac{1}{\beta} = \frac{1}{K_H K_1 K_2 K_3 B} \tag{4.72}$$

将式(4.65)代入式(4.72),可得

$$I_0 = \frac{4C_1}{\pi D} \times \frac{1}{K_H K_1 K_2 K_3} q_V \tag{4.73}$$

由此可见,转换部分输出的电流信号 I_0 与体积流量成正比,而且消除了由于电源电压引起的磁感应强度 B 变化对测量的影响。

3. 电磁流量计的安装和使用

(1)电磁流量计应安装在没有强电磁场的环境,附近不应有大的用电设备。

(2)应将变送器的"地"与被测液体和转换器的"地"用一根导线连接起来,并用接地线将其深埋地下,接地电阻应小,接地点不应有地电流。

(3)为了保证变送器中没有沉积物或气泡积存,变送器最好垂直安装,被测流体自下而上流动。如条件不允许也应使变送器低于出口管,以免积存气体。应保证测量电极在同一水平线上。

(4)为了保证被测液体流速的对称性,变送器前应有一定长度的直管段。上游侧如有弯头、三通、异径管等,变送器前应加 5 倍管径的直管段;如有各种阀门,应有 10 倍管径的直管段,下游侧可以短一些。

(5)为方便检修变送器和仪表调零,变送器应加旁路管,这样可以使变送器充满不流动的被测液体,便于仪表调零。

(6)信号线应单独穿入接地钢管,绝不允许和电源线穿在一个钢管里。信号线一定要用屏蔽线,长度不得大于 30 m。若要求加长信号线,必须采取一定的措施,例如用双层屏蔽线、屏蔽驱动等。

(7)被测液体的流动方向应为变送器规定的方向,否则流量信号相移 180°,相敏检波不能检出流量信号,仪表将没有输出。被测液体的流速也有一定限制,最低流速不能低于仪表量程的10%,最高流速最好不超过 10 m/s。当测量能严重磨损衬里的液体时,应降低最大流速至 3 m/s。

(8)被测液体电导率的下限由转换器的输入阻抗决定。如果输入阻抗为 100 MΩ,被测液体的电导率不得低于 10 μΩ/cm。

(9)不能测量电导率很低的液体,如石油制品、有机溶液等。

(10)不能测量气体、蒸汽和含有较多较大气泡的液体。

4.2.5 超声波流量计

最近十几年来电子技术的发展使超声波流量计得到了实际应用且发展很快,并日益完善。

超声波流量计可以依据不同的原理,如多普勒频移法、声束偏移法、流速液位法、速度差法,等等,在此我们仅介绍速度差法,其测量原理是在流体中超声波向上游和下游的传播速度由于叠加了流体流速而不相同,因此可以根据超声波向上、下游传播速度之差测得流体速度。

1. 传播速度法

它的测量方法较多,可分为测量超声波发送器上、下游等距离处接收到的超声波信号的时间差法、相位差法和频率差法。

(1)时间差法

如图 4.23 所示,设静止流体中的声速为 c,流体流速为 v,发送器(T)与接收器(R)之间距离为 L,则传播时间差为

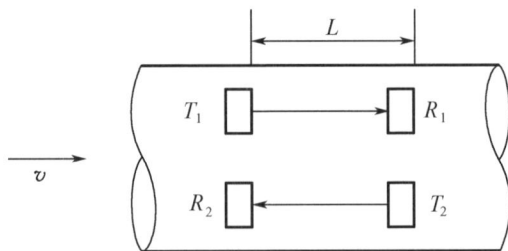

图 4.23　超声波流速测量原理

$$\Delta t = t_2 - t_1 = \frac{L}{c - v} - \frac{L}{c + v} = \frac{2Lv}{c^2 - v^2} \approx \frac{2Lv}{c^2}(\text{当 } c \text{ 远远大于 } v \text{ 时}) \qquad (4.74)$$

式中,$\dfrac{L}{c - v}$ 为逆流时间;$\dfrac{L}{c + v}$ 为顺流时间。

(2)相位差法

如果发生器发出的是连续正弦波,则上、下游接收到的波的相位差为

$$\Delta \varphi = \omega \times \Delta t = \frac{2Lv\omega}{c^2} \qquad (4.75)$$

式中,ω 为超声波的角频率

从上述两种方法可以看出,只要测得 Δt 或 $\Delta \varphi$ 就可求得 v,但在这两种方法中都包含声速 c,而 c 与流体的成分、温度等有关,需要补偿。例如水中声速 c 的温度系数为 $0.2\%/℃$,则当流速一定时 Δt 或 $\Delta \varphi$ 的温度系数将为 $0.4\%/℃$,造成测量误差,因此需要温度补偿。

(3)频率差法

令 $f_1 = \dfrac{1}{t_1}$,$f_2 = \dfrac{1}{t_2}$,则

$$\Delta f = f_1 - f_2 = \frac{1}{t_1} - \frac{1}{t_2} = \frac{2v}{L} \qquad (4.76)$$

如测得频差 Δf,即能求得流速,测量方程中消去了声速 c。得到 f_1,f_2 的方法有回鸣法及近来发展的利用锁相技术的 TLL 法等。

①回鸣法工作过程

首先介绍一下超声波振子,它是由锆钛酸铅陶瓷等压电材料制成的,通过压电效应(将超声波转化成电脉冲)来接收超声波信号,利用电致伸缩效应(将电脉冲→机械伸缩性→超声波)来发送超声波信号。图 4.24 所示为回鸣频差超声流量计的原理图。

图 4.24 中,换能器 TR_1,TR_2 安装在管外,由控制器控制交替作为发射器和接收器。当 TR_1 做发射器时,发出的超声波脉冲穿过管道被 TR_2 接收后,转换成电脉冲,立即放大并触发 TR_1 发射另一个声脉冲,如此不断循环,形成顺流回鸣环。回鸣频率 f_1 是传播时间 t_1 的倒数。

若设管道中流体的平均速度为 v_0,u 为流体沿测量管径方向的平均流速,超声波束与管轴线间的夹角为 θ,静止流体中的声速为 c,管道直径为 D,则

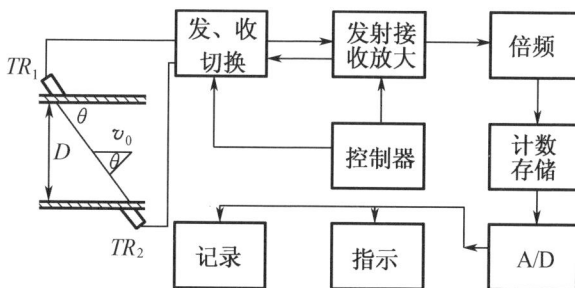

图 4.24 回鸣频差超声流量计的原理图

$$f_1 = \frac{1}{t_1} = \left(\frac{D/\sin\theta}{c + u\cos\theta} + \tau \right)^{-1} \tag{4.77}$$

式中,τ 为固定延迟时间,是声波在声楔和管道壁内传播时间与电路延迟时间的总和。

同理,当 TR_2 发射,TR_1 接收时,则沿逆流方向形成逆流回鸣环,回鸣频率为

$$f_2 = \frac{1}{t_2} = \left(\frac{D/\sin\theta}{c - u\cos\theta} + \tau \right)^{-1} \tag{4.78}$$

所以

$$\Delta f = f_1 - f_2 = \frac{\sin 2\theta}{D\left(1 + \frac{\tau c}{D}\sin\theta\right)^2}u \tag{4.79}$$

$$u = \frac{(D + \tau c\sin\theta)^2}{D\sin 2\theta}\Delta f \tag{4.80}$$

$$q_V = \frac{\pi D^2}{4} \cdot v_0 \tag{4.81}$$

令 $\frac{u}{v_0} = k$(k 为流量修正系数),则

$$q_V = \frac{\pi}{4k}D^2 u = \frac{1}{k}\left[\frac{\pi}{4} \frac{D(D + \tau c\sin\theta)^2}{\sin 2\theta} \right]\Delta f \tag{4.82}$$

实际上频差 Δf 很小,故必须将 Δf 倍频后进行测量,以提高测量精确度。

从式(4.82)可以看出,频差法用于管外安装测量,由于存在固定延迟时间 τ,测量结果仍受声速 c 的影响,存在一定的声速温度误差。

②锁相技术的频差法(Time Locked Loop,TLL 法)

频率法用于 τ 变化所引起的误差 $\delta_Q = \frac{2c\sin\theta}{D}\Delta\tau$ 随管径减小而增加的情况。如 τ 的变化为 $\Delta\tau = 0.2\ \mu s$,在 $\theta = 23°$,$D = 0.3\ m$ 时,δ_Q 为 0.18% ,若 $D = 3\ mm$,则 δ_Q 将达到 1.8% 。所以在小管径时,频差法很难达到高精度,而时差法在采用锁相技术或回鸣技术后能将时差扩大后测量,测量方程中的声速 c 亦能通过计算电路加以补偿,而且时差中的 τ 被抵消掉了。因此在小管径的流量测量中,时差法的精确度较高,因而得到广泛应用。

图 4.25 为锁相环(TLL)式超声波流量计原理图。其基本工作过程如下:当切换回路指定在顺流时,在与 V_{C0-1} 压控振荡器的频率 f_1 同步的启动信号作用下,从上游侧向下游侧发射超声脉冲,同时计数器开始对 V_{C0-1} 发来的频率信号 f_1 进行计数,当计数器计数到所设定的数 N

时,就给出计数结束信号,这期间所需的时间为 N/f_1,然后该计数结束信号在延时回路中被延时 τ_{01},再到时差检出回路中和接收波表示的超声传播时间 $t_1+\tau$ 进行比较。从接收器来的时间信号中除了液体传播时间 t_1 外还有超声波通过管壁和声楔的时间 τ,如设定 $\tau_{01}=\tau$,则 $N/f_1+\tau_{01}$ 和 $t_1+\tau$ 比较的时差信号为 N/f_1-t_1,该信号反馈到 V_{C0-1} 中去控制其频率,使时间差 $N/f_1-t_1=0(f_1=N/t_1)$,这样构成闭环回路。反之切换回路指定在逆流时,第2个 TLL 环路使 $N/f_2-t_2=0(f_2=N/t_2)$。两个 V_{C0} 的频率差为 Δf。

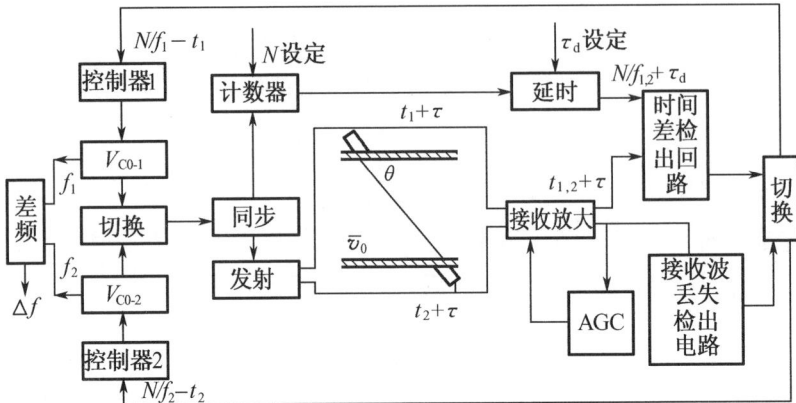

图 4.25　锁相环超声波流量计原理图

因为 $t_1=\dfrac{D/\sin\theta}{c+u\cos\theta}=\dfrac{1}{f_1}$,$t_2=\dfrac{D/\sin\theta}{c-u\cos\theta}=\dfrac{1}{f_2}$,因此

$$\Delta f=f_1-f_2=\frac{N}{t_1}-\frac{N}{t_2}=\frac{N\sin2\theta}{D}u \tag{4.83}$$

$$q_V=\frac{1}{k}\frac{\pi}{4}D^2\frac{D}{N\sin2\theta}\Delta f \tag{4.84}$$

且

$$\frac{u}{v_0}=k$$

式中,u 为流体沿测量管径方向的平均流速;v_0 为沿管道截面的流体平均流速;层流时 $k=4/3$,紊流时 $k=1+0.01\sqrt{6.25+431Re^{-0.237}}$,为 Re 的函数。

如果在电路中进一步比较 f_1、f_2 还能辨别方向,由此可见,锁相频差法的工作原理实质如下。

a. 工作原理

锁相环是指时间同步环路。TLL 的作用是将超声波穿过管道内液体的传播时间 t 转换为倒数 $1/t$(即回鸣频率),然后采用锁相环技术控制压控振荡器 V_{C0},使 V_{C0} 的频率 f 为回鸣频率 $1/t$ 的 N 倍,以这样的方式构成闭环回路。由于超声波的顺流和逆流传播时间不同,所以顺流和逆流的两个 V_{C0} 的频率也不同,它们的频率 f_1、f_2 分别为顺流、逆流回鸣频率($1/t_1$,$1/t_2$)的 N 倍,检出 f_1 和 f_2 的频差 Δf 即可获知流速。所以 TLL 式超声流量计测量的是超声波传播的时间差,给出的却是 N 倍频后的回鸣频差,所以综合了时差法的响应快及频差法的测量方便、受声速影响小的优点。因此,频差法和时差法都采用了信息处理技术后,就确保了电路的稳定工作。

为保证仪表在各种环境下可靠工作,还采用了一些附加电路对接收信息加以处理,使仪表的稳定性有质的飞跃。

（a）接收波丢失保持回路。当流体中混有杂质和气泡时,超声波的传播受到阻碍,检出波电平低到一定值以下时,由比较回路构成的接收波丢失保持回路开始动作,切断通向 V_{C0} 的控制回路,从而使 V_{C0} 的频率保持在切断前瞬间的振荡频率 f_1、f_2 上,因此差频信号 $\Delta f = f_1 - f_2$ 也保持在原有数值上,这样就能够消除由于超声波束被遮断而引起的对输出的影响,即使介质为污水,仪表也能稳定地工作。当因管道内出现大的空穴等现象而使接收波长时间丢失时,定时回路会发出报警信号。

（b）AGC 电路。用 AGC 电路来控制放大器增益,可以在声波衰减变化的场合保持接收放大后的接收波幅值一定。它与接收波丢失保持回路配合使用,可使输出稳定,提高测量精度。

（c）TLL 监视控制回路。用来监视 TLL 方式基本回路全部动作是否稳定。只有在稳定时才给出最后输出信号,不稳定时便保持原来输出。和单纯的输出阻尼回路不同,它仍保持快速响应特性。

采用上述电路使超声波流量计的可靠性及稳定性有了很大提高,气泡及颗粒杂质的影响减小,不仅能测污水,还扩大到水以外的工业介质,并向高温介质(250 ℃)发展。

b. 性能及应用

（a）大管径时测量精确度高($D > 0.8$ m 时精确度为满刻度的 $\pm 1\%$,0.3 m $< D <$ 0.8 m 时精确度为满刻度的 $\pm 1.5\%$,$D < 0.3$ m 不能保证)。

（b）响应快,得到的是连续的频率输出($D = 1$ m 时,响应时间为 2.5 ms,且可 400 次/秒校正 V_{C0} 的频率)。

（c）应用范围广(因为采用接收波丢失 – 保持电路,所以即使流体中有异物,仪表也能稳定的工作)。

（d）安装方便(夹装式换能器)。

（e）适用于测量管径范围 D 在 300 ~ 3 000 mm 的水流量,流速范围 0 ~ 1 m/s 至 0 ~ 10 m/s,温度 0 ~ 40 ℃,管材的钢管、铸铁管、不锈钢管,可加衬里,$L_1 \geqslant 10D$,$L_2 \geqslant 5D$。

2. 超声波流量计的测量误差及修正

（1）由于被测介质的温度、成分、浓度等变化引起声速 c 的变化,进而引起测量 v 的误差。消除方法为通过选择测量原理或在线路中加信息处理及在结构上加以考虑。

（2）双声道参数不一致。如机械尺寸和电特性不对称,被测介质流动状况变化(不一致),以及电子线路不对称。或者虽然是单声道,但上述诸参数在顺流、逆流时不一致而引起的测量误差。消除方法:结构上的不一致可用精确的设计和加工来消除。由于电子技术的进步,现在基本上都采用单声道系统的切换方式。新型的 TLL 方式将测量周期缩短到几个毫秒,顺流和逆流每秒钟可切换数百次,在这么短的时间内流动状况不会产生很大变化。

（3）由于管道内液流截面上的实际流速分布与理想流速分布不一致所产生的误差,即流量方程 $q = \frac{\pi}{4} D^2 v_0$ 中 v_0 为沿管道截面的平均流速而超声波测得的是其传播途径上的线平均流速 u,若设 $\frac{u}{v_0} = k$,在层流时 $k = 4/3$,紊流时 $k = 1 + 0.01 \sqrt{6.25 + 431 Re^{-0.237}}$,为 Re 的函数。计算表明,若 Re 的变化范围不超过 10 倍,则取平均 Re 计算的 k 值,相应变化不超过 0.5%,若

Re 的变化范围不超过 25~30 倍,则 k 的变化误差不超过 1%。因此在交变 Re 的流体中很难保证测量精确度。

3. 时差法、相位差法、频率差法比较

时差法:测量方便、周期短、响应快(1 m 管径、2.5 ms)适用于大管径测量。

相位差法:测量技术复杂,还有声速影响,实际应用较少。

频差法:若将换能器安装在管内,则原理上可消除声速 c 的影响。若换能器安装在管外则仍受声速 c 的影响,但较时差法小。其缺点是响应慢,故不能用于实时测量,若回鸣环被液体中的气泡和颗粒阻断,则采样周期测不准,得不到测量结果,因此只能用于测量净水流量。

4. 超声波流量计的优点

(1)非接触式、压力损失小、对原有管道不需任何加工即可测量,结构简单。

(2)测量结果不受被测液体、黏度、电导率等影响,可测很大口径管道内流体流量。

(3)输出信号与被测流体流量成线性。

4.3　质量流量计

在生产中,为了满足过程控制及成本核算的要求,通常需要准确地知道流过流体的质量是多少,因此需要有能直接测定流体质量流量的质量流量计。前面我们介绍的流量计都是直接测量体积流量的仪表,或者其输出信号与流体密度直接有关(如差压式流量计),因此在被测参数密度变化的情况下就无法得到准确的质量流量的数值。

目前质量流量计总的说来可以分为两大类:直接式质量流量计和间接式质量流量计。直接式质量流量计直接检测被测流体的质量流量,如量热式质量流量计、差压式质量流量计、哥氏力质量流量计;间接式质量流量计通过体积流量计和密度计的组合来测量质量流量,或者通过测量被测流体的体积流量、温度和压力,根据流体密度和温度、压力的关系通过计算单元求得流体密度,然后与体积流量相乘得到反映质量流量的信号,如推导式质量流量计、温度压力补偿式质量流量计。

4.3.1　直接式质量流量计

流体的质量流量为

$$q_m = A\rho v \tag{4.85}$$

式中,A 为流量计通流面积;ρ 为流体密度;v 为流体在截面上的平均流速。

如果通流截面 A 为常数,则测量 ρv 就可得到 q_m,而 ρv 实际上代表了单位体积的流体所具有的动量。

1. 双涡轮式质量流量计

如图 4.26 所示,相互用弹簧连接的两涡轮前后地处于管道中,它们的叶片倾角不同,分别

为 θ_1 和 θ_2。当流体流过两涡轮时,涡轮上所受转动力矩分别为 M_1 和 M_2,且

$$M_1 = K_1 q_m v \sin\theta_1 \qquad (4.86)$$
$$M_2 = K_2 q_m v \sin\theta_2 \qquad (4.87)$$

式中,K_1,K_2 为装置常数;q_m 为通过的质量流量;v 为通过的流体流速。

因此,可得两涡轮的力矩差为

$$\Delta M = M_1 - M_2 = (K_1 \sin\theta_1 - K_2 \sin\theta_2) q_m v$$
$$(4.88)$$

由于式中 K_1,K_2,θ_1,θ_2 都是常数,故 ΔM 与 $q_m v$ 成正比。而 ΔM 又与连接两个涡轮的弹簧扭转角度 α 成正比,故 $\alpha \propto q_m v$。α 由两涡轮之间的相对角位移反映出来。

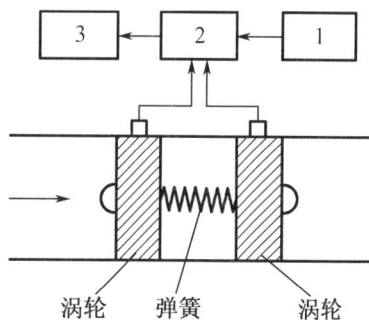

图 4.26 双涡轮式流量计
1—时基脉冲发生器;2—门电路;3—计数器

因为两涡轮是连接成一体的,对此在稳定的情况下,它们的回转速度 ω 是相同的,并与流体的流速 v 成正比,即 $\omega \propto v$。设涡轮转过角位移 α 所需的时间为 t,则

$$t = \frac{\alpha}{\omega} = K \frac{q_m v}{v} = K q_m \qquad (4.89)$$

式中,K 为常数。

因此测出两涡轮转过扭转角度 α 所需的时间 t 就可求得质量流量 q_m。时间 t 的测定是利用安装在管壁上的两个电磁检测器实现的。当一个涡轮产生的电脉冲打开计数器的控制门时,计数器开始计数,直至另一涡轮产生的电脉冲关闭计数器控制门为止,由于时基脉冲周期是已知的,所以这段时间内计数器测得的时差脉冲数就代表时间 t,它也就是与质量流量成正比的脉冲数字输出信号。

2. 哥里奥利力式流量计(简称哥氏力流量计)

哥氏力流量计是利用被测流体在流动时的力学性质,直接测量质量流量的装置。它的原理简单而普遍性强,能直接测得液体、气体和多相流的质量流量,并且不受被测流体温度、压力、密度和黏度的影响,测量准确度高。

哥氏力流量计的基本原理是根据牛顿第二定律建立起力、加速度和质量三者之间的关系。这类仪表的结构有许多种,现介绍图 4.27 所示的弯管哥氏力流量计的结构及工作原理。

两根几何形状和材料力学性质完全一致的 U 形管,牢固地焊接在流量计进出口间的支承座上,并在一驱动线圈的作用下以一定的频率绕流量计进口、出口轴线(即图 4.28 中的 $O - O$ 轴)振动,被测流体从 U 形管中流过,其流动方向与振动方向垂直。两根 U 形管的振动方向相反,使流量计在有外界环境振动影响下,可以消除外界振动的影响。当一质量为 m 的物体在旋转参考系中以速度 v 运动时,将受到一个力的作用,其值为

$$F_k = 2m\boldsymbol{\omega} \times \boldsymbol{v} \qquad (4.90)$$

式中,F_k 为哥氏力;v 为物体的运动速度矢量;ω 为旋转角速度矢量。

流体运动哥氏力给管壁一个额外的作用,使同一 U 形管流道上进出的两根平行直管由于流向相反而产生相反的作用力,产生一扭矩 M。该扭矩是在平行直管振动下产生的,其大小直接正比于流体质量流量和振动参数。

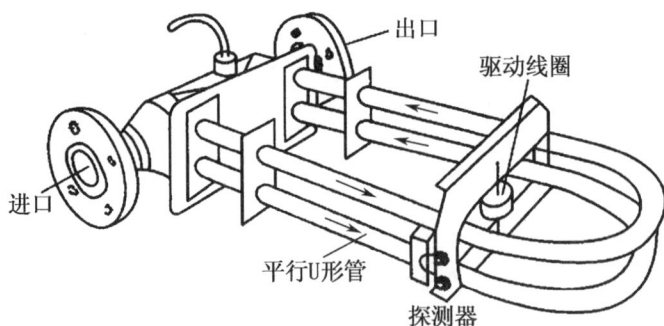

图 4.27　弯管式哥氏力流量计

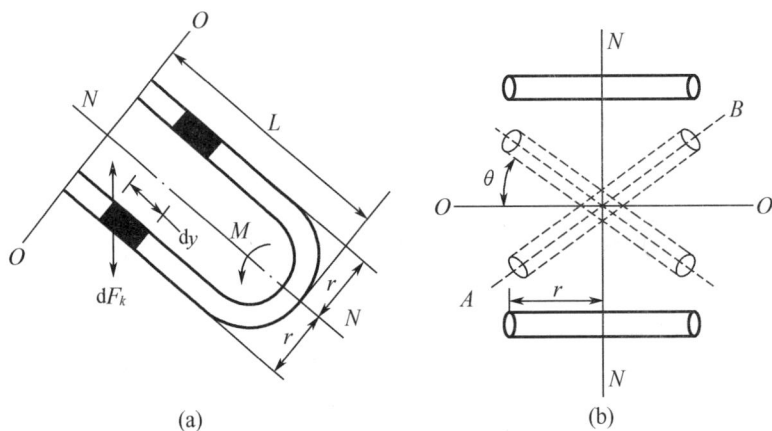

(a)　　　　　　　　　　　　　　　(b)

图 4.28　U 形管受力振动变形示意

如图 4.28(a)所示,如果 U 形管的两根平行直管是结构对称的,则直管上的微元长度上的扭矩为

$$dM = 2rdF_k = 4rv\omega dm \tag{4.91}$$

式中,ω 为角速度。如前所述,实际流量计的 U 形管并不旋转,而是以一定的频率振动,所以角速度是一个正弦规律振荡的值;dF_k 为微元 dy 管道所受哥氏力的绝对值,显然 U 形管振动时,dF_k 也是一正弦变化值,但两根平行管所受力在相位上相差 $180°$;v 为流体流速,可以写成 dy/dt,即单位时间内流体流过的管长。所以,式(4.91)又可写成

$$dM = 4r\omega\left(\frac{dy}{dt}\right)dm = 4r\omega q_m dy \tag{4.92}$$

式中,dm 为 dy 管内流体的质量;$q_m = dm/dt$ 为质量流量。对上式积分,得

$$M = \int dM = \int 4r\omega q_m dy = 4r\omega q_m L \tag{4.93}$$

扭矩 M 变化的频率与 U 形管的振动频率是一致的,其最大值出现在 U 形管通过其振动中心平面时,即图 4.28(b)中的 $N-N$ 平面,这时直管段振动的线速度最大。此时,U 形管不仅

绕 $O-O$ 轴振动,也产生在扭矩 M 作用下的扭振,如图 4.28(b)所示。扭振的频率和 U 形管的原有振动频率相同,最大扭转角度出现在扭矩最大时,也就是 U 形管振动通过中心平面 $N-N$ 时。

设在扭矩 M 作用下,U 形管产生的扭角为 θ(见图 4.28(b))。由于 θ 很小,故其与扭矩成线性正比关系,$M = K_s \cdot \theta$,其中 K_s 是 U 形管的弹性模量。将此关系代入式(4.93)有

$$q_m = \frac{K_s \theta}{4 r \omega L} \tag{4.94}$$

也就是说,质量流量与扭角 θ 成正比。

如果 U 形管端在振动中心位置时垂直方向的速度为 $v_p (v_p = L\omega)$,而 U 形管由于扭矩作用产生扭振的扭角与 U 形管原有振动的幅值相比很小,可以认为 U 形管两根直管段通过 $N-N$ 平面时的速度就是 v_p,则 U 形管两根直管段 A, B 先后通过振动中心平面 $N-N$ 的时间差为

$$\Delta t = \frac{2 r \theta}{v_p} = \frac{2 r \theta}{L \omega} \tag{4.95}$$

式中,r 为直管到扭振中心线的距离(如图 4.28 所示)。

将式(4.95)的 θ 代入到式(4.94)中,有

$$q_m = \frac{K_s \theta}{4 r \omega L} = \frac{K_s}{8 r^2} \Delta t \tag{4.96}$$

式中,K_s 和 r 都是与流量计结构有关的量。

因此质量流量与管内的流体物性、流态和其他工况无关。只要在 U 形管的直管的振动端安装两个探测器,测量两根直管段振动通过中心平面 $N-N$ 的时间间隔 Δt,就可由上式求得管内流过流体的质量流量。

实际上,哥氏力质量流量计的振动情况远比上述复杂,一般式(4.96)中的系数要由实验标定。另外,哥氏力质量流量计的技术复杂、测量系统也较庞大,限制了它的应用。

3. 差压式质量流量计

差压式质量流量计的工作原理如图 4.29 所示。从主管道流入的流体流量 Q 分流成两路,每个分流管都装有相同的孔板 A, C 和 B, D,在这两条分流管的中点用一条装有定量泵的管道连接起来。定量泵按箭头方向送入或吸出恒定流量的流体。通过孔板 A 的流体的体积流量为 I,孔板 A 前后的压差为 $p_1 - p_2$ 则

$$p_1 - p_2 = K \rho I^2 \tag{4.97}$$

式中,K 和 ρ 为孔板的系数和被测流体的密度。

通过孔板 B 的流体的体积流量为 $(Q - I)$,孔板 B 前后的压差为 $p_1 - p_3$ 则

$$p_1 - p_3 = K \rho (Q - I)^2 \tag{4.98}$$

通过孔板 C 的流量为 $(I + q)$,其前后的压差为 $p_2 - p_4$,则

$$p_2 - p_4 = K \rho (I + q)^2 \tag{4.99}$$

通过孔板 D 的流量为 $(Q - I - q)$,其前后的压差

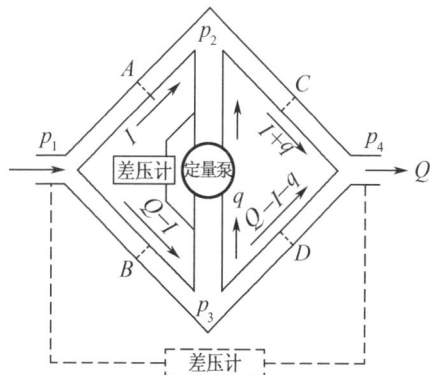

图 4.29　四孔板差压质量流量计

为 $p_3 - p_4$,则

$$p_3 - p_4 = K\rho(Q - I - q)^2 \tag{4.100}$$

式(4.97)与式(4.99)相加得

$$p_1 - p_4 = K\rho(2I^2 + q^2 + 2Iq) \tag{4.101}$$

式(4.98)与式(4.100)相加得

$$p_1 - p_4 = K\rho(2Q^2 - 4IQ - 2qQ + 2I^2 + q^2 + 2Iq) \tag{4.102}$$

由式(4.101)和式(4.102)可得

$$I = \frac{Q - q}{2} \tag{4.103}$$

式(4.98)减去式(4.97)后代入式(4.103)得

$$p_2 - p_3 = K\rho Qq \tag{4.104}$$

从式(4.104)可以看出,测出定量泵出口与入口之间的压力差即可测得质量流量,因为此压力差与主管道中的质量流量 ρQ 成正比。

这种流量计用于测量 $0 \sim 0.5$ kg/h 到 $0 \sim 250$ kg/h 范围的液体流量,量程比为 $1:20$,精度可达 0.5 级。

4.3.2 间接式质量流量计

1. 推导式质量流量计

推导式质量流量计是在分别测出两个相应参数的基础上,通过运算器进行一定形式的数学运算,间接推导出流体的 ρv 值,从而求得质量流量,下面介绍三种可能的构成形式。

(1)用差压式流量计与密度计组合的质量流量计

由差压式流量计输出的差压信号 $\Delta P \propto q_V^2 \rho = A^2 v^2 \rho$ 可知,当流量计流通截面 A 一定时,则 $\Delta P \propto v^2 \rho$ 。因此若把差压输出信号与密度计输出信号 ρ 相乘,再经开方就得到与 ρv 成正比的信号,此信号就代表了流体的质量流量 q_m 。当然,差压输出信号和密度输出信号都要转化为统一的电或气信号才能通过电或气的运算器进行乘、除、开方等运算。

图 4.30 为差压式流量计与密度计组合的质量流量计的示意图。质量流量由显示仪表进行指示和记录,流过流体质量的总量由积算器来累计。

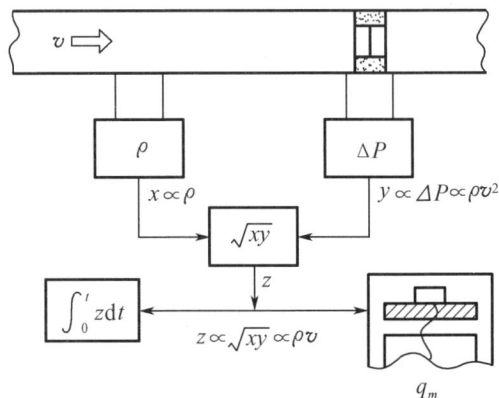

图 4.30 差压式流量计与密度计组合的质量流量计

密度计可采用同位素式、超声波式或振动管式等连续测量流体密度的仪表。

(2)用速度式流量计和密度计组合的质量流量计

涡轮流量计、电磁流量计、超声波流量计等速度式流量计输出的信号代表管内流体截面平

均流速 v,将 v 与密度计输出 ρ 相乘,就得到代表流体质量流量的 ρv 信号,其组合原理如图 4.31 所示。

(3)用差压式流量计与速度式流量计组合的质量流量计

差压式流量计输出代表 ρv^2,速度式流量计输出代表 v,如经运算器将两信号进行除法运算,就得到代表流体质量流量 q_m 的 ρv 信号,其组合原理如图 4.32 所示。

2. 温度、压力补偿式质量流量计

温度、压力补偿式质量流量计的基本原理是,测量流体的体积流量、温度和压力值,根据已知的被测流体密度与温度、压力之间的关系,通过运算,把测得的体积流量数值自动换算到标准状态下的体积流量数值,由于被测流体种类一定,其标准状态下的密度 ρ_0 是定值,所以标准状态下的体积流量值就代表了流体的质量流量值。连续测量温度、压力比连续测量密度容易,因此,目前工业上所用的质量流量计多采用这种原理。

(1)当被测流体为液体时,可只考虑温度对流体密度的影响,在速度变化范围不宽时,密度与温度之间的关系为

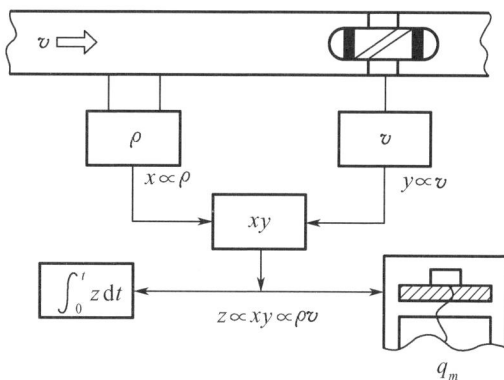

图 4.31　速度式流量计与密度计组合的质量流量计

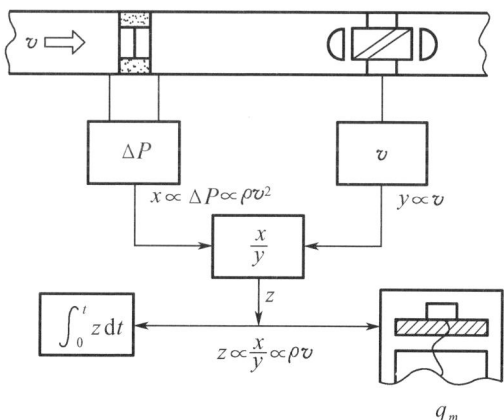

图 4.32　差压式流量计与速度式流量计组合的质量流量计

$$\rho = \rho_0[1 + \beta(T_0 - T)] \tag{4.105}$$

式中,ρ 为工作温度 T 下的流体密度;ρ_0 为标准状态(或仪表标定状态)温度 T_0 时流体的密度;β 为被测流体的体积膨胀系数。

因此,对于用体积式流量计或速度式流量计测得的液体体积流量 q_V,可用下式实行温度补偿:

$$\begin{aligned} q_m = \rho q_V &= q_V \rho_0[1 + \beta(T_0 - T)] \\ &= q_V \rho_0 + q_V \rho_0 \beta(T_0 - T) \end{aligned} \tag{4.106}$$

若被测流体种类一定,ρ_0 和 β 就一定,此时只需要测得体积流量 q_V 和温度变化 $(T_0 - T)$,进行自动运算即可获得质量流量 q_m。对于水和油类,当温度在 $\pm 40\ ^\circ\text{C}$ 以内变化时,上式的准确度可达 $\pm 0.2\%$。

当用差压式流量计来测量液体体积流量时,输出差压信号 ΔP 与体积流量 q_V 之间的关系为 $q_V = K\sqrt{\dfrac{\Delta P}{\rho}}$(其中 K 为常数),此时实现温度补偿的计算式为

$$q_m = \rho q_V = K\sqrt{\Delta P \rho} = K\sqrt{\Delta P \rho_0[1 + \beta(T_0 - T)]} \tag{4.107}$$

由式(4.107)可见,只要在差压式流量计输出信号 ΔP 上加上一项与输出 ΔP 和($T_0 - T$)乘积成正比的补偿量,然后再开方就可求得质量流量。

(2)当被测流体为低压范围内的气体,则可认为符合理想气体状态方程,即

$$\rho = \rho_0 \cdot \frac{P}{P_0} \times \frac{T_0}{T} \tag{4.108}$$

式中,ρ 为绝对温度为 T、压力为 P 工作状态下的流体密度;ρ_0 为绝对温度为 T_0 压力为 P_0 标准状态下的流体密度。

①此时,对于体积式流量计或速度式流量计测得的流体体积流量 q_V,可经下式进行温度、压力补偿得到质量流量 q_m:

$$q_m = \rho q_V = \frac{P}{P_0} \times \frac{T_0}{T} \rho_0 q_V = C_1 \frac{P}{T} q_V \tag{4.109}$$

式中,C_1 为常数,$C_1 = \frac{T_0}{P_0} \rho_0$。

②对于测量 ρq_V 的差压式流量计,则可按下式进行温度、压力补偿:

$$q_m = \rho q_V = \rho K \sqrt{\frac{\Delta P}{\rho}} = K \sqrt{\Delta P \rho} = K \sqrt{\Delta P \rho_0 \frac{P}{P_0} \times \frac{T_0}{T}} = C_2 \sqrt{\Delta P \frac{P}{T}} \tag{4.110}$$

式中,C_2 为常数,$C_2 = K \sqrt{\rho_0 \frac{T_0}{P_0}}$。

从式(4.110)可知,只要测得差压式流量计的差压值和温度、压力值就能求得质量流量值。图 4.33 为气体质量流量测量的温度、压力补偿系统原理图。

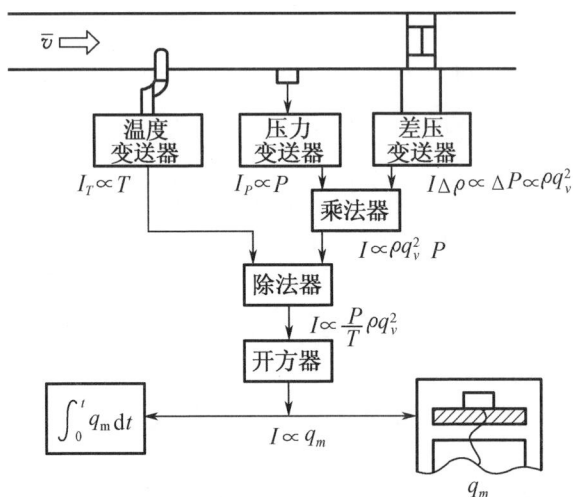

图 4.33 气体质量流量测量的温度、压力补偿系统原理图

3. 振动管式密度计

间接式质量流量计有的需要密度计配合,而振动管式密度计具有许多优点,如精度高、稳定性和重复性好、可直接安装于工艺管道上进行密度的连续测量,既能测液体密度也能测气体

密度,而且能输出脉冲频率信号,精度可达 $0.1\% \sim 0.5\%$。

（1）工作原理

它是利用金属薄壁圆管受激后产生的固有频率与管内介质的密度有关的原理进行工作的,其结构原理如图 4.34 所示。在一段金属圆管中安装一个圆柱形支架,在这个支架的上边和下边各装一个线圈,两线圈在空间互成 $90°$,一个用来检测金属管的振动,另一个是将检测线圈得到的信号放大后再来激励金属管振动的激振线圈。

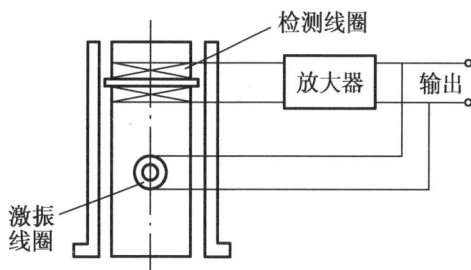

图 4.34 振动管密度计原理图

由物理学原理知道,管子振动的固有频率为

$$f_0 = \frac{1}{2\pi}\sqrt{\frac{K}{m_g}}$$

式中,m_g 和 K 为振动管的质量和振动管的弹性系数。

将振动管放在密度为 ρ 的介质中,其振动的固有频率为

$$f = \frac{1}{2\pi}\sqrt{\frac{K}{m_g + m_1}} \tag{4.111}$$

式中,m_1 为振动管周围介质的质量。可知

$$\frac{f}{f_0} = \sqrt{\frac{m_g}{m_g + m_1}} \tag{4.112}$$

令 V 为振动管周围通入被测流体的体积,式(4.112)右端的分子和分母同时除以 V 得

$$\frac{f}{f_0} = \sqrt{\frac{\dfrac{m_g}{V}}{\dfrac{m_g}{V} + \dfrac{m_1}{V}}} = \sqrt{\frac{\rho_0}{\rho_0 + \rho}} \tag{4.113}$$

式中,ρ 为被测流体的密度,$\rho = \dfrac{m_1}{V}$;ρ_0 为振动管的质量与它周围通入的被测流体的体积之比,$\rho_0 = \dfrac{m_g}{V}$,称为振动管的等效密度。

由式(4.113)有

$$\frac{T_0^2}{T^2} = \frac{\rho_0}{\rho + \rho_0} \tag{4.114}$$

式中,T_0 和 T 为空管的自振周期和通入被测流体的自振周期。

由式(4.114)有

$$\rho = \frac{\rho_0}{T_0^2}(T^2 - T_0^2) \tag{4.115}$$

$$\rho = K_2 T^2 - K_0$$

式中,K_0 和 K_2 为系数,$K_0 = \rho_0$,$K_2 = \dfrac{\rho_0}{T_0^2}$。

式(4.115)为理论关系式。实际上振动管的振动周期与被测流体密度间的关系为

$$\rho = K_0 + K_1 T + K_2 T^2 \tag{4.116}$$

(2)振动管密度计的修正

通常振动管密度计都是在标准状态下进行标定的,仪表出厂时给出的系数 K_0,K_1 和 K_2 均对应标准状态。如果仪表使用时的温度、压力等条件不同于标定状态,则仪表示值需要加以修正。温度修正公式为

$$\rho_t = \rho[1 - K_4(t - 20) + K_5(t - 20)^2] \tag{4.117}$$

式中,ρ_t 和 ρ 为温度修正后的密度和未经修正的密度值;K_4,K_5 和 t 为温度系数和介质的温度。

压力修正公式为

$$\rho_p = \rho_t[1 + K_6(p - 1) + K_7(p - 1)^2] \tag{4.118}$$

式中,ρ_p 和 p 为经温度、压力修正的密度和介质的压力;K_6,K_7 和 ρ_t 为压力系数和经温度修正的密度。

4.4 主冷却剂流量测量

维持反应堆冷却剂回路中冷却剂的正常流量是保证反应堆功率输出和确保反应堆安全的一个重要条件。因此,流量测量系统必须保证当反应堆冷却剂流量低于整定值时,发出保护动作信号。此流量信号还用于反应堆热功率等的计算。

4.4.1 用弯管流量计测量

主冷却剂流量的测量是利用弯管流量计测量的。在反应堆每个环路中段弯管处设置三个差压变送器进行测量。在弯管外侧有一个共同的高压测口,在弯管内侧有三个低压测口,由弯管弯外和弯内的压差得出主冷却剂的流量,并向反应堆保护系统提供信息。

利用弯管流量计测量主冷却剂流量的方法和原理如图4.35所示。这种测量装置的基本功能是提供流量是否在减少的信息。这种流量测量方法有一个优点,就是不需要把任何部件插到冷却剂流道中。若流道中插入部件将会产生压降,结果或是降低了流量,或是需要增加泵的功率。由冷却剂流动的动力学效应可知,冷却剂流经弯管时,弯头外半径处的压力高于弯头内半径处的压力,因而产生了压差。其流量和压差之间的关系可用如下方程描述:

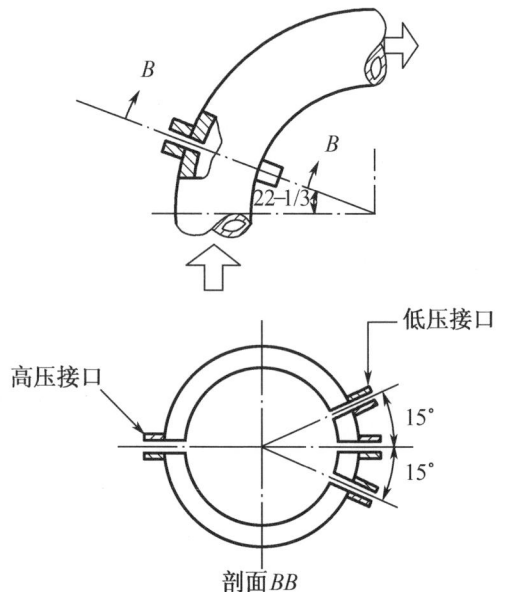

图4.35 弯管流量计测量示意图

$$\frac{\Delta P}{\Delta P_0} = \left(\frac{q}{q_0}\right)^2 \tag{4.119}$$

式中,ΔP_0 为与参考流量 q_0 相应的压差,ΔP 为与某个不同流量 q 相应的压差。

参考流量相应的压差 ΔP_0 是在电站最初启动时确定的值,然后沿此关联曲线外推,从而确定低流量保护整定点。

应用弯管流量计来测量冷却剂流量必须满足以下两个条件:①弯管流量计的上、下游必须是直管段,而且要求上游直管段不少于 $28D$,下游直管段至少长 $7D$(其中 D 为管的内径);②管内流体的雷诺数必须大于 5×10^4。

4.4.2 相关统计测量方法

随着大型核电站主管道的横截面越来越大,由于介质的流动形成分层的不均匀性,使弯管流量计的测量精度难以满足要求。为此,又出现了一种利用一回路冷却剂中活化了的 ^{16}N 来测量流量的方法,称为相关统计测流量法。一回路冷却剂中的 ^{16}O 在反应堆快中子的作用下变成了 ^{16}N,半衰期为 7.35 秒,它在衰变过程中放出能量为 6.13 MeV 和 7.10 MeV 的 γ 射线。因此,在反应堆出口的主管道上,在一段已知的距离安装两台具有相同灵敏度的 γ 探测器 A,B,如图 4.36 所示。下游探测器 B 的读数应小于上游探测器 A 的读数,这是由 ^{16}N 衰变所引起的,而其差值的大小与流量有关,即

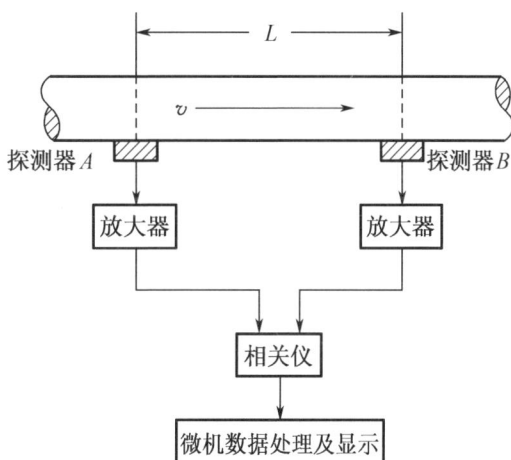

图 4.36 相关统计测量方法原理示意图

$$读数 A / 读数 B = e^{\tau(t_B - t_A)} \tag{4.120}$$

式中,t_A,t_B 分别为冷却剂从堆芯流到探测器 A,B 的时间;τ 为 ^{16}N 的半衰期,用相关法来确定 $(t_B - t_A)$,也就实现了对流量的测量。

有的核电站还利用与主泵轴相连的同步装置及辉光管数字显示的脉冲计数,非常准确地给出反应堆冷却剂主泵的转速,即代表了冷却剂流量。

4.5 流量测量仪表的校验与分度

除标准节流装置和标准毕托管以外的流量测量仪表,在出厂前大都需要用实验来求得仪表的流量系数,以确定仪表的流量刻度标尺,即进行流量计的分度。在使用中还需要定期校验,检查仪表的基本误差是否超过仪表准确度等级所允许的误差范围。标准节流装置的分度关系和误差,可按"流量测量节流装置国家标准"中的规定通过计算确定,但必须指出,"标准"中的流量系数等数据也是通过大量试验求得的。另外,在测量准确度要求很高时,还是要将成

套节流装置进行试验分度和校验。

在进行流量测量仪表的校验和分度时,瞬时流量的标准值是用标准砝码、标准容积和标准时间(频率)通过一套标准试验装置来得到的。所谓标准试验装置,也就是能调节流量并使之高度稳定在不同数值上的一套液体或气体循环系统。若能保持系统中流量稳定不变,则可通过准确测量某一段时间 $\Delta\tau$ 和这段时间内通过系统的流体总体积 ΔV 或总质量 Δm,由下式求得这时系统中的瞬时体积流量 q_V 或质量 q_m 流量的标准值:

$$q_V = \frac{\Delta V}{\Delta\tau} \quad 或 \quad q_m = \frac{\Delta m}{\Delta\tau}$$

将流量标准值与安装在系统中的被校仪表指示值对照,就能达到校验和分度被校流量计的目的。图 4.37 为水流量标定系统示意图,该系统用高位水槽来产生压头,并用溢流的方法保持压头恒定,以达到稳定流量的目的;用与切换机构同步的计时器来测定流体流入计量槽的时间 $\Delta\tau$,用标准容积计量槽(或用称重设备)测定 ΔV(或 Δm);被校流量计前后必须有足够长的直管段,流量调节由被校流量计后的阀门控制。系统所能达到的雷诺数受高位水槽高度的限制,为了达到更高的雷诺数,有些试验装置用泵和多级稳压罐代替高位溢流水槽作恒压水源。

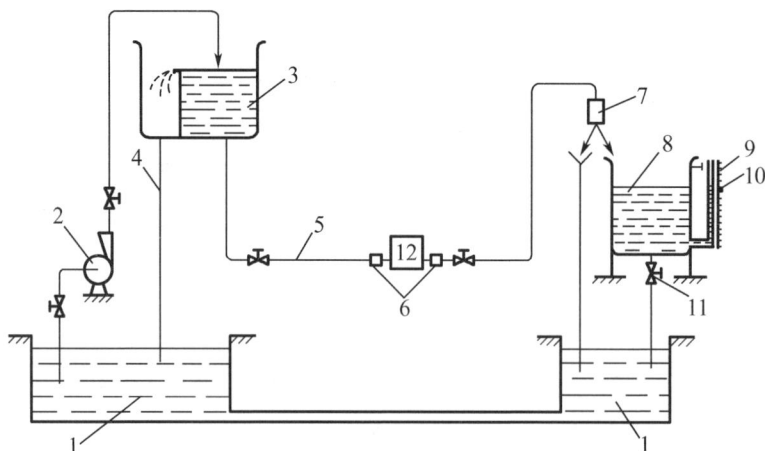

图 4.37 水流量标定系统

1—水池;2—循环泵;3—高位水槽;4—溢流管;5—直管段;6—活动接头;7—切换机构;
8—标准容积计量罐;9—液位标尺;10—游标;11—底阀;12—被标定的流量计

经过容积标定的基准体积管和高准确度的体积式流量计也经常作为流量测量仪表校验和分度的标准。由于它们便于移动和能够安装在生产工艺管道上,所以更适用于流量计的现场校验。基准体积管如图 4.38 所示,其原理是在一根等直径管段内壁的一定距离上设置两微动检测开关。

当直径稍大于管径的橡胶球在流体推动下通过前一开关时,发出一电脉冲去打开计数器的计数门,开始对时基脉冲计数;当橡胶球通过后一开关时发出一电脉冲,关闭计数器的计数门,停止计数,两电脉冲信号间所计的脉冲数代表时间 $\Delta\tau$。两开关之间的管段容积是经过准确地标定过的,即 ΔV 是确定的,因此测得 $\Delta\tau$ 就可求得瞬时体积流量 q_V。

基准体积管的两端有橡胶球投入和分离装置,使胶球能自动地从基准体积管前投入,从体积管后分离出来,连续循环于体积管中。

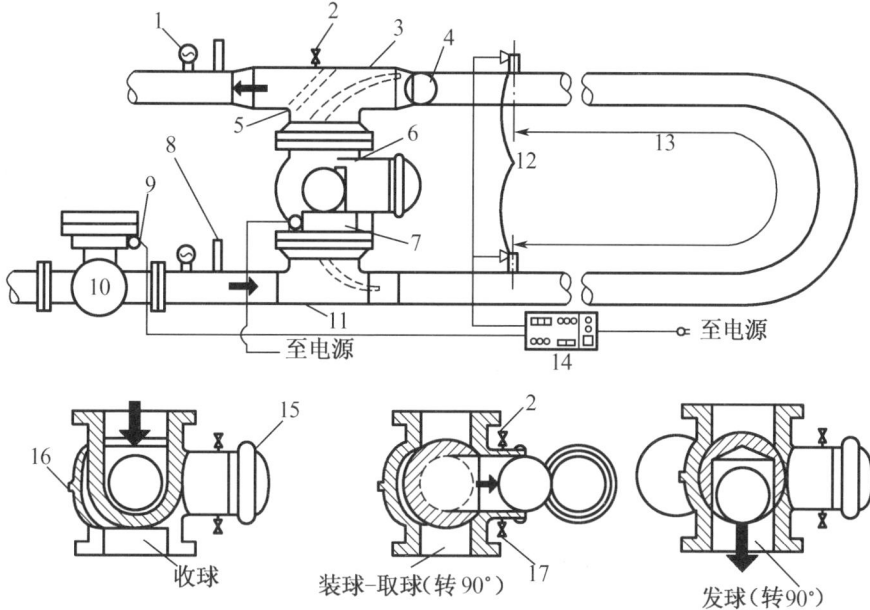

图4.38 典型的单向回球型基准体积管系统

1—压力计；2—排气阀；3—分离三通；4—球；5—拦球栓；6—控球阀；7—操作器；8—温度计；
9—脉冲发生器；10—流量计；11—发送三通；12—检测开关；13—基准体积管；
14—电子计数器；15—盲板；16—堵塞；17—排放阀

4.6 气液两相流流量测量

两相流是指固体、液体、气体三个相中的任何两个组合在一起,具有相间界面的流动体系,包括气固、气液、固液两相流,由于流动规律十分复杂,其流量测量要比单相流困难得多。迄今为止,尚未产生成熟的两相流流量仪表。本节仅就气液两相流的流量测量问题作一概述。

4.6.1 两相流基本性质

在能源、石油、化工和核工业等过程中,广泛存在两相流现象。两相流的流动形态和结构比单相流复杂得多。以垂直上升管中的气液两相流为例,其基本流动结构(又称为流型 Flow Pattern)有5种:泡状流(Bubbly Flow)、塞状流(Slug Flow)、乱流(Churn Flow)、乱 – 环状流(Churn – Annular Flow)和环状流(Annular Flow)。图4.39是这5种流动结构的示意图和这5种流动结构的演化过程。

气液两相流体在水平管中的流动结构比在垂直管中的复杂,其主要特点为所有流动结构都不是轴对称的,这主要是由于重力的影响使较重的液相偏向于沿管子下部流动造成的。

试验研究表明,气液两相流在水平管中流动时,其基本流动结构有六种:泡状流、长气泡流、塞状流、光滑分层流、波状分层流和环状流。图 4.40 是说明水平管道内空气 - 水常压下流动结构随气液流量变化的流型图。

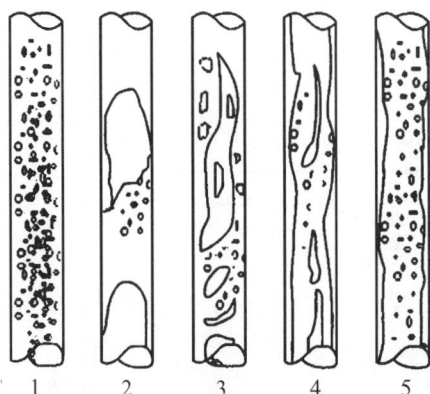

图 4.39　垂直上升气液两相流的流动结构
1—泡状流;2—塞状流;3—乱流;
4—乱 - 环状流;5—环状流动

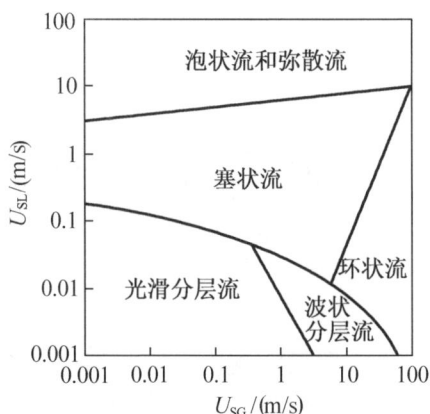

图 4.40　水平管内空气 - 水两相流流型
(0.1 MPa,24 ℃,管径 4.1 cm,
U_{SL},U_{SG} 为表观液体、气体流速)

要指出的是在流动过程中两相流的流动结构总是变化的,一般不存在像单相流那样的完全充分发展的流动。竖直管中上升低速泡状流经过一段时间演化后,最终要变为塞状流。而无论是水平或竖直塞状流,气弹总是在不断变长。

因此,两相流流动的流量测量是十分困难的,困难来源于以下几个方面:

(1)两相流动是时间非稳态和空间不均匀的,在流道的某一截面上各相的分布既完全不均匀又随时间剧烈变化,如塞状流,当气弹通过时,气体占据大部分流道截面,而液塞则是液体占据大部分截面,气弹、液塞以变化范围极大的频率交替通过某一流道截面。这使得绝大多数的体积式流量计、节流式流量计和速度式流量计不能用于这样间歇性流动的流量测量。

(2)相界面以某一速度传播,而这一传播速度与各相流量间的关系现在仍是两相流研究最困难的课题。如泡状流内小气泡相对液流的上浮、稠密气固两相流固体流态化的运动、波状分层流或环状流气液界面波动的传播、塞状流中气弹的传播等,因此由一般流道上下游两个传感器测量获得的速度是这样的传播速度,而不是各相混合物速度或者是各单相的流速。近年来发展起来的互相关法通过测量两相流动速度,来测量两相流流量的做法遇到极大的困难,因为测量所获得的是相界面传播速度而不是相流速。

(3)两相流流量测量要同时测量各相流量,所要测量的参数多,比如要同时测量两相混合物的流道截面的平均速度和各相体积或质量含量。而且像前面提到的众多流型,使流型判别参数也成为一个额外的要测量的量,这个量有可能是脉动压力值或者是脉动速度等。

由于以上困难,现有的两相流量测量的基本方法是针对稳态流动的,本节将主要讨论气(汽)液两相流流量测量方法。

4.6.2　与气液两相流量有关的基本参数

1. 速度

设气液两相流在一横截面积为 A 的管道中流动,在某一横截面上,i 相(i 为 G 表示气相,i 为 L 表示液相,下同)所占的面积为 A_i,在 A_i 的任意点 r 上,i 相的轴向速度为 v_{ir},它是 r 和时间 t 的函数,则 i 相在 A_i 上的平均轴向速度为

$$v_i = \frac{1}{A_i} \int_{A_i} v_{ir} \mathrm{d}A \tag{4.121}$$

通常,液相速度 v_L 和气相速度 v_G 并不相等,即气液两相之间存在相对运动。定义滑动比 s 来表示两相速度的差异,即

$$s = \frac{v_G}{v_L} \tag{4.122}$$

2. 体积流量和质量流量

根据速度和流量的关系,可得 i 相的体积流量 Q_i 和质量流量 G_i 分别为

$$Q_i = \int_{A_i} v_{ir} \mathrm{d}A = A_i v_i \tag{4.123}$$

$$G_i = \int_{A_i} \rho_i v_{ir} \mathrm{d}A \tag{4.124}$$

式中,ρ_i 为 i 相在 A_i 上的密度。

两相总的体积流量 Q 和质量流量 G 分别为

$$Q = Q_G + Q_L \tag{4.125}$$
$$G = G_G + G_L \tag{4.126}$$

一般对亚音速两相流,ρ_i 在 A_i 上完全可认为是常数,这时

$$q_{mi} = \rho_i \int_{A_i} v_{ir} \mathrm{d}A = \rho_i v_i A_i = \rho_i q_{Vi} \tag{4.127}$$

显然,以上各式中的 q_{Vi},q_V,q_{mi},q_m 都是瞬时流量。和单相流一样,可以在时间间隔 $\left[t - \frac{T}{2}, t + \frac{T}{2}\right]$ 内取平均,得到这段时间间隔内的平均流量为

$$\bar{q}_{Vi} = \frac{1}{T} \int_{i - \frac{T}{2}}^{i + \frac{T}{2}} q_{Vi} \mathrm{d}t \tag{4.128}$$

$$\bar{q}_{mi} = \frac{1}{T} \int_{i - \frac{T}{2}}^{i + \frac{T}{2}} q_{mi} \mathrm{d}t \tag{4.129}$$

3. 含气率

含气率是分析气液两相流流量时的重要参数,根据需要定义如下。

(1) 在管道内某一点 r 处的时间平均含气率 α_r

在时间间隔 $\left[t - \frac{T}{2}, t + \frac{T}{2}\right]$ 内,设气相流过点 r 的时间总和为 T_G,则定义

$$\alpha_r = \frac{T_G}{T} \tag{4.130}$$

α_r 可用针形点探头测量。

（2）截面平均含气率 α_A

$$\alpha_A = \frac{A_G}{A} \tag{4.131}$$

式中，A_G 为气相在 A 上所占面积的总和。

（3）体积含气率 α_Q

它定义为在某一体积内，气相体积所占的比例。α_Q 可用体积流量表示为

$$\alpha_Q = \frac{Q_G}{Q} \tag{4.132}$$

（4）质量含气率（干度）x

它定义为在一定质量内，气相质量所占的比例。x 可用质量流量表示为

$$x = \frac{G_G}{G} \tag{4.133}$$

以上几种含气率中，α_r 是时间平均值，其余都是空间平均值。

由式（4.127）、式（4.132）、式（4.133）可得 α_Q 和 x 的关系为

$$\alpha_Q = \frac{Q_G}{Q} = \frac{Q_G}{Q_G + Q_L} = \frac{1}{1 + \frac{Q_L}{Q_G}} = \frac{1}{1 + \frac{G_L \rho_G}{G_G \rho_L}} = \frac{\rho_L x}{\rho_L x + \rho_G (1 - x)} \tag{4.134}$$

由式（4.122）、式（4.123）、式（4.131）、式（4.132）可得 α_A 和 α_Q 的关系为

$$\alpha_A = \frac{\alpha_Q}{\alpha_Q + s(1 - \alpha_Q)} \tag{4.135}$$

由式（4.127）、式（4.132）、式（4.133）可得 α_A 和 x 的关系为

$$\alpha_A = \frac{\rho_L x}{\rho_L x + s \rho_G (1 - x)} \tag{4.136}$$

4.6.3 两相流流量测量的基本原理

为了得到分相流量 Q_G, Q_L, G_G, G_L，有以下几种方法。

（1）由于管横截面积 A 已知，所以可分别测得含气率 α_A 和两相速度 v_G, v_L，则可由 α_A 得到 A_G, A_L，然后按式（4.123）计算出 Q_G 和 Q_L，如果两相密度 ρ_G 和 ρ_L 可知，则又可由式（4.127）算出 G_G 和 G_L。

（2）由于总流量 G, Q 和分相流量 q_{mi}, q_{Vi} 以及含气率之间满足如下关系：

$$Q_G = \alpha_Q Q \tag{4.137}$$

$$Q_L = Q - Q_G \tag{4.138}$$

$$G_G = xG \tag{4.139}$$

$$G_L = G - G_G \tag{4.140}$$

故分相流量 q_{mi} 或 q_{Vi} 可通过测量 G, x 或 Q, α_Q 得到。

在某些特殊情况下，总流量是已知的，即它可以用单相流的测量技术精确测得，这时仅需

测量含气率 α_Q 或 x 即可。

为了得到总流量和含气率,可采用如下方法:以质量流量为例,用两种不同的流量仪表分别对两相流进行测量,仪表示值分别为 S_1 和 S_2,它们都是 G 和 x 的函数:

$$S_1 = f_1(G,x) \tag{4.141}$$

$$S_2 = f_2(G,x) \tag{4.142}$$

两式联立,即可解出 G 和 x。

要通过实验标定或严格的理论分析确定式(4.141)和式(4.142)的函数关系往往是非常困难的,最常用的方法是在对两相流动进行某些假设的基础上通过理论分析得到可用的函数关系。但当实际流动状况与假设相差较大时,便会带来很大的误差。

4.6.4 几种用于两相流流量测量的仪表

两相流流量测量目前仍在发展中,流量的测量方法主要是直接测量与两相流体流量有关的一些参数,从而确定各项流量的数值。在各种测量流量的仪表中,通常都用到截面含气率 α_A 或干度 x。

目前,测量两相流流量最成熟的方法是用 γ 射线仪。在下面的讨论中,假定 α_A 已由 γ 射线仪测得,而在气液两相间无相对运动时,α_A 与 x 的关系为

$$\alpha_A = \frac{\rho_L x}{\rho_L x + \rho_G(1-x)} \tag{4.143}$$

1. 靶式流量计

靶式流量计用于单相流流量测量,技术已较成熟,但用于两相流,其特性尚未完全清楚。一般认为,作用在靶上的总力 F 由两部分构成,一部分是气相的作用力,一部分是液相的作用力。按照与单相流体相似的作用原理,F 可表示为

$$F = \frac{K_G}{2}\alpha_A \rho_G v_G^2 A_0 + \frac{K_L}{2}(1-\alpha_A)\rho_L v_L^2 A_0 \tag{4.144}$$

式中,A_0 为靶的面积;K_G 和 K_L 为气相和液相的阻力系数。

由式(4.127)、式(4.131)和式(4.133)可得

$$v_G = \frac{G_G}{\alpha_A A \rho_G} = \frac{xG}{\alpha_A A \rho_G}$$

$$v_L = \frac{G_L}{(1-\alpha_A)A\rho_L} = \frac{(1-x)G}{(1-\alpha_A)A\rho_L}$$

代入式(4.144)可得

$$F = \frac{K_G}{2}\alpha_A \rho_G A_0 \frac{x^2 G^2}{\alpha_A^2 A^2 \rho_G^2} + \frac{K_L}{2}(1-\alpha_A)\rho_L A_0 \frac{(1-x)^2 G^2}{(1-\alpha_A)^2 A^2 \rho_L^2}$$

$$= \frac{A_0 G^2}{2A}\left[\frac{K_G x^2}{\alpha_A \rho_G} + \frac{K_L(1-x)^2}{(1-\alpha_A)\rho_L}\right] \tag{4.145}$$

若 $K_G = K_L$,则

$$F = \frac{A_0 K G^2}{2A^2}\left[\frac{x^2}{\alpha_A \rho_G} + \frac{(1-x)^2}{(1-\alpha_A)\rho_L}\right] \tag{4.146}$$

可见,力 F 与未知参数 G, x, α_A 有关,如 α_A 已由 γ 射线仪测得,则在式(4.145)、式(4.146)中只有 G, x 未知。

进一步假定滑动比 $s = 1$,则可由 α_A 按式(4.143)算出 x。此时,可得到力 F 的很简洁的表达式:

$$F = \frac{A_0 K G^2}{2 A^2 \rho} \qquad (4.147)$$

$$G = A \sqrt{\frac{2 \rho F}{K A_0}} \qquad (4.148)$$

式中,ρ 为两相流混合密度,且

$$\rho = \alpha_A \rho_G + (1 - \alpha_A) \rho_L \qquad (4.149)$$

于是,用 γ 射线仪和靶式流量计组合,即可测得分相流量 G_G, G_L。

应当注意,式(4.148)是在 $K_G = K_L = K$ 和 $s = 1$ 的假定下得出的,如实际情况与此不符,将产生测量误差。流体在管道截面上动量分布的不均匀性也会产生测量误差。与单相流一样,采用圆盘形靶时,有些动量较高的区域可能处于靶之外,使测量值低于实际值。为了尽量避免这种情况,一般多采用如图4.41所示的带孔圆板形靶和圆形筛网状靶。

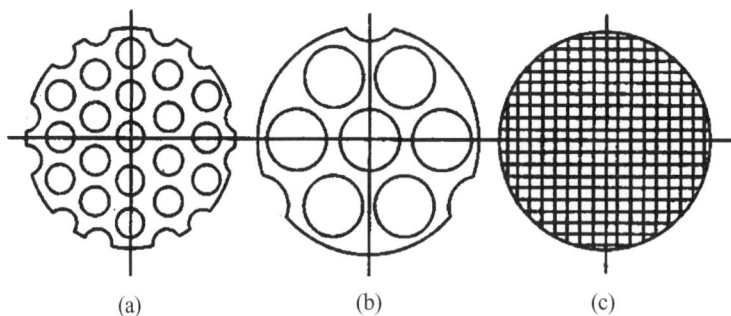

图 4.41 靶的形状

(a)小孔圆板形;(b)大孔圆板形;(d)筛网形

Anderson 等人曾用各种靶进行实验,靶的结构参数见表4.5。

表 4.5 各种靶的结构参数

靶	流通面积比	比例系数 K	靶	流通面积比	比例系数 K
圆盘形	0.89	—	小孔(孔径1.19 cm)圆盘形	0.67	1.65 ~ 1.75
筛网形	0.81	—	大孔(孔径2.13 cm)圆盘形	0.77	1.42 ~ 1.62

表4.5中,流通面积比 $= \dfrac{A - A_0}{A}$;比例系数 K 采用单相水时的系数 $K = \dfrac{\dfrac{A}{A_0}}{\dfrac{1}{2} \rho_L v_L^2}$,并由实验确定。

实验结果表明,采用大孔圆板形靶最好,误差为 6.8%;采用圆盘形靶最差,误差达 32%。

2. 涡轮流量计

涡轮流量计测量的是流体的速度,用于两相流时,其测得的速度 v_t 与气相速度 v_G 和液相速度 v_L 的关系尚不清楚,有如下三种表示 v_t,v_G 和 v_L 关系的模型。

(1)体积模型

$$v_t = \alpha_A v_G + (1 - \alpha_A) v_L \tag{4.150}$$

该模型是按照体积平衡关系得出的,即把 v_t 看成是总体积流量 Q 和管道横截面积 A 之比。

(2)Aya 模型

$$C_G \rho_G \alpha_A (v_G - v_t)^2 = C_L \rho_L (1 - \alpha_A)(v_t - v_L)^2 \tag{4.151}$$

(3)Rouhani 模型

$$C_G x (v_G - v_t) = C_L (1 - x)(v_t - v_L) \tag{4.152}$$

在式(4.151)和式(4.152)中,C_G,C_L 分别为涡轮流量计涡轮组件对气相和液相的阻力系数。Aya 模型和 Rouhani 模型都是在动量平衡的假定下得出的,二者实际上并无区别。

把 $v_G = \dfrac{G_G}{\alpha_A A \rho_G} = \dfrac{xG}{\alpha_A A \rho_G}$ 和 $v_L = \dfrac{(1 - x)G}{(1 - \alpha_A) A \rho_L}$ 代入式(4.150)、式(4.151)和式(4.152)得到上述三个模型测量值 v_t 和 G,x 的关系式为

$$v_t = \frac{xG}{\rho_G A} + \frac{(1 - x)G}{\rho_L A} \tag{4.153}$$

$$C_G \rho_G \alpha_A \left(\frac{xG}{\rho_G \alpha_A A} - v_t \right)^2 = C_L (1 - \alpha_A) \rho_L \left[v_t - \frac{(1 - x)G}{\rho_L (1 - \alpha_A) A} \right]^2 \tag{4.154}$$

$$C_G x \left(\frac{xG}{\rho_G \alpha_A A} - v_t \right) = C_L (1 - x) \left[v_t - \frac{(1 - x)G}{\rho_L (1 - \alpha_A) A} \right] \tag{4.155}$$

上述三种模型都是在作了某些理想化的假设后得到的,其测量误差取决于实际的流动状况。水平管道上的实验表明,当 $v_G < v_L$ 时,用体积模型较好;而在 $v_G > v_L$ 时,用 Aya 模型或 Rouhani 模型较好。

涡轮流量计可与 γ 射线仪和靶式流量计组合进行流量测量。例如,用一台涡轮流量计,按式(4.155)所表示的 Rouhani 模型可得(为了简单,取 $C_G = C_L = 1$)

$$v_t = \frac{G}{A} \left[\frac{x^2}{\rho_G \alpha_A} + \frac{(1 - x)^2}{\rho_L (1 - \alpha_A)} \right] \tag{4.156}$$

用一台靶式流量计得式(4.146)、式(4.146)和式(4.156)都是 G,x,α_A 的函数,如果 α_A 可由 γ 射线仪测得,则将两式联立,可得

$$G = \frac{2AF}{A_0 K v_t} \tag{4.157}$$

$$\frac{x^2}{\rho_G \alpha_A} + \frac{(1 - x)^2}{\rho_L (1 - \alpha_A)} = \frac{A_0 K v_t^2}{2F} \tag{4.158}$$

于是,由涡轮流量计的读数 v_t 和靶式流量计的读数 F 可算得 G 和 x,从而得到分相质量流量。

应用涡轮流量计需要进一步解决两相流流型、流体的黏度、流速的分布等对测量的影响,找到一种能包括更多影响因素的模型更精确地逼近实际情况。

3. 毕托管

目前,把毕托管用于两相流测量有两种处理方法。

(1)假定流动是均相的,即认为两相流混合得很好。这相当于把两相流体看作一种单相流体,然后根据实际的流动状况,对测量结果加以修正。

在上述假定下,毕托管测得的动压 Δp 与流速 v 和密度 ρ 之间的关系同单相流时一样,即

$$v = K \sqrt{\frac{2}{\rho} \Delta p} \tag{4.159}$$

式中,K 为由实验确定的系数;ρ 为两相流混合密度。

总质量流量可表示为

$$G = \rho v A = KA \sqrt{2\rho \Delta p} \tag{4.160}$$

由于两相流在管道截面上的速度分布很复杂,影响因素又很多,故实际测量中毕托管的安装位置以及在小管径管道中毕托管直径的大小都将给结果带来较大的影响。

为了真实地反映流体的速度分布,在条件许可时,可用几支毕托管置于管道截面的不同位置,对所得的结果加以平均。特别是在流动状况与均相流动差别很大时,这样做更有意义。为了得到更精确的结果,还可以用多支毕托管和多束 γ 射线仪测量速度分布和 α_A,并用计算机处理数据。

式(4.159)也可以表示成 Δp 和 G,x 的关系,即

$$\Delta p = \frac{G^2}{2K^2 A^2} \left(\frac{x}{\rho_G} + \frac{1-x}{\rho_L} \right) \tag{4.161}$$

结果表明在已知 G 的情况下,用单支毕托管按上式进行的测量误差很大,如用多支毕托管,结果将会好一些。

(2)认为作用于毕托管探头上的力是气液两相作用力的和,其数学表达式为

$$A' \Delta p = \beta_1 \frac{\rho_G v_G^2}{2} A'_G + \beta_2 \frac{\rho_L v_L^2}{2} A'_L \tag{4.162}$$

式中,A' 为全压孔面积;A'_G,A'_L 为在 A' 上气相和液相所占的面积;β_1,β_2 为通过实验确定的系数。

将 $A' = A'_G + A'_L$ 代入上式,并考虑到 $\alpha_A = \dfrac{A_G}{A} = \dfrac{A'_G}{A},1 - \alpha_A = \dfrac{A_L}{A} = \dfrac{A'_L}{A'}$,可得

$$\Delta p = \beta_1 \frac{\rho_G v_G^2}{2} \alpha_A + \beta_2 \frac{\rho_L v_L^2}{2} (1 - \alpha_A) \tag{4.163}$$

假定两相间无相对运动,即 $v_G = v_L = v$。

实验表明,在 $\alpha_A < 0.7$ 时,气相成离散的小气泡分布在连续的液相中,此时 $\beta_1 = \beta_2 = 1$,于是

$$v = \sqrt{\frac{2\Delta p}{\rho_G \alpha_A + \rho_L (1 - \alpha_A)}} \tag{4.164}$$

在 $\alpha_A > 0.7$ 时,液相成离散液滴分布在气相中,此时 $\beta_1 = 1,\beta_2 = 2$,于是

$$v = \sqrt{\frac{2\Delta p}{\rho_G \alpha_A + 2\rho_L (1 - \alpha_A)}} \tag{4.165}$$

在 α_A 已用 γ 射线仪测得的前提下,由毕托管测得 Δp,即可得到 $v(v_G = v_L = v)$,再由

$$G_G = \rho_G A_G v_G = \alpha_A A \rho_G v \tag{4.166}$$

$$G_L = \rho_L A_L v_L = (1 - \alpha_A) A \rho_L v \tag{4.167}$$

即可得到分相质量流量 G_G, G_L。为了减小速度分布对测量结果的影响,最好采用多支毕托管。Fincke 曾用一种如图 4.42 所示的梳形毕托管和 γ 射线仪组合测量 G_G 和 G_L,按上述方法处理数据,结果表明误差不大。

要指出的是,用靶式流量计或是毕托管测量两相流量,都要假定 $v_G = v_L = v$,也就是 $s = 1$,即气(汽)液两相间无滑移。这只有两相密度相差不大,如气体为高压湿蒸汽,且两相混合物流速较高时或者是液流速度很高时,才是这样的流动。此时两相流近似于均相流动,性质与单相流相近。

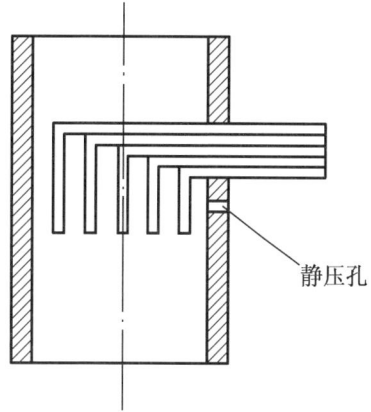

静压孔

图 4.42　梳形毕托管

4. 孔板

孔板用于单相流体已经标准化,但用于两相流体时,孔板两侧压差 Δp 和 G, x 间的关系尚不清楚。近 30 年来,许多人在这方面进行了大量的实验研究工作,提出了许多确定 Δp 和 G, x 三者关系的模型。这些模型主要有如下三种。

(1)均相流动模型

把两相流看成是均相流动,并忽略孔板中重力和摩擦力,且假定流体流经孔板时不发生相变,在这些条件下,结果与单相流时相似,得

$$\Delta p = \frac{G^2}{2\alpha_t^2 \varepsilon_t^2 A_0^2 \rho} \tag{4.168}$$

式中,α_t 为两相流流经孔板时的流量系数;ε_t 为两相流体膨胀系数;A_0 为孔板的开孔面积;ρ 为两相流混合密度,见式(4.149)。

把式(4.143)代入式(4.149)可得

$$\rho = \frac{1}{\dfrac{x}{\rho_G} + \dfrac{1 - x}{\rho_L}} \tag{4.169}$$

再将式(4.169)带入式(4.168)即可把 Δp 表示为 G 和 x 的函数,此关系式与其他仪表组合,可用来确定 G 和 x。

在两相流测量中,常在 G 已知的情况下用孔板测量 x。此时,假定流量为 G 的单相水,$\Delta p = \Delta p_{L0}$,可由单相流的孔板计算式算出

$$\Delta p_{L0} = \frac{G^2}{2\alpha_{tL}^2 A_0^2 \rho_L} \tag{4.170}$$

式中,α_{tL} 为水流过孔板时的流量系数。

式(4.168)与式(4.170)相除,即得到所谓孔板的全液相折算系数 Φ_{L0}^2,考虑到式(4.169),有

$$\Phi_{L0}^2 = \frac{\Delta p}{\Delta p_{L0}} = \frac{\alpha_{tL}^2}{\alpha_t^2 \varepsilon_t^2} \rho_L \left(\frac{x}{\rho_G} + \frac{1 - x}{\rho_L} \right) \tag{4.171}$$

若取 $\alpha_{tL} = \alpha_t, \varepsilon_t = 1$ 则

$$\Phi_{L0}^2 = \rho_L \left(\frac{x}{\rho_G} + \frac{1-x}{\rho_L} \right) \qquad (4.172)$$

令

$$\Psi_{L0} = \frac{\Phi_{L0}^2 - 1}{\frac{\rho_L}{\rho_G} - 1} \qquad (4.173)$$

将式(4.172)代入式(4.173)可得

$$\Psi_{L0} = x \qquad (4.174)$$

上述模型，经实验证实误差很大，故在此基础上又有许多修正模型出现，如用 $\Psi_{L0} = x^n$ 代替式(4.174)(实验表明，n 取 1.5 较好)或在式(4.168)左端乘以一个系数等。

（2）动量流动模型

忽略流体通过孔板时的重力及其摩擦力，根据两相流的动量平衡，得 Δp 和 G, x 的关系为

$$\Delta p = \frac{G^2}{2\alpha_t^2 \varepsilon_t^2 A_0^2} \left[\frac{x^2}{\alpha_A \rho_G} + \frac{(1-x)^2}{(1-\alpha_A)\rho_L} \right] \qquad (4.175)$$

在已知 G 的情况下，使式(4.168)和式(4.170)相除，得

$$\Phi_{L0}^2 = \frac{\Delta p}{\Delta p_{L0}} = \frac{\alpha_{tL}^2}{\alpha_t^2 \varepsilon_t^2} \rho_L \left[\frac{x^2}{\alpha_A \rho_G} + \frac{(1-x)^2}{(1-\alpha_A)\rho_L} \right] \qquad (4.176)$$

若取 $\alpha_{tL} = \alpha_t, \varepsilon_t = 1$，则

$$\Phi_{L0}^2 = \rho_L \left[\frac{x^2}{\alpha_A \rho_G} + \frac{(1-x)^2}{(1-\alpha_A)\rho_L} \right] \qquad (4.177)$$

如 α_A 已由 γ 射线仪测得，则可用上式计算 x。

上述分析均采用全液相折算系数 $\Phi_{L0}^2 = \dfrac{\Delta p}{\Delta p_{L0}}$，也可用分液相折算系数 $\Phi_L^2 = \dfrac{\Delta p}{\Delta P_L}$ (ΔP_L 为流量为 G_L 的单相水流过孔板时产生的压差)或分气相折算系数 $\Phi_G^2 = \dfrac{\Delta p}{\Delta P_G}$ (Δp_G 是流量为 G_G 的单相气流过孔板时产生的压差)。

根据 Δp_L 和 Δp_G 的定义，有

$$\Delta p_L = \frac{G_L^2}{2\alpha_{tL}^2 A_0^2 \rho_L} = \frac{G^2 (1-x)^2}{2\alpha_{tL}^2 A_0^2 \rho_L} \qquad (4.178)$$

$$\Delta p_G = \frac{G_G^2}{2\alpha_{tG}^2 A_G^2 \varepsilon_G^2 \rho_G} = \frac{G^2 x^2}{2\alpha_{tG}^2 \varepsilon_G^2 A_G^2 \rho_G} \qquad (4.179)$$

式中，α_{tG} 为气相流过孔板时的流量系数；ε_G 为气体膨胀系数。

由式(4.175)和式(4.178)可得分液相折算系数为

$$\Phi_L^2 = \frac{\Delta p}{\Delta p_L} = \frac{\alpha_{tL}^2}{(1-x)^2 \alpha_t^2 \varepsilon_t^2} \rho_L \left[\frac{x^2}{\alpha_A \rho_G} + \frac{(1-x)^2}{(1-\alpha_A)\rho_L} \right] \qquad (4.180)$$

取 $\alpha_{tL} = \alpha_t, \varepsilon_t = 1$，则

$$\Phi_L^2 = \frac{1}{(1-x)^2} \left[\frac{x^2 \rho_L}{\alpha_A \rho_G} + \frac{(1-x)^2}{1-\alpha_A} \right] \qquad (4.181)$$

记参数

$$X^2 = \frac{\Delta p_L}{\Delta p_G} = \left(\frac{1-x}{x}\right)^2 \frac{\rho_G}{\rho_L}\left(\frac{\alpha_{tG}\varepsilon_G}{\alpha_{tL}}\right)^2 \tag{4.182}$$

若取 $\alpha_{tG}\varepsilon_G = \alpha_{tL}$，则

$$X^2 = \left(\frac{1-x}{x}\right)^2 \frac{\rho_G}{\rho_L} \tag{4.183}$$

由式(4.136)得

$$\alpha_A = \frac{\rho_L x}{\rho_L x + s\rho_G(1-x)} = \frac{1}{1 + s\frac{1-x}{x}\frac{\rho_G}{\rho_L}} = \frac{1}{1 + sX^2\left(\frac{x}{1-x}\right)} \tag{4.184}$$

将其代入式(4.181)，可得

$$\Phi_L^2 = \frac{\Delta p}{\Delta p_L} = 1 + \frac{c}{X} + \frac{1}{X^2} \tag{4.185}$$

其中

$$c = \frac{1}{s}\left(\frac{\rho_L}{\rho_G}\right)^{\frac{1}{2}} + s\left(\frac{\rho_G}{\rho_L}\right)^{\frac{1}{2}} \tag{4.186}$$

如取 $s = 1$，则

$$c = \left(\frac{\rho_L}{\rho_G}\right)^{\frac{1}{2}} + \left(\frac{\rho_G}{\rho_L}\right)^{\frac{1}{2}} \tag{4.187}$$

式(4.183)和式(4.185)即为应用很广的奇泽姆(Chisholm)公式。

由式(4.183)、式(4.187)、式(4.178)可知，方程式(4.185)的右边仅是 x 的函数，而左边是 G,x 的函数，如已知 G，即可求出 x。

同样，亦可得到如下式所表示的分气相折算系数：

$$\Phi_G^2 = \frac{\Delta p}{\Delta p_G} = X^2 + cX + 1 \tag{4.188}$$

(3)能量流动模型

在两相流流经孔板时，如仅考虑加速压降，则可由能量平衡得到 Δp 和 G,x 的关系，即

$$\Delta p = \frac{G^2}{2\alpha_t^2\varepsilon_t^2 A_0^2}\rho\left[\frac{x^3}{\alpha_A^2\rho_G^2} + \frac{(1-x)^3}{(1-\alpha_A)^2\rho_L^2}\right] \tag{4.189}$$

式中，ρ 为两相流混合密度，如式(4.149)或式(4.169)所示。将式(4.169)代入式(4.189)得

$$\Delta p = \frac{G^2}{2\alpha_t^2\varepsilon_t^2 A_0^2}\left[\frac{x^3}{\alpha_A^2\rho_G^2} + \frac{(1-x)^3}{(1-\alpha_A)^2\rho_L^2}\right]\frac{1}{\dfrac{x}{\rho_G} + \dfrac{1-x}{\rho_L}} \tag{4.190}$$

再使式(4.190)与式(4.170)相除，得全液相折算系数为

$$\phi_{L0}^2 = \frac{\Delta p}{\Delta p_{L0}} = \frac{\alpha_{tL}^2}{\alpha_t^2\varepsilon_t^2}\frac{\dfrac{\rho_L^2 x^3}{\rho_G^2\alpha_A^2} + \dfrac{(1-x)^3}{(1-\alpha_A)^2}}{\dfrac{\rho_L}{\rho_G}x + (1-x)} \tag{4.191}$$

若取 $\alpha_{tL} = \alpha_t, \varepsilon_t = 1$，则

$$\phi_{L0}^2 = \frac{\dfrac{\rho_L^2 x^3}{\rho_G^2 \alpha_A^2} + \dfrac{(1-x)^3}{(1-\alpha_A)^2}}{\dfrac{\rho_L}{\rho_G} x + (1-x)} \tag{4.192}$$

以上讨论的几种测量仪表在实际中往往组合使用，以取得更多的数据分析比较。例如，把 γ 射线仪、靶式流量计、涡轮流量计、热电偶、压力表等组合在一起。这种组合可包括毕托管、孔板等。Aya 曾用上述组合测量两相流的流量 G、干度 x 和滑动比 s。也有人曾在涡轮流量计的上游和下游各装一台靶式流量计，对两台靶式流量计的信号进行相关分析以得到流体的速度，再与涡轮流量计测得的速度信号加以比较，以便得到更合理的结果。

在多种仪表组合使用时，需要考虑仪表之间的干扰。安装在上游的传感器对流体的扰动会影响下游传感器的正常工作。这种干扰在把涡轮流量计装在靶式流量计上游时特别严重。

思考题与习题

4-1 简述目前国际上规定的标准节流件有哪几种？

4-2 简述标准节流装置的组成环节及其作用。对流量测量系统的安装有哪些要求？为什么要保证测量管路在节流装置前后有一定的直管段长度？

4-3 试述节流式差压流量计的工作原理。

4-4 如何选择节流装置节流件的形式？选择时要考虑哪些因素，为什么？

4-5 说明用标准节流装置测量液体、蒸汽和气体流量时，其信号管道的敷设特点。在什么情况下使用平衡容器、集气器、沉降器、隔离器等，为什么？

4-6 简述涡轮流量计组成及工作原理。某一涡轮流量计的仪表常数为 150.4 脉冲/L，当它在测量流量时的输出频率 $f = 400$ Hz 时，其相应的瞬时流量是多少？

4-7 浮子式流量计与差压式流量计测量原理有何不同？

4-8 说明电磁流量计的工作原理，这类流量计在使用中有何要求？

4-9 涡街流量计的检测原理是什么？常见的涡街发生体有哪几种？

4-10 涡街流量计为什么有最低雷诺数的限制？

4-11 用某转子流量计测量二氧化碳气的流量，测量时被测气体的温度是 40 ℃，压力是 0.05 MPa（表压）。如果流量计读数为 120 m^2/h，问二氧化碳气的实际流量是多少？已知标定仪表时绝对压力 $p_1 = 0.1$ MPa，温度 $t_1 = 20$ ℃。

4-12 如图所示，已知：

(1)被测介质名称 锅炉给水；

(2)被测介质温度 $t = 215$ ℃；

(3)被测介质压力 $P = 1.342 \times 10^7$ Pa；

(4)管内径(20 ℃下实测值) $D_{20} = 150$ mm；

(5)管道材料 20#新无缝钢管；

(6)节流件形式 标准孔板(角接取压)；

(7)节流件材料 1Cr18Ni9Ti；

（8）节流件孔径(20 ℃下实测值) $d'_{20} = 95.59$ mm；

（9）差压计形式 U 形管差压计；

（10）差压值 $\Delta P = 945$ mmHg；

（11）管道系统。

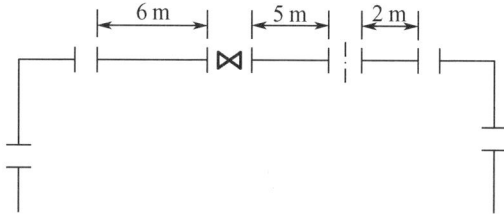

题 4 – 11 图

求：工作时的流量 q_m(kg/h)。

4 – 13 简述超声波流量计的工作原理。

4 – 14 简述两相流流量测量的基本原理。

4 – 15 列举几种常用的两相流流量测量仪表及测量原理。

4 – 16 简述哥氏力质量流量计测量原理。

第5章 液位测量

液位作为一个过程参数,它的高低也能够反映核动力装置的运行状态,如反应堆压力容器的液位和稳压器、蒸汽发生器等的液位直接反映了核动力系统的运行工况。

液位测量方法很多,而且还在不断发展,但是无论是哪一种测量方法,常常都可以归结为测量某些物理参数,如测量长度(高度)、压力(压差)、电容、射线强度和声阻,等等。常用的液位测量仪表主要有以下几种:

(1)直读式液位测量仪表。它可以直接用与被测容器连通的玻璃管或玻璃板显示容器中的液位高度,它是最原始但仍应用较多的液位测量仪表。

(2)浮子式液位测量仪表。这是一种利用浮子较所测液体密度稍小的原理,使浮子漂在液面上并随液面的升高或下降来反映液位的仪器。它也是一种应用最早并且应用范围很广的液位测量仪表。

(3)静压式液位测量仪表。它是利用液柱高度对某定点产生压力,测量该点压力或测量该点与另一参考点的压差而间接测量液位的仪表。

(4)电气式液位测量仪表。它是将液位的变化转换为某些电量的变化进行间接测量的液位仪表,如电容式、电感式和电阻式液位计等。

(5)超声波式液位测量仪表。

(6)核辐射式液位测量仪表。

此外,还有光学式、称重式、重锤式、旋转翼板式等液位测量仪表。由于核工程中存在辐射损伤、密封和腐蚀等问题,因此液位检测仪表基本局限于以下几种:①静压式液位测量仪表;②电气式液位测量仪表;③超声波式液位测量仪表。本章将对这些液位测量仪表进行详细介绍。

5.1 静压式液位计

5.1.1 压力式液位计

液体在容器中具有一定高度,将对其底部或侧面某点产生一定的压力。液位越高,对某点的压力就越大,所以只要测出某点的压力,便可确定液位的高度。把液位测量转化为压力或压差的测量,这就使液位测量大为简化,例如可以用高精度压力表、单管压力计以及单元组合仪表中的差压变送器等测量液位。

图5.1是用压力表测量容器中液体液位的测量系统。这时压力表的读数应为

$$p = \gamma H + \gamma h \tag{5.1}$$

式中,γ 为液体的重度。由于压力表安装的位置固定,所以 h 是常数。一般认为在测量时液体

的重度不变,所以仪表的刻度方程为

$$p = \gamma H + C \tag{5.2}$$

式中,$C = \gamma h$,C 为常数。

对于与大气相通的敞口容器,可以把压力表安装在液位最低处,如图 5.2 所示。

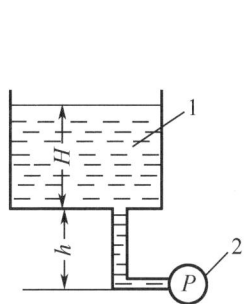

图 5.1 用引压管式
液位计测量液位
1—被测液体;2—压力表

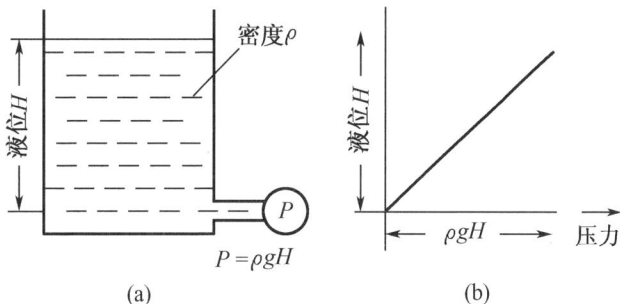

图 5.2 敞口容器用压力表测量液位的系统
(a)用压力表测量液位;(b)压力与液位的关系

如图 5.3 所示,把一根导管插入到敞口容器的下部,压缩空气经过滤器、空气滤清器和节流元件最后从导管下端敞口逸出。根据液位不同的情况,将压缩空气的压力调到 P_1 后,经节流元件降到 P_2,当压缩空气从导管下端以气泡的形式流出时,导管内的压力几乎与液封静压相等。因此,差压变送器所指示的压力值(差压变送器的一侧通大气)即反映出液位高度。一般情况下,当液位上升或下降时,液封压力也随之升高或下降,以致使从导管下部逸出的气量也随之变化,但当 P_2/P_1 小于临界压力

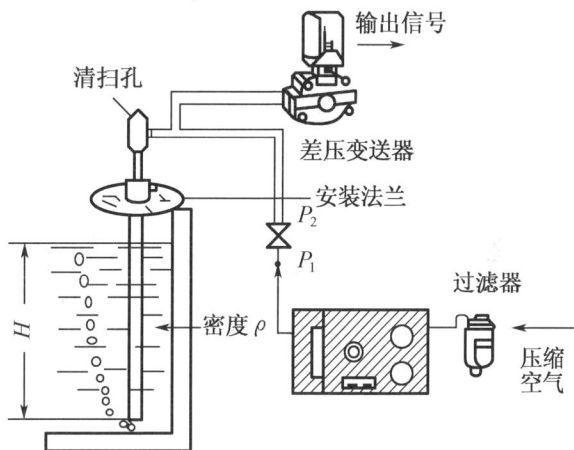

图 5.3 吹气式液位计系统

比时,流经节流元件的空气流量达到最大值,亦即空气流速达到该状态下的音速,且流量恒定。空气及双原子气体的临界压力比为 $P_2/P_1 = 0.528$,选择适当的节流元件,尽可能保持压力 P_1 不变,并满足 $P_2 \leq 0.528P_1$ 的条件,则空气流量恒定不变。

这种吹气式液位计结构简单,对腐蚀性较强或沉淀较严重的液体特别适用。

5.1.2 差压式液位计

利用静压差原理的液位计,也是根据液柱的静压力与液位高度成正比的关系进行工作的。

如图5.4所示,差压变送器的高压室与容器下部取压点相连,低压室与液面以上空间(此处与大气相通)相连。差压变送器高压室的位置较最低液位低h_1,并较容器底低h_2,需要测量的液位范围为H。

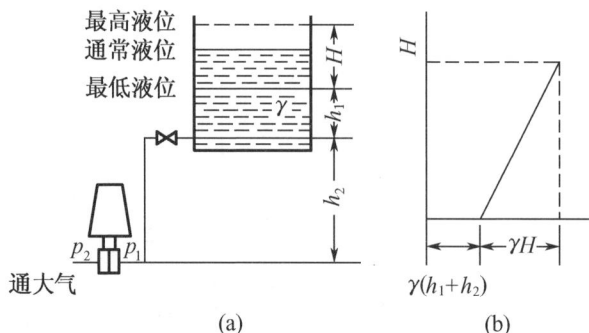

图5.4 敞口容器液位检测的原理

(a)差压液位计装置系统;(b)差压Δp与液位高度H的关系

这时差压变送器高、低压室的压力分别为
$$p_1 = H\gamma + (h_1 + h_2)\gamma$$
$$p_2 = 0$$
两室的压差为
$$\Delta p = p_1 - p_2 = H\gamma + (h_1 + h_2)\gamma - 0 = H\gamma + Z_0 \tag{5.3}$$
式中,γ为容器内液体的重度;Z_0为零点迁移量,$Z_0 = (h_1 + h_2)\gamma$。

从式(5.3)可以看出,由于Z_0的存在,使$H - \Delta p$关系曲线向Δp的正方向移动了Z_0的位置,如图5.4(b)所示。因此,当液位H等于零时,气动差压变送器仍有与Z_0相对应的气压信号输出。应使变送器不受Z_0的影响,即当$H = 0$时,输出气压为$1.861\,33 \times 10^4$ N/m²;最高位时为$9.806\,65 \times 10^4$ N/m²。在这种情况下要进行正迁移,零点迁移量为$Z_0 = (h_1 + h_2)\gamma$。零点迁移是靠调整变送器内部迁移弹簧来实现的。

如图5.5所示,将差压变送器高、低压室分别与容器下部和上部的取压点相连通。如果被测液体的重度为γ_1,则作用于变送器高、低压室的差压为$\Delta p = H\gamma_1$。

在实际应用中,为了防止容器内液体和气体进入变送器的取压室造成管路堵塞或腐蚀,以及为了保持低压室的液柱高度恒定,在变送器的高、低压室与取压点之间分别装有隔离罐,如图5.6所示,在隔离罐内充满隔离液γ_2,通常$\gamma_2 \gg \gamma_1$。这时高、低压室的压力分别为

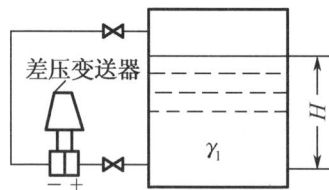

图5.5 差压变送器液位测量原理

$$p_1 = h_1\gamma_2 + H\gamma_1 + p, \quad p_2 = h_2\gamma_2 + p$$
高、低压室的压差为
$$\Delta p = p_1 - p_2 = H\gamma_1 + h_1\gamma_2 - h_2\gamma_2 = H\gamma_1 - C \tag{5.4}$$
式中,p_1,p_2分别为高、低压室的压力;γ_1,γ_2为被测液体及隔离液的重度;h_1,h_2为最低液位及最高液位至变送器的高度;p为容器中气体的压力;C为常数,$C = (h_2 - h_1)\gamma_2$。

从式(5.4)可以看出，当 $H=0$ 时，$\Delta p=(h_1-h_2)\gamma_2$，所以属于负迁移。

图 5.7 为变送器正负特性曲线图。变送器在安装前要根据迁移量对量程弹簧进行调整，使得当 $H=0$ 时，$I=4$ mA，当 $H=H_{max}$ 时，$I=20$ mA。

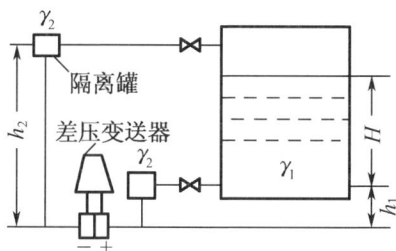

图 5.6　带隔离罐的液位测量系统

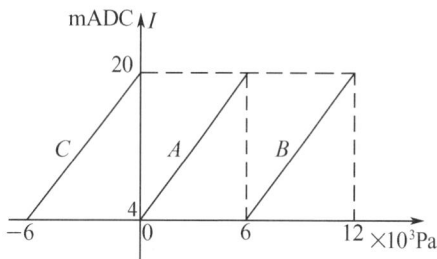

图 5.7　正、负迁移特性

5.2　电气式液位计

5.2.1　电容式液位计

1. 导电液体电容液位计

在平行板电容器之间充以不同介质时，电容量的大小就有所不同，因此可以通过测量电容量的变化来测量液位、料位或两种不同液体的分界面。

图 5.8 是由两个同轴圆筒极板组成的电容器，在两圆筒之间充以介电常数 ε 的介质时，两圆筒间的电容量为

$$C=\frac{2\pi\varepsilon L}{\ln\dfrac{D}{d}} \tag{5.5}$$

式中，d,D 为圆筒内电极的外径和外电极的内径；L 为同轴两圆筒电极的长度；ε 为介电常数，且

$$\varepsilon=\varepsilon_p\cdot\varepsilon_0=8.84\times10^{-12}\varepsilon_p \tag{5.6}$$

式中，ε_p 为介质的相对介电常数；ε_0 为真空介电常数(干空气可近似地取这个值)。

从式(5.5)可以看出，对于一定的圆筒电极，即 D,d 一定时，电容量 C 与圆筒电极长度 L 和介电常数 ε 的乘积成正比。

图 5.9 是测量导电介质液位的电容式液位计原理图。直径为 d 的紫铜或不锈钢电极 1，外套聚四氟乙烯塑料套管或涂以搪瓷作为电介质和绝缘层 2。假如直径为 D_0 的容器 4 是金属制造的，则当容器中没有液体时，介电层为空气加塑料或搪瓷，电极覆盖长度为整个 L。如果导电液体液位高度为 H 时，则导电液体就是电容的另一极板的一部分，在高度范围内，作为电容器外电极的液体部分的内径为 D，内电极直径为 d。因此，整个电容器的电容量为

$$C=\frac{2\pi\varepsilon H}{\ln\dfrac{D}{d}}+\frac{2\pi\varepsilon_0'(L-H)}{\ln\dfrac{D_0}{d}} \tag{5.7}$$

式中,ε 为绝缘套管或涂层的介电常数;ε_0' 为电极绝缘层和容器内气体共同组成电容器的等效介电常数。

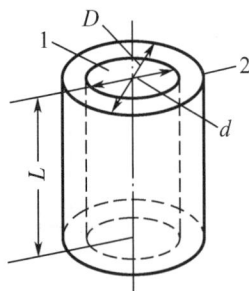

图 5.8　电容器的组成

1—内电极;2—外电极

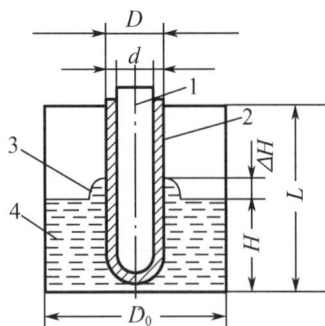

图 5.9　测量导电介质液位的电容式液位计原理图

1—内电极;2—绝缘套管(电介层);3—虚假液位;4—容器

当容器为空时,即当 $H=0$ 时,公式(5.7)的第二项就成为电极与容器组成的电容器,其电容量为

$$C_0 = \frac{2\pi\varepsilon_0' L}{\ln\dfrac{D_0}{d}} \tag{5.8}$$

因此式(5.7)变为

$$C = \left(\frac{2\pi\varepsilon}{\ln\dfrac{D}{d}} - \frac{2\pi\varepsilon_0'}{\ln\dfrac{D_0}{d}} \right) H + C_0 \tag{5.9}$$

上式可以写成

$$H = K_i C - K$$

式中,$K_i = \dfrac{1}{\dfrac{2\pi\varepsilon}{\ln\dfrac{D}{d}} - \dfrac{2\pi\varepsilon_0'}{\ln\dfrac{D_0}{d}}}$。如果 $D_0 \gg d$,而且 $\varepsilon_0' < \varepsilon$,则 $\dfrac{2\pi\varepsilon_0'}{\ln\dfrac{D_0}{d}} \ll \dfrac{2\pi\varepsilon}{\ln\dfrac{D}{d}}$,因此

$$K_i = \frac{\ln\dfrac{D}{d}}{2\pi\varepsilon} \tag{5.10}$$

K_i 的倒数即为液位仪表的灵敏度 S,于是

$$S = \frac{2\pi\varepsilon}{\ln\dfrac{D}{d}} \tag{5.11}$$

由此可见,介电常数 ε 越大,D 与 d 的值越接近,则仪表的灵敏度越高。

当导电介质黏性较大时,由于导电介质作为电容器的一个极板,绝缘套管被导电介质沾染,相当于增加一段虚假的液位高度,虚假液位严重影响仪表的测量精度。为了减少虚假液位的形成,应尽量使绝缘套管表面光滑和选用不沾染被测介质的套管或涂层材料。目前常选用聚四氟乙烯等作为套管。

2. 非导电介质电容液位计

测量非导电液体液位时,其电极结构如图 5.10 所示。它由内电极和与之相互绝缘的同轴金属套筒制成的外电极组成。为使被测介质能流进两个电极之间,在外电极上开许多小孔,这样就在被测液位高度内形成一个以被测介质为中间绝缘物质的同轴套筒形电容器。被测液体上部是以干空气为中间绝缘物质的同轴套筒形电容器。对于空容器,即当液位为零时,其电容量为

$$C_0 = \frac{2\pi\varepsilon_0 L}{\ln\dfrac{D}{d}}$$

式中,ε_0 为空气介电常数;D,d 分别为外电极内径和内电极外径。

当液位为 H 时,总电容量为

$$C = \frac{2\pi\varepsilon H}{\ln\dfrac{D}{d}} + \frac{2\pi\varepsilon_0(L-H)}{\ln\dfrac{D}{d}} \tag{5.12}$$

电容量的变化为

$$C_x = C - C_0 = \frac{2\pi(\varepsilon-\varepsilon_0)H}{\ln\dfrac{D}{d}} = K \cdot H \tag{5.13}$$

式中,$K = \dfrac{2\pi(\varepsilon-\varepsilon_0)}{\ln\dfrac{D}{d}}$。从式(5.13)可以看出,电容量的变化与液位高度 H 成正比,测出电容量的变化,便可知道液位的高度。从该式还可以看出,被测介质的介电常数 ε 与空气的介电常数差别越大,仪表的灵敏度越高;D 和 d 的比值越接近于 1,仪表的灵敏度也越高。

测量黏性非导电液体液位时,也会在内外电极壁上产生沾染现象,形成虚假液位,如图 5.11 所示。虚假液位的大小与被测介质的黏度、内外电极间的间隙大小及电极的形状等因素有关。例如间隙越小,介质在间隙中流动性就越差。

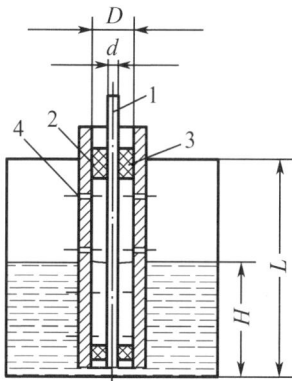

图 5.10 非导电介质的液位测量
1—内电极;2—外电极;3—绝缘套;4—流通小孔

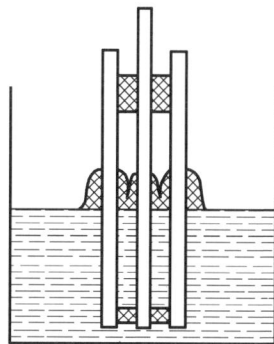

图 5.11 黏性介质对电极的沾污

5.2.2　电阻液位计

电阻式液位计的主要工作原理是基于液位变化引起电极间电阻变化,由电阻变化反映液位情况。电阻式液位计既可以进行定点液位控制,也可以进行连续测量。定点控制是指液位上升或下降到一定位置时引起电路的接通或断开,引发报警器报警。特别适用于导电液体的测量,敏感器件具有电阻特性,其电阻值随液位的变化而变化,故将电阻变化值传送给二次电路即得到液位。探针式利用跟踪测量法来测量液位,以液位上升的情形为例来说明液位测量原理,当液位上升时,提起探针完全脱离液体,然后缓慢降低探针寻找液面,则探针与液体刚接触时的位置即与液位相对应。探针式的特点是测量精度很高、控制电路复杂。电阻式液位计原理如图 5.12 所示。

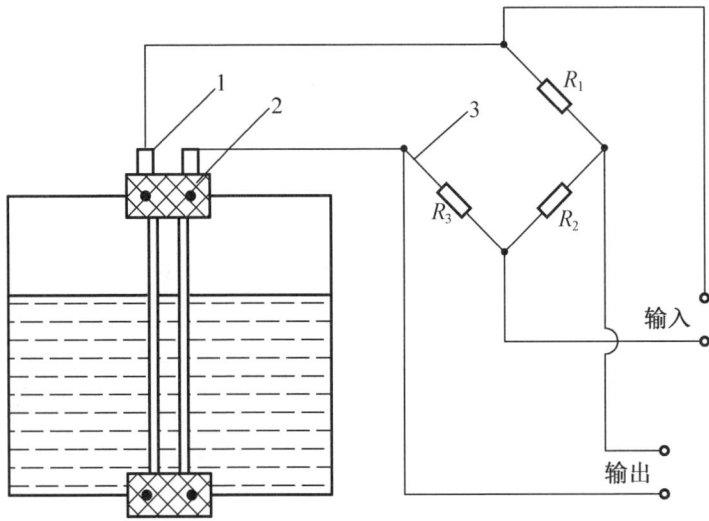

图 5.12　电阻式液位计原理图
1—电阻棒;2—绝缘套;3—电桥

如图 5.12 所示的电阻式液位计的两根电极是由两根材料、横截面积相同的具有大电阻率的电阻棒组成,电阻棒两端固定并与容器绝缘,电阻为

$$R = \frac{2\rho}{A}(H - h) = \frac{2\rho}{A}H - \frac{2\rho}{A}h = K_1 - K_2 h$$

式中,H,h 分别为电阻棒长度和液位高度;ρ 为电阻棒的电阻率;A 为电阻棒横截面积;K_1,K_2 为常数,电阻值与液位高度成正比。

电阻式液位计可分为电接点液位计和热电阻液位计两种。

1. 电接点液位计

电接点液位计是根据液体与蒸汽之间电导特性的差异进行液位测量的。测量筒结构如图 5.13 所示。

由于密度和所含导电介质的数量不同,液体与其蒸汽在导电性能上往往存在较大的差别。

电接点液位计基本组成如图 5.14 所示。为了便于测点的布置,被测容器液位通常由金属测量筒引出,电接点则安装在测量筒上。电接点由两个电极组成,一个电极裸露在测量筒中,它和测量筒的壁面用绝缘子相隔;另一个电极为所有电接点的公共接地极,它与测量筒的壁面接通。由于液体的电阻率较低,浸没其中的电接点的两电极被导通,相应的显示灯亮;而暴露在蒸汽中的电接点因蒸汽的电阻率很大而不能导通,相应的灯为暗。因此,液位的高低决定了亮灯数目的多少。或者反过来说,亮灯数目的多少反映了液位的高低。

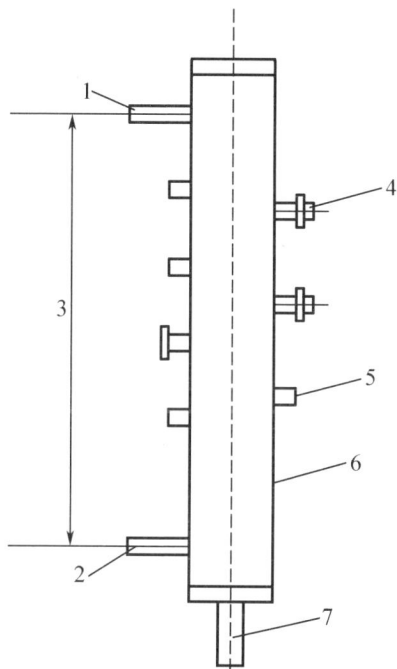

图 5.13　测量筒

1—汽推管;2—液推管;3—中心距;4—电极;

5—电极座;6—测量筒;7—排污管

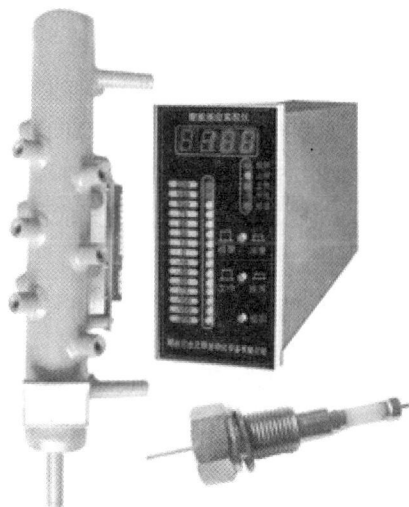

图 5.14　电接点液位计基本组成

用电接点液位计测量锅炉汽包水位时,除了上述问题外,测量桶内水柱的温降会造成筒内水位与汽包重力水位之间的偏差,因而应该对测量筒采取保温措施。

2. 热电阻液位计

热电阻液位计是利用液体和蒸汽对热敏材料热传导特性不同而引起热敏电阻变化的现象进行液位测量的。热电阻液位计原理如图 5.15 所示。

一般情况下,液体的传热系数要比其蒸汽的传热系数高 1～2 个数量级。因此对于供给恒定电流的热电阻丝(热丝)而言,其在液体和蒸汽环境中所受到的冷却效果是不同的,浸没于液体时的温度要比暴露于蒸汽的温度低。如果热丝的电阻值还是温度的敏感函数,那么传热条件恶化导致的热

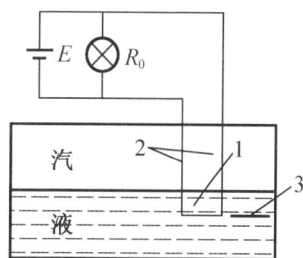

图 5.15　热电阻液位计原理图

1—热丝;2—导线;3—预定液位

丝温度变化将引起热丝电阻值的变化。所以,改变测定热丝的电阻值的变化可以判断液位的高低。

5.2.3 电感式液位计

电感式液位计利用电磁感应现象,液位变化引起线圈电感变化,感应电流也发生变化。电感式液位计既可以进行连续测量,也可以进行液位定点控制。电感式液位计原理如图 5.16 所示。

通过连通管将被测导电液体引至容器内,在容器中央有口字形铁芯穿过,铁芯另一端绕有线圈 。在线圈中通以交变电流,线圈具有一定的感抗,容器内无导电液体时感抗最大,当液位升高时涡流加大,相当于变压器副边接近短路,这时原边感抗就越来越小,原边电流就会逐渐加大。只需在线圈上通以频率恒定的交流电压,便可根据电流的大小测定液位。

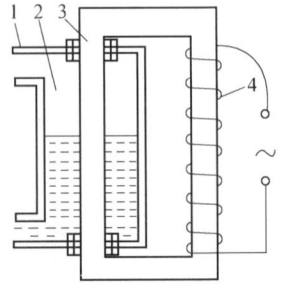

图 5.16 电感式液位计原理图
1—连通管;2—容器;
3—铁芯;4—线圈

电感式液位计有如下特点:

1. 结构简单

无任何可动或弹性元件,因此可靠性极高,维护量极少。

2. 安装方便

内装式结构尤其显示出这一特点,无须任何专用工具。

3. 调整方便

零位、量程两个电位器可在液位检测有效范围内任意进行零点迁移或量程的改变,二者调整互不影响。

4. 用途广泛

适用于高温高压、强腐蚀等介质的液位测量。

5.3 超声波液位计

5.3.1 超声液位测量的特点和基本方法

频率在 20 000 赫兹以上的声波叫作超声波。应用超声波测量液位有许多优越性。它不仅可以定点和连续测量,而且能够很方便地提供遥测或遥控所需要的信号。与放射性同位素测量装置相比,超声测量装置不需要防护。超声测量技术可以选用气体、液体或固体作为传声媒质,因而有较大的适应性。一般,超声测量液位装置系统中不需要有运动部件,所以安装、维护较方便,价格便宜,超声波不受光线、黏度的影响,其传播速度并不直接与媒质的介电常数、电导率、热导率有关。利用超声技术测量液位,应用最广的是超声波脉冲回波方法和定点测量方法。

超声液位测量仪的原理,是利用超声波在气体、液体、固体中的吸收衰减的不同来探测探头前有无液体、固体物料存在,从而可发出液位报警信号。

图 5.17(a) 所表示的是超声波发射换能器 1 与接收换能器 2 分别安装在容器 3 的相对面上,当液位升降时就会阻断或导通声波,从而发出信号。图 5.17(b) 所表示的测量系统是超声波发射和接收部分安装在同一个探头 4 里的装置。

图 5.18 所示为超声波液位信号器的一个例子,振荡器产生一个 1 MHz 高频正弦电压,经射极输出器加到发射探头 A 的 a,b 两个电极上。由 A 的端面发

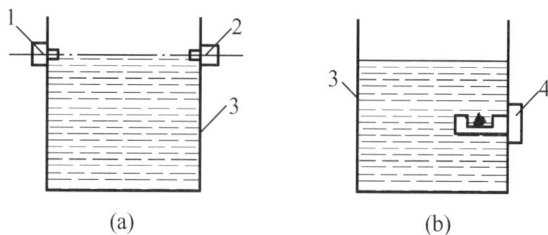

图 5.17 信号器的各种安装方式

(a)换能器相对安装;(b)换能器装于一侧
1—发射换能器;2—接收换能器;3—容器;4—探头

出 1 MHz 超声信号。若 A,B 间为空气介质时,超声波几乎全被衰减,B 接收不到信号;如果探头间为液体,那么 B 就接收到 1 MHz 高频超声信号而转变成电压信号,经放大后整流成大于 3 V 的直流输出。多谐振荡器用来检查显示仪表各级工作是否正常。

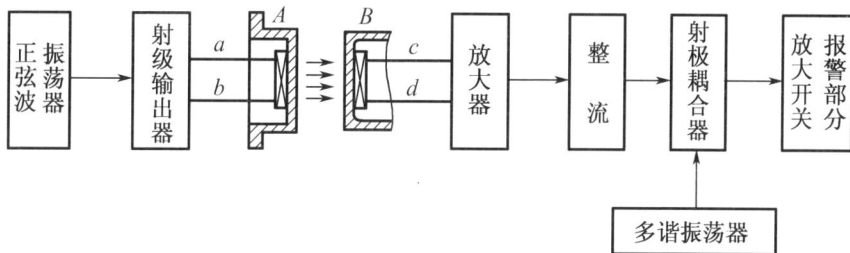

图 5.18 超声波液位信号器原理方框图

5.3.2 超声波脉冲回波式液位测量

脉冲回波式超声液位计的工作原理是从发射探头发出的超声脉冲在媒质中传到液面,经反射后再通过该媒质返回到接收探头,根据测出的超声脉冲从发射到接收的时间以及媒质中的声速,即可求得从探头到液面之间的距离,从而确定液位。

图 5.19 中的(a),(b)和(c)表示采用自发自收单探头方式测量时的几种基本方案。图 5.19(a)是液介式的情况,探头固定安装在液体中最低液位之下,探头发出的超声脉冲在液体中从探头传到液面,反射后再从液面回到同一探头的接收部分。如探头至液面的垂直距离为 L,从发到收所经过的时间,即超声脉冲在探头和液面之间来回一次所经的时间为 t,超声在液

体中传播的速度为 v，则探头到液面的距离可表达为

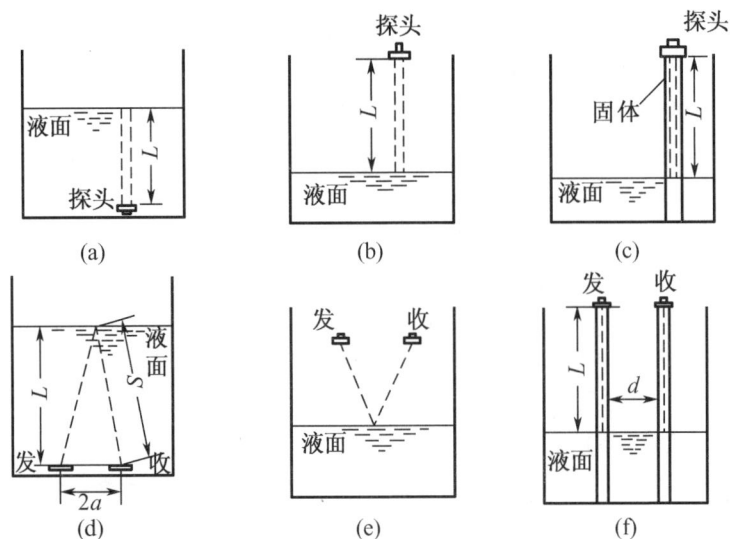

图 5.19　脉冲回波式超声波液位计工作原理

$$L = \frac{1}{2}vt \tag{5.14}$$

因而，只要知道声速 v，便可根据所测得的时间 t 确定出 L 值。

图 5.19(b)是气介式的情况，探头被安装在最高液位之上的空气或其他气体中，公式(5.14)仍适用，只是声速 v 表示气体中的声速。

图 5.19(c)是固介式的情况，把一根传声固体棒插入液体中，上端要高出最高液位之上，探头安装在传声固体棒的上端。公式(5.14)依然适用，只是 v 代表固体中的声速。

图 5.19 中的(d)，(e)和(f)表示一发一收双探头测量的三种方法，图 5.19(d)是双探头液介式的情况，从图中可以看出，如果两探头的中心距离为 $2a$，声波从探头至液面的斜向路径为 S，探头至液面的垂直高度为 L，则

$$S = \frac{1}{2}vt \tag{5.15}$$

而

$$L = \sqrt{S^2 - a^2} \tag{5.16}$$

一般两个探头安装很近，即 a 较小，所以在高液位时 L 值近似地与 S 相等，因此仍可用公式(5.14)计算 L 值，不会产生较大的误差，但在低液位时会产生较大的计算误差。

图 5.19(e)是双探头气介式的情况，这时 v 为气体中的声速。上面关于双探头液介式的讨论，对此也完全适用。

图 5.19(f)是双探头固介式的情况，测量系统中采用两根传声固体棒，超声波从发射探头经第一根固体传至液面，再经液体传至第二根固体，然后沿第二根固体传至接收探头。超声波在固体介质中传 $2L$ 距离所需要的时间要比从发到收的时间短些，所短的时间就是超声波在液体中传过距离 d 所需的时间，因此

$$L = \frac{1}{2}v\left(t - \frac{d}{v_L}\right) \tag{5.17}$$

式中, v 为固体中的声速; v_L 为液体中的声速。

　　实际应用中选择上述方案中的哪一种,这要根据具体问题的情况来确定。一般要考虑安装维护是否方便,能否满足生产上提出的要求。例如,气介式和固介式的探头都安装在液面之上,安装维护就比较方便。

　　从前面的分析中可以看出,只要知道超声波在媒质中的传播速度,便可根据传播时间确定液位,但是媒质中的声速还与其他一些因素有关,如与媒质的成分、温度和压力等因素有关,因此很难把声速看成是一个不变的恒量。一般采用校正具对声速进行校正,所谓校正具就是在传声媒质中相隔固定距离 L_0 安装一组探头反射板,如图 5.20 所示。对于液介式、固介式和气介式三种情况下校正具的安装方法和设置地点都表示在同一图中。在固介式情况下校正具是一段传声的固体,其材料必须与测量液位时用的传声固体完全相同。超声波从探头发出经反射板反射后回到探头而被接收,如果在此校正段 L_0 的媒质中声速为 v_0,从发到收所经过的时间为 t_0,则

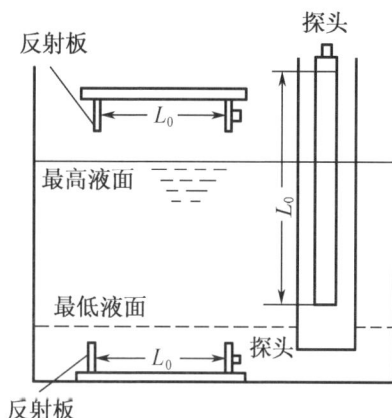

图 5.20　固定校正具

$$L_0 = \frac{1}{2}v_0 t_0 \tag{5.18}$$

如果测量段的声速 v 和校正段声速 v_0 相等,则根据式(5.14)和式(5.18)得

$$L = L_0 \frac{t}{t_0} \tag{5.19}$$

　　因为 L_0 是事前已知的定数,所以只要测出两段时间 t 和 t_0 即可确定液位 L。

　　应当指出,上述要求只是 v 等于 v_0,而并不是说 v 和 v_0 不变化,亦即如果媒质的成分、温度和压强等有变化,因而声速也随着变化,只要 v 和 v_0 同样地变化,都是允许的。在固介式的情况下只要测量用的传声固体和校正具用的传声固体的材料、形状和温度都相同,而且采用的波形和频率也相同,一般也能满足要求。

　　实际上,液体或气体的内部,由于成分和温度等并不是均匀的,所以各点的声速不会完全相同,亦即存在着声速梯度。由于校正具的安放地点是可以改变的,如使校正段的平均声速和测量段的平均声速相差得越小,则液位测量的精度越高。用超声技术测量液位时,我国曾采用一种浮臂式校正具,如图 5.21 所示。槽内放一根密封的薄壁管,管下端可绕固定轴转动,上端悬在浮子的下面,校正探头装在管的下部近轴处,反射板装在近浮子处,当液面上升或下降时,校正具的反射板一端也随之升降。从高度方向来看,测量段和校正段的声速分布情况几乎相同,因而可以保证测量段平均声速 v 和校正段平均声

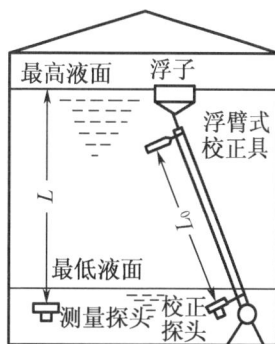

图 5.21　浮臂式校正具

速 v_0 近似相等。

5.3.3 气介式超声液位计举例

图 5.22 是带声速校正具的多换能器气介式超声液位计原理方框图。间距为 L 的发射换能器 A_c 及与其相对的接收换能器 B_c，用以校正声速。测量用发射换能器 A_m 发射出的声波脉冲，被液面反射后到达测量用接收换能器 B_m，经过的时间为 t'_X。假如测量用发射换能器与测量用接收换能器的距离为 $2D$，换能器与液面间的垂直距离为 X，因此超声波传播的实际距离为 $2\sqrt{D^2 + X^2}$。这样，如把声波经 $2X$ 的垂直距离所需时间表示为 t_X，则

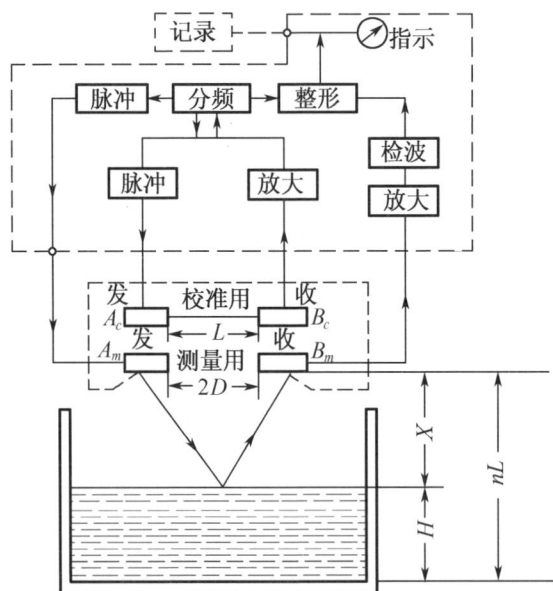

图 5.22 多换能器气介式超声波液位计

$$\frac{t_X}{t'_X} = \frac{X}{\sqrt{D^2 + X^2}} \tag{5.20}$$

因此，超声脉冲往返距离 X 的时间为

$$t_X = \left(1 + \frac{D^2}{X^2}\right)^{-\frac{1}{2}} t'_X \tag{5.21}$$

当 $X \gg D$ 时，可近似表达为

$$t_X \approx \left(1 - \frac{1}{2} \cdot \frac{D^2}{X^2}\right) t'_X = (1 - \varepsilon) t'_X \tag{5.22}$$

式中，$\varepsilon = \frac{1}{2}\left(\frac{D}{X}\right)^2$。

如果将测量点到容器底面的距离取为 $nL(n = 1, 2, 3\cdots)$，则从容器底面到液面的距离为

$$H = nL - X = nL\left[1 - (1 - \varepsilon)\frac{t'_X}{2nt_0}\right] \tag{5.23}$$

式中，$t_0 = \dfrac{L}{v}$ 为校正探头的超声脉冲从发射到接收的时间，v 为超声脉冲在气介质中的传播速度。因为 nL 和 $2nt_0$ 都是常数，所以测出 t'_X 便可知道液位高度。

5.4　雷达液位计

5.4.1　雷达液位计测量的原理

雷达液位计是一种基于电磁波反射原理的非接触式测量仪器。与超声波不同，电磁波与可见光物理性质相似，可以在传播介质是真空、稀薄气体或者半液态的情况下传播，可穿透蒸汽、粉尘等干扰源，遇到障碍物易于被反射，被测介质的导电性越好或介电常数越大，回波信号效果就越好。

雷达液位计主要由发射和接收装置、信号处理器、天线、显示等几部分组成。高频振荡器产生的高频电磁波经天线发射，波遇到物料表面反射后再由天线接收，经信号处理器检测发射波及回波的时差或者频率差，计算出液面高度。根据测量方法的不同，目前，雷达液位计可以分为脉冲式和调频连续波式两种。

1. 脉冲式雷达液位计

脉冲式雷达液位计，发射的电磁波为固定频率，检测信号为电磁波的行程时间 t，液位计与介质液面间距离 H 与行程时间 t 的关系为

$$H = ct/2 \tag{5.24}$$

介质液位为

$$L = F - H = F - ct/2 \tag{5.25}$$

式中，c 代表电磁波速度。

脉冲式雷达液位计的工作原理如图 5.23 所示。

2. 调频连续波式雷达液位计

这种液位计的发射频率不是一个固定频率，而是一个等幅可调频率。通过测量发射波和反射波之间的频率差可将频率差转换为与被测液位成比例关系的电信号。发射频率随时间线性增加，增益为 s，当发射出去的连续波遇液面反射时，反射回来的信号频率比发射信号频率滞后了 Δt，如图 5.24 所示。反射信号与发射信号之间的频率差为

$$\Delta f = s\Delta t \tag{5.26}$$

则电磁波单程时间为

$$t = \Delta f/(2\delta f) \tag{5.27}$$

则液面高度为

$$L = F - c\Delta f/(2s) \tag{5.28}$$

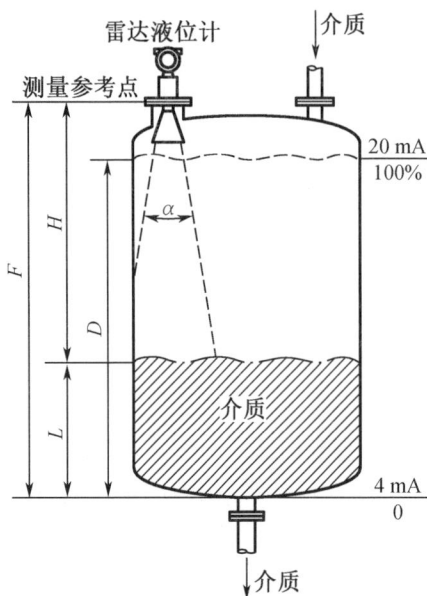

图 5.23　脉冲式雷达液位计的工作原理

F—空罐距离;*D*—满罐距离

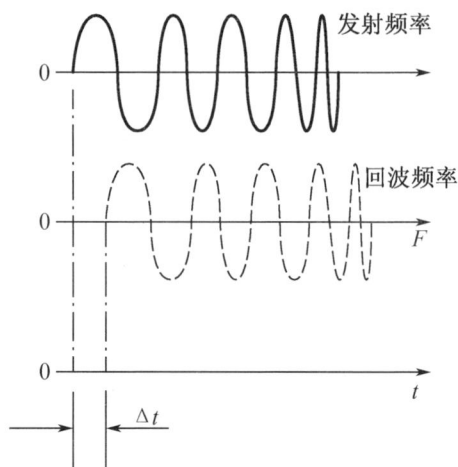

图 5.24　调频连续波信号与回波信号示意图

5.4.2　雷达液位计的分类及特点

1. 雷达液位计的分类

按照结构的不同,脉冲式雷达液位计可以分为两种,即天线式和导波式。

(1)天线式雷达液位计

天线式雷达液位计通过天线来发射与接收信号,常用的天线种类有圆锥喇叭式、绝缘棒式、平面阵列式等。天线式雷达液位计的优点在于采用了非接触测量,但是它不适合用于待测液体介电系数较小的情况,否则会造成因反射信号幅度太小而无法测量,而且,若盛待测液体的容器较小或是容器内结构较复杂时,会导致反射信号复杂,难以确认,从而影响测量精度。

(2)导波式雷达液位计

导波式雷达液位计采用接触式的测量方式,利用导波杆探头来发射与接收信号,将导波杆探头安装在测量罐的顶部,其尾端直达罐底,发射信号及反射信号通过导波杆传播,信号不会辐射到外部空间中,所以反射信号的质量更好。导波雷达液位计所测量的液体的介电系数可以低至 1.4,可以在狭小的空间内完成测量,并能适应高温高压的工况。

2. 雷达液位计的特点

雷达液位计特点如下:

(1)雷达液位计主要由电子控制单元和天线构成,无可动部件,不存在机械磨损,与机械部件的液位测量仪表相比使用寿命较长。

（2）雷达液位计能用于大部分液位的液位测量，其发出的电磁波能穿过真空，不需要传输媒介，受大气、蒸汽、罐内挥发物的影响小。

（3）采用非接触式测量，不受罐内液位密度、浓度等物理特性影响。测量范围大、抗腐蚀能力强。

（4）安装方便、故障率低、维护容易、精度高、可靠性高。

5.4.3　雷达液位计的使用条件

在安装和使用雷达液位计时，需要注意以下内容：

（1）当测量液态介质时，传感器的轴线和介质表面保持垂直；当测量固态介质时，由于固体介质会有一个堆角，传感器要倾斜一定的角度。

（2）电磁波的波束中心距容器壁的距离应大于由束射角、测量范围计算出来的最低液位处的波束半径；同时，电磁波的波束途径应避开容器进夜流束的喷射范围。

（3）要避免安装在有很强涡流的地方。如由于搅拌或很强的化学反应等，建议采用导波管或旁通管测量。

5.5　核辐射式液位计

5.5.1　核辐射式液位计的原理

目前用于液位检测仪表中的放射线源有钴^{60}Co 及铯^{137}Cs 等放射性同位素。这两种同位素能发射出很强的 γ 射线，而且半衰期较长，如 ^{60}Co 的半衰期为 5.3 年，^{137}Cs 的半衰期为 33 年。由于 γ 射线受物质的吸收比 β 射线要小，它能穿过几十厘米厚的钢板或其他固体物质，所以 γ 射线液位计应用多。

γ 射线在穿过物质时，会被物质的原子散射和吸收，它的强度随着物质层的厚度呈指数规律衰减，即

$$I = I_0 e^{-\mu H} \tag{5.29}$$

式中，I_0 为射入介质前的 γ 射线强度；I 为通过介质厚度为 H 后的 γ 射线强度；μ 为介质对 γ 射线的吸收系数。

不同的介质对 γ 射线的吸收能力也不同。一般固体吸收能力最强，液体次之，气体的吸收能力最弱。对于一定的放射线源和一定的被测介质，如果入射介质前的射线强度 I_0 和吸收系数 μ 都是定值，则介质厚度 H 与穿过介质后的射线强度 I 的关系为

$$H = \frac{1}{\mu}\ln I_0 - \frac{1}{\mu}\ln I \tag{5.30}$$

由此可见，只要测出通过介质后的射线强度 I，便可求出被测介质的厚度 H（液位的高低）。测量装置系统示意图如图 5.25 所示。

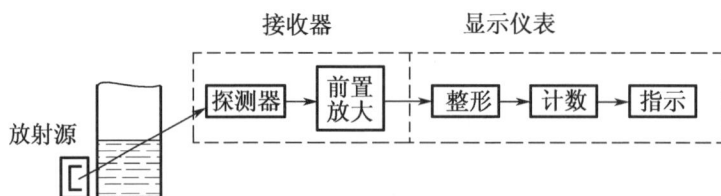

图 5.25　放射性液位计测量液位示意图

5.5.2　核辐射式液位计的特点

在放射性同位素的应用中,γ射线液位计的应用时间较长,并且应用的数量也较多。近年来应用的数量还在继续增加,顺利地应用于冶金、化工和玻璃工业中。它有以下一些重要特点:

(1)可以从容器、罐等密封装置的外部以非接触的方式进行测量;

(2)不受温度、压力、黏度和流速等被测介质性质和状态的限制;

(3)可以测量相对密度差很小的两层介质的相界面位置;

(4)在应用中必须进行防护。

5.6　核工程中的液位测量

在核工程中的很多设备中都需要对其液位进行准确的测量,如稳压器、蒸汽发生器、冷凝器等。在目前的核电系统中大多采用差压式液位计进行水位测量。

5.6.1　反应堆压力容器水位测量

美国三哩岛核事故后,美国核管会要求所有商用压水堆核电站必须安装反应堆压力容器水位测量装置,并对反应堆水位测量、系统提出如下要求:

(1)水位测量仪表及其关联系统不应破坏反应堆压力容器和反应堆冷却剂管道的完整性。也不应产生不可接受的附加载荷振动、电磁场、辐射以及对动力机械和其他系统产生干扰作用的噪声,尤其不应该损害压力边界和放射性污染准则。

(2)在不需改变量程的情况下,水位测量仪表必须在上空腔和堆芯区域发挥功能。

(3)仪表信号的处理必须简单而明确,可靠性高。仪表如果发生故障或误差增大,应有清晰的指示。

(4)仪表信号和处理后的信号应该易懂易读,而且不受反应堆压力容器的环境条件,如下降段水位、硼、控制棒、热循环、腐蚀、浸蚀、辐射和振动等的影响。

(5)测量仪表的最大使用寿命、检查、维修和调整等时间间隔至少等于或大于换料周期。

(6)仪表必须可以调校,以提供可接受的允许偏差。在已知误差带的情况下,该允许偏差的最大值为堆芯高度的十分之一。

(7)必须符合多重性原则。

目前已有多种水位测量方法和相应的装置用于不同反应堆的水位测量。例如,热端加热热电偶法、差压水位测量法、γ 探头法、扭曲超声测量法和中子探测器法等。本节仅介绍前两种方法的测量原理和装置的结构等。

1. 热端加热热电偶法

热端加热热电偶探头组件由三部分组成:一对 K 型热电偶(其中一支热电偶用电加热器加热,而另一支不加热),防溅护套及分离管。防溅护套的主要作用是防止水滴假冲击的影响。

在进行反应堆水位测量时,共设两组探头组件,每一组由八只沿轴向布置的热端加热热电偶敏感元件组成。每一组件内放置一根同心支撑管。在出现失水事故瞬态时,压力容器顶部的流体几乎是两相流混合物,分离管就能起到汽-水两相分离形成单相水柱的作用,敏感元件测量到单相水柱的高度。

热端加热热电偶水位测量原理,是以浸没在反应堆压力容器冷却剂中热端加热热电偶其加热端和不加热端之间产生的温差为基础的。如果某个敏感元件浸没在热传导较高的液态中时,它的温差几乎为零,然而在冷却剂没有浸没的敏感元件温差则大。这样可准确地反映压力容器的水位。用该元件组成的测量系统来监测反应堆压力容器内燃料对准板以上区域的水位,以防堆芯露出水面。

当发生失水事故时,压力容器内充满两相流混合物。如果采用了热端加热热电偶法测量水位,将会得到精确的水位值。这是因为该水位测量系统中的分离管具有将周围的汽-水两相进行水汽分离的功能。因此,即使在两相或液/汽相分界不清的情况下,或者在泡沫两相混合状态时,都可进行有效的水位测量。探头组件信号输出到微处理机,由微处理机实现水位和温度监测、电加热器功率控制、水位显示、报警等功能。

2. 差压水位测量法

差压水位测量法是利用反应堆容器底部与顶部的压差直接测量压力容器内水位的。

差压水位测量系统中有两套差压测量装置,每一套设置三只差压变送器,图 5.26 给出差压水位测量系统中其中一套的结构示意图,其中两只差压变送器(ΔP_a,ΔP_b)并接在压力容器的顶部与底部。一只称为"窄量程单元"(ΔP_a),用来测量主泵停转时,反应堆压力容器内在自然循环状态下的从底部到顶部的实际水位(0% ~100%);当主泵运转时,窄量程单元指示为满刻度。另一只称为"宽量程单元"(ΔP_b),它的刻度数是从主泵停转时压力容器水位 0 到所有主泵运转的满水位 100%,在全部主泵停转而容器满水位时,宽量程单元读数约为 33%。对于以任何方式组合的运行主泵来说,它依靠宽量程变送器指示反应堆堆芯和堆内构件的压降。比较实测压降和正常压降,单相压降提供的循环流体中相对气泡成分或密度的指示是近似的。在强迫循环状态时,这种变送器亦可用来连续监测冷却剂工况。第三只变送器连接在热段和压力容器顶部之间,称为"顶部量程单元"(ΔP_c),测量与反应堆冷却剂回路热段连接的主泵停转时,主管道热段以上水位的测量。在压力容器满水位和主泵全部停转时,指针向 0% 方向偏斜超出刻度,这是由于摩擦差压的缘故。

这些差压变送器用铠装毛细管与压力容器连接。变送器安装在安全壳外,每根毛细管上

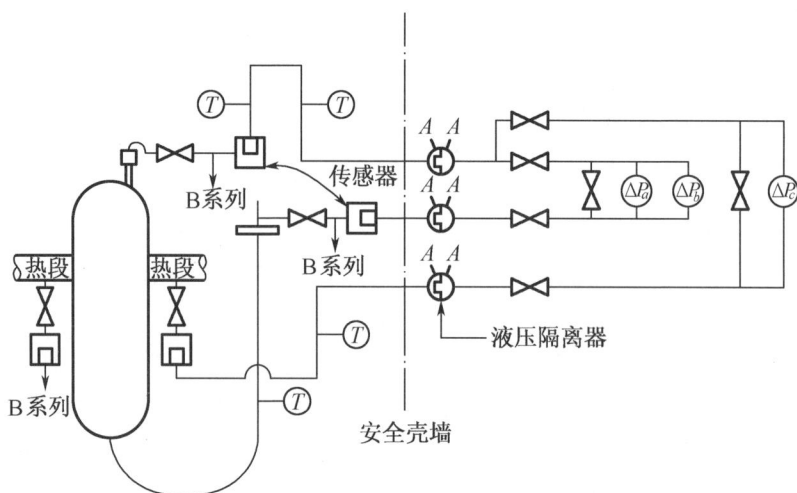

图 5.26 差压水位测量系统

设置两只隔离器,一只靠近贯穿压力容器测点,另一只接近安全壳墙。毛细管内抽真空后,充以除盐除气水。隔离器有开关封盖,上有毛细管水流失指示,而且隔离器有断流阀,阻止流体过多流失。如果这一区域出现问题,可以通过另一套差压测量装置和开关封盖指示。

脉冲管温度测量值对于水位测量值精度是很重要的。这些温度测量值连同原有的反应堆冷却剂温度测量数据和宽量程反应堆冷却剂系统压力,都用来补偿密度和参考段密度之差,特别是事故后安全壳内部环境变化所产生的差压变送输出。

差压变送器安装在安全壳外的主要目的是消除事故后安全壳内部环境发生变化(温度、压力和辐射等)而引起的测量精度大幅度下降(估计为 15% 左右)。同时,这也是为了便于操作人员对安装在安全壳外的变送器进行校正、更换、参考段复检和变送器内填充物充注。

差压水位测量系统还包括微机处理与显示系统。

5.6.2 核电站中稳压器液位测量

稳压器是核反应堆冷却剂系统(RCP)中的重要设备,在稳态运行时其保持正常的 RCP 压力,在瞬态时其将 RCP 压力限制在允许值内。此外,稳压器还作为反应堆冷却剂的缓冲水箱,保证一回路处于满水状态 。在额定功率下,稳压器内约 60% 是饱和水,40% 为饱和蒸汽,稳压器底部(液体区)通过波动管与 RCP 一条环路的热管段相连。RCP 是一个充满水的系统,稳压器中的压力将传至整个 RCP。稳压器水位不能太高或太低,否则会导致压力调节失效或者电加热器裸露烧毁。导致稳压器水位变化的主要因素有:(1)负荷改变使反应堆冷却剂平均温度改变引起冷却剂体积变化;(2)稳压器上充流量与下泄流量不平衡(如打开下泄孔板、冷却剂泄漏和起动第 2 台上充泵等)。稳压器水位控制保护系统的功能是将稳压器水位调节在整定值附近,确保稳压器运行工况能够满足压力控制的需要,并且保护设备安全。稳压器水位变送器不但起测量与监视水位的作用,而且用于稳压器水位控制和保护。稳压器水位控制保护模拟简图如图 5.27 所示。

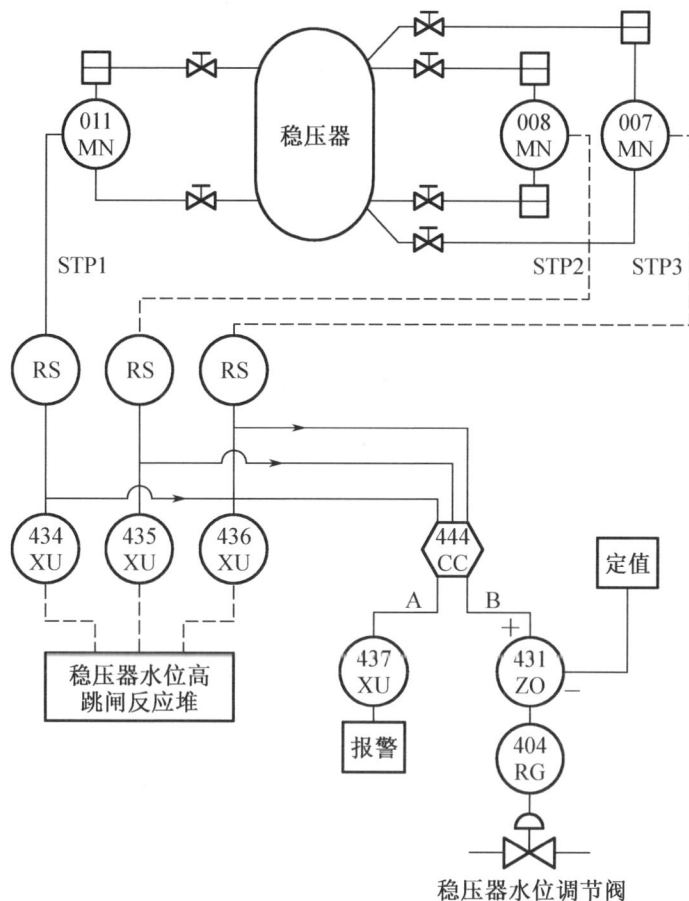

图 5.27　稳压器水位控制保护模拟简图

　　从图 5.27 可见,稳压器的水位由 3 个独立的 6000 系列核级差压水位变送器(011 MN,008 MN,007 MN)同时测量,其测量信号被分别送至电气间 3 个独立的 SIP 保护柜(SIPI 组、SIP2 组、SIP3 组)进行数据转换,4~20 mA 电流信号经转换器(RS)转换为 1~5 V DC 电压信号,3 路电压信号又各分两路,其中一路去阈值继电器(XU),在逻辑处理单元进行三取二逻辑运算后产生稳压器水位高核反应堆跳闸信号。另外一路去选择开关(444 CC),经调节器(404 RG)控制上充给水调节阀进行稳压器水位调节。由此可见, 3 个水位测量信号既参与稳压器水位调节,又参与核反应堆跳闸逻辑保护,因此 3 个水位变送器的准确测量,对稳压器水位调节和水位保护都起着至关重要的作用。

　　图 5.28 为稳压器液位计安装图,差压计一侧与稳压器下部管嘴相连,反应水位产生的压力,另一侧与一个参考液毛细管相连,参考液毛细管上端通过冷凝罐与稳压器汽空间相连,它们中间有一个隔膜把参考液毛细管的水与冷凝罐隔开,以防止稳压器水中分离出来的氢气形成气泡带入参考液毛细管中,影响其测量精度。在测量过程中,密度是校验压力值计算的关键,满功率时,007 MN 正负侧取压管内介质属于未饱和水,密度与稳压器内饱和水密度不同。液位计的准确测量是稳压器安全运行的重要条件,因此需要使用校验数据对液位计进行校验,

保证测量的准确性。

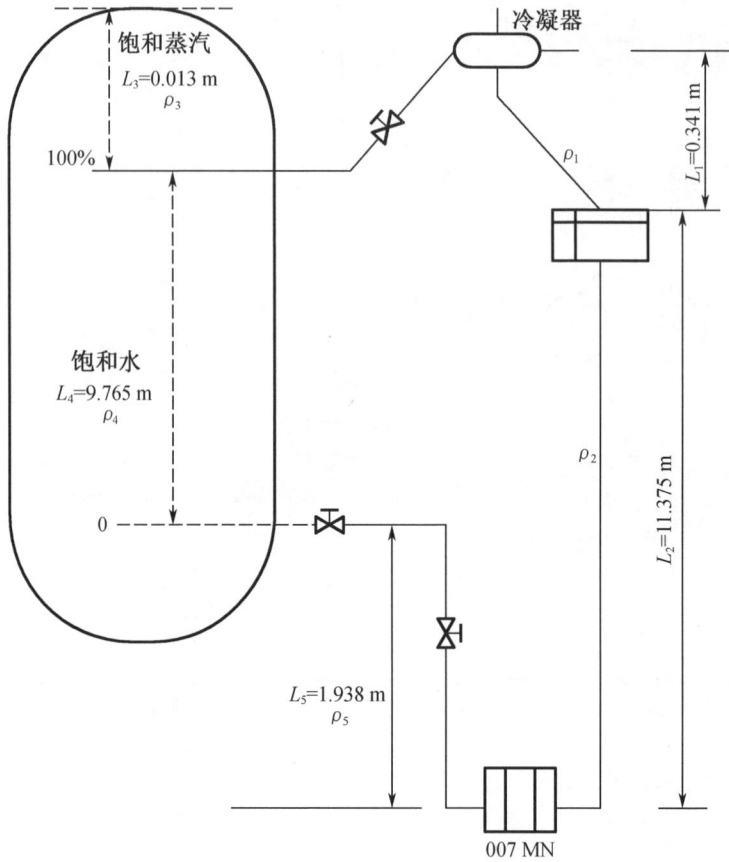

图 5.28　稳压器液位计安装图

上例为大亚湾核电站稳压器水位测量的实际应用。在核电系统中,蒸汽发生器、压力容器等密闭容器的液位测量原理大多近似,多采用差压式液位计进行测量。

5.6.3　船用核动力装置蒸发器液位测量

船用核动力装置受海洋条件的影响,反应堆系统设备会受到倾斜和摇摆的作用,从而对液位测量带来影响。在蒸汽发生器内,专门设计了一套固定水位高度的参考测量管,通过专用的补水管路不断对其补水。双参考管水位测量装置如图 5.29 所示。

图 5.29 中 A 为测量管;B,C 为参考管;H 为水位高度;H_A 和 H_C 分别为两参考管 B,C 的高度;Δh_1 和 Δh_2 分别为参考管 C,B 相对液面高度;Δh 为两参考管相对高度;ΔP_1,ΔP_2 和 ΔP 分别为由 3 个相对高度 Δh_1,Δh_2 和 Δh 引出的差压值。有

$$\Delta P_1 = \Delta h_1(\rho_W - \rho_B)g \tag{5.31}$$

$$\Delta P_2 = \Delta h_2(\rho_W - \rho_B)g \tag{5.32}$$

$$\Delta P = \Delta h(\rho_W - \rho_B)g \tag{5.33}$$

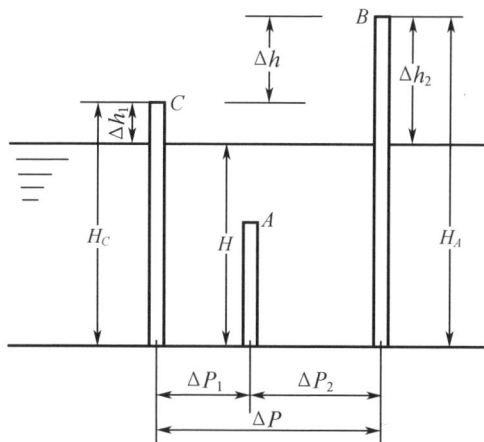

图 5.29 双参考管水位测量装置示意图

式中,ρ_W 和 ρ_B 分别为液相密度和气相密度;ΔP 是不变化的,其值取决于液相与气相密度差。图 5.30 为水位测量系统原理图。K_1,K_2,K_3 分别为 1# 至 3# 差压计的转换系数,故有下式成立:

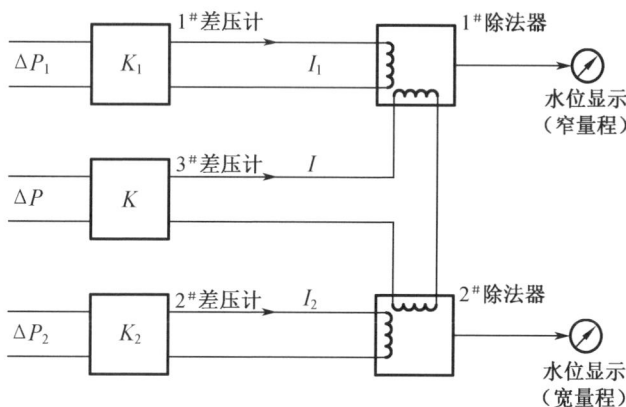

图 5.30 水位测量系统原理图

$$I_1 = K_1 \Delta P_1 \tag{5.34}$$

$$I_2 = K_2 \Delta P_2 \tag{5.35}$$

$$I = K \Delta P \tag{5.36}$$

将 I_1,I_2 作为分子输入电流,I 作为分母输入电流,有 1# 和 2# 除法器输出电流分别为

$$I_{CK1} = K_{C1} \frac{I_1}{I} = K_{C1} \frac{K_1 \Delta P_1}{K \Delta P} = K_{C1} \frac{K_1 \Delta h_1 (\rho_W - \rho_B) g}{K \Delta h (\rho_W - \rho_B) g} = K'_{C1} \Delta h_1 \tag{5.37}$$

$$I_{CK2} = K_{C2} \frac{I_2}{I} = K_{C2} \frac{K_2 \Delta P_2}{K \Delta P} = K_{C2} \frac{K_2 \Delta h_2 (\rho_W - \rho_B) g}{K \Delta h (\rho_W - \rho_B) g} = K'_{C2} \Delta h_2 \tag{5.38}$$

式中,K_{C1} 和 K_{C2} 分别为除法器系数,分别为窄、宽量程水位表系数,且 $K'_{C1} = \dfrac{K_{C1} K_1}{K \Delta h}$ 和 $K'_{C2} =$

$\dfrac{K_{C2}K_2}{K\Delta h}$，上述水位测量系统采用双输出差压信号,宽窄量程显示,对测量信号进行了除法处理,使除法器输出电流信号仅与水面高度差成正比例而与被测容器中介质密度及参考管中介质密度无关,消除了介质温度的影响。压力变化仅与水位测量的影响,并克服了船体摇摆的影响,如当船体倾斜角为 α 时,压差分别为

$$\Delta P'_1 = \Delta P_1 \cos\alpha \tag{5.39}$$

$$\Delta P'_2 = \Delta P_2 \cos\alpha \tag{5.40}$$

$$\Delta P' = \Delta P \cos\alpha \tag{5.41}$$

除法器输出电流分别为

$$I'_{CK1} = K_{C1}\frac{I'_1}{I} = K_{C1}\frac{K_1\Delta P'_1}{K\Delta P'} = K_{C1}\frac{K_1\Delta P_1\cos\alpha}{K\Delta P\cos\alpha} = I_{CK1} \tag{5.42}$$

$$I'_{CK2} = K_{C2}\frac{I'_2}{I} = K_{C2}\frac{K_2\Delta P'_2}{K\Delta P'} = K_{C2}\frac{K_2\Delta P_2\cos\alpha}{K\Delta P\cos\alpha} = I_{CK2} \tag{5.43}$$

思考题与习题

5-1 简述常用的液位测量仪表主要有几种? 由于核工程中存在着辐射损伤、密封和腐蚀等问题,液位检测仪表基本局限于哪几种?

5-2 试述吹气式液位计的工作原理。

5-3 简述差压式液位计的工作原理。为什么要采用差压式进行液位测量?

5-4 带隔离罐的液位测量系统为什么会产生零点负迁移?

5-5 简述电容式液位计测导电及非导电介质液位时,其测量原理有什么不同?

5-6 对非导电液体进行液位测量电容液位计形成的虚假液位与哪些因素有关?

5-7 什么是超声波,应用超声波测量液位有哪些优越性?

5-8 超声液位计的测量原理是什么,超声探头是根据什么原理构成的,影响超声液位计测量精度的因素是什么?

5-9 试述雷达液位计的工作原理及特点。

5-10 按图所示,列出液位 H 与差压变送器检测差压 ΔP 的关系式,若已知 $h = 0.6$ m,$\gamma = 9.80665 \times 10^3$ N/m³,为了使 H 为 0 时电动差压变送器输出为 4 mA,H 为上限值时输出为 20 mA,求迁移量;若仪表量程为 $0 \sim 6 \times 10^3$ Pa,则安装前应如何调整仪表量程?

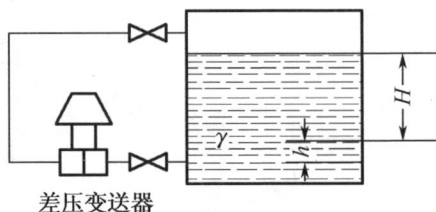

差压变送器

题 5-10 图

5-11 对比分析浮子式、电气式、超声波式、雷达式、核辐射式液位计的优缺点。

5-12 美国核管会要求所有商用压水堆核电站必须安装反应堆压力容器水位测量装置,并对反应堆水位测量、系统提出哪些主要要求?

第6章　机械量检测仪表

机械量包括位移、转角(角位移)、尺寸、转速、力、扭矩、振动、速度和加速度等。机械运动是各种复杂运动的基本形式,机械量是表征机械运动的基本物理量,它不仅是机械制造工业的重要参数,而且还是很多非电量传感器的中间参数,例如前面提到的弹性变形法测压力、浮力法测液位等都要经过机械量的转换。

6.1　位移检测仪表

位移是机械量中最基本的参数,也是机械量检测的重点,其他机械量参数如力、力矩、速度、加速度和振动等,都是以位移测量作为基础的,所以在机械制造工业、工业自动检测及其他领域都离不开位移测量。下面着重介绍位移及位移传感器。

测量位移时,应当根据不同的测量对象,选择适当的测量点、测量方向和测量系统。其中位移传感器选择是否恰当对测量精确度影响很大,必须特别注意。

用于位移测量的传感器很多,因测量范围不同,所用的传感器是不同的。小位移通常用应变式、电感式、差动变压器式、电容式、霍耳式等传感器来检测,精度可达 0.5% ~ 1.0%,其中电感式和差动变压器式传感器测量范围要大一些,有些可达 100 mm。小位移传感器测微小位移,从几微米到几毫米,如物体振动的振幅测量等。大的位移常用感应同步器、光栅、磁栅、编码器等传感器来测量,其特点是易实现数字化,精度高,抗干扰能力强,没有人为读数误差,安装方便,使用可靠等,这些传感器既可以测线位移,也可以测角位移,还可用来测长度,它们在自动检测和自动控制中得到日益广泛的应用。

大部分的位移在前面章节中已有介绍。下面介绍一些前面未曾述及的位移传感器,这些传感器被广泛地应用于自动检测和自动控制系统中。

6.1.1　差动变压器式位移检测仪表

1. 工作原理

差动变压器式位移检测仪表是引用差动变压器转换元件将位移的变化转化为原、副两边绕组互感系数的变化,从而使位移量转换为与其成相应关系的电信号输出,如图 6.1 所示,等效电路如图 6.2 所示。差动变压器的本质是一个变压器,只是其磁路有很长一段在空气中,原边到副边的互感系数随铁芯的移动而变化,而且是差动式的。当副边开路时其输出电压的瞬时值为 $\Delta u = e_1 - e_2$,其中 e_1 和 e_2 为两副边感应电势,$e = -M\dfrac{\mathrm{d}i}{\mathrm{d}t}$,$M$ 为互感系数,i 为原边电流

的瞬时值,即

$$\Delta u = \frac{\mathrm{d}i}{\mathrm{d}t}(M_2 - M_1) \qquad (6.1)$$

式中,M_1 和 M_2 为原边与两个副边线圈的互感系数。

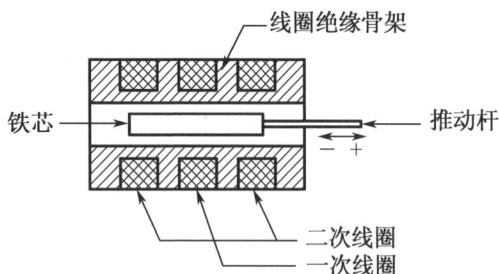

图 6.1　差动变压器

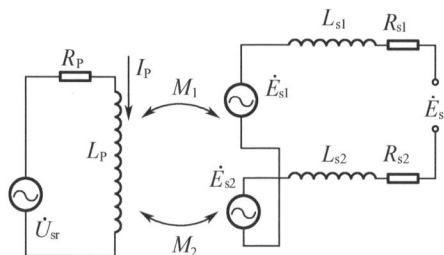

图 6.2　差动变压器等效电路

原边电压 $\dot{u}$ 与电流 $\dot{i}$ 的关系为 $\dot{i} = \dfrac{\dot{u}}{r + \mathrm{j}\omega L}$,其中 ω 为电势的角频率,L 为原边的电感,副边的感应电势为 $\dot{e}_1 = -\mathrm{j}\omega M_1 i, \dot{e}_2 = -\mathrm{j}\omega M_2 i$。

副边开路时输出电压为 $\Delta\dot{u} = \dot{e}_1 - \dot{e}_2 = -\mathrm{j}\omega i(M_1 - M_2)$,故有

$$\Delta\dot{u} = -\mathrm{j}\omega \frac{\dot{u}}{r + \mathrm{j}\omega L}(M_1 - M_2) \qquad (6.2)$$

当 $\dfrac{\dot{u}}{r + \mathrm{j}\omega L}$ 是一个常值时,输出的开路电压 Δu 与 $(M_1 - M_2)$ 呈线性关系,其输出特性如图 6.3 所示。铁芯在中间位置时输出并不为零,这是由于差动变压器的两个副线圈不可能制造得完全对称而造成的,因此测量电路必须考虑消除这个非零点输出。差动变压器的测量电路要能反映铁芯位移的极性,又能消除零点残余电压,为此采用相敏检波电路。

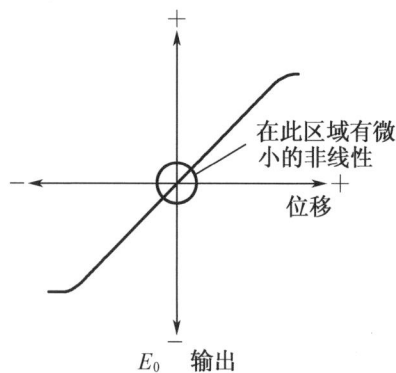

图 6.3　差动变压器输出特性

2. 差动变压器式位移检测仪表在反应堆和核电站中的应用

差动变压器位移检测仪表在反应堆和核电站中的应用主要包括下列几个方面:

(1)燃料在包壳内部的轴向膨胀或收缩的检测;

(2)由于温度或压力变化而可能导致燃料包壳的轴向增长的检测;

(3)燃料元件弯曲度的检测;

(4)控制棒或燃料元件振动的检测;

(5)控制棒棒位的检测;

(6)阀门位置指示;

(7)各种构件相对位置的检测。

这种位移检测仪表已经在热中子通量为 10^{13} 中子/(厘米^2·秒)的反应堆中应用来检测燃料棒伸长度,装置的中子积分能量达到 5×10^{20} 中子/厘米^2。差动变压器位移检测仪表已经成功地用于哈尔登沸腾重水反应堆,工作温度可以达到 $300 \sim 650$ ℃。

图 6.4 表示出两个差动变压器测量包壳内燃料的位移和包壳相对于元件盒的膨胀的装设方法。除了提供关于燃料棒长期工作特性的数据以外,这一测量方法也可检测由于冷却不当而引起的包壳内部燃料的融化。若反应堆元件盒中有一根燃料棒装有这种形式的包壳膨胀探测器,那么就有可能测出局部超功率或冷却不良的情况,从而在元件盒中的燃料棒普遍损坏以前能及时停堆。这种形式的探测器已经成功地应用于挪威的沸腾重水反应堆的元件盒中。

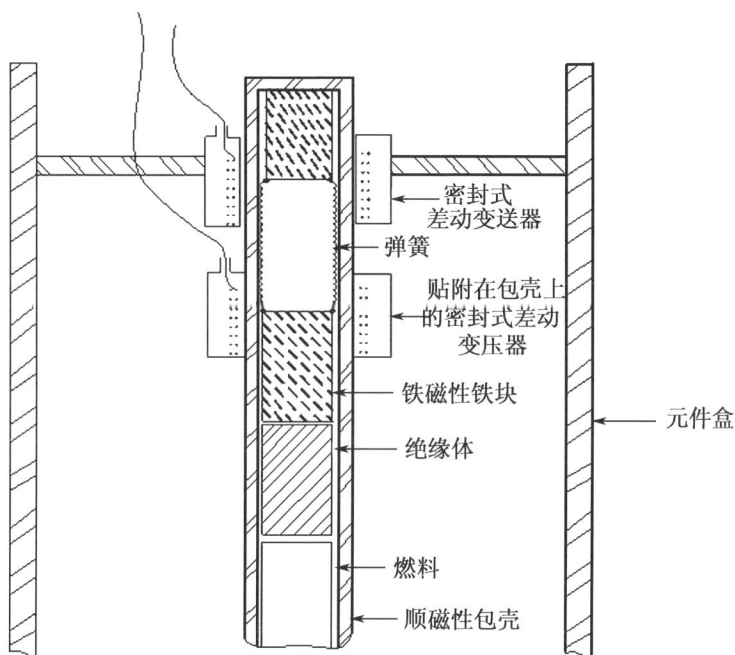

图 6.4　测量燃料和包壳伸长度的差动变压器

图 6.5 所示为一种用于局部热点检测的差动变压器,即采用一种专用的插入式耦合变压器代替联结差动变压器组件和引线的标准电气接头,这种结构可以使燃料换料过程中的连接和拆卸的操作很方便。

差动变压器式位移检测仪表已经用来测量研究过渡过程用的试验堆的许多瞬态试验中的燃料膨胀特性,在工作期间,中子能量的峰值曾超过 10^{15} 中子/(厘米^2·秒)。因此,若能对差动变压器进行适当的冷却,这种仪表就能用于现有的任何反应堆的测量。

3. 控制棒棒位的检测

控制棒棒位的检测是差动变压器式位移检测仪表在反应堆中应用的一个典型例子。

控制棒棒位检测系统用来检测停堆棒、调节棒和短棒在堆芯中的位置,给出控制体的"棒到底"和"棒到顶"信号、控制棒之间的失步信号以及为控制和保护系统提供必需的连锁信号。

控制棒棒位检测系统一般由探测器、操作和信号变换装置以及报警与指示器三部分组成。

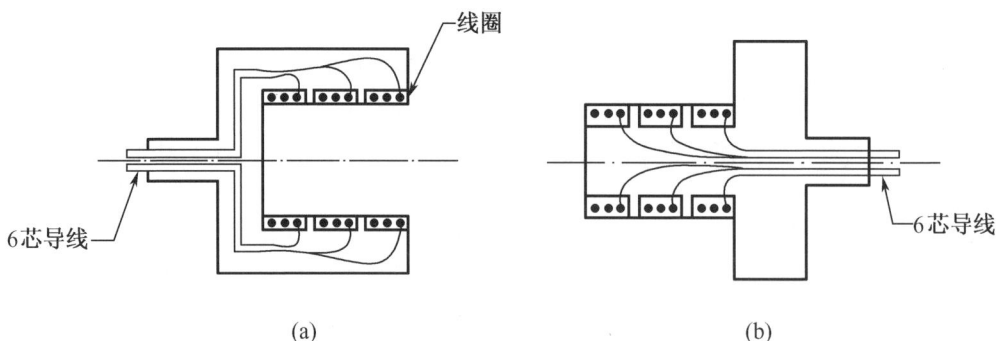

图 6.5　用于差动变压器的插入式耦合变压器示意图

(a)插座(密封式);(b)插销(密封式)

探测器是控制棒位置的发信器;操作与信号变换装置用来选择组、子组或单束棒的位置指示,并变换与处理由探测器送来的信号;报警与指示器在控制棒到顶、到底和失步越限时发出警报信号,并指示正常情况下的控制棒位置。

(1)探测器

反应堆控制棒棒位探测器由差动变压器式传感器构成,它的初级和次级线圈安装在控制棒传动轴压力壳的周围。初级线圈加以交流电压,当控制棒在压力壳内移动时,在变压器次级线圈上感应出反应堆控制棒位置的脉冲信号,该信号送给信号变换装置进行处理。

(2)操作与信号变换装置

反应堆中的控制棒一般有几十束,不可能在控制室内设置几十块指示仪表。根据控制棒的分组情况,通常每组设置一块指示仪表。但是为了检测每个子组或每束棒的位置,棒位指示系统里安装了组和束的选择开关。

在探测器上产生的差动信号经过多芯电缆送至变换装置中的编码器,由编码器将该差动信号转换为循环码,这个与实际棒位相对应的循环码经过输入/输出设备送至数字显示装置,如果遇有失步、"棒到顶"、"棒到底",则马上发出报警信号。

图 6.6 所示为大亚湾核电站反应堆控制棒棒位检测系统。传动杆上部在测量线圈内部移动。测量线圈的一次绕组通交流电,在整个测量高度上均匀绕制。二次线圈共 31 只,每 8 步布置一只,每步 15.875 mm,所以二次线圈距离是127 mm。传动杆由导磁材料制成。端部高度以下

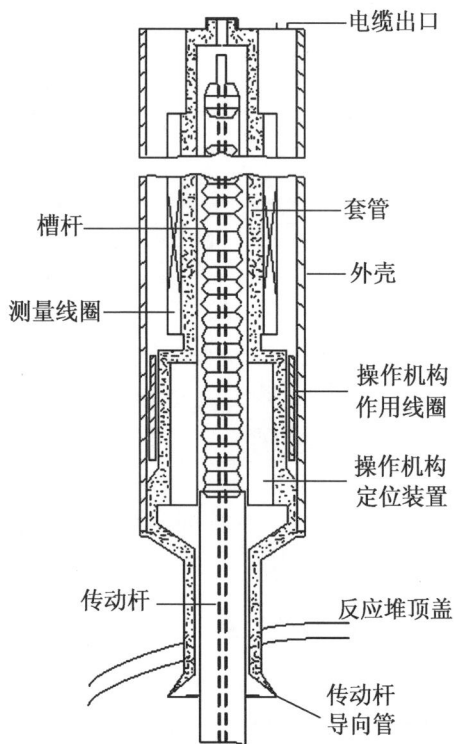

图 6.6　反应堆控制棒棒位检测系统结构原理图

· 192 ·

的二次线圈感生出电压信号,二次线圈采用"隔一正反"接法,结果产生 5 位格兰码。棒位测量电路将其转换,以驱动 30 只指示灯。53 束控制棒的 53 行棒位指示灯装于控制盘上。

6.1.2　电感式位移检测仪表

这种仪表实质上就是一个带铁芯线圈的仪表,它的工作原理是基于机械量变化引起线圈回路磁阻的变化,从而导致电感量变化这一物理现象。

根据定义,线圈的电感为

$$L = \frac{N\Phi}{I} \tag{6.3}$$

磁通为

$$\Phi = \frac{NI}{\sum\limits_{i=1}^{n} R_{m_i}} \tag{6.4}$$

故有

$$L = \frac{N^2}{\sum\limits_{i=1}^{n} R_{m_i}} = \frac{N^2}{\sum\limits_{i=1}^{n} \frac{l_i}{\mu_i A_i}} \tag{6.5}$$

$$R_{m_i} = \frac{l_i}{\mu_i A_i} \tag{6.6}$$

式中,L 为线圈电感;N 为线圈匝数;A_i 为各段导磁材料的截面积;Φ 为磁通;I 为电流;R_{m_i} 为第 i 段磁路的磁阻;μ_i 为第 i 段磁路导磁系数;l_i 为第 i 段磁阻长度;n 为磁路的段数。

由式(6.5)可见,当线圈匝数一定,介质导磁系数一定,磁路的几何尺寸变化就会导致电感的变化,因此被测物理量引起磁路几何尺寸的变化,就引起了电感的变化。电感传感器有变间隙型、变面积型,螺管插铁型等三种类型。例如实际工作中应用得较多的变间隙电感传感器,如图 6.7 所示,这种传感器又称为气隙式电感传感器。其工作原理是被测物理量使衔铁产生位移,使铁芯和衔铁间的间隙 δ 发生变化,从而引起了磁路几何尺寸的变化,因而使线圈中电感值 L 产生了变化,这样就使被测量(例如位移)转换为电感值,然后通过电感组成的电桥,输出一个与被测量相对应的电信号,将其输入显示仪表进行指示。

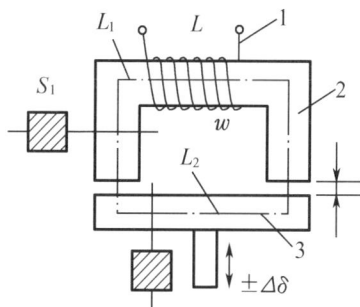

图 6.7　变间隙电感传感器原理图
1—线圈;2—铁芯;3—衔铁

由图 6.7 可见,若 δ 较小,且不考虑磁损,则磁路的总磁阻为

$$R_m = \sum_{i=1}^{n} \frac{l_i}{\mu_i A_i} + \frac{2\delta}{\mu_0 A} \tag{6.7}$$

式中,δ 为气隙的长度;μ_0 为空气的导磁系数;A 为气隙截面积。

考虑到导磁体的磁阻比空气隙的磁阻小得多,所以可以忽略导磁体的磁阻,故有

$$L = \frac{N^2 \mu_0 A}{2\delta} \tag{6.8}$$

对于一个定型的气隙式电感传感器，N, μ_0 和 A 均为常数，则有

$$L = \frac{C}{2\delta} \tag{6.9}$$

式中，C 为常数，$C = N^2 \mu_0 A$。

可见，气隙式电感传感器的电感量和气隙 δ 之间是单值的函数关系。

为了提高电感传感器的灵敏度，减少测量误差，实际工作中常常采用两个相同的传感器线圈共用一个活动衔铁，构成差动电感传感器，其工作原理如图 6.8 所示。

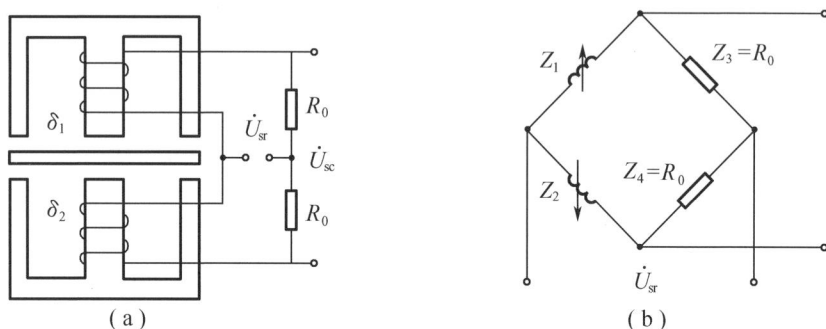

图 6.8　差动电感传感器原理

由图 6.8 可知，差动电感传感器的两个线圈一般接在交流电桥的两臂。在初始位置时，即衔铁处在中间位置时，$Z_1 = Z_2$，而 $Z_3 = Z_4$ 是电桥的固定臂，且在工作过程中也始终保持不变。因而从理论上看，电桥平衡，$U_{sc} = 0$。当被测物理量使衔铁偏离中间位置时，两个线圈电桥失去平衡，即输出与被测量对应的电信号。

6.1.3　涡流型位移检测仪表

近年来，国内外正发展一种建立在电涡流效应原理上的检测仪表，即电涡流式检测仪表。这种仪表可以实现非接触检测物体表面为金属导体的多种物理量，具有结构简单、频率响应范围宽、灵敏度高、测量线性范围大、抗干扰能力强、体积较小等特点，在测试技术等方面，日益得到重视和应用。

这种电涡流式仪表可以检测位移、振动、厚度、转速、温度等参数，可以进行无损探伤，因而在测试技术中，是一种有发展前途的仪表。

1. 电涡流式检测仪表的原理

电涡流式检测仪表利用电涡流效应，将一些非电量转换为阻抗的变化(或电感的变化或品质因数的变化)，从而进行非电量的检测。

如图 6.9 所示，一个通有交变电流 i_1 的检测线圈由于电流的变化，在线圈周围产生一个交变磁场 H_1，如被测导体置于该磁场范围之内，被测导体内便产生电涡流 i_2，电涡流也将产生

一个新磁场 H_2，H_2 与 H_1 方向相反，因而抵消部分原磁场，从而导致线圈的电感量、阻抗和品质因数发生变化。

一般来说，检测仪表线圈的阻抗、电感和品质因数的变化与导体的几何形状、导电率 ρ、磁导率 μ 有关。也与线圈的几何参数、电流的频率 f 以及线圈到被测导体间距离 x 有关。传感器线圈受电涡流影响的等效阻抗 $Z = F(\rho,\mu,r,f,x)$，r 为线圈与被测导体的尺寸因子，如果控制上述参数中一个参数改变，其余皆不变时，就可以构成测量位移、温度等各种检测仪表。

2. 基本特性

电涡流传感器简化模型如图 6.10 所示。模型中把在被测金属导体上形成的电涡流等效成一个短路环，即假设电涡流仅分布在环体之内，模型中 h 由下面的公式求得：

图 6.9　电涡流型检测仪表原理示意图

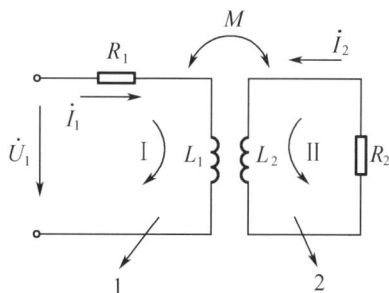

$$h = \sqrt{\frac{\rho}{\pi\mu_0\mu f}} = 5\ 000\sqrt{\frac{\rho}{\mu_r f}} \tag{6.10}$$

式中，h 为电涡流的贯穿深度，cm；f 为线圈激磁电流的频率；ρ 为被测导体的电阻率；μ_r 为被测导体的相对磁导率。

根据简化模型，可画出如图 6.11 所示的等效电路图。图中 R_2 为电涡流短路环等效电阻，其表达式为

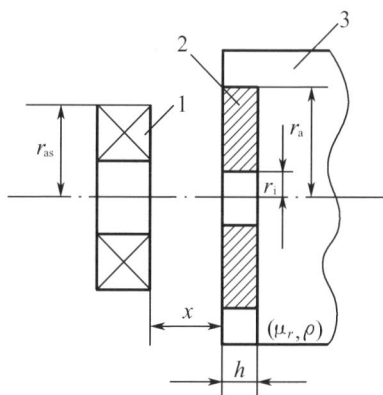

图 6.10　电涡流传感器简化模型
1—传感器线圈；2—短路环；3—被测金属导体
r_a 为短路环等效外半径；
r_i 为短路环等效内半径；
r_{as} 为传感器线圈外半径

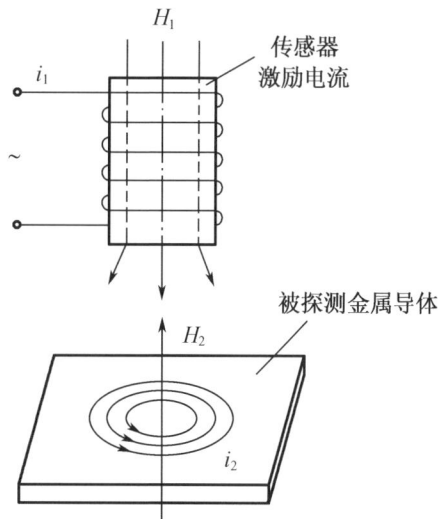

图 6.11　电涡流传感器等效电路
1—传感器线圈；2—电涡流短路环

$$R_2 = \frac{2\pi\rho}{h\ln\dfrac{r_a}{r_i}} \qquad (6.11)$$

根据基尔霍夫第二定律,可列出如下方程:

$$R_1\dot{i}_1 + j\omega L_1\dot{i}_1 - j\omega M\dot{i}_2 = \dot{U}_1 \qquad (6.12)$$

$$-j\omega M\dot{i}_1 + R_2\dot{i}_2 + j\omega L_2\dot{i}_2 = 0 \qquad (6.13)$$

式中,ω 为线圈激磁电流角频率;R_1,L_1 分别为线圈电阻和电感;L_2 为短路环等效电感;R_2 为短路环等效电阻。

由式(6.12)和式(6.13)解得等效阻抗 Z 的表达式为

$$Z = \frac{\dot{U}_1}{\dot{i}_1} = R_1 + \frac{\omega^2 M^2}{R_2^2 + (\omega L_2)^2}R_2 + j\omega\left[L_1 - \frac{\omega^2 M^2}{R_2^2 + (\omega L_2)^2}L_2\right]$$

$$= R_{eq} + j\omega L_{eq}$$

式中,$R_{eq} = R_1 + \dfrac{\omega^2 M^2}{R_2^2 + (\omega L_2)^2}R_2$;$L_{eq} = L_1 - \dfrac{\omega^2 M^2}{R_2^2 + (\omega L_2)^2}L_2$;$R_{eq}$ 为线圈受电涡流影响后的等效电阻;L_{eq} 为线圈受电涡流影响后的等效电感。

线圈的等效品质因数 Q 值为

$$Q = \frac{\omega L_{eq}}{R_{eq}}$$

3. 电涡流强度与距离的关系

理论分析和实验都已证明,当 x 改变时,电涡流密度发生变化,即电涡流强度随距离 x 的变化而变化。根据线圈 - 导体系统的电磁作用,可以得到金属导体表面的电涡流强度为

$$I_2 = I_1\left[\frac{1-x}{(x^2 + r_{as}^2)^{\frac{1}{2}}}\right] \qquad (6.14)$$

式中,I_1 为线圈激励电流;I_2 为金属导体中等效电流;x 为线圈到金属导体表面距离;r_{as} 为线圈外径。

根据上式作出的归一化曲线如图 6.12 所示。以上分析表明:

(1)电涡流强度与距离 x 呈非线性关系,且随着 x/r_{as} 的增加而迅速减小;

(2)当利用电涡流式传感器测量位移时,只有在 $x/r_{as} \ll 1$(一般取 0.05 ~ 0.15)的范围才能得到较好的线性和较高的灵敏度。

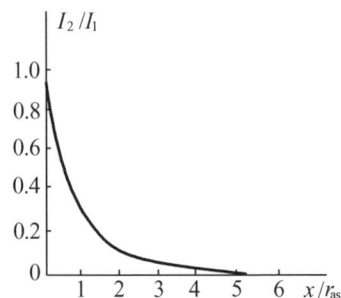

图 6.12 电涡流强度与距离归一化曲线图

4. 电涡流型位移检测仪表应用

电涡流型位移检测仪表可以测量金属零件的动态位移,量程可以为 0 ~ 15 μm(分辨率为 0.05 μm),或 0 ~ 500 mm(分辨率为 0.1%)。凡是可变换成位移量的参数,都可用电涡流型检测仪表来测量,如汽轮机主轴的轴向窜动,金属材料的热膨胀系数,钢水液位、纱线张力、流体

压力等。

在满足量程要求的前提下,我们总希望仪表有尽可能高的灵敏度。因此我们必须从以下几个方面注意提高仪表灵敏度:

(1)线圈在满足量程要求的前提下,尽可能小;

(2)线圈尽可能做得薄,以提高灵敏度;

(3)减少线圈电阻,提高线圈的品质因数,尽可能选用电阻系数小的导线。

图 6.13 为一个电涡流型位移检测仪表安装于燃料棒包壳内部测量燃料芯块相对于包壳运动的情况。在中子通量 10^{16} 中子/(厘米^2·秒)和积分通量达 10^{16} 中子/厘米^2 情况下,它可用来测量小到 0.1 密耳(1 密耳 = 0.002 5 厘米)的位移。

涡流型位移检测仪表已经用于脉冲堆中,在 2.3 × 10^{17} 裂变脉冲和 300 ℃ 的堆芯表面峰值温度下,用来测量振动和位移。这种仪表包含一个工作线圈和一个参考线圈,用来消除辐射和加热的影响。

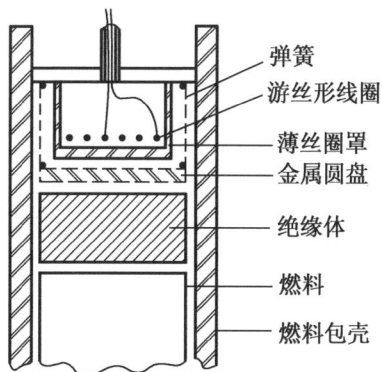

弹簧
游丝形线圈
薄丝圈罩
金属圆盘
绝缘体
燃料
燃料包壳

图 6.13　测量燃料伸长度的
涡流型位移检测仪表示意图

6.2　转速测量仪表

6.2.1　概述

在热力机械和动力机械的试验研究及使用中,转速是一个重要的特性参数。转速指的是在单位时间内,转轴的平均旋转速度,通常以每分钟的转数(转/分)来表示。转速测量方法很多,分类方法也各不相同,有的分为机械式和电气式两大类。根据透平机械的特点,被测转轴的转速一般都相当高,高的转速甚至达每分钟几万转。电气式的转速器用得比较广泛,这类转速器的测速原理,是通过适当的传感器,把旋转体在一定时间内的转动数,转换为与转轴转速相应的,在一定时间内的电脉冲数。这些由传感器转换得来的电信号,实质上是具有一定频率的电信号,然后通过测频仪测出信号频率,这样相应的转速也就测出了。也有的根据测量的原理,将转速测量的仪表种类和测量方法分为频率计数法测转速、模拟法测转速和比较法测转速三种。

频率计数法是目前转速测量中应用较多的一种,它是将待测转速通过转速传感器转化成为与转速成正比的电脉冲信号,再用电子计数器测出该电脉冲信号的频率或周期,从而求得待测转速,这就是通常所说的测频法测量转速和测周法测量转速。用测频法测量转速的实质是测定在预定的标准时基内进入计数器的待测信号脉冲的个数,从而求得待测转速,即有

$$n = \frac{60N_x}{zt} \quad (\text{r/min}) \tag{6.15}$$

式中,n 为待测转速;t 为选定的标准时基,s;z 为被测轴每转一周所产生的电脉冲信号数;N_x

为待测信号脉冲数。

当被测转速较低时,应用测频法会带来较大的相对误差,此时常用测周法。测周法测量转速的实质是使计数器累计在一个待测脉冲信号周期 T_x 内的标准脉冲数 N_0,从而求得待测转速 n,即

$$n = \frac{60}{z T_x'} \qquad (\text{r/min}) \tag{6.16}$$

式中,T_x' 为以秒为单位的 T_x 值;z 为被测轴每转一周所产生的脉冲信号数;T_x 为待测周期,$T_x = N_0 \times T_0$;N_0,T_0 分别为晶振脉冲数和晶振脉冲的周期。

频率计数法测量转速所用的传感器一般为磁电转速传感器和光电转速传感器。磁电转速传感器是将被测轴的转速信号通过磁电感应的方法转换成电脉冲信号;光电转速传感器是将被测转速通过光电转换的原理,转化成为电脉冲信号,供转速数字显示仪显示。

模拟法测量转速是利用被测轴旋转时引起的某种物理量的变化,例如离心力,发电机输出电压等,以转速为单位,连续指示在刻度盘上的一种测速方法。它的精度一般要比测频法低,大多数用作监测仪表。这种方法易受温度等因素的影响,但由于使用方便、价格低廉,目前仍有广泛应用。

比较法测转速是用已知频率的闪光去照射被测轴,利用频率比较的方法来测量转速,它的原理是基于人的视觉暂留现象,即物体在人的视野中消失之后仍能保留一定时间的视觉印象,所用的仪器称为闪光测速仪。

6.2.2 霍耳转速传感器

霍耳转速传感器的结构原理如图 6.14 所示,它实际上是利用霍耳开关(接近开关)测量转速。待测物上粘贴一对或多对小磁钢,小磁钢愈多,分辨率愈高。霍耳开关固定在磁钢附近,待测物以角速度旋转时,每一个小磁钢转过霍耳开关集成电路,霍耳开关便产生一个相应脉冲,检测出单位时间的脉冲数,即可确定待测物的转速。

霍耳开关是由霍耳无接触发信器构成的,霍耳传感器通以恒定的控制电流,在近距离运动磁场的作用下,其输出会有显著的变化,可获得无接触开关量的信号。运

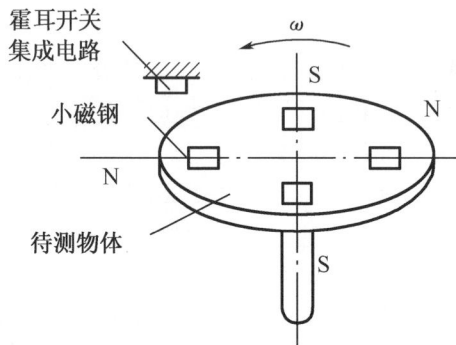

图 6.14 霍耳转速传感器的结构原理

动的磁场是由磁钢运动形成,其本身不提供能量,传感器输出大小也不依赖于相对速度,仅与相对位置有关。

霍耳转速传感器还有另外一种形式,即霍耳数字式转速器,如图 6.15 所示,将导磁材料的齿轮固定在被测的转轴上,对着齿轮的齿端面固定着一块磁钢,霍耳元件贴在磁钢的一个端面上,随着齿轮转动,元件的输出也呈周期性的变化,传感器输出频率与转速成正比,此信号经放大和数字显示即成为数字式转速器。

6.2.3　离心式转速器

离心式转速器的工作原理是测量质量为 m 的物体旋转时所产生的离心力,如图 6.16 所示。离心力的大小可由下式确定

$$F = mr\omega^2 = mr\left(\frac{\pi n}{30}\right)^2 \qquad (6.17)$$

式中,F 为离心力,N;m 为重块的质量,kg;r 为重块质量中心至旋转轴心的距离,m;ω 为旋转角速度,rad/s;n 为转速,r/min。

图 6.15　霍耳传感器测速示意图

由式(6.17)可见,离心力与转速的平方成正比。

根据结构的不同,离心式转速器又有重块式和圆环式两种,图 6.16(a)为重块式离心转速器,当轴旋转时,重块 1 在离心力的作用下向外移动,导致滑块 2 上升,直到与弹簧反力相平衡,并通过杠杆、齿轮机构使指针偏转,根据指针转过的角度即可确定转速的大小。图 6.16(b)所示为圆环式离心转速器原理图,圆环的旋转轴与环本身的垂直轴 $z - z$ 不一致,当圆环旋转时由于离心力的作用,产生一力矩 M_K,它力求将圆环转致使其垂直轴与旋转轴相一致的位置上,这一力矩由螺旋弹簧产生的反力矩 M_n 相平衡,并通过杠杆、齿轮机构和指针确定转速的大小。

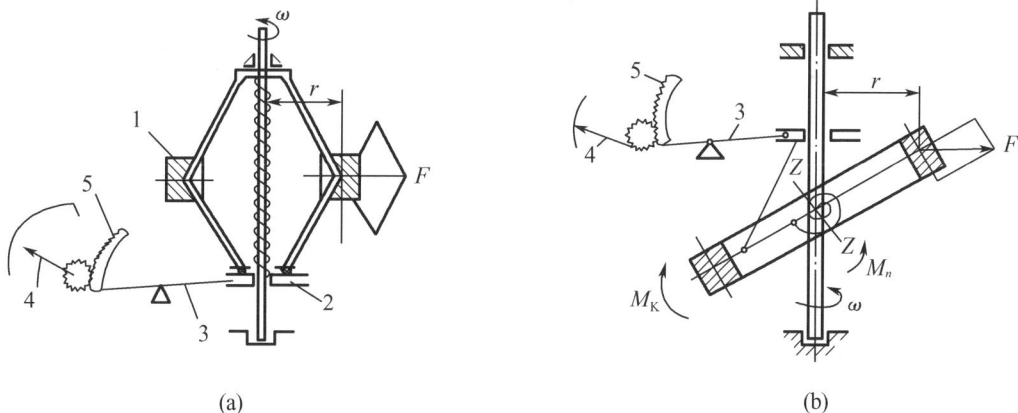

图 6.16　离心式转速器原理图

(a)重块式;(b)圆环式

1—重块;2—滑块;3—杠杆;4—指针;5—齿条

6.2.4　磁性转速器

磁性转速器的结构原理如图 6.17 所示,转轴随待测物旋转,永久磁铁也跟随同步旋转。铝制圆盘靠近永久磁铁,当永久磁铁旋转时,二者产生相对运动,从而在铝制圆盘中形成涡流。

该涡流产生的磁场跟永久磁铁产生的磁场相互作用,使铝制圆盘产生一定的转矩 M,该转矩跟待测物的转速 n 成正比,即有

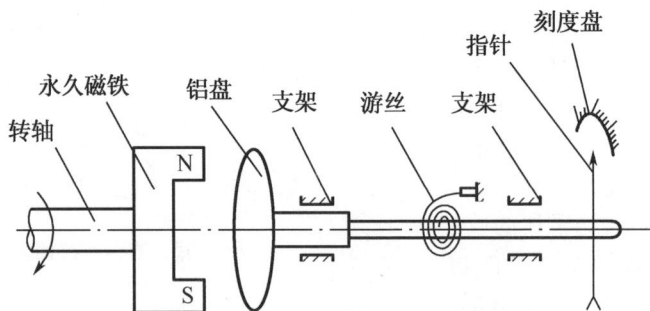

图 6.17　磁性转速器的结构原理

$$n = KM \tag{6.18}$$

式中,K 是与结构有关的系数。

这种转速器有结构简单、维护和使用方便等优点,缺点是精度不高,检测范围为 1 ~ 20 000 r/min,精度为 1.5% ~20% 。

6.2.5　电容式转速器

电容式转速器的结构原理如图 6.18 所示,当电容极板与齿轮尖相对时电容量最大,而电容极板与齿隙相对时电容量最小。当齿轮旋转时,电容量发生周期性变化,通过电路即可得到脉冲信号,频率计显示的频率代表转速大小。设齿数为 z,由计数器得到的频率为 f,则转速为

$$n = 60f/z \quad (\text{r/min}) \tag{6.19}$$

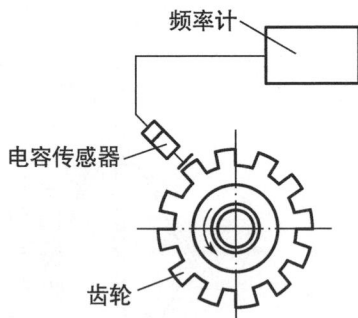

图 6.18　电容式转速器的结构原理

6.2.6　电涡流式转速传感器

电涡流式转速传感器的工作原理如图 6.19 所示,在轴上开一键槽,靠近轴表面安装电涡流传感器,轴转动时传感器便能检测出与轴表面的间隙变化,从而得到跟转速成正比的脉冲频率信号。

电涡流式转速传感器的电路方框图如图 6.20 所示,来自传感器的脉冲信号经放大整形后,即可由频率计指示频率值,若轴转到图中所示位置,间隙变化 Δd 引起传感器线圈的电感改变 ΔL,这种传感器对油污等介质不敏感,能进行非接触检测,可安装在轴近旁长期监视转速。

振荡器的电压幅值和振荡频率同时改变。峰值包络检波器检测出电压幅值的改变量 ΔU,然后通过跟随器和整形电路输出脉冲信号 f_n、f_n 接到频率计即可指示出频率值,接至转速

表即可指示转速。

6.2.7　汽机转速测量

汽机转速测量系统由转速探头（探测器）和前置放大器组成。转速探头安装在 1 号轴承座内的一个桥式组件上，用来探测装在高压转子上的 60 齿的转子的转动速度，共 5 只探测器，4 只工作，一只备用。每只探测器的输出信号都由就地安装的前置放大器放大，然后输入到微机调节器的阀门模块。每个模块都是一套完整的微机处理机系统，装有整定值输入、转速测量、阀门控制、内部通信的信息通路和监控器的接口。

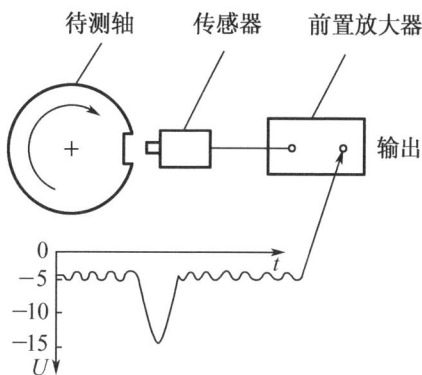

图 6.19　电涡流式转速传感器的工作原理

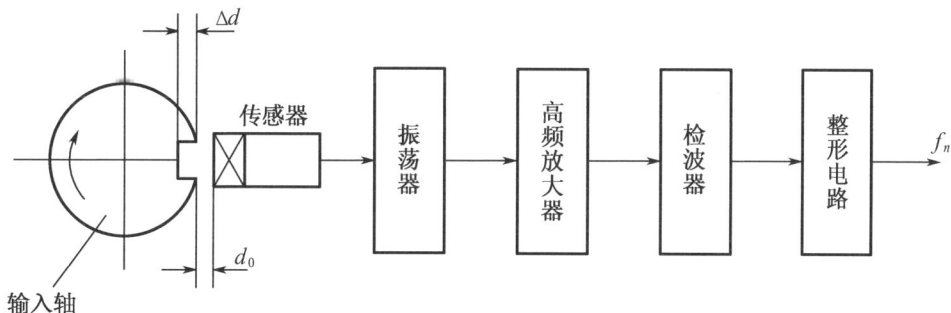

图 6.20　电涡流式转速传感器的电路方框图

4 个探头自动检测装在高压转子短轴上的 60 齿齿轮的转动。利用一个计数器和一个石英钟，每个 BLG 通道（基本级通道）在每 50 ms 的程序循环时对转速采样。

在较低的转速下，转速测量系统自动调整范围，计算较少的齿数，使得时间的长短保持在程序循环时间之内。汽机转速测量系统如图 6.21 所示。

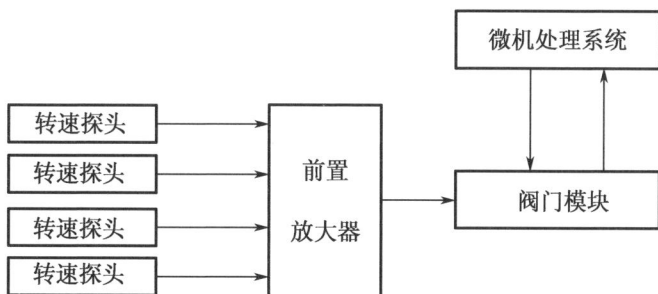

图 6.21　汽机转速测量系统框图

6.3 振动测量传感器

热力机械的振动一直是从事动力机械设计、研究、制造和运行工作者十分重视的问题。因为振动的产生,轻则使某些零部件无法正常工作,重则使零部件,甚至整台机器遭到破坏,因此必须防止振动的产生及控制其量级。

对振动问题的认识和控制,单靠理论分析及计算是远远不够的,还必须依靠对振动物体的实际测量。近年来,由于生产及科研的发展,振动测量已成为一门专门的学科,得到了迅速的发展。

测振传感器又称拾振器,是把被测物体的振动参量变换成电信号的一种敏感元件,传感器的种类很多,分类方法也很多。按工作原理不同,其可分为无源式(又称参量式)和有源式(又称发电式)两种。无源式测振传感器是将振动而引起的电学参量(如电阻、电容、电感等)的变化转换成电信号的一种传感器。因为它本身不能直接产生信号,它必须接入具有辅助电源的基本测量电路中,所以称为无源式传感器。常用的无源式传感器有电感式、电容式、电涡流式、变压器式及变阻式等。有源式测振传感器是将被振动的参量直接变成电信号的一种传感器。因为它本身能产生电信号,所以无须辅助电源。常用的有源式测振传感器有感应式(又称电动式或电磁式)、压式、热电式、光电式等。按照不同安装方式,测振传感器又分为接触式和非接触式两种。本节介绍几种常用的测振传感器。

6.3.1 磁电感应式振动速度传感器

以 CD – 1 型为例,它是一种绝对振动传感器,主要技术指标包括工作频率 10 ~ 500 Hz,固有频率 12 Hz,灵敏度 604 mV·s/cm,最大可测加速度 5 g,可测振幅范围 0.1 ~ 1 000 μm,工作线圈内阻 1.9 kΩ,精度 ≤10%,外形尺寸 φ45 mm × 160 mm,质量 0.7 kg。

它属于动圈式恒定磁通型,其结构原理图如图 6.22 所示。永久磁铁 3 通过铝架 4 和圆筒形导磁材料制成的壳体 7 固定在一起,形成磁路系统,壳体还起屏蔽作用。磁路中有两个环形气隙,右气隙中放有工作线圈 6,左气隙中放有用铜或铝制成的圆环形阻尼器 2。工作线圈和圆环形阻尼器用心轴 5 连在一起组成质量块,用圆形弹簧片 1 和 8 支承在壳体上。使用时,将传感器固定在被测振动体上,永久磁铁、铝架和壳体一起随被测体振动,由于质量块有一定的质量,产生惯性力,而弹簧片又非常柔软,因此当振动频率远大于传感器固有频率时,线圈在磁路系统的环形气隙中相对永久磁铁运动,以振动体的振动切割磁力线,产生感应电动势,通过引线 9 接到测量电路。同时良导体阻尼器也在磁路系统气隙中运动,感应产生涡流,形成系统的阻尼力,起衰减固有振动和扩展频率响应范围的作用。

根据电磁感应定律可知这种传感器的输出开路电压为

$$E = Bl\frac{\mathrm{d}x}{\mathrm{d}t} \times 10^{-8} = Bl_{av}Wv \times 10^{-8} \tag{6.20}$$

式中,B 为磁通密度,Gs;l 线圈的工作长度,cm;l_{av} 为线圈每匝平均长度,cm;W 为工作气隙中线圈的匝数;v 为线圈相对于磁铁的线速度,cm/s。

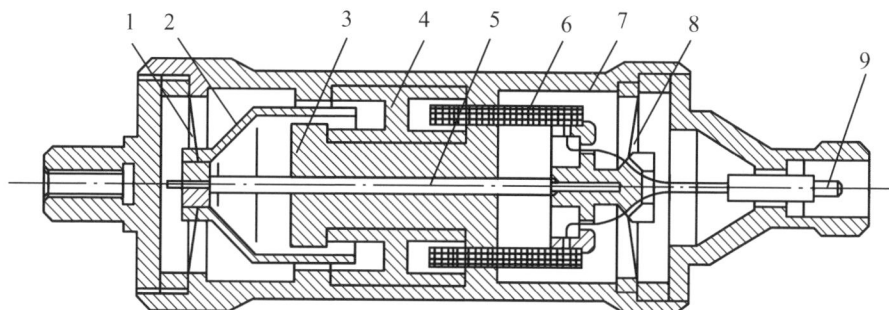

图 6.22　CD-1 型振动速度传感器

1、8—圆形弹簧;2—圆环形阻尼器;3—永久磁铁;4—铝架;5—心轴;6—工作线圈;7—壳体;9—引线

6.3.2　压电式测振传感器

压电式传感器是利用压电晶体的顺压电效应将振动参量转变为电信号的一种电气式传感器,通常做成加速度传感器,用来测量振动物体的加速度。

压电加速度传感器主要由压电晶体、惯性质量块、底座和外壳等部分组成。将加速度计固定在被测物体上,随被测物体一起振动。质量块的惯性力与振动加速度成正比,而惯性力作用在晶体片上,由于压电晶体的顺压电效应,在晶体表面便产生电信号输出。显然,此电信号的大小与受力大小成正比,而所受力的大小又与加速度成正比,因此,电信号与被测物体的振动加速度成正比,从而达到测量加速度的目的。

压电加速度传感器的结构形式很多,常用的有隔离压缩型、单端压缩型、倒置单端压缩型和剪切型。隔离压缩型是常用的,图 6.23 为单端压缩型压电加速度传感器原理图。

压电加速度传感器的力学模型如图 6.24 所示。图中 m 为惯性质量块的质量(弹簧质量很小,忽略不计),K_1 为弹簧的刚度系数,K_2 为压电晶体自身的刚度系数(K_1 与 K_2 可叠加为一个综合刚度系数 K),C 为综合阻尼系数。

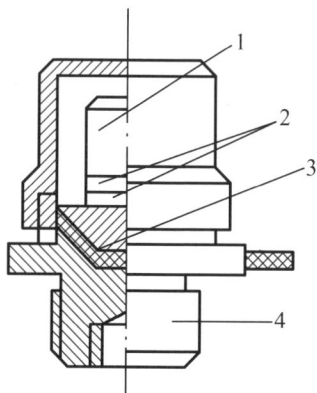

**图 6.23　单端压缩式压电加速度
传感器结构原理图**

1—质量块;2—晶片;3—引线;4—底座

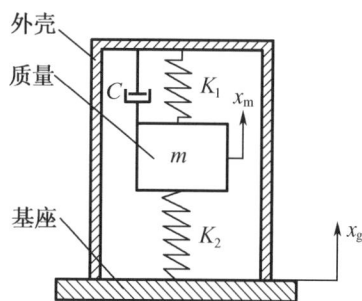

**图 6.24　压电加速度传感器的
力学模型**

6.3.3 电涡流式振动位移传感器

电涡流式传感器是利用电涡流感应原理传感信号的。众所周知,当金属物体置于交变磁场中时,在金属体内会产生感应电流,此电流在金属体内自成回路,故称为涡电流(涡流)。涡电流一旦形成,它亦会产生磁场,此磁场将阻止原来产生涡流的磁场的变化。

电涡流传感器是一个电感线圈 L(图 6.25)与电容器 C 并联构成的 LC 谐振回路。当被测物体置于无穷远时,将此振荡回路调谐于 1 兆赫的频率上。当传感器移近被测物体时,由于 1 兆赫高频电流体在线圈中产生的磁场 Φ_i 的感应,使被测导体上产生涡流,此涡流又产生磁场 Φ_e,其方向与 Φ_i 的方向相反,抵抗 Φ_i 的变化。当两磁场叠加后,使电感线圈中的磁通总值因 Φ_e 而发生变化。因为电感 $L = d\Phi/di$,所以 Φ_e 与 Φ_i 叠加的结果,使电感值 L 发生变化。因此 LC 谐振回路失谐,其阻抗发生变化,从而使输出电压 E_0 发生变化。E_0 的变化量与被测物体的材料性质(导磁性及导电性)、形状、尺寸以及与传感器的距离 δ 等因素有关。当被测对象确定后,E_0 的变化就仅与传感器和被测物体之间的距离 δ 的变化有关,因此,E_0 的变化可表示为 δ 的单值函数 $E_0 = f(\delta)$。

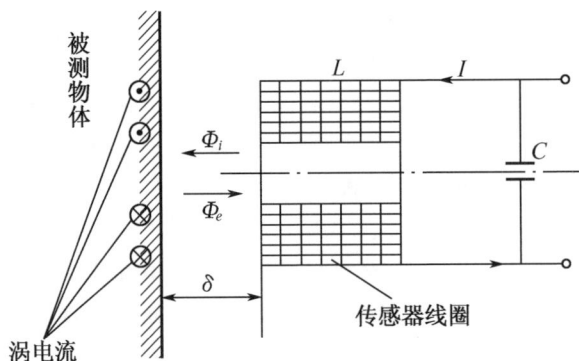

图 6.25　涡流传感器原理图

思考题与习题

6-1　何谓机械量,机械量的测量包括哪些内容?

6-2　小位移测量通常采用的传感器有哪些,大位移测量常用的传感器有哪些,都有什么特点?

6-3　简述差动变压器式位移检测仪表的工作原理。

6-4　简述差动变压器式位移检测仪表在反应堆和核电站中的应用。

6-5　试述电涡流型位移检测仪表的工作原理。

6-6　如何提高电涡流型检测仪表的灵敏度?

6-7　什么是转速,转速测量的分类方法有几种?

6－8　试述频率计数法、模拟法和比较法测转速的工作原理。

6－9　何谓霍耳效应,霍耳转速传感器的工作原理是什么?

6－10　无源测振传感器和有源测振传感器有什么不同?

6－11　试述磁电感应式速度传感器的工作原理。

6－12　何谓压电效应,什么是顺压电效应,什么是逆压电效应?

6－13　试述压电式测振传感器的工作原理。

第7章 反应堆核测量与辐射监测

反应堆运行监测包括功率(中子通量)监测、辐射监测和热工参数监测三部分。热工参数的监测在前几章已作了详细的介绍,本章主要介绍反应堆的功率测量系统和辐射剂量监测系统。功率监测系统的主要职能是监测反应堆从释热到发电的整个过程,并为功率调节系统和保护系统输送信号,以确保反应堆的安全运行;辐射监测的任务是测量核辐射所造成的剂量和排放物的放射性水平,防止工作人员遭受 γ 射线的外照射以及由放射性气体或气溶胶引起的内照射所带来的危害,根据辐射监测系统的指示也可以判断反应堆运行的安全性。

7.1 核仪表的工作原理

7.1.1 概述

虽然核辐射具有无色无味、不为人们感觉器官直接察觉的特性,但它也具有一定的规律。因此,可以利用它们和物质相互作用所呈现的变化进行观察和检测。

在核电站中有各种核辐射测量任务,一个核辐射检测装置通常由核辐射探测器、探测器输出信号的处理仪器和其他一些附属设备组成。核辐射探测器是完成测量任务的关键部件,整个测量系统的技术指标首先取决于探测器,了解并正确使用探测器是完成测量任务的先决条件。

核辐射探测器的主要作用是使进入探测器灵敏区域的核辐射转变为信号处理设备能够接收的信号,例如电信号、光信号、声信号、热信号等。

这里我们着重介绍用得最多的三类探测器:气体探测器、半导体探测器和闪烁探测器。这三类探测器都是把核辐射转变成电信号,再由电信号处理设备进行分析和处理。

与三类探测器配合的电信号处理设备大部分是核电子仪器或单元,例如,高压电源、放大器、甄别器、计数器、计数率计脉冲幅度分析器、符合和反符合单元等。有时,这些电信号处理仪器与计算机连接起来共同运行。

若按照技术指标和用途的差别来区分,三类探测器中每一类都有很多种。这里我们侧重讲述在学习这三类探测器时需要了解和掌握的三个主要方面:(1)探测器把核辐射转变为电信号的物理过程;(2)探测器的输出回路及其与探测器输出电信号的关系;(3)探测器的主要技术指标及其用途。

探测器把核辐射转变为电信号的物理过程在很大程度上决定了探测器的主要技术性能和作用。就这三类探测器而言,核辐射转变为电信号的过程不管多么复杂和不同,概括地讲总是分为两个阶段。第一个阶段,入射的粒子如果不带电,如 γ 光子和中子,则通过与探测器物质的相互作用,转变或产生出带电粒子,这些带电粒子在探测器内的一个特定区域使原子或分子电离和激发;第二阶段,初电离或激发的原子,在探测器的外加电场中定向移动,因而在探测器外部负载电路中给出一个电流信号,称为探测器的本征电流信号。这个本征电流信号的特点完全取决于核辐射在探测器内转变为电信号的物理过程,而与探测器的外部负载电路无关。

为了使探测器内部产生一定电场,需供给探测器以一定数值的直流电压。在探测器与提供直流电压的电源之间还存在若干个电子元件。为了把本征电流信号转化成为适合测量任务需要的电信号,在探测器与电信号处理仪器之间也需要一些电子线路和元件。所有这些元件组成了探测器的外部负载电路,如图 7.1 所示。图中,E 为直流电压电源。$R_负$ 为探测器的负载电阻;$R_入$ 为电信号处理仪器的输入电阻;$C_入$ 为电信号处理仪器的输入电容;$C_隔$ 为把探测器需要的直流电压与电信号处理输入端隔开的电容;$C_分$ 为连接探测器和电子元件的电缆线等的分布电容;$C_探$ 为探测器本身的电容。

对大多数测量任务来说,这三类探测器可以把本征电流信号转化成为慢变化的电流信号,也可以转化成为脉冲信号,然后再被送到电信号处理仪器中去。输出慢变化的电流信号的状况通常称为探测器的电流型工作状况,而输出脉冲信号的状况称为探测器的脉冲型工作状况。大多数探测器可以工作在这两种状况中的任何一种。

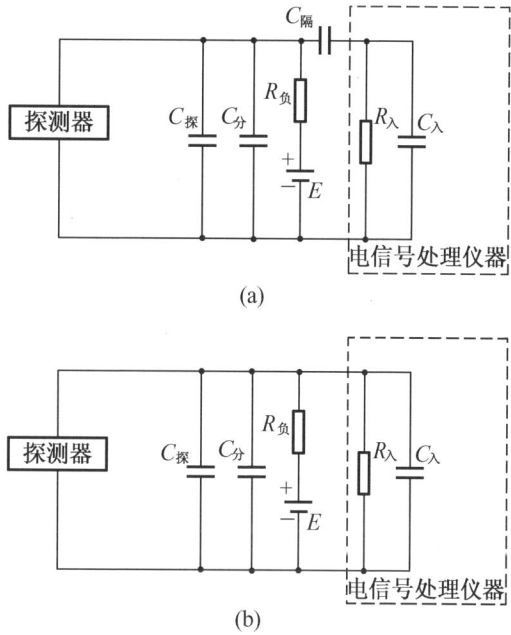

图 7.1 探测器的外部负载电路
(a)输出脉冲信号;(b)输出电流信号

7.1.2 气体探测器

这里主要是指电离室、正比计数器和 G－M 计数器等。因为这三种探测器将核辐射转变成为电信号的物理过程都是在探测器内充特定气体的特定体积中进行的,所以它们统称为气体探测器。气体探测器的结构示意图如图 7.2 所示,气体探测器计数－电压曲线如图 7.3 所示。

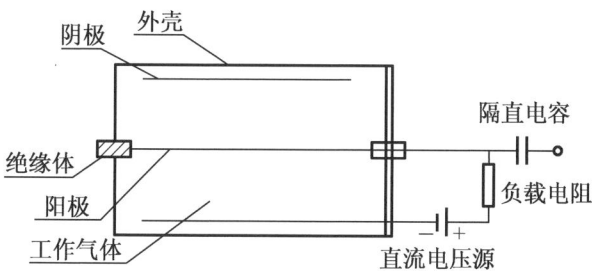

图 7.2 气体探测器结构示意图(圆柱形)

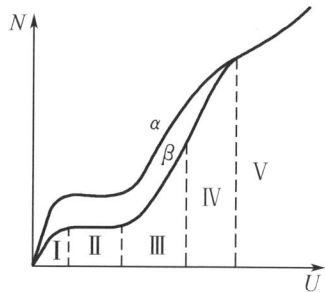

图 7.3 计数器脉冲计数与外加电压的关系

1. 气体电离室

电离室工作在图 7.3 的 Ⅱ 区,其工作原理可简要地概括为,当核辐射通过一个中间充有空气两极加上电压的容器时,容器内空气就产生电离。若容器两极间所加的电压足够高的话,而且正负离子的复合和损失可以忽略不计,即所有形成的离子几乎全部被收集,这时测量电路中的电流达到饱和。电离室就是利用核辐射对物质的电离作用,使其工作特性处于饱和电流区间的检测装置。

这里必须指出的,当用电离室测量 γ 射线时,气体中的电离作用大部分是由室壁中产生的次级粒子所引起的,所以测量核辐射剂量必须选择适当的材料做室壁。在用伦琴为单位进行照射量刻度时,电离室室壁应该选用与空气等效的材料,如铝对能量为 0.3 ~ 3 MeV 的 γ 射线是与空气等效的。如果用来测量人体组织的吸收剂量,电离室的室壁就得选择化学成分和机体组织相近的组织等效材料,如在聚乙烯中掺杂适当的附加物就可做成组织等效材料。

用电离室作为辐射探测器,可以用核辐射剂量单位直接进行刻度,并且可以测量强辐射场,但要求具有高的绝缘性能,这是由于它受温度和湿度的影响大,容易产生漏电。

2. 正比计数管

正比计数器工作在图 7.3 的 Ⅲ 区,有以下几个特点:

(1)正比计数器的脉冲高度比电离室增大 A 倍,因此降低了对放大器的要求。

(2)由于在一定的工作电压下 A 是常数,所以正比计数器输出脉冲幅度正比于入射粒子能量,因此它和脉冲电离室一样,具有较高的灵敏度。正比计数器原则上只要有一对离子就可能分辨出来,因此适于探测低能或比电离低的粒子。

(3)由于 A 随工作电压而变化,因此工作中对电源电压的稳定性要求很高,一般不稳定性 $\leqslant 0.1\%$。

由于这些原因,正比计数器既能测重粒子的能量,又能测其强度,而主要用途是用来测 β 射线。利用 4π 正比计数器进行 β 绝对测量时,精度可达到 0.5%,若管内充以 BF_3 气体,还可测量中子。

3. 盖革 - 弥勒计数管

盖革 - 弥勒计数管(简写 G - M 计数管)的结构简单,使用方便,灵敏度很高,而且价格便宜,能满足测量的多方面要求,是目前应用得相当普遍的一种探测工具。

G - M 计数管工作于图 7.3 曲线的 G - M 区(Ⅴ 区),由于这时电压更高,电离一经发生,电子便以更高的速度向中央丝极运动,发生比正比区更强烈的"雪崩"现象,其结构如图 7.4 所示。

(1)G - M 计数管的特点

①无法甄别射线的种类,若测 β 和 γ 混合场时则采用吸收层甄别掉 β 射线,以达测量 γ 射线的目的。

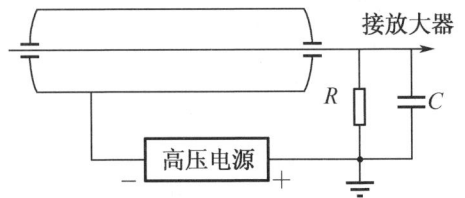

图 7.4　盖革 - 弥勒计数器的结构

②不宜于测量强 γ 辐射场,因为存在约 10^{-4} 秒的"失效时间",在测量强 γ 辐射时会有漏计数。

③适用于低辐射场的测量,因为它具有较高的测量灵敏度。

④不需放大器,这就降低了计数设备的价格,因为气体放大倍数很大。

⑤只能用作粒子强度的测量,不能用于入射粒子能量的测量。

(2)G-M 计数管的特性

①坪特性

在放射源强度不变的情况下,计数率随外加电压 U 变化的曲线称为坪曲线,此曲线上计数率基本上不随 U 而改变的一段直线称作计数管的"坪",其长度叫"坪长",其斜率称为"坪斜",一个很好的计数管必须具有很宽的坪。一般为 100 ~ 300 V,坪斜不大于 5% 每 100 V。图7.5中,U_S 称为起始电压,$U_D - U_G$ 称为"坪区",即坪长,U_0 称为实际工作电压,即有

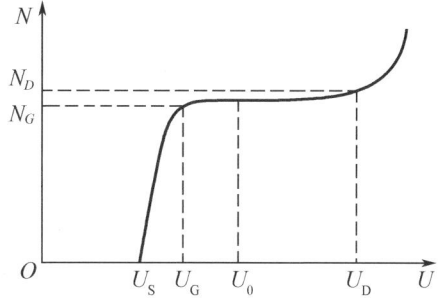

图 7.5　G-M 计数管的坪曲线

$$坪斜 = \frac{N_D - N_G}{N_G(U_D - U_G)} \times 100\% \qquad (7.1)$$

式中,N_D 和 N_G 为对应于电压 U_D 和 U_G 的计数率。

②死时间

死时间又称为失效时间,是 G-M 计数管不能对入射粒子计数的时间,一般约在 100 ~ 300 微秒间。之所以有死时间,是因为计数管在"雪崩电离"之后,正离子鞘屏蔽了电场,造成一定时间内计数的失效。这对于反映时间信息是很不利的。我们用 τ 表示死时间,对于辐射的绝对测量,就可以按下列式子对死时间的影响进行校正:

$$N_0 = \frac{N}{1 - \tau N} \qquad (7.2)$$

式中,N_0 为真正计数率;N 为实测计数率。

③探测效率

探测效率为一个粒子通过计数管的灵敏体积而能引起输出脉冲的概率。

G-M 计数管应用相当广泛,可作 α,β,γ 射线强度的相对测量以及 β 源放射性的绝对测量,可用于固定式也可用于携带仪器上。

7.1.3　固体探测器

利用辐射与固体的相互作用来进行辐射测量的探测器,称为固体探测器,如各种类型的闪烁计数器、半导体探测器等。

1. 闪烁计数器

(1)闪烁计数器的工作原理

闪烁计数器是根据射线照射在某些闪烁体上能使它发出闪光的原理进行测量的一种探测

器。利用光电倍增管的近代闪烁计数器,现在已成为核探测技术中的重要工具。

闪烁计数器是由闪烁体、光电倍增管和电子线路所组成的,其工作原理如图 7.6 所示,当射线照在闪烁体上后发出荧光,利用光导和反光材料,使大部分荧光光子收集到光电倍增管的光阴极上。光子在对光灵敏的阴极上打出光电子,这些光电子经过光电倍增管倍增、放大,倍增后的电子在阳极上产生电压脉冲,此脉冲被电子线路放大和分析后记录下来,这样就可以对粒子进行探测了。

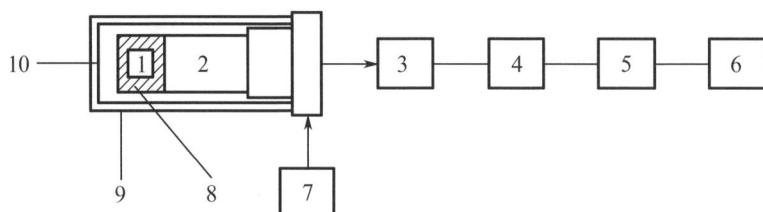

图 7.6　闪烁计数器工作原理示意图
1—闪烁体;2—光电倍增管;3—前置放大器;4—主放大器;5—脉冲幅度分析仪;
6—定标器;7—高压电源;8—光导;9—暗盒;10—反光材料

(2)闪烁体

闪烁体的发光是由于带电粒子通过闪烁体时,它的内部原子或分子被激发处于高能级,而再随即恢复到低能级(基态)时就辐射出光子,对 γ 射线来说,是由于 γ 光子在闪烁体内产生次级电子,这些次级电子能使闪烁体内的分子或原子激发而产生闪光。闪光的持续时间一般为 10^{-6} 秒的数量级或更短。

常用于辐射测量的闪烁体很多,一般可分为无机和有机两大类。无机晶体有单晶体(如 Tl 激活的 NaI 和 Tl 激活的 CsI)和粉末晶体(Ag 激活的 ZnS)。有机闪烁体又可分为有机晶体、有机溶液和塑料闪烁等。晶态闪烁体多数是由一些超纯物质加上微量的掺杂物质在高温下结晶而成。晶体指分子按一定空间结构排列的物质,整块物质由一个整的单晶体组成,称为单晶,为得到大而透明的闪烁体,常用有机或无机的单晶体,一块物质由许多小块的晶体组成称为多晶,由于透光性不好,只能用于大块单晶不易得到的场合。

(3)光电倍增管

光电倍增管是闪烁计数器中最重要的部件之一,它的作用是把闪烁体的光信号转换成电信号,并且充当一个放大倍数大于 10^5 的放大器。

光电倍增管是一个光阴级和多个倍增电极(又称打拿极)以及一个阳极组成。光阴极把入射光能量的一部分转变成电子,在闪烁计数器的大多数新式光电倍增管中,把半透明的锑 - 铯层沉积在玻璃或石英窗的内表面上作为光阴极。光阴极上产生的电子加速飞回倍增电极,在每个倍增极上发生电子倍增现象,每个倍增极的倍增系数 m_i 大约和倍增极之间的电压成正比例,总倍增系数为 $\prod_{i=1}^{i=k} m_i$,在这里 k 是倍增电极的个数,光电倍增管的供电电源必须非常稳定以便保持倍增系数 m_i 的变化最小。倍增电极上涂有能产生二次电子的材料,所不同之处在于,二次电子发射过程中逸出电子是由高能电子而不是由光子产生的。因此光电材料可以用作倍增极涂料,用作倍增极涂料的一些材料是铯锑(CsSb)、银镁氧铯(AgMgOCs)和镁氧

（MgO）。

光阴极除发射光电子以外,还有电子的热发射现象。铯锑(CsSb)光阴极材料的功函数大约是 1.9 eV,铯锑光阴极有一个 6 600 埃的波长阈。在室温下,热能量大于 1.9 eV 的电子数量,也就是能从阴极物质中逸出的电子数量是在 $10^2 \cdot cm^{-2} \cdot s^{-1} \sim 10^4 \cdot cm^{-2} \cdot s^{-1}$ 之间。由于热发射产生的这些电子也得到倍增,而且这些电子是产生光电倍增暗电流的主要原因,所谓暗电流是指没有入射核辐射时,光电倍增管中产生的电流。

光电倍增管的工作电压(高压)在实际应用中也要注意选择:正高压的优点是可以减少光电倍增管的噪声,这是因为阴极与外套(接地)之间是等电位的,没有微弱放电产生的噪声,其缺点是输出端隔直电容要耐高压,又要接头绝缘可靠,以免发生危险。

负高压:其接法是阳极接地,阴极加负高压,这样就避免了正高压接法的缺点,但却增大了光电倍增管的噪声,故在噪声要求不高的情况下可以使用。

从使用角度讲,光电倍增管的主要特性有以下几方面。

①总灵敏度由管子的倍增系数和光阴极发射光电子的灵敏度决定,用安/流明表示,总灵敏度随外加电压而增加。

②暗电流由几个原因产生:(a)各电极,特别是光阴极和前几个打拿极的热电子发射;(b)电极间绝缘材料、管座和管子漏电电流;(c)强电场下才引起的冷电子发射(场致发射);(d)管子内剩余气体被信号电离,可能发生光反馈或正离子反馈,它随工作电压的增加而增加。暗电流对低能射线的测量影响较大,必须设法尽量减少,工作时仔细挑选暗电流小的管子,采取冷却、清洁等措施,以满足工作要求。

③光阴极接受光子而放出光电子,是光电倍增管最主要的部分,直接影响光电倍增管的灵敏度及分辨率。光阴极的好坏主要是由阴极材料及窗材料所决定,一般应选用灵敏度高(即光电转换效率高)、灵敏层均匀、与所用荧光体具有合适的光谱响应的管子。

④分辨时间通常在 10^{-9} 秒数量级。

一般要求选用总灵敏度高,暗电流及本底脉冲低,分辨时间短,光谱响应好,性能稳定,能长期工作的光电倍增管。强放射性测量时,还应考虑光负载能力等性能。

由于光电倍增管是比较贵重的元件,使用时必须十分小心,应注意以下几点:

①在探头的暗盒透光的情况下(即使透光很少),决不能加高压。

②为了减少噪音,在正式开始工作前几小时先加上电压,使光电倍增管达到稳定工作状态。

③如输出脉冲很大,在采取降低高压、选取极级数合适的管子等措施后脉冲仍很大则可以把后几个极联在一起,如要得到正脉冲,可把最后第二个打拿极作为输出端。

④分压电阻采用高稳定电阻,并且最好直接焊接在管座上,关键在于管座的材料必须是良好的绝缘体。

⑤对于聚焦式光电倍增管,各极间电压有确定的关系,因此要严格调整各极间的电压比,以达到最好的聚焦条件,尤其是调节前三个打拿极的电压比最为重要。

⑥磁场对光电倍增管的工作有很大的影响,有时当光电倍增管改变取向时,地磁场也可能影响它的正常工作(主要是环状聚焦型),因此在磁场附近以及作精确测量时,必须采取磁屏蔽措施。

(4)闪烁计数器应用

闪烁计数器应用十分广泛,在放射性强度测量方面主要应用于以下方面。

①α 粒子的探测

最有效的闪烁体是 ZnS(Ag),它对 α 粒子发光效率高,探测效率几乎达 100%,所以当 α, β 同时存在时,α 脉冲易与 β 区别。ZnS(Ag)闪烁体可以做得很薄,可以稍大于 α 粒子在该物质中的射程,晶体厚度一般选 5～20 mg/cm² 为好。ZnS(Ag)晶体不吸潮,因此使用较方便。

②β 粒子的探测

最常用的是有机闪烁体,可做成任意大小的晶体、液体、固溶液。β 塑料闪烁体,具有较短的死时间、较长的寿命和较好的稳定性,如减薄闪烁体和提高甄别电压的方法,加一定物质屏蔽可以达到对⁹⁰Sr－⁹⁰Y平衡体 10% 的探测效率。1 计数/分的本底,用于低水平的测量有很大的优越性。用液体闪烁计数器对低能 β 粒子如氚、碳－14 等测量十分有效,它具有高灵敏度、高效率、避免窗和源的自吸收、使用方便和测量迅速等优点,能适用多种形式的环境和生物样品的测量。

③γ 射线探测

用 NaI(Tl)可做成不同大小的各种形状,探测效率有的高达 50%～60%,设法降低本底以后,可以进行很弱 γ 放射性的测量。

根据输出脉冲振幅与入射粒子在闪烁体内的消耗能量之间的已知关系,就能从脉冲高度来分析粒子的能量。用闪烁计数器来测量能量,实际上就是对脉冲高度进行分析。在这方面,可以制成各种闪烁谱仪。例如用蒽晶体或液体闪烁体做 β 闪烁的谱仪,用 NaI(Tl)晶体与多道脉冲高度分析器相配合制成的 γ 谱仪是十分有效的分析工具。

2. 半导体探测器

半导体探测器是近年来发展极其迅速的一种新型核辐射探测器。它具有能量分辨本领好,分辨时间短,阻止本领大等非常优异的性能,在核辐射探测的各个领域已得到越来越广泛的应用。

(1)半导体探测器的工作原理

实际使用的半导体有两种,一种叫作 N 型,另一种叫作 P 型。它们都是在纯半导体材料中掺入不同杂质而构成的。掺有第三族元素如硼(称为受主)的硅或锗叫作 P 型,其中有许多空穴。掺有第五族元素如磷(称为施主)的硅或锗叫作 N 型,其中有许多自由电子,通常的半导体计数器材料并不是纯的半导体,而是 P－N 结型半导体。

P－N 结型半导体探测器就是 P 型半导体与 N 型半导体直接接触(接触距离小于 10^{-7} cm)组成的一种元件。在接触的交界处由于剩余电子和剩余空穴互相补充,故在交界处电子和空穴的密度特别小,即相当于电阻特别大。在工作时加上反向电压(即 P 型加负压,N 型处加正压),电子和空穴背向运动,造成了无自由载流子的耗尽层,又称半导体探测器的灵敏体积。当带电粒子进入此灵敏体积后,由于电离产生电子－空穴对,电子和空穴受电场的作用,分别向两个电极运动,并被电极收集,从而产生脉冲信号。此脉冲信号被低噪声的电荷灵敏放大器和主放大器放大后,由多道分析器或计数器记录。半导体探测器的工作方框图如图 7.7 所示。

(2)半导体探测器的种类和结构

半导体探测器有许多不同的类型,目前使用的探测器,可按其制作方法分为以下三种。

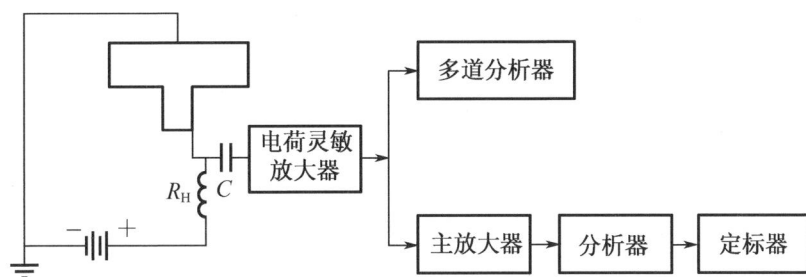

图 7.7　半导体探测器工作方框图

①扩散结构

P 型硅的一侧表面上扩散入一薄层 5 价的磷使之成为 N 型硅,从而构成 P – N 结,这种 P – N 结半导体中,N 型硅一般做得很薄,只有 $0.1 \sim 1~\mu m$。

②面垒型

在一片 N 型硅表面蒸上薄薄的一层金而制成,金属薄约几百个原子层。这一金属 – 半导体界面有整流特性,也形成耗尽层,工作时以涂金层作为阴极,以 N 型硅作为阳极。

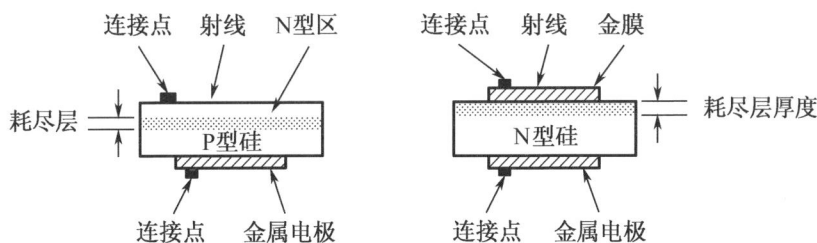

图 7.8　半导体探测器结构示意图

③锂漂移型

它是先将锂(施主)在 P 型晶体上扩散一层,形成 P – N 结,然后在适当温度下加上反向电压,此时锂原子可在电场作用下在晶格中漂移,并且它的分布可以在一定区域内,恰恰补偿 P 型硅内的杂质的作用。用这种方法可以制造灵敏体积比扩散结构型和面垒型厚的探测器。

以上几种探测器的结构示意图如图 7.8 所示。用上述三种方法制成的硅半导体探测器都可在室温下工作,如果采用现代的制冷技术冷却会大大降低其噪音信号。

锂漂移锗探测器是用漂移技术制成的一种辐射探测器。它可以制成不同形式,以满足不同测量的要求。这种探测器用于 γ 测量性能十分优良,但必须在液态氮的温度(77 K)下工作与保存,因为在室温上锂会漂移出晶体,器件被破坏。

除此之外,由硅构成的还有位置灵敏探测器。近几年来为了解决 Ge(Li)探测器工艺周期长,必须在低温下使用及保存的困难,采用了化合物半导体材料,如 GaAs(砷化镓)、CdTe(碲化镉)、HgI_2(碘化汞)等制成的核辐射探测器,扩大了使用温度范围,并获得了较好的能量分辨率和较高的效率。

在使用半导体探测器时,必须要用电荷灵敏前置放大器。这是因为半导体探测器输出电

压脉冲高度 u_{sc} 可用下式表达:

$$u_{sc} = \frac{Q}{C_d} \tag{7.3}$$

式中,Q 为电极收集到的电荷;C_d 为两极之间的电容(包括分布电容),它与外加偏压 V_0 的关系是 $C_d = KV_0^{-1/2}$,K 是常数,即电容 C_d 随外加偏压变化,也就是说半导体探测器的输出脉冲受外加偏压及分布电容的影响,故采用加入一个小反馈电容的电荷灵敏前置放大器,使得输出幅度仅与反馈电容及收集电荷 Q 有关,这在能量测量中是十分必要的。

(3)半导体探测器的性能

①能量分辨本领高。在硅中每形成一个电子 - 空穴对需要 3.5 eV 的能量,在锗中需要 2.94 eV,而在气体电离室中需要 30 eV 左右,闪烁计数器则要 100 ~ 500 eV,这意味着能量为 5 MeV 的 α 粒子能在硅中形成 1.43×10^6 电子 - 空穴对,统计涨落按泊松分布估计时是 1.2×10^3 电子空穴对,半峰值宽度(FWHM)为 10 keV 左右,而气体探测器的半峰值宽度是 29 keV,闪烁计数器约为 90 keV。如果考虑法诺(Fano)因子,半导体探测器的分辨率将会更高。所以,高分辨是半导体探测器的固有性质,是由于它所需要的电离能量小决定的。除此之外,这种器件的分辨率还与入射窗效应、外加偏压大小及环境温度有关。

②在半导体探测器中,射线的能量损失与生成的电子 - 空穴对的数目间的线性关系好,即输出脉冲幅度与能量成正比,所以在能量的测量方面得到了广泛的应用。此外还有分辨时间短,体积小,寿命长,坚固耐用等优点。

半导体探测器的缺点是器件体积不能做得很大,灵敏层不能很厚,对 X 射线或者 γ 射线(电离本领小)的探测效率较低。

(4)半导体探测器的特性参数

①灵敏区厚度(结区厚度)δ

结区是半导体探测器的核心,它的厚度 δ 大小是探测器的关键。探测不同的入射粒子,则 δ 有所不同。探测 α 粒子,δ 比较小;探测 γ 射线和 X 射线,δ 比较大;探测 β 射线,δ 介于上述三种情况之间。面垒探测器 δ 有一定限制,故只宜探测 α 粒子能谱,对 α 探测效率高,而对 γ、X 射线效率低。

面垒灵敏区厚度可由下面经验公式给出:

$$\delta = 0.5 \sqrt{\rho \cdot V_0} \qquad (\mu m) \tag{7.4}$$

式中,ρ 为 N 型材料的电阻率,$\Omega \cdot cm$;V_0 为探测器的外加反向工作电压,V。

由式(7.4)可见,结区厚度 δ 与外加电压 V_0 有关,所以对制成的面垒探测器,根据不同能量的入射粒子,可以选调适当的工作电压来调节灵敏区(结区)厚度。

②结电容 C_d

结电容 C_d 是呈现在半导体探测器两极间的并联电容,即 PN 结的电容,实验证明,平行板结电容为

$$C_d = 8.9 \frac{\varepsilon \cdot s}{\delta} \qquad (pF) \tag{7.5}$$

式中,ε 为介电常数(硅 $\varepsilon = 11.8$);8.9 为单位换算系数;s 为灵敏区横截面积,mm^2;δ 为灵敏区厚度,μm。

对一制成的半导体探测器来说,ε,s 是固定不变的,而只有 δ 可变,如前所述,$\delta = $

$0.5\sqrt{\rho \cdot V_0}$，所以它的输出脉冲电压为

$$u_{sc} = \frac{Q}{C_d} = \frac{\delta \cdot Q}{8.9 \varepsilon \cdot s} = \frac{Q\sqrt{\rho V_0}}{17.8 \cdot \varepsilon \cdot s} \qquad (7.6)$$

由式可以看出，半导体探测的输出电压 u_{sc} 也与外加电压 U_0 有关，这是由于结电容发生变化所致，是测量中不希望出现的现象，利用具有并联电压负反馈的电荷灵敏放大器即可以克服输入电容变化的影响，使半导体探测器的输出脉冲经过放大后的脉冲幅度只与电荷 Q 有关，与 C_d 无关。电荷 $Q = \Delta E/W$，对硅晶体 $W = 3.1$ eV，而空气的 $W = 30$ eV，所以对同等能量的 α 粒子，引起的电压脉冲幅度比气体探测器的大 10 倍左右。

（5）半导体探测器应用

①在能量测量方面半导体探测器可以做成各种谱仪。在 α 谱测量方面用面积为 950 mm^2 的 P－N 结型探测器，对 5 MeV 的 α 粒子，半峰值宽度可做成 β 谱仪或 γ 谱仪，特别是用 Ge(Li) 制成的大体积探测器，其效率高，分辨能力好，适用于环境样品 γ 能谱分析。

②在放射性强度测量方面，主要利用它的低本底特性，做成各种低本底仪器和低能粒子测量仪器。

总的来说，半导体探测器是应用核辐射通过半导体物质时发生某种物质性质的变化这一特性。

3. 其他探测器

目前应用于剂量测量中较为成功的有热释光剂量计和荧光玻璃剂量计。

（1）热释光剂量计

当射线作用于磷光体时，电子离开正常的位置向四周运动，直到被固体的晶格缺陷"俘获"为止。在常温下，电子停留在俘获处的时间很长，加热后则从陷阱中释放出来。当电子返回到原来位置时就会发出蓝－绿光，其发光产额经光电倍增管放大后，用电子线路对其亮度进行测量（由于剂量测量前必须消除磷光体中的贮存能量中心，因此测量结构是无法进行复原的），其测量范围可以从几毫伦一直到上千伦。

（2）荧光玻璃剂量计（PRL）

当射线作用于银激活磷酸盐玻璃时，电子首先跃迁到导带，而后又被俘获在辐射光致发光中心，这里的束缚深度（或陷阱深度）较深，以至于用紫外线照射过程中，发出橙色的荧光，这种效应称为辐射光致发光。

荧光玻璃剂量计就是根据这个原理用荧光计测量发光强度，而后换算出吸收剂量，由于这种测量不会破坏发光中心，因此读数可以多次重复测量。用低原子序数的玻璃可以测量灵敏度低于 50 毫伦的 γ 射线照射量。

7.1.4 核测量中的特殊问题

1. 统计涨落

一定时间内放射性原子核的衰变数目，带电粒子在介质中产生的电子离子对数，γ 射线与物质相互作用时发生光电效应、康普顿效应和电子对效应的次数，射线在闪烁探测器中产生荧

光的数目,电子在光电倍增管中的倍增过程等,都具有统计性或统计涨落。由于这种统计性,在放射性的实际测量中必然会带来一定的统计误差。不注明误差或可信程度,放射性测量中的数据是没有意义的。

在放射性测量中,设相同时间间隔内测量的计数为 $N_1, N_2, N_3\cdots$ 当测量次数趋于无穷时,计算得到的计数平均值称为真平均值或期望值。如果是有限次测量,计算得到的平均值只能是真平均值的近似值,若用它代替期望值,就必然带来一定的误差。这种误差是不可避免的,是由放射性核衰变的随机性、统计性造成的,因此称这种误差为统计误差,它与非放射性测量是有区别的。

对于服从高斯分布的总体分布来说,其标准误差用均方根差 σ 来表示。有限次测量的标准误差又通常用它们的标准偏差 s 来表示,即

$$\text{标准误差 } \sigma = \text{标准偏差 } s = \sqrt{\frac{1}{k-1}\sum_{i=1}^{k}\Delta_i^2} \tag{7.7}$$

k 为测量次数,Δ_i 为第 i 次的测量值与平均值之间的偏差。当平均值比较大时,可用有限次测量的平均值代替期望值或用一次测量值代替期望值,这样可以比较快地估算标准误差。由于测量是服从高斯分布的,则测量值的误差也应服从高斯分布。设高斯分布误差的概率密度函数为

$$P(\Delta) = \frac{1}{\sqrt{2\pi}\sigma}e^{-\frac{\Delta^2}{2\sigma^2}} \tag{7.8}$$

则测量误差出现在 $-\sigma$ 和 $+\sigma$ 之间的概率为

$$P(-\sigma \leqslant \Delta \leqslant \sigma) = \int_{-\sigma}^{\sigma}\frac{1}{\sqrt{2\pi}\sigma}e^{-\frac{\Delta^2}{2\sigma^2}}\mathrm{d}\Delta = 68.3\% \tag{7.9}$$

那么测量误差绝对值大于 σ 出现的概率为31.7%。或者说,测量值与期望值之差出现在 $-\sigma$ 和 $+\sigma$ 之间的概率为68.3%,也可以说期望值出现在(测量值)($\pm\sigma$)之间的概率为68.3%。如果已知标准误差,则可预测期望值在某区间出现的概率,这就是标准误差的物理意义。

标准误差的大小反映误差的绝对量的大小,不能反映测量的精确程度即误差对测量值的相对偏离程度,精确度通常用相对误差来表示,设计数为 N,当 N 比较大时,可用它来代替平均值,即标准误差 $\sigma_N = \sqrt{N}$,相对误差 $\nu_N = \frac{\sigma_N}{N} = \frac{1}{\sqrt{N}}$。因此,$N$ 值愈大,N 值的相对误差愈小,测量的精确度愈高。

准确度是指测量值与期望值(真值)之间的相对偏离程度,也用相对误差来表示:

$$\text{准确度} = \frac{|\text{测量值} - \text{期望值}|}{\text{期望值}} \times 100\% \tag{7.10}$$

实际使用时,期望值可用理论分布的计算值或给定的标定值。

精确度和准确度是两个不同的概念。精确度高并不一定准确度高,但准确度高时,精确度必然高。

2. 低水平放射性的测量

低水平放射性(简称低水平)没有一个严格的数量界限,一般把样品总活度很低、样品放射性浓度很低或外来计数与样品净计数率相比不相上下,甚至还大很多的称为低水平。

样品计数测量一般要回答两个问题:(1)样品中有无待测放射性;(2)若有,量是多少。对于一般样品的测量,由于样品净计数率远比本底高,上述两个问题不难回答。然而,对于低水平测量,由于净计数率与本底计数率不相上下,甚至还要低,这时首先要判断所测的计数究竟是样品中放射性的贡献还是本底涨落所致。

对于这种情况,采用一般的探测装置和技术难于获得足够精度的测量结果。因此,必须采用专门的低水平测量装置和技术。这里只介绍低水平活度测量中的一般问题。当然这些问题对于一般活度测量也存在,不过没有低水平测量那么突出。

(1)探测装置的优质因子

选择测量装置,一般可通过其优质因子来确定。在放射性测量中,为使相对统计误差 ν 最小即测量精度最高,总测量时间 T 应满足

$$T = \frac{(\sqrt{n_c} + \sqrt{n_b})^2}{\nu^2 n_0^2} \tag{7.11}$$

式中,n_c,n_b 分别为样品实测计数率和本底计数率,$n_0 = n_c - n_b$,为样品净计数率。

探测装置的优质因子 Q 定义为 T 的倒数,即

$$Q = \frac{1}{T} = \frac{\nu^2 n_0^2}{[\sqrt{n_0 + n_b} + \sqrt{n_b}]^2} \tag{7.12}$$

显然,Q 越大,在一定的相对统计误差下,所需测量时间 T 越短,装置越优良;反之 Q 越小,在相同的相对统计误差下,所需测量时间 T 越长,装置越不好。

由(7.12)式可得出以下结论:

①当 $n_0 \gg n_b$,即在一般情况下,样品净计数率总是比本底计数率 n_b 大很多,此时 $Q \approx \nu^2 n_0$,与本底计数率无关。

②当 $n_0 \ll n_b$,即放射性很弱时,$Q \approx \nu^2 n_0^2/4n_b$。由此可知,在低水平测量中提高净计数率和降低本底都十分重要。增大 n_0 一般采用选择探测效率高的探测器和较大灵敏面积的探测器。

(2)灵敏度

在测量中灵敏度是重要的影响因素。所谓灵敏度是指测量装置读数的变化与被测量量值相应变化的比值。在测量放射源的活度、样品粒子数发射率或辐射场注量率、剂量率等时,测量装置的读数在探测器的脉冲工作方式下,是一定时间内的计数,在探测器电流工作方式下是电流读数或电压读数。影响灵敏度的因素随测量任务而异,一类是放射性样品取样过程中的影响因素,一类是核辐射测量装置的影响因素。对于低水平测量,灵敏度与探测器的判断限、可探测限有关。

7.2　核反应堆核测量系统

7.2.1　核反应堆堆外核测量

1.反应堆功率测量方法

反应堆的功率测量,是反应堆控制与安全保护的一个重要环节。虽然从反应堆进、出口温

差与冷却剂流量的测定可以给出功率,但这种测量信号对堆功率变化的响应太慢;而且在反应堆开始启动或低功率运行时,温差实际上不易测出或者很小。因此,这种方法测量范围小、响应速度低,实际上不能用于堆控制。当然,对于没有热工回路的零功率反应堆,这种方法就无能为力了。

一般来说,反应堆功率由堆内单位时间裂变反应的总数来决定。虽然在 ^{235}U 每次裂变所放出的能量中,大约有百分之十是在裂变碎片的衰变过程中逐渐放出的,但是当反应堆达到稳态功率运行,或处于功率变化不快而当作一个准静态过程时,由于前一时刻的延发能量补偿了后一时刻的延发能量,因而可以认为裂变释放能都是瞬间释放的。这样,堆功率可以由单位时间内的总裂变数或中子通量给出。另一方面,中子通量测量还有响应快、量程宽等优点。

设堆内通量分布形状不随时间而变化,则总功率与堆内任一点的通量成正比,这就是点堆模型适用时的情况。这时从原则上看,用一个测点就可定出反应堆的功率。而且,当探测器测点离开控制棒较远时,移动控制棒所造成的局部扰动对测量的影响较小。或者说,测点离开堆芯越远,堆芯通量分布畸变对测量的影响越可忽略不计,点堆模型越可近似应用。所以堆功率一般都是通过堆芯外的中子测量来得到的。当然,测点离开堆芯的距离要受到探测器灵敏度的限制,不能太远。不少反应堆就是根据这个道理把中子探测器放在堆芯之外的某个孔道内来进行测量的,例如,压水堆的中子探测器可放在压力容器之外的屏蔽水箱内专门设置的通道之中。这个方法的好处是屏蔽水箱内的温度与辐照通量都较低,所以可以降低对探测器的要求。通常可以用几个探测器对称地放置在堆芯四周同时计数,以进一步减少通量局部变化的影响。所以目前压水堆控制系统中的堆功率值都由放置在压力容器外生物屏蔽层内的堆外核测量系统测定的中子通量给出。

应该注意的是,在反应堆已由运行转入停闭等特殊情况下,堆内瞬发能量已可以忽略,但延发的能量却依旧十分可观,亦即仍存在剩余功率。这种剩余功率不能从通量的测量来得到,但是这时中子通量的测量仍旧十分重要,因为用它可以监测裂变速率,判断反应堆是否处在次临界状态上。这正是低功率运行或停堆时的重要问题。

堆控测量的另一个重要参数是反应堆周期 T,它对安全运行,特别是对启动过程具有很重要的意义。周期的定义为

$$T = \frac{1}{\dfrac{\mathrm{d}(\ln n)}{\mathrm{d}t}} \tag{7.13}$$

它反映了堆内中子功率变化的快慢程度。据此,在测得反应堆中子功率 n 后,通过对数及微分运算线路,即可得到周期的倒数 $\dfrac{1}{T}$。

2. 中子通量的测量量程

从反应堆启动到额定功率运行,中子通量可变化 10 个量级以上。启动时通量很低,这时最重要的是监测通量的变化速率,不使周期过短,以避免启动事故;达到功率运行时,必须监测功率数值,不使其过高,以免超过热工安全准则。因此,在宽达 10 个量级或更多的通量范围内,都必须对中子通量进行准确而快速的测量。但是一般测量仪器的量程有限,只能横跨 3 ~ 4 个量级,个别的可达 7 ~ 8 个量级,所以须把中子通量的整个监测范围分成几个区域,再用不

同量程的仪器把这个测量范围衔接起来(见图 7.9)。图中额定功率用 1 表示,其他 10 的负次方表示额定功率的分数。在 10^{-11} 额定功率以下为中子源量程,一般常用的仪器对该区的中子通量已不易测出。该量程之上为启动量程,它大体上与反应堆在次临界深度上的停闭状态和临界态的中子水平相对应。停闭状态下的通量由堆内中子源强度及停堆深度决定,大致在 $10^1 \sim 10^2$ 中子/(厘米^2·秒)的范围。临界时的中子水平取决于启动时反应性增加的速率,大致比源水平大几十到一千倍。有时也把启动量程与中子源量程合在一起,称为中子源区。启动量程之上直到额定功率的 1% 左右,为相当宽的周期量程区,通量水平要变化 6 ~ 7 个量级。在这个区域内,反应堆周期的测量特别重要。在靠近该区的右端,热工仪表可以逐渐测到热功率,故有时也称该区为中间区。功率量程区大体在额定功率之下两个量级左右开始,与 1% 额定功率到 100% 额定功率相对应。

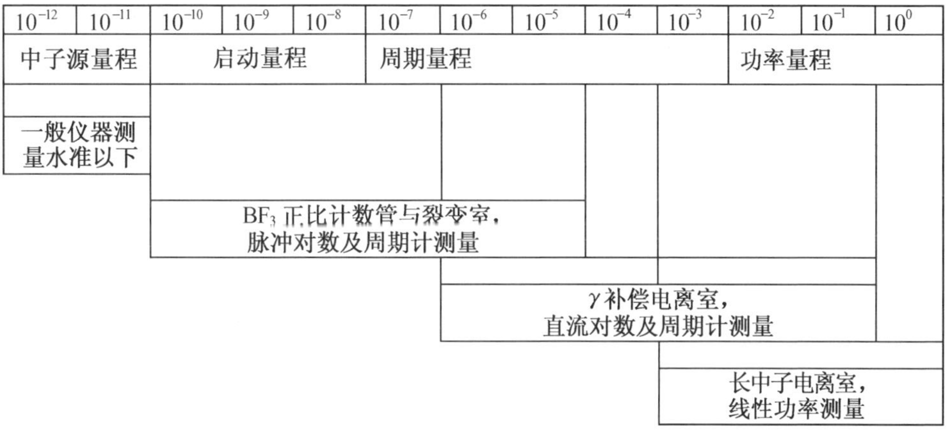

10^{-12}	10^{-11}	10^{-10}	10^{-9}	10^{-8}	10^{-7}	10^{-6}	10^{-5}	10^{-4}	10^{-3}	10^{-2}	10^{-1}	10^{0}
中子源量程		启动量程			周期量程					功率量程		
一般仪器测量水准以下												
		BF$_3$ 正比计数管与裂变室,脉冲对数及周期计测量										
						γ 补偿电离室,直流对数及周期计测量						
									长中子电离室,线性功率测量			

图 7.9　中子通量测量量程

由于需要监测的中子通量范围很宽,因而在功率区之前的中子测量一般都采用对数计数电路。

图 7.9 中也已标出了不同量程上所采用的中子测量仪表。大体说来,中子水平较低的用 BF$_3$ 正比计数管或裂变室。与之配合的电子线路大多是脉冲对数电路,外加一个微分电路,前者可以给出功率的对数值,后者可以得到周期指示及保护信号。中子脉冲信号一般由长电缆引出,经放大后送入甄别器,以便把幅度较小的 γ 或 α 粒子形成的脉冲信号甄别掉;然后再经成形器整形,即可得到高度相同、宽度与脉冲频率成正比的方形脉冲信号。这些方形脉冲信号经对数电路和放大电路后即可得到对数功率。这就是脉冲对数功率测量系统。同时再将对数器输出的对数功率信号,经微分放大得到式(7.13)所表示的周期信号,这就是周期测量系统。

在中子水平较高时,可采用 γ 补偿电离室,不再需要由脉冲放大器、甄别器和脉冲成形器所组成的脉冲计数电路,而是改用直流微分线路,即可直接把中子探测器得到的电信号作对数和放大以及微分运算,从而得到对数功率及周期信号。在该区的测量中,信号的甄别是由中子探测器自身来完成的,这就是 γ 补偿电离室。

中子水平达到功率量程以后,仪表的准确度、灵敏度特别重要。一般也可用 γ 补偿电离室,但需配以线性功率测量装置,以便直接给出功率信号。在这里,功率测量放大器在一个高值电阻上把代表中子水平的微弱直流信号转换成电压信号，再经放大后输出。

3. 堆外核测量探测器

（1）BF$_3$ 正比计数管

BF$_3$ 正比计数管是一金属圆管做成的，沿着管的轴向紧悬着一根小直径的集电极（通常用钨），管内充以三氟化硼气体，其原理如图 7.10 所示。硼吸收中子后发出 α 粒子使三氟化硼电离，一次电离所产生的电子在计数管内电场作用

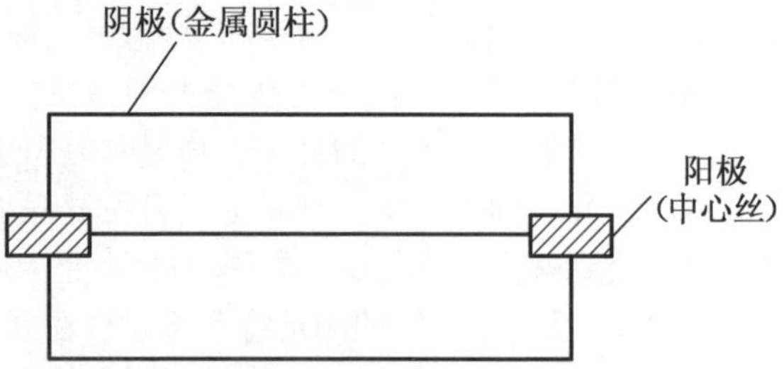

图 7.10　BF$_3$ 正比计数管原理图

下加速并向集电极移动，它获得的能量足以使其他分子电离。这些电子全部到中心电极后，在负载电阻上就产生一个电压脉冲，脉冲频率与中子通量水平成线性关系。

换言之，当工作电压足够大时，入射中子使 BF$_3$ 气体发生"气体放大"，即次级电子在高电场作用下，在与气体分子作相邻两次碰撞之间的自由程中积累了足够的能量，以致可以使气体分子再次被电离，每碰撞一次，电荷载流的数目增加一倍，电流以倍增系数 $A = 2^n$（n 为初级电子到达阳极的路径上与气体分子碰撞的平均次数）被放大，这就是说，中子探测器工作在"正比区"，利用正比气体放大特点制作的中子探测器叫"BF$_3$ 正比计数管"，它的气体放大倍数 A 在一定的外加电压下是常数，A 值甚至可达 10^6。

一个入射粒子产生的总电荷为

$$Q = A \frac{\Delta E}{W} e \tag{7.14}$$

式中，ΔE 为一个入射粒子（即中子）进入计数管内，使 BF$_3$ 电离，粒子损失的部分能量，W 为比电离能。

根据 BF$_3$ 计数管的几何形状知道，在距中心电极 x 处的电场强度可以用下式表示：

$$E = U/[x\ln(b/a)] \tag{7.15}$$

式中，U 是两个电极间的外加电压；a 和 b 分别是中心电极和外电极的半径。由此公式我们可以知道，在中心电极附近电场较强，因此大部分倍增作用发生在中心电极附近。

（2）涂硼正比计数管

涂硼正比计数管的工作原理如图 7.11 所示。中心阳极是不锈钢丝，圆筒形阴极是由纯铝制成的。阴极内表面涂以 ^{10}B 浓度为 92％的硼，两电极之间相互绝缘，计数管内充以氩气（Ar）

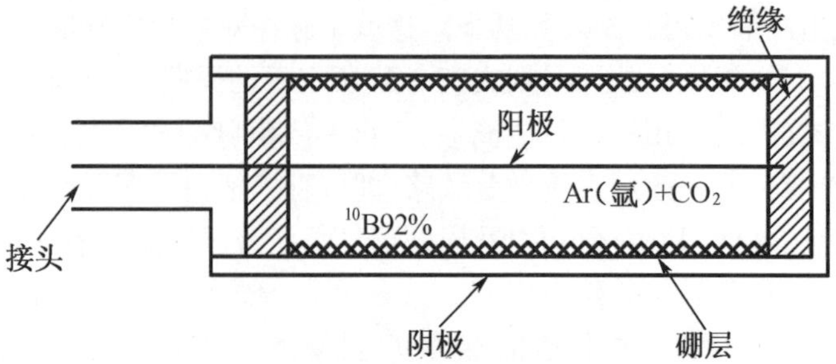

图 7.11　涂硼正比计数管的结构原理图

和少量的二氧化碳(CO_2)。

入射中子与硼发生核反应

$$_0^1n + _5^{10}B \rightarrow _3^7Li + _2^4He + 2.793 \text{ MeV}$$

核反应产生的锂离子和 α 粒子使氩气电离,产生电子和正离子。在外电场的作用下,电子和正离子分别向阳极和阴极运动,形成电脉冲(α 脉冲)。γ 射线也产生电脉冲,但其幅值较小,可用甄别放大器将它和反应堆内其他的 γ 射线产生的小幅度脉冲滤除,只放大 α 脉冲,从而得到只与中子通量成比例的计数。

(3)电离室

电离室是基于探测入射粒子进入其内,与所充物质直接或间接相互作用时,使物质的原子或分子电离而产生的正负离子对来测量放射性强度或入射粒子能量的一种探测器。

电离室主要是由加速电压电极、收集电极、电极之间的气体以及电极之间绝缘支撑构成。

进入电极之间空间的荷电粒子将引起气体分子电离,从而产生正负离子对,假如忽略正负离子的扩散和复合,则离子电流可以表达为

$$I = e \int_A N_0 dA \tag{7.16}$$

式中,e 为电子电荷;A 为电离室灵敏体积;N_0 为单位体积、单位时间内形成的离子对平均数。

若希望知道电离电流的瞬时值,则必须分别考虑止离子电流 I^+ 和负离子(即电子)电流 I^-。

用来探测中子的电离室通常有圆筒式和平板式两种,其内部电极涂以硼,腔内充以惰性气体(例如氦和氩),在外部电场作用下有一个正比中子密度的电流流过电离室,该电流在负载电阻上就产生一个正比功率水平的电压降。

电离室分长短两种,长电离室与反应堆堆芯一样长,它由两个结构完全相同的短电离室构成,分为上下两段。

电离室的热中子灵敏度一般为 3.1×10^{-13} 安培/单位中子通量,使用场合的热中子通量范围为 $10^2 \sim 10^{10}$ 中子/(厘米^2·秒)。

裂变电离室是在电离室内部电极涂以 ^{235}U,腔内充以惰性气体,中子与 ^{235}U 发生作用,能产生高能的正负离子,从而增加电离室的灵敏度。

(4)γ 补偿电离室

一般电离室存在问题之一是选择较差,它能探测到任何的电离辐射,特别是在有强 γ 场存在的情况下,要探测的是中子,且中子通量与平均电流有关,那么就需要计及由于 γ 场引起的电流成分。

γ 射线引起的一部分电流是瞬发 γ 射线引起的,且正比于由中子引起的电流,它反映的是反应堆的功率水平,而由 γ 射线引起的电流的其余部分是相对不变的,从而产生一个假信号,即一个不指示功率水平的信号。在高功率水平下,当中子场较本底 γ 射线强得多时,这就不成问题了,但在低功率水平下,γ 射线对电离室电流的贡献可能占电离室电流的很大份额,并且可能超过中子引起的电流。因此,若在反应堆的中间量程或低量程内用一般电离室来测量堆功率水平时,它的量程就被大大缩减,就不反映堆的真正功率水平。这个问题可用 γ 补偿电离室来加以解决。

γ 补偿电离室有三个电极,与高压正极相连的称正高压电极,与补偿电压的负极相连的称负高压电极,两电离室之间的极板通过负载电阻 R 接地,称为收集电极。各电极之间是绝

缘的。

涂硼电离室对中子和 γ 敏感,在高压作用下产生中子电流 I_n 和 γ 电流 $I_{\gamma 1}$,当中子通量较高时,脉冲较多无法计数,只能监测电流。补偿电离室由于不涂硼,故仅对 γ 敏感,在补偿电压作用下只产生 γ 电流 $I_{\gamma 2}$。流经负载电阻上的电流 I 为涂硼电流 $I_n + I_{\gamma 1}$ 与补偿电离室电流之差:

$$I = I_n + I_{\gamma 1} - I_{\gamma 2} \tag{7.17}$$

若两电离室对 γ 灵敏度相同,则 $I_{\gamma 2} = I_{\gamma 1}$,因此输出电流 $I = I_n$。

γ 补偿电离室的结构和电路原理如图 7.12 所示。这种电离室的热中子灵敏度为 4×10^{-12} 安培/单位中子通量,而使用场合的热中子通量范围为 $2.5 \times 10^2 \sim 2.5 \times 10^{10}$ 中子/(厘米²·秒)。

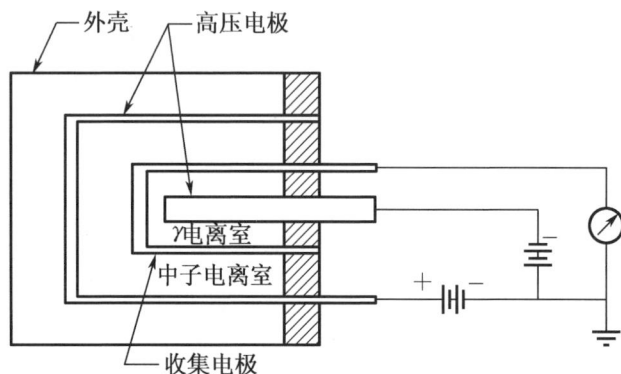

图 7.12 γ 补偿电离室结构原理图

(5)长中子电离室

长中子电离室的工作原理如图 7.13 所示。长中子电离室由几个短中子电离室组成,每个短中子电离室是一个筒形容器,由高压电极和收集极以及内充混合气体组成。内部充以混合气体为 1%氦,6%氮和 93%氩。高压电极内表面和收集极外表面涂硼。中子打入容器内与硼发生反应而产生的锂离子和 α 粒子使混合气体电离,产生正负离子对。在外加电场的作用下,正负离子分别向阴极和阳极(收集电极和高压电极)运动,形成

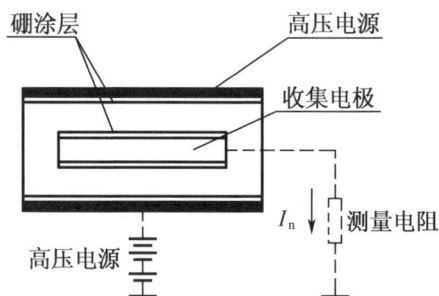

图 7.13 长中子电离室结构原理图

电脉冲。当中子通量足够大时,γ 射线产生的电流可忽略不计,可以认为测量电阻上只流过中子电流 I_n。

7.2.2 核反应堆堆内核测量

1.堆内核测量的任务

堆内中子通量检测仪表是用来检测稳态工况下堆芯径向和轴向的热中子通量分布,积累

燃耗数据,以制定最佳换料方案,监视可能发生的功率分布振荡,即堆内中子通量检测系统要完成下列任务:①证实计算的堆芯性能;②证实堆芯的运行安全裕量;③为燃料管理提供输入数据;④探测氙引起的功率不对称性或振荡的出现。

堆内中子通量的分布会随着控制棒棒位变化或燃耗和毒物毒性的变化而变化,故测定不同时刻的瞬时通量分布很有意义。特别是对于大型动力堆,为了挖掘堆芯潜力而又能防止局部过热与元件烧毁,从而达到经济、安全运行的目的,更需要随时掌握堆内中子通量分布的情况。譬如,可以根据运行中的实际通量分布,通过电子计算机给出最佳提棒程序,尽量展平功率,这就导致了堆芯测量仪表的发展。由于自给能探测器、小型裂变室等的发展,近年来的大型电站一般都已经设置了堆芯通量测量系统,其任务就是测量堆芯中子通量分布。

当反应堆的复杂性、大小、功率输出、功率密度或中子通量水平增加到某些限度以外时,在寿命期间,反应堆的安全运行不能依赖于从堆芯外仪器取得的数据,反应堆的操纵员必须利用从堆芯由中子探测器输出的信号,以使他能够确定堆芯是否工作在预先确定的安全限度以内。在大型的动力堆内,堆芯内中子探测器提供了为完成有效的燃料管理程序编制所需的数据,并且对氙引起的功率不对称性或不稳定性进行监测,通常能够用堆芯外仪器探测这样的不对称性或不稳定性,但必须用堆芯内中子探测器来确定它们的准确性,并提供数据,根据这些数据,操纵员可以进行有效控制动作,堆芯内中子探测器还提供了对芯部性能与芯外探测器响应相互关联的数据。

从实际出发,堆芯中子探测器应该在反应堆以正常方式运行时连续地或者至少周期性地提供数据,而不应该要求为收集数据而停闭反应堆。

2. 核反应堆内中子通量检测系统及仪表

由于堆内中子通量分布与热功率分布之间有直接的关系,所以堆内中子探测器是十分重要的。

检测中子通量分布的系统分成两种主要的类别:一类是在大量固定的位置上使用固定探测器件的系统,它能提供一维、二维或三维功率分布的信息;另一类是使用移动的(活动的)中子探测器,能进行对堆内中子通量的大量扫描,因此可以推得期望的功率分布信息,每一类系统都各有优点和缺点。

反应堆运行期间,固定的探测器随时都能向运行人员提供中子通量的数据。对在移动式探测器相继扫描之间的时间间隔内发生的任何功率分布的反常现象,也能使用它们来发出警报和进行控制或保护。因为探测器是位置固定的,所以必须把它们制造成不要求对它们进行维修的。事实上,在没有停闭反应堆时,一般不能够对固定式堆芯内探测器件施行维修或更换。然而,在装置运行期间,由于固定式探测器暴露于堆芯内环境中,使它们遭受辐照退化或辐照损伤,因此在换料期间必须按计划间隔进行更换。分布于整个反应堆内的固定式探测器能提供离散点上的数据,在其他所有点上的数据必须通过拟合曲线的内插法来取得,通常使用一台计算机来进行拟合,内插数据中的误差取决于探测器之间的间距以及计算机曲线拟合程序的精度。

移动式的或绘图式的中子通量探测系统,虽然不能在所有时刻对报警、控制或保护提供中子通量分布的信息,但却能够沿着它们经过的整个线路提供连续的中子通量分布,以确定所观察到的整个中子通量分布,即观察到的是真实通量分布的一个准确的一维图像。当然,除非同样地在其他维上有移动式通量探测器,否则其他两维仍然必须通过计算机内插来充实。

尽管在移动式中子通量探测系统中引入需要定期进行维修的电机或齿轮箱,然而应将它们安装在维修时不大困难的地方,因为绘制中子通量图的操作次数是相当小的,并且当不使用探测器时就把它从堆芯内撤出,所以中子通量探测器本身是能够在反应堆的整个寿期内持续使用的。

所有的中子测量系统都是测量中子与探测器材料之间相互作用产物的特性的。当中子探测器长期暴露于中子通量时,它的中子灵敏度(每单位中子通量的输出信号)通常就降低了,而它的 γ 灵敏度(每单位 γ 通量的输出信号)却保持不变,这就导致在中子辐射下信号噪声比的逐步下降。当信号噪声比降低到一个特定值以下时,中子探测器的寿命就终止了。由此可以认为,对于暴露于中子 – γ 混合场的某中子探测器来说,能增高中子与 γ 信号比初始值工作的任何设计,都能增加探测器的寿命。

(1)微型裂变室

微型裂变室由焊接端塞,同芯包壳及测量体(灵敏体)三部分组成,内充 99.995% 的氩气。微型裂变室与导电、驱动两用的同轴电缆连接。其工作原理是热中子射入微型裂变室灵敏体内打在涂有二氧化铀的电极上,使 $^{235}_{92}U$ 核发生裂变。重的带正电的裂变碎片使氩气电离,产生电子 – 正离子对。电子和正离子在外加电场作用下向两极漂移而形成脉冲,脉冲叠加起来,则形成电流。检测出电流大小,就可以测得中子通量。微型裂变室输出平均电流 I_0 为

$$I_0 = S_n \cdot \Phi \tag{7.18}$$

式中,S_n 为微型裂变室对热中子的灵敏度;Φ 为检测时的热中子通量。

(2)涂硼室

涂硼电离室的一个电极上涂有一层浓缩硼 ^{10}B 的膜。利用 $^{10}B(n,\alpha)^7Li$ 反应产生 α 粒子和 ^7Li,这些次级带电粒子在电离室中引起电流信号。因为记录的是累计电流,所以涂硼电离室可用于高中子通量密度的测量,测量范围为 $10^5 \sim 10^{10}$ 中子/(厘米^2·秒)。

涂硼电离室可以作为移动式堆芯内探头的中子探测器,这是因为它暴露于中子辐照的总时间仅仅是反应堆运行的总时间的一小部分,穿过整个芯部所要求的时间很少超过 3 分钟,而穿过堆芯的频率很少多于每个月一次,因此用于移动式堆芯内探头的涂硼电离室能满意地工作多年。

(3)自给能探测器

近年来,堆内通量检测系统开始采用较先进的小型自给能探测器,安置在堆芯内适当的位置上。一般有 30 个左右固定在堆芯内某点上,另有 4 个可以上下移动的探测器可以在选定的位置上检测通量水平,探测器输出信号经双通道放大器放大后送往记录与数据处理系统。

堆内检测系统的检测范围是 15% ~ 100% 额定功率,相当于热中子通量为 $10^{11} \sim 10^{14}$ 中子/(厘米^2·秒)。

①自给能探测器的工作原理和种类

在辐射场中,由于物质与辐射场的相互作用,任何物体都可能因发射和吸收荷电粒子而带电。物体带电的情况与材料及其几何结构有关。置于辐射场中的两个相互绝缘的导体(或半导体),由于带电情况和程度不同,它们之间就产生了电势差,若用导线连接它们,则导线中就会有电流流过,这种效应是辐射能量直接转化而来的,它的大小和变化反映出辐射场的特性和变化。自给能探测器就是利用这种现象制成的。

在自给能探测器中辐射能量直接使电极充电,因此不需要极化电极以及电源。自给能探测器的测量方式有两种,一种是测量充电电极之间的电势差,这种测量方式多见于剂量仪表;另一种是用弱电流测量仪表连接两个电极,测量流过的电流,这种情况多用于辐射监测仪表。自给能探测器主要有三种:β 流中子探测器、内转换中子探测器、自给能 γ 探测器。

②自给能中子探测器的结构

自给能中子探测器目前已广泛用于反应堆芯中子通量的检测,它的一般结构如图 7.14 所示。这种探测器由发射体、绝缘体、收集极及电缆组成。中心电极称为发射体,是由中子灵敏材料制成的。发射体是自给能中子探测的核心部分,它基本上决定了探测的物理特性。探测器的外壳即是收集体,由对中子不灵敏的材料(如因科镍 600、低锰不锈钢或纯镍等)制成。材料的厚度通常是 0.1 mm。发射体和收集体之间是绝缘体,通常采用无机绝缘材料(如 MgO,Al_2O_3,BeO 等)。绝缘体厚度通常为 0.2 mm 左右。为了传递自给能探测器的信号必须使用电缆,电缆连接到探测器的一端,与探测器几乎处于相同的强辐射场中,因此不能使用有机绝缘电缆,通常采用金属外壳 – 无机绝缘 – 金属芯线同轴电缆。金属材料一般用因科镍或不锈钢及纯镍等,无机绝缘材料仍采用 MgO 或者 Al_2O_3。

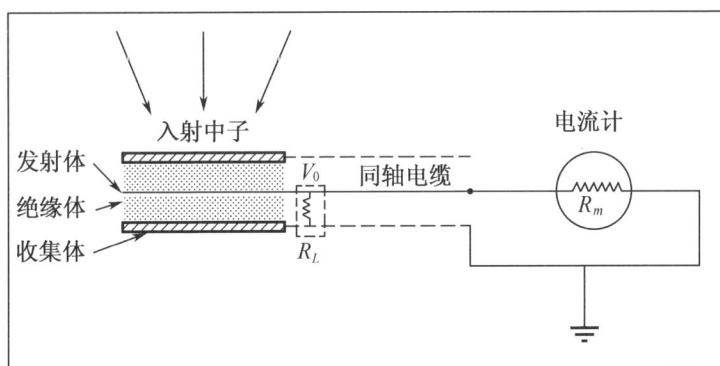

图 7.14　自给能中子探测器的结构图

自给能中子探测器的外径一般为 1～3 mm,其灵敏长度则可以根据需要从几厘米变化到几米,以提高灵敏度。

发射体与入射中子相互作用而形成电流的机理不同,探测器对中子场变化的响应也就不同。根据探测器对中子场的响应,可以将自给能中子探测器分为 β 流中子探测器和内转换中子探测器两类。

a.β 流中子探测器

β 流中子探测器又称延迟响应自给能中子探测器。在这类探测器中,发射体材料俘获中子后形成短寿命的 β 放射性同位素。活化了的发射体在 β 衰变过程中发射高能电子流,平衡时,电极间的电子流形成正比于中子通量的电流。我们测量这个电流就可测出中子通量。β 流中子探测器的基本原理和一般自给能探测器的基本原理相同,结构也相似,如图 7.15 所示。

属于这类自给能中子探测器的发射体材料主要有铑、钒、银等。自给能中子探测器的中子灵敏度主要取决于发射体材料的中子截面。探测器对中子场变化的响应时间取决于 β 放射性同位素的半衰期。中子活化探测器的燃耗与发射体中子截面和几何结构有关。

b. 内转换中子探测器

内转换中子探测器又称瞬时响应自给能中子探测器，其基本结构和 β 流中子探测器相同。在这类探测器中，发射体原子核俘获中子之后形成处于激发状态的复合核，复合核退激过程中辐射 γ 射线。γ 射线与探测器材料通过康普顿散射、光电效应以及产生电子对等相互作用，转换为荷能电子，这些电子的发射就形成了探测器的电流。由于这一过程是在极短时间内发生的，所以这类探测器对中子场变化的响应是瞬时的，属于这类探测器的发射体材料主要有钴、铑、镉等。

β 流中子探测器一般输出信号强度大，可以用在反应堆堆芯通量测量系统，能给出精确的通量分布，内转换自给能中子探测器可以用于反应堆安全和控制系统。

③自给能 γ 探测器

研究表明，在动力堆中 γ 和中子通量分布相近，因此在反应堆保护系统和功率分布测量应用 γ 探测器的问题近年来有不少讨论，因为这两个系统中利用 γ 测量似乎都具有某些比中子测量更优越的地方。其优点之一是 γ 探测器与中子探测器相比能够在更大的体积内测量功率密度；优点之二是 γ 探测器的燃耗率一般可以忽略不计，且灵敏度不随时间变化等，这类探测器的基本原理与 β 流中子探测器的基本原理是相同的。入射的 γ 射线由发射体俘获或者散射时产生康普顿电子和光子，这些电子的一部分逸出，相应地发射体上产生正电荷，探测器输出一小电流。在平衡状态下，探测器输出的电流正比于其周围的 γ 通量，因而测量这一电流的大小就可测出 γ 通量的大小。已经研制出用铅、镁、因科镍 600 等材料作发射体的自给能 γ 探测器，但因为自给能 γ 探测器灵敏度低，容易受探测器材料和有关部件杂质活化的影响，目前还不大成熟，尚处于试验阶段。

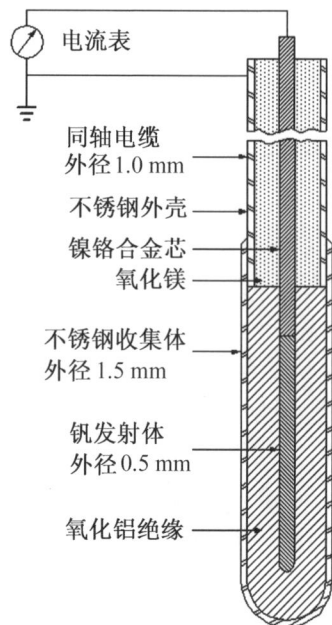

图 7.15　β 流中子探测器示意图

（图中标注）
电流表
同轴电缆 外径 1.0 mm
不锈钢外壳
镍铬合金芯
氧化镁
不锈钢收集体 外径 1.5 mm
钒发射体 外径 0.5 mm
氧化铝绝缘

④自给能探测器的应用

和电离室比较，堆芯功率测量用的 β 流中子探测器的优点是尺寸小，生产费用较低和电子设备较简单。其缺点是响应时间较长，对中子能谱的变化较为灵敏，以及从探测器单位长度输出电流较小。因为用铑或者钒作为发射体的探测器的衰变常数是秒的量级，因此它们用于功率水平的自动控制或快速停堆系统是不适合的。所以，它们只限于用来测量中子通量分布，在这方面它能和活化丝、活化球相竞争，虽然这些方法可以测量出更加详细的空间分布数据，但由于活化和计数的原因，滞后时间为小时的量级。

同 β 流探测器比较，内转换探测器具有响应时间快的优点，但灵敏度大为降低。

自给能 γ 探测器基本上没有"烧完"的问题，所以在整个使用期内，它的灵敏度基本上不变。它们对中子的能量和裂变材料的浓度也是不灵敏的，所以在反应堆堆芯的寿期内，不管安装在反应堆任何位置和裂变材料浓缩度怎样变化，它们都将给出相对裂变率的指示值。采用铅作发射体和铝作收集体的 γ 探测器的研究已取得了良好的进展，有关这种较新型的探测器在各种情况下应用的可能性，在得出结论之前，需要作进一步的试验。

假如探测器输出电流可以精确地换算为裂变率数据，那么每种探测器或每个探测器均需要在它的严格环境中刻度。在只有一种裂变同位素而且堆芯内通量能均匀分布的反应堆中,相对功率测量不要求广泛地校验探测器。

3. 三代核电站堆芯测量系统举例

在反应堆运行时,为了实时监测堆芯中子通量及温度分布,并进一步计算出堆芯三维功率分布,目前越来越多的反应堆采用中子－温度测量探测器组件进行堆内测量,使用自给能探测器进行堆内中子通量分布的测量,使用热电偶进行堆内温度分布测量。

安装有传感器的堆内仪表指管套组件通过反应堆压力容器顶盖插入到要监测的燃料组件导向管内,将自给能探测器布置在堆芯活性区,通常将热电偶布置在堆芯燃料组件活性区顶部,用于测量堆芯出口温度。由于设计理念不同,中子－温度探测器组件在不同类型的压水堆中,其使用的热电偶数量和布置略有不同,有的采用钒自给能探测器,有的采用铑自给能探测器。

在此,以美国 AP1000 和俄罗斯 VVER－1000 中的堆内测量为例简要介绍中子－温度测量探测器组件的组成及应用。

在 AP1000 反应堆中,堆芯内中子通量分布测量的探测器采用的是钒(V－51)自给能探测器,由于 V－51 的热中子俘获截面小,发射体直径受制于指套管的尺寸,所以为使测量有足够的热中子灵敏度,AP1000 中使用的中子　温度测量探测器组件由 7 个钒自给能探测器和 1 个镍铬镍铝热电偶组成,其中一个钒自给能探测器的灵敏带对应整个堆芯高度,约 4.27 m,其余 6 个钒自给能探测器的长度以最长钒自给能探测器 1/7 的长度依次递减,由此通过测量 7 个堆芯轴向区域相同长度产生的功率比例来确定功率分布,结构如图 7.16 所示。

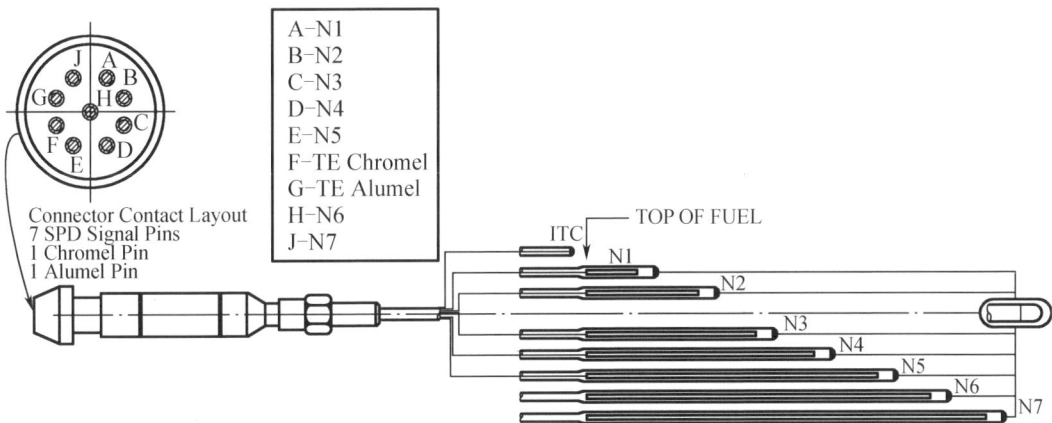

图 7.16　中子－温度测量探测器组件示意图

每个探测器组件使用的热电偶是 K 型热电偶,热电偶探头温度运行范围为 －18～1 260 ℃;－18～277 ℃:测量精度在 ±1.1 ℃之内;277～899 ℃:测量精度在 ±3/8% 之内;899～1 260 ℃:测量精度在 ±1/2% 之内。

为了获取堆芯功率与温度的轴向分布,在 AP1000 反应堆堆芯中共布置了 42 组这样的中子－温度测量探测器组件,其布置位置如图 7.17 所示。

在 VVER－1000 型压水堆中有 54 组燃料组件中安装有中子－温度测量探测器组件。与

	R	P	N	M	L	K	J	H	G	F	E	D	C	B	A	
								180°								
1																
2					1X	SD4	2X	MC	3X	SD4	4X					
3						M2	SD2		SD2	M2						
4			5X	MB	6X	AO	7X	M1	8X	AO	9X	MB	10X			
5			M2		SD1		SD3		SD3		SD1		M2			
6		SD4	HX	AO	12X	MA	13X	MD	14X	MA	15X	AO	16X	SD4		
7		17 X	SD2		SD3		SD1		SD1		SD3		SD2	18X		
8	90°	MC	19X	M1	20X	MD	21X	AO	22X	MD	23X	M1	24X	MC	270°
9		25X	SD2		SD3		SD1		SD1		SD3		SD2	26X		
10		SD4	27X	AO	28X	MA	29X	MD	30X	MA	31X	AO	32X	SD4		
11			M2		SD1		SD3		SD3		SD1		M2			
12			33X	MB	34X	AO	35X	M1	36X	AO	37X	MB	38X			
13						M2	SD2		SD2	M2						
14					39X	SD4	40X	MC	41X	SD4	42X					
15																
								0°								

图 7.17　AP1000 反应堆堆芯中子 – 温度测量探测器组件布置位置示意图

AP1000 的不同,VVER – 1000 中的中子 – 温度测量探测器组件有三种类型,分别为 KNIT2T,KNIT3T 和 KNITU。每种类型探头都从低到高安装有 7 个铑自给能探测器,用于探测堆芯中子通量,三种类型探测器组件的区别在于其内部镍铬 – 镍铝 K 型热电偶温度计布置的位置及个数不同,如图 7.18 所示。

在 VVER – 1000 中,KNIT2T 型组件共有 46 个,其中热电偶有 3 个,分别测量燃料组件入口的冷却剂温度和燃料组件出口的冷却剂温度;KNIT3T 型组件共有 4 个,其中热电偶有 4 个,分别测量燃料组件入口、出口的冷却剂温度和反应堆顶盖下冷却剂温度;KNITU 型组件共有 4 个,其中热电偶有 5 个,分别测量燃料组件出口冷却剂温度和事故情况下堆芯液位。

中子 – 温度测量探测器组件可以实时测量堆芯的中子通量和冷却剂温度,通过数据分析软件的进一步计算便可计算出堆芯的实时功率分布。

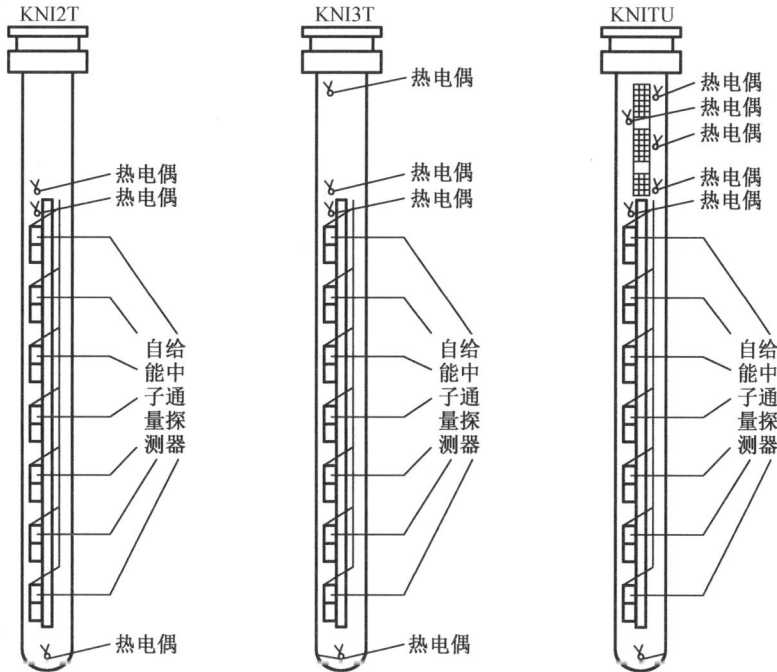

图 7.18 VVER-1000 堆芯中子-温度测量探测器组件结构示意图

7.3 辐射监测系统

7.3.1 工艺过程的辐射监测

反应堆工艺辐射监测主要包括燃料元件包壳破损监测系统、蒸汽发生器(或热交换器)破损监测系统、设备冷却水放射性监测系统和工艺废气放射性监测系统。

工艺辐射监测的主要作用是在反应堆正常运行期间连续监测一回路系统内冷却剂的放射性水平,及时发现燃料元件包壳的破损;连续监测有关工艺设备、系统中流体的放射性水平,指示运行工况,为反应堆安全运行提供必要的数据;对那些可能向环境释放的放射性流体进行监测,以保证厂周围环境的安全。

1. 燃料元件破损监测

除高温气冷堆采用涂敷颗粒燃料外,反应堆一般均使用带有金属包壳的核燃料。包壳的主要作用是包覆燃料芯块,防止冷却剂对燃料的化学腐蚀;包容放射性裂变产物,防止燃料和裂变产物进入冷却剂中。但是,即使在核燃料元件加工过程中采取严密的检验措施,确保燃料元件出厂的质量,在运输和安装过程中还可能会发生意外的机械损伤。特别是燃料元件在堆内所处的工作环境十分恶劣,它既受到高温、高压、高辐射的作用,还受到冷却剂冲刷而引起的振动,这一切都有可能引起燃料元件包壳的破损。

如上所述,如果核燃料元件包壳破损,冷却剂中裂变产物的浓度就会增加。所以,只要测定冷却剂中裂变产物浓度就能判别元件包壳破损的程度。监测的方法大致有几种:γ 辐射监测法、缓发中子辐射测量法、裂变气体的子体产物沉淀法、离子交换法、自动气体色层谱分析法、过滤器分离裂变产物法等。反应堆类型不同,所采用的监测方法也不完全相同,应按具体情况选择。下面介绍几种常用的方法。

(1)缓发中子辐射监测法

^{235}U 裂变时产生的瞬发中子占中子总数的 99.3%,另外还有约 0.7% 的缓发中子。例如,裂变碎片 $^{87}_{35}$Br($T_{\frac{1}{2}}=54.3$ s)和 $^{137}_{53}$I($T_{\frac{1}{2}}=21.7$ s)衰变时就会发射缓发中子,具体如下:

$$\begin{cases} ^{87}\text{Br} \xrightarrow{\ 54.3\ \text{s}\ } {}^{86}\text{Kr} + n \\ ^{137}\text{I} \xrightarrow{\ 21.7\ \text{s}\ } {}^{136}\text{Xe} + n \end{cases}$$

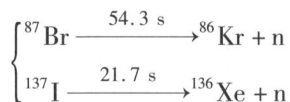

因此,测定冷却剂样品中 $^{87}_{35}$Br 和 $^{137}_{53}$I 所发射的缓发中子数目,就可以推定是否有核燃料元件包壳发生破损。

可用 BF_3 正比计数管测量缓发中子。为提高测量效率,计数管用慢化材料(石蜡或聚乙烯)包覆。将由慢化材料包覆的 BF_3 计数管放入取冷却剂样品流的螺旋形管的中心。这样,当燃料包壳破损后带有裂变产物 ^{87}Br 和 ^{137}I 的冷却剂流入螺旋管,由碎片发射的缓发中子经过慢化材料慢化后到达 BF_3 正比计数管。

为了提高测量的精确度,必须把由裂变产物释放的中子与反应堆中因其他方式产生的中子区分开来。在以水作为冷却剂的反应堆中,水中含的 ^{17}O 受中子照射后发生下列反应

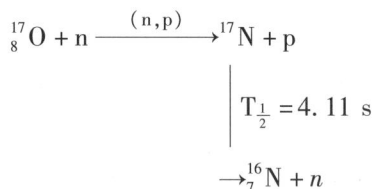

$$^{17}_{8}\text{O} + n \xrightarrow{\ (n,p)\ } {}^{17}\text{N} + p$$

$$\Big| \ T_{\frac{1}{2}}=4.11\ \text{s}$$

$$\rightarrow {}^{16}_{7}\text{N} + n$$

释放中子,半衰期为 4.11 s。为了消除这类中子的影响,就需要延迟冷却剂样品流过的时间,所以一般将监测点布设在冷却剂自反应堆出口流经 $1\sim1.5$ min 的地方,使半衰期为 4.11 s 的核素 ^{17}N 得到充分的衰减。在以重水作为冷却剂的反应堆中,还必须考虑高能 γ 射线与重水作用产生的光中子所造成的本底的影响,可采用屏蔽办法来解决。

(2)γ 辐射监测法

γ 辐射监测法就是测量冷却剂中裂变产物衰变时发射的总 γ 活性,又称总 γ 法。通常把 $G-M$ 计数管或 NaI 闪烁计数器直接布设在一回路冷却剂管旁边,测出冷却剂中的 γ 活性。这种测量方法简单,灵敏度高,但受本底影响严重。为此,测量中必须把裂变产物衰变的 γ 射线从本底中区分出来。

环境中的 γ 本底可以通过加强对测量装置屏蔽的办法来解决。冷却剂中存在着许多不同半衰期的先驱元素,它们衰变的 γ 辐射对监测装置的灵敏度影响是不相同的。半衰期大于 $1\sim2$ h 的核素的影响可以不考虑,测量中应主要消除短寿命核素的影响。常用的方法也是把监测点设置在距反应堆冷却剂出口适当的位置上,以使冷却剂有足够的流经时间,使那些短寿命的核素衰减掉,例以水作为冷却剂的反应堆,影响测量精度的主要核素是 ^{16}N,它的半衰期为 7.4 s,如果将监测点设置在冷却剂自堆出口至历经 $2\sim2.5$ min 左右的位置处,那么 ^{16}N 的影响就被

消除了。

采用先进的测量方法也可以消除 γ 本底的影响。例如,采用高分辨率的锗(锂)γ 谱仪测出低能 γ 射线,进而判断燃料元件包壳是否破损。这种测量方法是将冷却剂引入延迟回路,对能量为 $0.03 \sim 0.3$ MeV 的 γ 射线进行扫描,测定裂变碎片 ^{239}Np 的 γ 射线(0.1 MeV)和 ^{135}Xe 的 γ 射线(0.08 MeV)。

监测点也可以设置在离子交换器后面。例如在压水堆中,往往在化学和容积控制系统的净化离子交换器以后,容积控制箱之前的管路上设置第二个监测点。由于样品水经过离子交换器的净化,大部分腐蚀产物和固态裂变产物已被除去,剩下的放射性物质主要是气态裂变产物 Kr 和 Xe,这样本底影响就很低了。

(3)裂变气体及其子代产物的测量法

燃料元件包壳破损后,有一部分裂变气体 Kr 和 Xe 经破口进入冷却剂中。所以,只要能从冷却剂中测出 Xe 和 Kr 的浓度,或测出它们的子代产物就能发现元件包壳的破损。这种方法的灵敏度高,是气冷堆和水冷堆常用的方法之一。

反应堆堆型不同,裂变气体贮存的场所也不同。对堆芯具有覆盖气体层的反应堆,裂变气体混入覆盖气体中。沸水堆的裂变气体绝大部分贮存在冷凝器中,而气冷堆和压水堆的裂变气体绝大部分保存在一回路冷却剂中。所以,对水冷却反应堆而言,还必须在冷却剂取样回路上加一级氮气和载体的气水分离装置。一般可用 G – M 计数管或 NaI 闪烁计数器直接测量被收集气体的 β 或 γ 放射性。

裂变气体 Kr 和 Xe 进行 β 衰变,形成固态带正电荷的 Rb 和 Cs,它们进一步 β 衰变将形成 Sr 和 Ba。由于 β 射线的射程很短,所以不能像缓发中子法和总 γ 辐射监测法那样直接测量冷却剂中的比放射性强度。因而有必要采用适当的方法把裂变气体及其子代产物浓集起来,以便与冷却剂的辐射本底区别开来。英国的卡德霍耳气冷堆的静电沉淀法是一种较为典型的方法。它的工作原理是,将一回路冷却剂的取样经过冷却和过滤后送进静电沉淀室,利用与气流方向相垂直的电场,将固态微粒 Rb 和 Cs 收集在负电极上。收集极通常是一个与高压中心电极同轴的金属圆筒。如果把 G – M 计数管安装成与收集极同轴,就可进行 β 辐射的测量。也可将收集到的物质从收集极上冲洗下来,用 β 计数管或 γ 闪烁计数器进行 Rb 和 Cs 的衰变测试。

在实际运行中,由于燃料元件包壳破损率难以定量测定,因此,目前有的反应堆采用一回路冷却剂的放射性水平作为衡量标准。例如,美国限制一回路冷却剂放射性应小于 7.4×10^{12} Bq/m^3,法国安全委员会规定,当压水堆一回路冷却剂达到 1.85×10^{12} Bq/m^3 时应停堆检查。

在反应堆运行过程中,如果发现燃料元件有破损现象,运行人员应找出破损元件所处的位置。不同的反应堆,破损燃料元件的定位方法也不相同。对压水反应堆,可利用中子通量倾斜法,判断出破损燃料元件在堆芯内的大致位置。在反应堆运行中,若从堆内抽出一个控制棒组件,为保持反应堆功率恒定,则应把其他部件的控制棒向堆芯下插,这样就导致堆内中子通量分布倾斜。如果在抽出控制棒组件附近有破损燃料元件,由于该处中子通量升高,核裂变反应加剧,破损元件向冷却剂释放的裂变产物增多,冷却剂中放射性水平增高,由此可以确定出破损燃料组件在堆内的大致位置。中子通量倾斜法存在的问题是测定时需要降低反应堆功率,然后再分区抽出控制棒组件,而每次抽出控制棒组件,都要对一回路冷却剂放射性水平的变化进行观察,很费时间。

用中子通量法发现有燃料元件破损,在反应堆停堆后,将破损燃料元件附近的一批组件移送到乏燃料贮存水池,然后用啜漏试验法对这一批燃料组件逐个进行测量,进而确定具体的破损燃料组件。

2. 蒸汽发生器(或热交换器)泄漏监测

蒸汽发生器是压水堆核电厂的重要设备。正常运行时,蒸汽发生器二次侧的蒸汽和水中的放射性水平接近于天然本底。但当蒸汽发生器的 U 形管的管壁或管板焊接处出现裂纹或裂缝时,由于一回路压力高于二回路,一回路水便向二回路渗漏或泄漏,使二回路工质带有放射性,影响汽轮机及整个汽轮机装置正常运行和检修。此外,每小时数十吨被放射性核素污染的废水的排放,以及由冷凝器抽气器抽出的气体的排放,都会污染核电厂周围的环境。蒸汽发生器又是整个核电厂中故障概率最大的设备之一,因此对蒸汽发生器泄漏的监测,及时发现蒸汽发生器管束破裂就显得非常重要。监测蒸汽发生器泄漏的常用方法有下列几种。

(1)蒸汽发生器排污水放射性监测

一般从每台蒸汽发生器的排污管连续取水样,样品水流经冷却器冷却和节流阀降压后,由 γ 监测仪进行连续的放射性监测。

(2)冷凝器抽气器排气放射性监测

从冷凝器抽气器排气管引来的湿空气,经汽水分离装置分离出来的气体,流经过滤盒、流量计、电磁阀,进入气流 β 监测仪进行放射性测量。测量后的气体经电磁阀、真空节流阀和抽气泵排向总风管。测量系统原理与放射性气体和气溶胶浓度测量相类似。

(3)蒸汽中 ^{16}N 的放射性测量

蒸汽发生器排污水的 γ 放射性连续测量方法监测蒸汽发生器泄漏的主要不足之处是响应时间较长,而且只能由测量结果判断有无泄漏,而无法诊断具体泄漏之处。20 世纪 80 年代末,人们为了克服以上不足研制出了 ^{16}N γ 放射性连续监测系统,又称 ^{16}N 监测系统或 ^{16}N 监测仪。目前,这两种测量方法都被核电站采用,以用作综合分析、判断。

当压水堆动力装置的一回路冷却剂(H_2O)流经反应堆堆芯时,H_2O 中的 ^{16}O 因受到裂变中子的照射而发生如下核反应:

$$n + {}^{16}O \rightarrow {}^{16}N + p$$

虽然这种核反应的阈能比较高(中子能量大于 13 MeV),而且反应截面随着能量急剧变化,但是,由于一回路冷却剂不停地密闭循环,可以根据反应堆内快中子通量密度按空间和能量的分布、冷却剂在反应堆中流动和被照射情况以及冷却剂中 ^{16}N 在主回路中的衰变情况,计算出一回路冷却剂中 ^{16}N 的放射性比活度。

^{16}N 的半衰期为 7.14 s,^{16}N 核素 β^- 衰变后发射的 γ 射线能量[强度(分支比)]分别为 2.75 MeV(1%),6.13 MeV(69%)和 7.10 MeV(5%)。显然,γ 射线的能量比较高,所以选择 NaI(Tl)闪烁探测器对二回路蒸汽管道测量蒸汽中 ^{16}N 的 γ 射线放射性强度就可以监测蒸汽发生器传热管破损造成的一回路冷却剂向二回路的泄漏。

3. 一回路压力边界泄漏监测

压水堆动力装置一回路压力边界是指带放射性的、高温高压的主冷却剂密闭循环回路,它由反应堆、蒸汽发生器(一次侧)、稳压器、主循环泵(即主冷却剂泵)等设备以及它们之间的管系组成。如果一回路压力边界完整性被破坏了,就会引起主回路冷却剂有异常泄漏,直接影响反应堆的正常运行甚至核电站的安全,并且可能会造成对环境的污染,因此,对压力边界泄漏的监测十分重要。

压水堆动力装置一回路压力边界泄漏监测曾经采用过超声波法、湿度法等,由于它们有较多的不足而被淘汰。20 世纪 80 年代人们研究出连续监测安全壳内空气中的气溶胶、碘和惰性气体的放射性方法;90 年代人们又研究出采用连续监测安全壳内空气中 ^{13}N 的放射性的新方法,不仅提高了探测灵敏度,而且响应时间也很快。

众所周知,放射性物质的微小固体或液体粒子悬浮于空气中而形成气溶胶。气溶胶粒度的大小与形成方式有关,与颗粒物的来源也有关,在放射性测量中主要指粒度范围在 $10^{-3} \sim 10^{3}$ μm 的气溶胶。

压水堆核电站安全壳内空气中的放射性气溶胶主要来源于反应堆一回路压力边界冷却剂的泄漏及其汽化,由冷却剂中的裂变产物和腐蚀活化产物形成。

碘是一个具有多价态的元素(从 +7 到 -1),碘可以以多种化学形式存在,如有机碘(CH_3I)、元素碘(I_2)和各种碘酸(HI,HIO_3,HIO)等。碘的放射性同位素有 20 多种,但压水堆核燃料裂变产物中碘的放射性同位素主要有 ^{131}I,^{132}I,^{133}I,^{134}I 和 ^{135}I,其中 ^{131}I 的半衰期较长(8.03 d),放射 0.364 MeV 的 γ 射线。安全壳内空气中气载碘的放射性连续测量主要是连续测量 ^{131}I 的 γ 放射性。

安全壳内空气中惰性气体放射性测量,可根据取样气体流动时间和惰性气体的半衰期来选择要监测的惰性气体。采用连续监测惰性气体总 β 放射性的方法,β 射线的能量测量范围为 250 keV 到 3 MeV。

以上所述的安全壳内空气中气溶胶、碘和惰性气体的放射性测量,对一回路承压边界泄漏有一定的敏感性和响应速度,但由于一回路冷却剂中的惰性气体和 ^{131}I 放射性活度通常都比较低,高温高压的一回路水泄漏后立即汽化,而安全壳内因通风量较大,稀释效应很大,它们对承压边界微小泄漏提供早期报警的可能性有限。虽然气溶胶放射性测量的灵敏度较高,但由于需要积累一定时间才能测量,响应时间又较长,因而也不甚理想。为了克服上述这些不足,20 世纪 90 年代人们研制出了安全壳内空气中 ^{13}N 的放射性测量方法。这种方法不仅灵敏度高,而且响应时间快。

7.3.2　厂区内放射性辐射监测

反应堆内发生的许多过程都可能引起潜在的辐射危害。虽然并不是每个反应堆系统中都存在着所有这些危害,但有些辐射危害对所有反应堆来说却是共同存在的。下面将简要地讨论导致辐射危害的某些因素以及辐射监测的方法。

1. 厂区内的辐射源

(1)γ 射线和中子形成的辐射场

反应堆运行过程中,核裂变产生的 γ 射线和快中子,以及由堆芯结构材料和屏蔽材料俘获中子形成的活化产物衰变释放的 γ 射线都具有很强的穿透能力。其中能量较高的中子和 γ 射线有可能穿过反应堆屏蔽层,构成外辐射场。为此,大多数反应堆都设置了很厚的屏蔽层,以致在正常的状态下,泄漏辐射可以忽略。但是在某些反应堆中,设有引出中子或 γ 射线的实验孔道和样品辐照孔道等,因此破坏了屏蔽层的完整性。这样,就有可能使一部分中子、γ 射线泄漏而构成外辐射场。同时,屏蔽层中也有孔道,如果屏蔽塞子取出后没有正确地放回原处,也有漏出中子和 γ 射线束的危险。所以反应堆运行时,厂房内存在着 γ 射线和中子。

冷却剂中也含有放射性物质。这是因为冷却剂中含有冷却剂回路和堆芯结构材料的腐蚀和磨损产物,主要核素是 ^{55}Mn,^{54}Fe,^{59}Co 等,这些核素随冷却剂流过堆芯而被活化;燃料元件制造中,包壳外面黏附的可裂变物的裂变产物直接进入冷却剂中;反应堆运行过程中也有少量的裂变产物经破损元件的破口进入冷却剂。此外,冷却剂流过堆芯时本身也可能活化。例如,使用液态金属冷却剂时,钠和钾都易被活化。对于水冷却剂,氧吸收中子后形成放射性核素氮和氧。上述种种放射性物质有的在一回路中流动,有的沉积在回路管壁的内表面,因此冷却剂流经的管道和设备都有可能变成很强的 γ 辐射源。

(2)气载放射源

反应堆内产生的放射性物质和裂变产物并不都是固体,裂变产物中就有相当部分是气体。在反应堆运行中,如果燃料元件包壳破损,这部分气态裂变产物就进入冷却剂中。此外,由于中子辐照也可以使堆芯内的冷却剂、慢化剂、堆结构材料以及系统周围的空气活化,产生其他放射性气体,如氧、氮、氚和氩等。如果反应堆一回路系统的设备,如泵、阀门和管道等破损或一回路系统进行某些工艺操作时,就会使冷却剂中的放射性气载物泄漏到与反应堆有关的厂房内,形成气载放射性源。其中一部分气载物在常温下呈气态,主要是氮、氩、氚和碘等,这部分气载物称为放射性气体;另一部分是液体和固体微粒在空气中的悬浮物,它包括由氙衰变的铯(^{139}Cs)和氪衰变的铷(^{88}Rb)的固体微粒,这些气载物统称为气溶胶。反应堆发生事故时,这些气载放射源有可能迁移到环境中,因受空气湍流的作用,这些气载物会向四周扩散,造成环境污染。

(3)污染源

除上述放射源外,反应堆厂房内一些设备以及某些壁面和地面也受到放射性污染,形成污染源。这是因为反应堆及其附属系统中存在被活化的松散物(如灰尘或粉末),它们可以是辐照的样品,也可以是在反应堆维修或因其他工作需打开屏蔽时产生的。这些松散的放射性物质,一部分可以悬浮在空气中形成放射性气溶胶,另一部分可以沉积在一些设备表面或地面和壁面上。

此外,以水作为冷却剂的反应堆,冷却剂中可能含有被活化的水垢或其他杂质,任何撒落或泄漏都可以引起设备和地面的污染。也可以预料,当发生严重的放射性释放事故时,必定会有大量的放射性核素沉积在周围物体的表面上。

总之,反应堆运行后,可使厂区内一些场所具有很高的放射性,倘若工作人员进入这些场所,有可能遭受超剂量辐照的危险。为保证反应堆工作人员的安全,并为反应堆安全运行提供必要的参考数据,对反应堆厂区内进行辐射监测是十分必要的。

2. 厂区内放射性辐射监测

反应堆一般至少应设置下列三个放射性辐射监测系统。

(1)厂区内 γ 辐射场的监测

如上所述,反应堆和一回路系统以及一些辅助系统都是放射性源。因此,核辐射场的放射性强度有很大的变化范围,其照射量率可以从几个 $\mu R/s$ 到几百个 $\mu R/s$[①]。在进行某些工艺操作时,有些场所的照射量率可达到上千 $\mu R/s$。一般通过对放射性厂房分区、运行工况以及人员流动情况的综合分析设置监测点,对于那些 γ 辐射剂量率随运行工况变化有可能超过容许值,同时又经常有人工作或出入的场所,选择具有代表性的地点,设置固定的 γ 监测点。对于那些 γ 辐射剂量率不高或人员流动较少的场所,一般不设置固定的监测点,必要时用携带式剂量仪表进行测量。

固定式 γ 辐射监测系统是由监测仪表和报警指示系统组成的。监测仪表一般采用以电离室或 G-M 计数管为探测器的多道 γ 报警仪,其测量范围为 $0.01 \sim 10^3 \ \mu R/s$。探测器安装在待监测的现场,二次仪表安装在剂量值班室的仪表屏上,显示和记录监测现场的剂量率。

在各监测点的现场和出入通道口,一般都设置信号灯和报警铃。当 γ 辐射剂量率超过预定的报警阈值时,能自动发出声和光的报警信号,提醒工作人员注意。各监测通道的报警阈值是按厂房分区标准并参照辐射屏蔽的计算结果确定的。

对于研究性反应堆,除了设置固定式 γ 辐射监测装置外,还应在实验孔道周围设置固定式中子剂量监测装置。一次仪表设置在堆大厅的墙壁上,二次仪表布设在剂量值班室的仪表屏上。

此外,还可用手提式 γ 监测仪和中子剂量仪测量现场的剂量率。

(2)区域中子剂量当量水平测量

当核电站处于运行工况时,在反应堆堆顶、安全壳操作大厅等区域存在 γ 和中子混合场。中子辐射对人体造成的辐射损伤比 γ 辐射造成的要大得多,因此在对区域 γ 进行测量的同时还要对中子辐射进行测量。

由于中子不带电,中子与物质相互作用不能直接引起物质电离,在中子与物质的原子核相互作用时会产生可被探测的次级粒子,对中子的探测是通过测量次级粒子来实现的。

核电站反应堆区域中子辐射的能量范围很宽,不同能量的中子与物质作用的机制不同,产生的次级辐射也不尽相同。因此,即使工作人员对中子的吸收剂量相同,但由于中子能量的不同、品质因子的不同,其剂量当量也不相同。而从辐射防护的角度考虑,确定区域中子辐射的剂量比只测出各种能量的中子的总吸收剂量更加有意义。另外,反应堆厂房内的 γ 辐射到处存在,特别是在反应堆主回路的周围强的 ^{16}N 高能 γ 辐射,因此在中子剂量当量测量中对 γ 辐射的甄别更加困难。区域中子辐射测量仪在测量中子剂量当量率时必须采取 n,γ 甄别措施。

利用慢中子探测器、中能中子探测器和快中子探测器分别得到各能区段的中子注量率,计算出吸收剂量,然后乘以各个能区段的平均品质因子,求和后就可以得到核电站区域中子剂量当量率水平。这一方法所得到的数据较为准确,但在实施过程中有一定的困难,并且代价也昂贵,因此在核电站工程中一般不常采用,而常利用一台仪表对慢中子到快中子的混合中子场的剂量当量率进行直接测量。

在核电站的区域中子辐射场中,必然存在着区域 γ 辐射,特别是在反应堆主冷却剂回路中,由于 $^{16}O(n,p)^{16}N$ 反应产生的 ^{16}N 有 $6.13 \ MeV$ γ 辐射,尽管 ^{16}N 的半衰期很短,但由于主冷却剂的流速很高,^{16}N 的 γ 辐射可以到达安全壳内的操作大厅及二回路中,由此增加了核电站区域中子辐射水平测量的难度。

[①] $1 \ R/s = 2.58 \times 10^{-4} \ C/(kg \cdot s)$

当 γ 射线能量较低,且区域 γ 剂量率水平低于 10^4 μGy/h 时,由于 $^6Li(n,\alpha)^3H$ 反应放出的 γ 能量高,锂玻璃闪烁计数器对热中子产生的谱峰有较高的分辨能力。当 ^{16}N 的 γ 射线存在时,由于 γ 辐射的能量比 $^6Li(n,\alpha)$ 反应放出的能量还高,选择适当的闪烁体厚度,且 Li 的原子序数很低,使 γ 射线与 ^6Li 玻璃作用的概率很低。而 α 和 ^3H 核为重带电粒子,其射程很短,闪烁体厚度足以 100% 地探测到它们,从而达到 n,γ 甄别;也可以通过实验测量给出 γ 辐射贡献,用修正因子进行修正。

(3)厂区内放射性气体和气溶胶浓度监测

放射性气体和气溶胶浓度的监测方法是不相同的。放射性气体可用捕集型电离室测量,亦可用活性炭吸附氮、氙和碘或用硅胶吸附氚后测活性炭或硅胶的放射性。放射性气溶胶所含的固态微粒用诸如滤纸、静电集尘器、热集尘器、碰撞式集尘器等进行捕集,然后用适当的测量装置,测定捕集到的放射性核素衰变时释放的 α,β,γ 射线强度。根据测得的放射性强度,就可以换算出厂区内空气中含放射性气体和气溶胶的浓度。

图 7.19 为典型反应堆厂区内放射性气体和气溶胶测量原理图。它是由阀门、流量计、过滤盒、真空泵、电离室和管道等组成的。由于这种测量系统简单可靠,因而被广泛使用。

系统采取分组设泵的方式使各组的调试和运行都独立。为了提高测量系统运行的灵活性,防止因某台气流 β 监测仪或抽气泵故障而影响该组的测量或取样,测量系统的每一组都可以向另一组切换。气流 β 监测仪的探测器、气体流量计和各种阀门集中安装在探测器室内,气流 β 监测仪的二次仪表及有关的电磁阀控制开关安装在剂量值班室的控制屏上。在各取样点的现场和出入通道口设有报警灯和信号铃。在有固定 γ 监测点的场所,报警灯和报警铃一般都是公用的。

固定的管路取样测量系统可以是一个闭式环路,测量后的尾气直接从烟囱排入大气。

测量放射性气体浓度时,首先开动真空泵,手动打开气体管路上的总阀以及欲

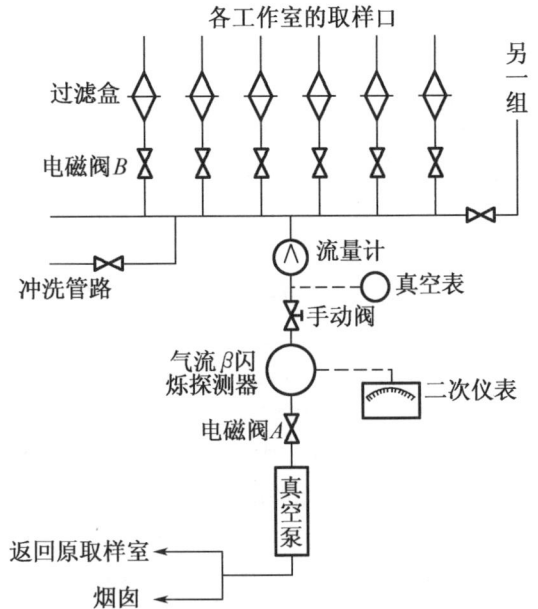

图 7.19　反应堆厂区内放射性气体和气溶胶监测原理图

测点所属气流 β 探测器的电磁阀 A,将探测器腔体抽到一定的真空度。然后打开欲测取样管路的电磁阀 B,将气体吸入到腔体内,同时关闭气流 β 探测器的电磁阀 A,待腔体内压力达到平衡时,测出放射性气体的浓度。

测量放射性气溶胶浓度时,由于放射性气溶胶通过高效率过滤器过滤时,几乎全部被滤纸吸附。所以,只要取出滤纸,并将它送至测量室,用 ZnS(Ag) 闪烁计数器或 G – M 计数管测出放射性气溶胶的 α 或 β 放射性,便可按下式算出取样口处空气中所含气溶胶的浓度 $C(Bq/cm^3)$:

$$C = \frac{N - N_g}{1.54 \times 10^3 \times 60 \times \eta_1 \times \eta_2 \times V} \tag{7.19}$$

式中, N 为样品计数, $N/\min$; N_g 为本底计数, $N/\min$; V 为流经过滤器的抽气量, cm^3; η_1 为探测器效率; η_2 为过滤器效率, 近似为 1。

为了保证测量的精确度, 设计固定管路取样测量系统时必须考虑下列因素:

① 合理选择取样点。与 γ 辐射监测点设置原则一样, 对于那些有可能受到放射性气体或气溶胶污染而又经常有人来往的场所, 设置固定的取样点。

② 在设备安装和取样操作方便的前提下, 测量系统的过滤盒和选择电磁阀应尽可能靠近取样点安装。这样, 就可以减少因管壁吸附物的剥落而影响测量的精度。

③ 取样管应尽可能短而直。这样, 可以避免气溶胶微粒吸附在管壁上, 从而使取样管中气溶胶浓度与取样口处空气中的浓度保持一致。

④ 取样口设置高度应与人体鼻部距地面的距离大致相等。这样, 才能保证所取的样品浓度与现场人员所吸入的浓度近似相等。

⑤ 测量系统中应设置气体冲洗管路。因为测量系统长期工作后, 气流 β 监测仪的本底增高, 影响测量灵敏度。有了气体冲洗管路后, 便可从大气中抽取清洁空气, 对探测器的塑料闪烁体球腔进行冲洗。

对需要连续进行取样和测量的场所(如排气烟囱), 通常应对放射性气体、气溶胶和碘进行连续取样监测。其目的是严格控制反应堆放射性废气的排放量。反应堆正常运行中, 决不容许放射性物质的排放率超过辐射防护标准规定的数值。

对于那些没有设置固定取样点的场所, 需要监测时, 可以用抽有一定真空度的可携式 β 闪烁探测器到现场采样测量, 或用可携式微尘取样装置到现场进行取样, 取得的微尘样品送至样品测量室测量。

7.3.3　其他辐射监测系统

1. 排出流辐射监测

核电站的运行, 必然产生放射性废气和废液, 这些含有放射性物质的废气和废液最终会排放到环境中去。如果不加限制, 排放到环境中的放射性物质不但对核电站周围居民造成外照射的影响, 而且由于居民的食入和吸入, 造成内照射影响, 因此必须进行排出流的监测排放。国际原子能机构早在 1978 年就出版了《由核设施释放到环境中的气载和液态放射性物质的监测》一文, 我国在 20 世纪 80 年代末也制定了排出流监测的相应标准, 规定了核设施的气态和液态排出流监测的相关事项。

对排出流监测的目的, 除了上述的提供对公众造成可能的危害信息进行评价, 确定采取对核电站周围居民的防护措施和对核电站周围环境的特殊监测外, 还有如下几点:

(1) 检查核电站的排出流是否满足国家标准的相关规定, 其排放总量是否低于核电站制定的管理目标, 排出流的浓度是否低于运行限值;

(2) 提供估算核电站周围公众集体剂量的主要基础数据之一;

(3) 验证核电站的运行以及对排出流的处理和控制是否正常。

核电站的排出流分为气态排出流和液态排出流两种形式。气态排出流是通过烟囱的高架排出和通过凝汽器抽气排出。通过烟囱高架排放的气体有两种:一是反应堆厂房和核辅助厂房的通风气体,这类气体的放射性来源于设备的泄漏或压力容器附近的空气被活化;二是工艺废气,来自一回路的工艺废气一般带有较高浓度的放射性物质,必须经过储存衰变、过滤吸附等处理后方可排放。二回路蒸汽中也可能含有放射性气体,这些废气可能通过凝汽器抽气排放(称为低架排放)到大气中。对于放射性气体排出流,其排放的总活度 $A(\mathrm{Bq})$ 为

$$A = v \cdot t \cdot C \tag{7.20}$$

式中,v 为排放速率,单位为 $\mathrm{m^3/min}$;t 为排放时间,单位为 min;C 为放射性气体的浓度,单位为 $\mathrm{Bq/m^3}$。

放射性废液主要来源于化学废液、一回路冷却剂排水和泄漏水、公用废水和地面疏排水等几个方面。各种废水的放射性浓度不同,因而处理方法也不同。对于放射性浓度较高的废水,一般在经过储存衰变、去污处理后再排放。而废液排放系统的废液主要来源于蒸汽发生器排污系统的工艺排水、废液处理系统的废液和核岛更衣间和淋浴间的废液、放射性综合厂房机械去污废液、放射性洗衣房的洗衣水、厂区实验室的废液、核岛疏水排气系统的排水,废液排放系统地坑疏排水。

对排出流辐射的测量,难以采用直接的测量方法,一般是采样测量,采样测量又可分为就地连续测量和实验室分析测量。就地连续测量能够提供控制排放的连锁信号,而实验室分析测量能够提供更为准确的测量结果。

对于高架排放的气态排出流,一般要求监测放射性气溶胶的浓度、放射性碘的浓度、放射性惰性气体的浓度以及 $^3\mathrm{H}$ 和 $^{14}\mathrm{C}$ 的浓度。对于低架排放的气态排出流,一般要求监测惰性气体浓度。

对液态排出流的监测,要求监测采样样品的总浓度,并且进行核素分析。根据国家相关标准,核电站液态排出流必须采用槽式排放,当槽内废液的放射性浓度高于排放限值时,必须对其进行处理,禁止采用稀释的方法进行排放。因此排放前先采样,对样品在物理实验室进行放射性总活度测量和核素的分析,确定槽内废液的放射性浓度是否低于排放限值。在排放中,采用固定式连续监测设备对各放射性核素的总浓度进行监测,一旦发现总浓度超过排放限值,给出连锁信号,关闭排放阀。排放口的混合液也需长期进行监测。

2. 表面沾污监测

核电站诸多系统设备的维护中,特别是一回路管道中的阀门解体维护,可能会出现放射性物质的泄漏、逸出,即使在工作之前采取了较为合理且全面的辐射防护措施,也避免不了造成工作场所地面、检修设备或附近设备表面、检修人员体表、工作服等表面沾污事故。α 放射性物质在经口腔或通过皮肤渗透直接转移到人体内,或间接以气溶胶形态悬浮到空气中,经呼吸道进入体内,形成较为严重的内照射危害。某些 β 放射性核素的沾污可能造成较为严重的体表灼伤事故。控制区内被放射性物质沾污的工具、设备或其他物项,如果被带出控制区,转移到非放射性区域,将引起放射性污染区域的扩大,还可能造成环境的污染。因此,每一个核电站都必须设置表面沾污监测系统。

对于控制区内部的地面、墙壁及设备表面,辐射防护人员应定期或不定期地进行表面沾污的检查。特别是在设备检修维护人员完成了一次可能引起沾污的工作后,辐射防护人员应及时进行表面污染的监测;而对经常有人员出入的辅助厂房内的地面等,则应进行周期性表面沾污的巡测。对工作场所地面、设备表面、墙壁的表面沾污监测的目的主要包括:①及时发现污

染状况,包括污染区的范围和严重程度,以便决定是否需要采取去污或其他防护措施,使表面沾污控制在国家标准容许的限度以内;②检查设备维护人员是否执行了放射性安全操作程序及安全操作程序的正确性。对于需带出控制区的设备或工具等物项,因其形状和尺寸不统一,一般采用便携式仪器对其进行表面沾污的监测。其监测目的是及时发现该物项的污染程度,以便决定该物项不需经任何处理即可带出或需经去污处理后才可带出。如该物项污染严重又不能去污到规定水平,则不能带出控制区或不能再重复使用。控制区内的工具仪表和设备的维护及校准应尽量考虑在控制区内进行,以防止污染区的扩大。

对于控制区内的工作人员的手及体表的表面沾污的监测以及工作服、工作鞋等非一次性防护用品的表面沾污检查,可考虑采用固定式表面沾污监测仪自动进行,这样可减轻辐射防护管理人员的工作量。一旦出现污染严重的报警时,防护人员应在检查后,确定其处理措施。对于工作服、工作鞋的监测目的主要包括:①防止交叉污染事件的发生,即防止污染严重者由于一同清洗处理而污染未污染者或污染水平较低者;②从经济角度考虑,大批量的工作服、工作鞋的污染程度在其控制水平以内,经去污清洗后可以重复使用,而污染严重的工作服、工作鞋若将其去污到表面污染控制水平以下所需花费的人力、物力远高于其本身的价格,加上废物处理的费用,则属不正当行为;③减小废物量,由于大批量的工作服、工作鞋没有出现表面沾污,可以重复使用,即使是其出现破损而不能再使用,也不需当放射性废物处理,而可以当作一般性废物处置。对于工作人员的手及体表的监测,可以有效地防止工作人员从控制区内带出放射性物质,沾污非控制区或通过在非控制区内的活动,因食入和吸入使表面沾污的放射性物质转移到体内,造成更大危害的内照射;其次,可为制订和修改个人表面沾污监测计划及电站职工执行表面沾污确定限值提供宝贵的素材。

一般采用固定式表面沾污测量仪监测工作人员的体表和劳保用品是否沾污。此外,还设有携带式仪表存放间,除备有各种类型的 γ 剂量仪和携带式微尘取样器外,还备有各种类型的表面沾污测量仪表,供检查设备、墙壁、地板等表面沾污用。对那些不宜直接用仪表进行测量的污染表面(指本底比较大的场所),则可用擦拭取样法进行间接测量。所谓“擦拭法”就是用微孔滤纸揩擦污染物的表面,并用放射性测量仪表测定附着在滤纸上的放射性,经过计数修正后便可推算出物体表面被放射性污染的程度。

3. 个人剂量监测

对于从事放射性操作的人员,必须随身携带胶片盒、荧光玻璃剂量计(或热释光元件)记录个人受到的辐射剂量。事故操作时,还必须带剂量笔。对职工的内照射,要通过定期化验血、尿和大便来进行监督。

4. 辐射实验室分析测量系统

核电站辐射测量系统一般分为固定式辐射监测系统和实验室分析测量系统,而固定式辐射监测系统又可分为过程监测系统和区域监测系统,这些在前面已有论述。实验室分析测量系统可作为各过程监测系统和区域监测系统的佐证和补充,并担负起对周围环境进行监测的大部分任务。它一般分为样品的采集、样品的处理、样品源的制备、样品源的测量等几个主要过程,同时监测装置的校准、测量数据的处理等也是必不可少的。显然,各个过程皆影响测量结果,最后结果中的总不确定度是由各过程不确定度的累积效应所致。

思考题与习题

7-1　堆外核检测仪表的功用是什么,分为哪几个量程? 简述各量程使用仪表的工作原理。

7-2　用于堆芯测量的探测器应满足哪些要求?

7-3　堆芯测量系统提供哪几类数据?

7-4　自给能探测器有什么特点,分为哪几种?

7-5　闪烁探测器有哪几部分组成,工作原理是什么?

7-6　简述微型裂变室的工作原理。

7-7　半导体探测器有什么特点? 简述其结构及工作原理。

7-8　使用半导体探测器为什么必须要用电荷灵敏前置放大器?

7-9　辐射监测包括哪些内容?

第8章　计算机测试技术与系统

20世纪70年代微计算机问世后不久就被用到测试技术领域中,随着微计算机性能价格比的不断提高,并解决了很多传统测试装置难以解决的问题,使它成为测试技术中不可缺少的部分。

本章分别从智能传感器、自动数据采集系统、计算机辅助测试系统及虚拟仪器系统几个方面介绍计算机和测试技术间的关系,并展望了现代测试技术的发展趋势。

8.1　智能传感器

智能传感器利用微计算机技术使传感器智能化,是一种带微处理器的兼有检测和信息处理功能的传感器。它将传感器检测信息的功能与微处理器的信息处理功能有机地融合在一起。具有内存,可进行编程,因此具有一定的数据处理能力,可以通过软件来修正非线性误差,可进行温度补偿,并可适当补偿随机误差,可自动更换量程,具有自动调零、自诊断、自检测、自校验以及通信与控制等功能,从而使智能传感器具有精度高、成本低、可靠性高、性价比高等优点。目前出现的单片式传感器就是其中的一种,这种传感器将信息检测、驱动回路及信息处理回路集成在一个单片上,其制造是采用集成电路技术。

8.1.1　智能传感器的特点

从检测的角度来看,智能传感器的主要功能有输入数据补偿、标度变换、平均积算、自动采样扫描、自诊断、自动校正等。由于智能传感器是建立在大规模集成电路的基础上的,因此它可以方便地组建高级的数据采集系统,可将检测转换技术和信息处理技术有机地结合起来。智能传感器具有以下特点:

(1)测量可靠性高,测量数据可存取;

(2)测量范围大,能实现复合参数的测量;

(3)测量精度高,能对测量值进行各种校正和补偿;

(4)测量稳定性好,可排除外界干扰,进行选择性的测量;

(5)测量灵敏度高,可进行微小信号的测量;

(6)体积小,均匀性好;

(7)具有自诊断功能,能确定故障位置,识别状态;

(8)具有数字通信接口,能与计算机直接相连;

(9)微功耗。

8.1.2　智能传感器的基本组成与分类

智能传感器由传感器、微处理器、存储器、输入/输出接口等部分组成,其框图如图 8.1 所示。

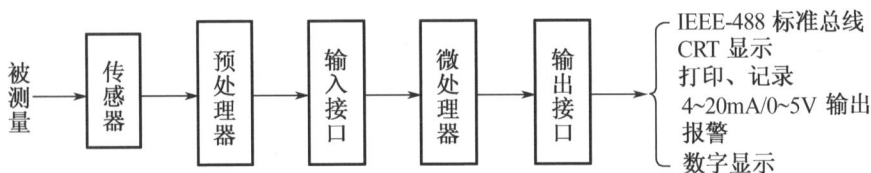

图 8.1　智能传感器基本组成

智能传感器按其结构可分为以下三种。

1. 模块式智能传感器

这是一种初级的智能传感器。它由许多相互独立的模块组成。将微计算机、信号调理电路模块、输出电路模块、显示电路模块和传感器装配在同一壳体内,便组成了模块式智能传感器。它的集成度低、体积大,但是一种比较实用的智能传感器。

2. 混合式智能传感器

它是将传感器和微处理器、信号处理电路制作在不同的芯片上,由此便构成了混合式智能传感器。它作为智能传感器的主要种类而广泛应用。

3. 集成式智能传感器

这种传感器是将一个或多个敏感器件与微处理器、信号处理电路集成在同一芯片上。它的结构一般都是三维器件,即立体结构。其智能化程度是随着集成化密度的增加而不断提高的。

8.1.3　智能传感器功能举例

1. 零位和满量程误差自校正功能

在任意时刻,智能传感器均要求输出值 y 和输入值 x 之间呈比例关系,即

$$y = kx + b \tag{8.1}$$

式中,k 为灵敏度;b 为输出常数项,对理想传感器而言 $b = 0$。

实际上,由于各种内外因素的影响,使 k 难以保持恒定,$k = k_0 + \Delta k$,则有

$$y = (k_0 + \Delta k)x + \Delta b \tag{8.2}$$

式中,Δb 为传感器零位误差。

通过合理选择测量原理和元器件可将满量程误差和零位误差控制在某一范围中,但成本较高,而智能传感器采用微处理器,能自动校正满量程误差和零位误差。微处理器在每个特定周期内将输入信号记录在寄存器中,然后将输入端转换到标准信号发生器上,记录零输入和满量程输入时的输出值,通过运算计算出 Δk 和 Δb 值,再补偿该周期中的输出值,即可抑制零位和满量程误差,提高测量的精确度和可靠性,同时其长期稳定性可提高 1～3 个数量级。

2. 量程自动转换功能

量程自动转换功能的基本原理框图如图 8.2 所示,微计算机根据模/数转换器输出的测量数字量,判断数字衰减器的设定值是否合适,如不合适,将适当数字送至输出寄存器中,以改变衰减值,转换量程。

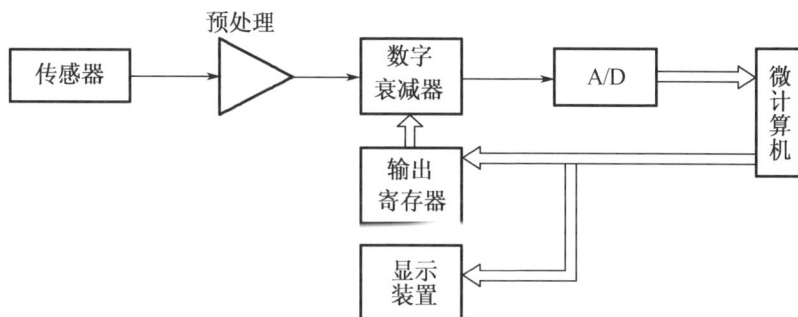

图 8.2　量程自动转换功能

3. 传感器特性补偿功能

(1)利用微处理器进行线性化处理

线性化时首先应求出传感器特性函数的反函数。若反函数是曲线,则根据精度要求对曲线进行分段,然后用软件使折线逼近或用二次曲线代替,在每段代替的二次曲线上找出三个已知点,即找出三个已知输入和相应输出值,列出三个二次方程,求出各系数,并将这些系数存入微处理器内存中相应非线性校正子程序的数据表区域。若已知反函数方程

$$f(x) = a_1 x^4 + a_2 x^3 + a_3 x^2 + a_4 x + a_5$$

可改写成

$$f(x) = \{[(a_1 x + a_2)x + a_3]x + a_4\}x + a_5 \tag{8.3}$$

将式中的系数 $a_1 \sim a_5$ 存入内存,然后把每次测得的数据按上式进行四次 $(b + a_i)x$ 的循环运算后,再加上常数 a_5,就可完成线性化。

(2)利用微处理器进行温度误差修正

当环境温度变化对传感器的输出影响较大时,可利用微处理器对其进行修正。首先用测温元件,如 PN 结、热敏电阻或测温晶体等,在靠近传感器的敏感元件处精确测量出温度误差,并建立数学模型,然后采用与非线性补偿方法相同的方法进行修正。

对在环境温度变化不大场合下使用的某些传感器,可采用较简单的温度误差修正模型

$$y_t = y(1 + \alpha_0 \Delta t) + \alpha_1 \Delta t \tag{8.4}$$

式中, y 为未经温度修正的传感器输出值; y_t 为经温度修正后的输出值; Δt 为实际工作温度与标准温度之差; α_0, α_1 为分别用于补偿零位温漂和灵敏度温漂的温度补偿系数。

4. 信息存储与记忆功能

智能传感器既能够很方便地实时处理所探测到的大量数据,也可以根据需要对接收到的信息进行存储和记忆。存储大量信息的目的主要是以备事后查询,这一类信息包括设备的历史信息以及有关探测分析结果的索引等。

5. 自学习与自适应功能

传感器通过对被测量样本值学习,处理器利用近似公式和迭代算法可认知新的被测量值,即有再学习能力。同时,通过对被测量和影响量的学习,处理器利用判断准则自适应地重构结构和重置参数。

6. 数字和模拟输出功能

许多带微处理器的传感器能通过编程提供模拟输出、数字输出或同时提供两种输出,并且各自具有独立的检测窗口。最新的智能传感器都能提供两个互不影响的输出通道,具有独立的组态设备点。

7. 双向通信功能

智能传感器有一个数字式通信接口,通过此接口可以直接与其所属计算机进行通信联络和交换信息。微处理器和基本传感器之间构成闭环,微处理器不但接收、处理传感器的数据,还可以将信息反馈至传感器,对测量过程进行调节和控制。

8. 断电保护功能

智能传感器内装有备用电源,当系统掉电时,能自动把后备电源接入 RAM,以保证数据不丢失。

8.1.4 智能传感器网络与应用

1. 微传感器

近年来微电子机械加工技术(MEMT)已获得飞速发展,成为开发新一代微传感器(Microsensor)、微系统的重要手段。微传感器主要包含微型传感器、CPU、存储器和数字接口,并具有自动补偿、自动校准功能,其特征尺寸已进入到从微米到毫米的数量级。微传感器有小体积、低成本、高可靠性等优点。

比如,利用 MEMT 技术加工生产的加速度计,已是汽车安全气囊触发器的首选产品。还有利用 MEMT 研制出了新一代喷墨打印头和用来测量血液流量的微型压力传感器。

2. 传感器的网络化

网络化智能传感器是将利用各种总线的多个传感器组成系统并配备带有网络接口(LAN

或 Internet）的微处理器。通过系统和网络处理器可实现传感器之间、传感器与执行器之间、传感器与系统之间数据交换和共享。网络化就是监控现场就近登录计算机网络，这样可使传统测试系统的信息采集、数据处理等方式产生质的飞跃，能够实现各种现场数据直接在网络上传输、发布与共享。多台异地传感器也可以利用 Internet 网络这个平台，进行信息互换和浏览。传感器生产厂家也可以直接与异地用户进行信息交流，比如进行传感器故障诊断、用户指导和维修等工作。随着网络技术的发展，测试系统特别是远程测试正向网络化、分布式和开放式的方向发展，网络化智能传感器系统将会获得越来越广的应用。

美国 Honeywell 公司推出的网络化智能精密压力传感器，它将压敏电阻传感器、A/D 转换器、微处理器、存储器和接口电路于一体，不仅达到了高性能指标，而且借助于网络方便了用户进行信息传输和共享，被广泛应用于工业自动控制、环境监测、医疗设备等领域。近几年，各种基于网络的嵌入式网络测试系统也得到了迅速发展。

3. 无线传感器网络

无线传感器网络是新型的传感器网络，同时也是一个多学科交叉的领域。无线传感器网络是由大量密集布设在监控区域的、具有通信与计算能力的微小传感器节点，以无线的方式连接构成的自治测控网络系统。其目的是协作地感知、采集和处理网络覆盖区域中感知对象的信息，并发给观察者。无线传感器网络节点间具有很强的协同能力，从系统整体行为而言，网络系统是智能的，并且由于网络分布协作性和对等性测量的特点，其测量精度更高、范围更广、操作更为灵活。无线传感器网络强大的数据获取和处理能力使得其应用范围十分广泛，可以被应用于军事、防爆、救灾、环境、医疗、家居、工业等领域，无线传感器网络已得到越来越多的关注。美国《技术评论》在预测未来技术发展的报告中，将无线传感器网络列为 21 世纪改变世界的十大新兴技术之首。由此可见，无线传感器网络的出现将会给人类社会带来巨大的变革。

4. 多传感器数据融合

数据融合技术是 20 世纪 70 年代初由美国最早提出的。与单传感器测量相比，多传感器融合技术具有无可比拟的优势。例如，当人们用单眼和双眼分别去观察同一物体，这时在大脑神经中枢所形成的影像就不同，双眼观察更具有立体感和距离感，这主要是因为用双眼观察物体时，虽然双眼的视角不同，所得到的影像也不同，经过融合后会形成一幅新的影像，这就是一种高级融合技术。多传感器数据融合技术原理同人脑处理信息的过程相似，它先利用多个传感器同时进行信息检测，然后用计算机对这些信息进行综合分析处理和判断，得到监控对象的客观数据。

采用多传感器数据融合技术可提高信息的可信度，增加监控目标特征参数的种类和数量，可获得一个全方位、全面的检测数据。比如普通汽车上大约装有十几只传感器，分别安装在汽车发动机控制系统、底盘控制系统和车身控制系统中，用来检测温度、压力、转速和角度、流量、位置、气体浓度等。因此传感器的数据融合可以提高监控目标的综合性能指标。该项技术也同样适用于卫星导航、工业自动化、医学诊断等多个测控领域。通常在多传感器融合时可将多个相同传感器（或敏感元件）集成在同一个芯片上，也可把不同类的传感器集成在一个芯片上。

随着核电技术的高速发展,核工业机器人的研究也从未停止,并且也取得了很大的进展。其主要应用包括:(1)关键核设施的维护、退役及放射性废物处理,如对蒸汽发生器、反应堆容器等的检查、安装、维修,以及退役反应堆的封存、掩埋或拆卸,放射性废物处理等作业;(2)核事故处理与救援,即利用轮式、履带式移动机器人,携带操作设备进入事故现场,开展事故处理与救援相关工作;(3)核电站安全性的全面监测,即利用小型、智能、爬壁式机器人,携带多种先进传感器,对核电站内的核辐射强度、氢气浓度、烟雾浓度、关键设备及管道的破损情况进行监测,以及时发现问题。在日本福岛核事故中核机器人发挥出了重要作用。为了保证机器人有充分的感知能力,机器人上装备有多种传感器,单一的传感器只能获取某一方面的信息,无法全面反映对象的准确状态,而且单一传感器的观测值可能存在不确定或者偶然的异常情况。因此,采用信息融合技术,利用多元信息的互补性来提高信息的质量,以解决单一传感器对复杂系统描述能力的不足。基于信息融合的结果,可以对核电站安全性作出全面评估,制定多级预警策略,根据事件的不良程度和紧急程度下达指令,实施相应级别的预警应急方案,以对危机事件提前进行"有效的、阻断性的干预"。

8.2　自动数据采集与处理系统

随着生产技术的不断发展,对测量系统提出的要求越来越高。在许多工业生产和科学试验中要求测量的参数多、测量速度快、精确度高,往往要求实现实时采样、实时处理、实时控制和实时显示。如在动力机械测量的控制系统中,常常需要同时监视温度、压力、流量等模拟量,还要测量转速等开关量。在测量数据量庞大、系统功能复杂的情况下需要一种自动数据采集系统,它能对多个被测量进行自动连续检测、集中监视、数字显示和打印制表等。这种自动数据采集系统也称为自动巡回检测装置,它是微计算机应用的一个重要分支,也是获取生产信息的重要手段之一。现在市场上有能构成自动数据采集系统的各种功能的芯片及设备出售,也有完全组装好的专用或通用的工业控制机。

8.2.1　自动数据采集系统基本组成与功能

1. 自动数据采集系统的基本组成

一个自动数据采集系统的结构随用途不同而异,其基本组成如图 8.3 所示。其中,传感器的作用是将待测的非电量(如温度、压力、流量、位移等)转换成为电量,作为一次仪表。传感器的输出可以是模拟量,也可以是数字量或开关量。由于计算机只能接收规定形式的数字信号,因此当传感器输出是模拟量时,必须经过处理才能送入计算机,即先经过信号调理,将信号放大(或衰减)、滤波等,使之能满足 A/D 转换器的输入要求,配合计算机对多路模拟开关的控制,依照程序设定进行扫描检测,信号经过 A/D 转换送入计算机。假如被采集的物理量是变化较快的时变信号,则在 A/D 转换器之前应加上采样/保持(S/H)电路。当传感器输出的是数字量时,一般也需要经过数字信号调节,调整信号电平或整形,使之变成计算机可以接收的信号,并经过缓冲、锁存再送入计算机相应的 I/O 口。信号送入计算机后由 CPU 对输入信息进行标度转换及传感器特性的线性化处理,同时与过程控制中的上、下限报警点进行比较,如超出极限则进行报警,并可通过打印或显示说明异常点,还可对所采集的信息进行处理加工,得到如相关性、频谱分析等信息。此外,根据预先约定的时间间隔,将各种数据及计算结果制成报表输出。整个数据采集的过程和数据处理及输出均是在微计算机控制下完成的,因此微计算机是自动数据采集系统的核心部分。

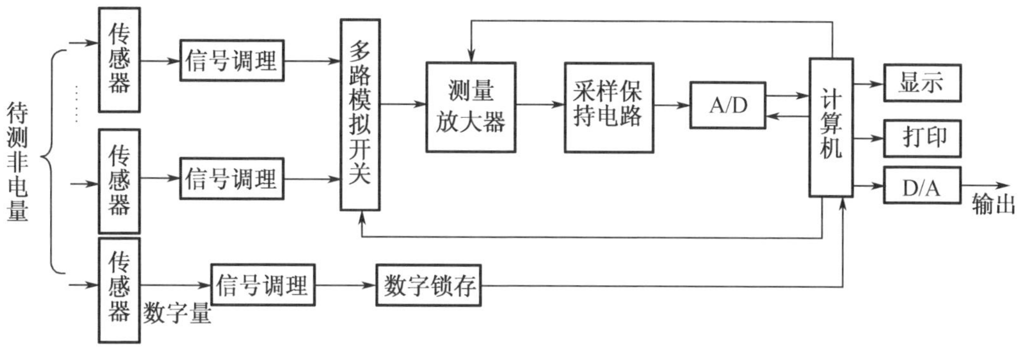

图 8.3　自动数据采集系统

在自动数据采集系统中,计算机和各功能组件(如模拟输入、模拟输出、数字输入、数字输出、开关量输入和开关量输出等组件)通过接口与计算机连接。计算机和各种组件的连接方式有两种,一种是通过标准的通信接口,如 RS232,RS422,IEEE488 等来连接,另一种是通过计算机总线来连接。这两种连接方式各有优缺点。

通过标准通信接口连接的系统也称为外总线系统,其优点是数据采集设备可以靠近现场,而远离计算机,能配置成任何规模的系统。数据采集设备有自己的微处理器,有助于远程作业和减轻主计算机的负担,它便于构成分布式系统。

通过计算机总线相连接的方式也称为内总线系统,这种系统的各个组件不需独立的机箱和电源,可以直接装在主计算机机箱里,可以缩小系统体积,降低成本。内总线系统由于不需要通过速度慢的通信协议,因而速度快。但另一方面也受到计算机系统结构和容量的限制,故规模不可能很大,一般多用于分布式系统的前置机。

计算机在自动数据采集系统中的作用是控制多路转换开关的转换、启动 A/D、D/A 等输入输出设备、进行数据处理。其中,数据处理软件的主要任务如下:

(1)对输入信息进行系统整定,恢复原来的物理形式。即将系统输入计算机的数字量恢复成便于用户使用的物理量形式,并用图表、函数式等尽可能形象地描绘出信号变化情况,这是自动数据采集系统必须完成的首要任务。

(2)采用各种数学方法(如剔除奇异项、平滑、滤波、非线性校正等)最大限度地消除混入信号的噪声与干扰,以保证整个自动数据采集系统的数据达到设计所要求的稳定性和精度。

(3)对数据本身进行某些加工变换(如做傅里叶变换、求均值等)或在有关联的数据间进行相互运算(如求相关函数),从而得到能表达该数据内在特征的二次数据库。

(4)将计算机的输出用于控制机构可以构成计算机控制系统。计算机根据所采集的数据与设定值进行比较,同时根据所选择的控制调节方法进行数据处理,输出控制量驱动执行机构。

2. 自动数据采集系统的功能

自动数据采集系统主要功能如下：

(1)时钟用来给系统提供一个时间基准和运行节拍,还可定时发出中断请求,确定数据采样周期。另外,还能为显示和打印时、分、秒提供数据,以便操作人员根据打印时间判断读取测量结果。

(2)采集、打印(或显示)及越限报警。按照用户或者数据采集与处理系统的具体设计要求来对被测参数的信息进行采集,将采集处理结果以一定格式要求打印出来并进行越限报警。

(3)能实现召唤或定时采集,即根据用户由键盘送入的指令开始或终止数据采集或根据时钟周期定时采集数据。

图8.4所示为一个能实现上述要求的简单程序流程图。图8.4(b)所示的功能是接收键盘输入的控制指令并作出相应动作(比如接收打印制表命令后,驱动打印机打印出所需结果)。图8.4(c)所示的功能是负责定时采样及数据处理,包括被测数的采样、数字滤波、补偿、校正、工程量转换、报警及显示等。在系统中,两个中断源优先级高低在进入各自中断处理程序后应作何处理都因系统而定。

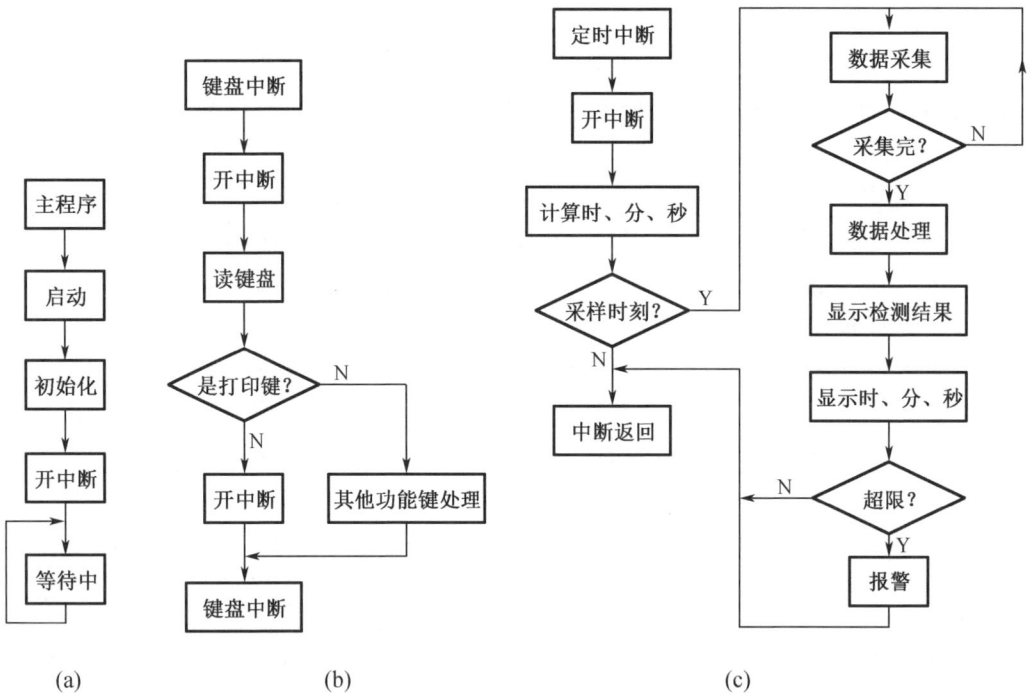

图8.4　数据采集预处理系统的基本程序流程图

(a)主程序;(b)键盘输入中断处理程序;(c)定时时钟中断处理程序

8.2.2　自动数据采集系统的结构形式

根据对数据采集系统技术要求的不同,可以选择不同结构形式的数据采集系统。自动数据采集系统可以采用的结构形式如下:

（1）各个输入信号共享测量放大器和 A/D 转换器的结构配置（见图 8.5），这种结构形式比较适合于缓慢变化的过程对象及传感器输出电压较高的场合。

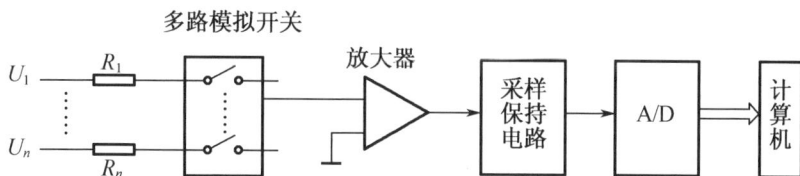

图 8.5　共享放大器、采保电路、A/D 结构方式

这种方式只需要一个 A/D 转换器（简称 ADC），因此投资少，其不足之处是当输入电压 $U_1, U_2, \cdots, U_n$ 之间相差很大时，由于共有一个放大器，所以很难保证其 ADC 转换精度；另外 ADC 转换需要时间，通常在几微秒至几十微秒，故当通道较多或输入信号 $U_1, U_2, \cdots, U_n$ 变化较快时，即使采用高速的 ADC 也难以胜任。

（2）每个输入信号有一个测量放大器，共享 A/D 转换器的结构配置（见图 8.6）。这种结构形式由于共用 A/D 转换器，经济性较好，且每个通道具有单独的放大器，所以可提高转换精度，但仍不能解决转换速度问题。

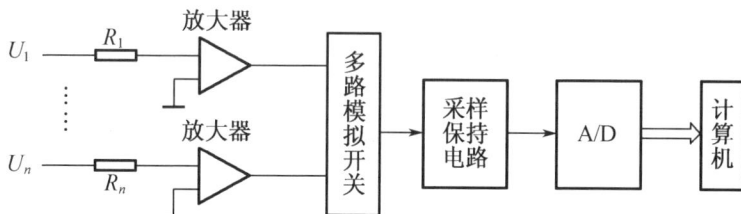

图 8.6　每个通道一个放大器、共享 A/D 结构方式

（3）每个输入信号有一个测量放大电路和一个 A/D 转换器的结构配置（见图 8.7）。此方案适用于高速数据采集系统，或要求同时检测多个模拟信号的场合。

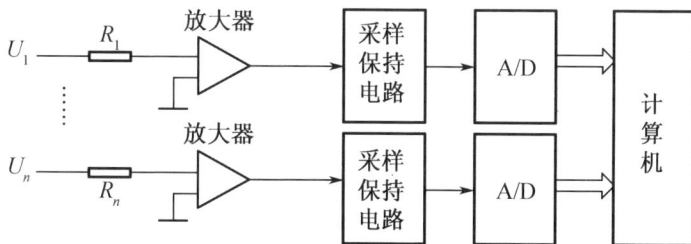

图 8.7　每个通道一个放大器、A/D 结构方式

上述三种方案的多路转换结构均为单端的形式，各输入信号的参考点（接地点）相同，并通过导线将此公共点与放大器、A/D 转换器的参考点连接起来。由于两个参考点的电位可能

不相同,因此会产生附加电位差 U_{CM} 形成干扰,从而引起测量误差。可见,以上三种方式均要求输入信号电压 $U_1, U_2, \cdots, U_n$ 要远远大于共模干扰电压 U_{CM},另外这三种方式的输入通道数与多路模拟开关的开关数一致。

(4)差动结构的数据采集装置(见图8.8)。这种结构具有较强的抑制共模干扰的能力,适合于采集信号电平低的情况,还可抑制长传输线引起的严重干扰。此方案的放大器采用差动输入,单端输出,多路模拟开关采用双通道输入输出的结构,信号源的参考点和放大器、A/D转换器的参考点不需要用导线连接。这种方式允许的实际通道数只有多路模拟开关包含的开关数的一半。

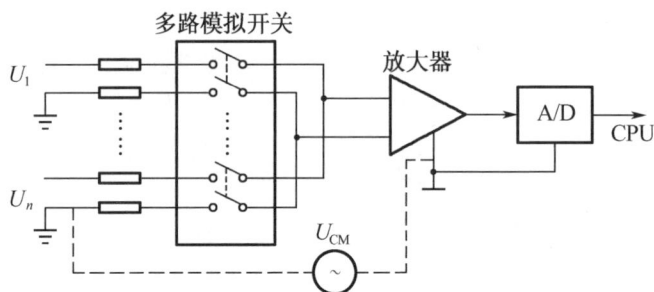

图8.8 差动结构方式

(5)模拟量隔离的结构配置。该方案适合用于干扰严重的生产现场。对于干扰严重的生产现场,消除共模干扰的影响,除了采用差动结构方式之外,还要对来自现场的模拟信号采取强有力的隔离措施。工业中常用的隔离方式有电容飞渡隔离方式、电压-频率变换器隔离方式。

8.2.3 自动数据采集系统的主要技术指标

在选择与构成自动数据采集系统时,应该考虑的主要技术指标有通道数、数据采集速度、精确度和分辨率等。

1. 通道数

它是指系统能提供给用户可使用的模拟量输入通道总数。如果系统输入的模拟信号采用的是单端输入的形式,则可采集的模拟信号数量等于系统提供的通道数。如模拟信号的输入形式采用的是差动形式,则可采集的模拟信号数量等于系统提供的通道数的一半。

2. 数据采集速度

数据采集速度是自动数据采集系统的一项重要指标,通常用来描述数据采集速度的指标有两种:系统最高重复采样率、单通道最高重复采样率。

(1)系统最高重复采样率是指模拟输入系统全部通道重复扫描采集时,每个通道在单位时间内能测量得到的可用数据的个数,单位为"次/秒"。所谓的可用数据是指符合精度指标和通道间串扰抑制比要求,且可由计算机存入内存的数据。因此,该指标不仅与系统硬件有关,而且还与采集系统及计算机的数据传输存储速度有关。

(2)单通道最高重复采样率是指系统中一个模拟通道连续重复采样时,在单位时间内能采集到的可用数据的最大个数,单位"次/秒"。

3. 分辨率精度

ADC 的位数越多,分辨率就越高,可区分的模拟信号电压就越小。

8.3　计算机辅助测试系统

计算机辅助测试(Computer Aided Test,CAT)是一门新兴的综合性学科,它涉及测试技术、计算机技术、数字信号处理、可靠性及现代控制理论等多门知识,在科研生产中的应用非常广泛。

计算机辅助测试技术就是借助于计算机技术来进行在线测量的计算机自动测试技术。与自动数据采集系统相比较,CAT 的范围更广些,它不仅能完成对测量对象的数据采集、数据加工任务,还能够实现对系统的控制以及对激励的加工,可以说自动数据采集系统是简单化的计算机辅助测试系统。

随着生产和科学的发展,测试技术经历了以下三个主要阶段。

1. 人工测试

由测试人员使用测量仪器、测量工具完成的测试,这种测试方法有良好的适应性和灵活性,但不适用于高速度、高精度、高数量的测试要求。

2. 自动测试

是在自动调节装置或程序控制装置的控制下,由传感器将被测量转化为电量,并进行自动显示和记录。自动测试提高了测试的准确性、可靠性和效率,但通用性较差。

3. 计算机辅助测试

用计算机及外部设备取代了人的动作、感觉功能和思维功能所进行的测试,其中计算机在测试中的作用有以下几个方面:

(1)控制测试过程;

(2)产生可编程的激励信号,加在被测件上;

(3)采集响应信号,并进行预处理、变换、存储;

(4)进行数据处理,对响应信号进行各种逻辑运算,作出相应的判断和估值;

(5)以各种方式输出测试结果;

(6)监控报警,对测试对象和测试系统本身进行监控,必要时可作出报警等反应;

(7)测试管理,建立测试档案。

CAT 系统的上述功能是由其硬件和软件共同完成的。CAT 的突出优点表现在其软件功能上,在 CAT 系统中利用软件资源提高测试的准确性、可靠性、经济性,其投资小、收效大、性能价格比好;且软件具有柔性,在硬件不变的情况下,通过改变软件可以使测试系统具有不同的测试功能,使测试系统具有通用性。

8.3.1　CAT 系统的典型组成

CAT 系统包括四个子系统,系统的典型框图如图 8.9 所示。

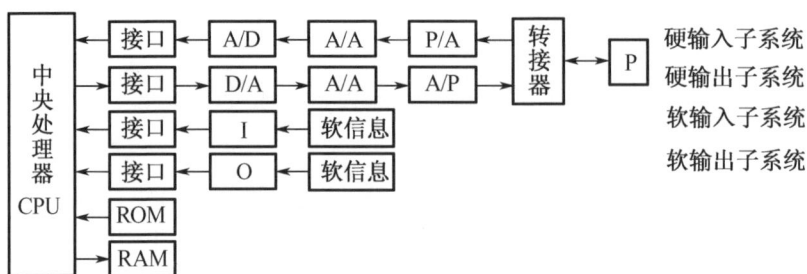

图 8.9　CAT 系统典型框图

1. 硬输入子系统

其任务是将被测对象的参数输入到中央处理器(CPU)。一般被测参数是非电模拟量,而 CPU 只能接受数字量,因此需要对被测量进行变换。图 8.8 中 P/A 为传感器,将非电模拟量 P 转换为电模拟量 A;A/A 是电模拟变换装置,包括采样、保持、放大、解调、滤波等,其输出仍为电模拟量;A/D 是模/数转换装置,将电模拟量转换为电数字量;由于速度、相位、电平等差别,电数字信号需经接口电路输入 CPU;转接器用以连接通用的 CAT 系统和各种特殊的检测对象。硬输入子系统除了输入被测参数外,还输入各种监视、报警信号。

2. 硬输出子系统

其任务是由 CPU 向各个被测对象和装置发出各种控制信号、激励信号、应急处理命令等。由于 CPU 输出为数字量,因此也需经过变换。CPU 输出的信号经过 D/A(数/模)转换器成为模拟量,再经过 A/A 信号调节装置的放大、调制等,使信号符合执行机构的输入要求,最后送入电磁离合器、伺服电机、电磁阀等执行机构。

3. 软输入子系统

通过键盘、磁盘驱动器等计算机输入设备向 CPU 输入程序、原始数据、操作员命令等。

4. 软输出子系统

CPU 通过接口电路向 CRT、打印机、绘图仪等输出设备输出各种软信息,如测试结果、图形、报警信息等。

8.3.2　CAT 系统体系结构

CAT 系统体系结构决定 CAT 系统技术的总体构造,包括组件关系、功能分配、信息通过方式、输入输出方式等。

第一代的 CAT 体系结构如图 8.10 所示。其特点是激励、响应组件与计算机的工作相对独立,计算机只对激励组件进行开关控制,而不对激励信号进行编程。计算机只接受响应信号并进行分析处理,而不对响应组件的功能和参数进行编程。因此,计算机的功能局限于数据处理和检测步骤控制,计算机还没有成为 CAT 的有机组成部分,它的潜力还没有充分发挥。

第二代 CAT 体系结构如图 8.11 所示,其特点如下:

(1)激励信号可编程,激励信号由软件和硬件综合形成;

(2)响应组件的功能和参数可编程;

(3)采用可编程的多路开关;

(4)软件在线使用,在第一代 CAT 系统中,软件运行和数据测量是在两个独立的阶段进行的。

第二代 CAT 系统中,由于计算机软件参与了测量的全过程,潜在资源得到充分发挥,显著提高了检测系统的准确性、可靠性和通用性,但也带来了一些问题,主要是检测速度一般低于第一代,单项精度一般不如专用仪器,信号的频宽也受到软件速度的限制。

CAT 体系结构主要向分布式、内含式和小型化等方向发展。

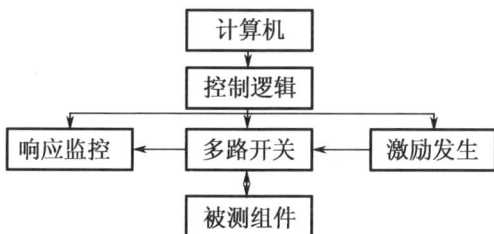

图 8.10　第一代 CAT 体系结构　　　　图 8.11　第二代 CAT 体系结构

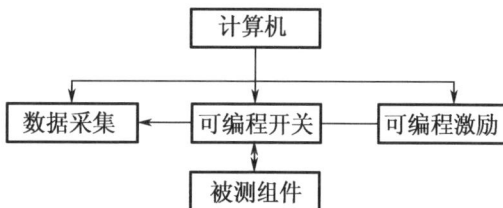

1. 分布式体系结构

图 8.12 所示为多接口 CAT 体系结构,这种体系有多个接口,可同时对几个被测对象 UUT (Unit Under Test)进行检测,系统共用所有的激励单元和响应单元,调度由计算机系统统一完成。该结构可充分利用计算机,一般用在多个被测对象相同,且检测程序也相同的情况。

2. 内含式 CAT 体系结构

内含式 CAT 体系结构是将 CAT 的部分组件包含在被测组件内部,这主要用于一些结构复杂的被测组件。

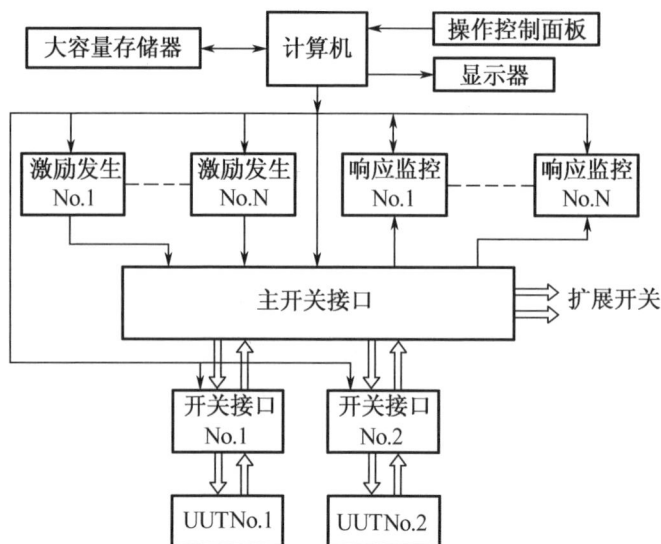

图 8.12　多接口 CAT 系统

3. 小型化体系结构

小型化体系结构现阶段的水平是手提式 CAT 系统,主要措施是广泛应用 CMOS 电路,减小电源质量和体积。进一步微型化的目标是插头式 CAT 系统,将 CAT 系统全部装入相当于一个插头的壳体中,将它插入被测组件的插座上,即可进行检测。

CAT 有以下一些优点。CAT 技术使测试技术与计算机技术进行了深层次的结合,完全改变了传统的测量模式。由于 CAT 技术是使用虚拟仪器来组成测试系统,而该系统的功能主要靠软件实现,避免了传统测量方法中必不可少的许多分立的测量仪器。因此,CAT 技术减少了测量环节,其测量精度主要由数据采集环节即传感器、调理放大器和 A/ D 卡来保证。而对被测信号进行的实时分析和输出显示等均由软件完成,故保证了很高的测量精度,并能获得高速的信号输入和输出。

8.3.3　CAT 的发展趋势

随着计算机技术和电子技术的高速发展,CAT 技术也在功能、自适应能力及通用性等方面不断进步,它的发展趋势可总结为以下两个方面。

1. 自适应测试

传统的 CAT 系统中的采样和变换组件将被测量的测量值输入计算机,其中的主要参数包括量程、分辨率、采样周期、采样数量等是通过程序设定的,一旦软件编好,这些参数就固定,在测试过程中不能再改变,所以在测试过程中不具有自适应性。而自适应测试系统是一种能根据待测件、待测量或测试环境变化而自动改变其结构或参数,以获得最优测试性能的测试系统。自适应测试系统可实现三个环节的自适应,即根据采样信号的不同改变采样的时间、量程、周期等,使采样是信号质量最优的自适应采样;根据待处理数据的特性决定数据处理的方法和参数,使数据处理是结果最优的自适应数据处理,根据待测试件不同的静动态特性调节系统结构或参数,使系统的性能具有最优的测试系统结构参数的自适应调节。

2. 构成柔性制造系统(FMS)和计算机集成制造系统(CIMS)

可将 CAD(计算机辅助设计)、CAM(计算机辅助制造)、CAT(计算机辅助测试)的信息集成,根据 CAD 信息制成 CAM 程序,工件加工好后通过 CAT 检验,再通过 CAT 的信息修改 CAD 数据和 CAM 程序;也可通过 CAT 绘制图纸,自动生成数控程序进行 CAM;或者通过 CAM 加工试件后,通过 CAT 进行测试,然后根据测试数据,通过 CAD 绘出图纸。这样可以显著减少人工费用,且质量稳定。

8.4　虚拟仪器及系统

随着电子技术的飞速发展,计算机仪器中总线和软件的地位日益突出。在面对各种各样复杂的测试要求时,人们通常希望软件系统不仅能满足自身功能的要求,而且要易于掌握、便于使用。计算机总线技术、软件技术的发展,使得计算机在仪器上的作用远远超过了诸如控制、数据处理等早期应用功能。微处理器技术与数字信号处理(DSP)技术的快速进步以及其性能价格比的不断上升,使许多原来由硬件完成的功能能够依靠软件来完成,这标志着"软件即仪器"时代的到来。由此给这样的测试仪器起了一个形象的名字——虚拟仪器。在 20 世纪 80 年代末期,虚拟仪器的雏形问世,在 20 世纪 90 年代得到了巨大的发展和应用,它成为继第一代仪器——模拟式仪表、第二代仪器——分立元件式仪表、第三代仪器——数字式仪表、第四代仪器——智能化仪表之后的新一代仪器。

虚拟仪器是利用软件在计算机屏幕上构建虚拟的仪器面板,在系统硬件的支持下对现场信号进行采样;在离线条件下,用软件处理已得到的测量结果。当通过友好的图形界面来操作这台计算机时,就像在操作自己定义、自己设计的一台传统仪器,从而完成原来由传统测量仪器实现的同样工作。所以,构建虚拟仪器就是利用计算机来组织和建立仪器系统、管理和操作仪器系统。在虚拟仪器系统中,软件是整个系统的关键,硬件的作用只是解决信号的输入输出,使用者可以通过改变软件模块的配置,方便地改变或增减仪器系统的功能和规模。因此,虚拟仪器系统的实质是一种"软硬结合""虚实结合"的产品,是一种功能意义上的仪器,是充分利用了计算机技术来实现和扩展传统仪器功能的结果。

8.4.1　虚拟仪器的结构组成

虚拟仪器系统是由计算机、应用软件、仪器硬件三大要素组成的,其基本组成如图 8.13 所示。从内部功能来看它和传统仪器一样,同样可以分为输入信号的测量和转换、数据分析处理、测量结果的显示三部分,其中信号的采集与控制功能是由计算机和各种仪器硬件(如 A/D、D/A、数字 I/O、信号调理、带标准总线的接口仪器)组成的硬件平台实现的。而另外两个功能则是充分利用了计算机的资源,如微处理器、内存、显示器等,并通过软件实现,使用户接口图形化。

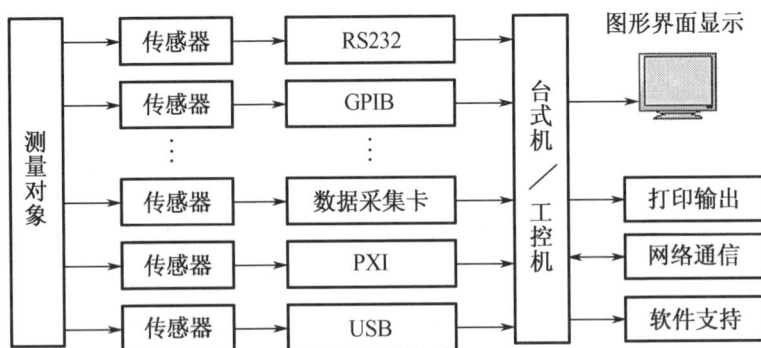

图8.13　虚拟仪器基本组成示意图

8.4.2　虚拟仪器的特点

虚拟仪器比传统仪器及以微处理器为核心的智能仪器有更强大的数据分析处理功能,而且它对测量结果的表达和输出有多种方式,这是传统仪器远不能及的。与传统仪器比较,虚拟仪器的主要特点如下:

(1)传统仪器功能是由仪器厂商定义、具有固定功能的单个设备,如电压表、示波器和数据记录仪等;而虚拟仪器功能则是由用户根据需要用软件自己定义的。

(2)传统仪器的核心是硬件,而虚拟仪器在通用硬件平台确立后,软件才是仪器的关键部分,其测试功能均由软件来实现。

(3)传统仪器功能固定、封闭;虚拟仪器由基于计算机技术的功能模块组成,可构成多种仪器,并可根据需要重构仪器。

(4)传统仪器和其他仪器设备的连接受到限制;而虚拟仪器是面向应用的系统结构,可方便地与外设、网络等相连接。传统仪器的图形界面小,信息量小,需要人工读数;而虚拟仪器则展现图形界面,由计算机直接读数、分析、处理。

(5)传统仪器技术更新慢(周期是5~10年),开发和维护费用高;虚拟仪器技术更新周期短,一般是1~2年,基于软件的体系结构大大节省了开发和维护费用。

另外,由于虚拟仪器是以标准计算机为基础的,因此各种与主流计算机相关的新兴技术,诸如 Windows NT、Internet 网络、Pentium Ⅲ 处理器等出现时,马上就能应用于虚拟仪器。同时虚拟仪器可以利用以太网或国际互联网实现仪器共享、测量数据共享、信号遥测和遥控等功能。

8.4.3　虚拟仪器的开发平台

虚拟仪器的软件开发环境目前大致有两类:一类是图形化编程软件,代表性的有 LabVIEW,HPVEE 等;另一类是文本式的编程语言,如 C,C++,VB,VC,LabWindows/CVI,

Borland 等。其中,LabVIEW 最流行,是目前应用最广、发展最快、功能最强的图形化软件。

实验室虚拟仪器集成环境(Laboratory Virtual Instrument Engineering Workbench,LabVIEW)是一种图形化的编程语言(又称 G 语言)。LabVIEW 作为一种强大的虚拟仪器开发平台,被工业界、学术界和研究实验室广泛地接受,被视为一个标准的数据采集和仪器控制软件。使用 LabVIEW 开发平台编制的程序就叫虚拟仪器,它包括前面板、程序框图及图标/连接线三部分。LabVIEW 简化了虚拟仪器的开发过程,缩短了仪器开发和调试周期,将用户从烦琐的计算机代码编写中解放了出来,使用户可以把大部分精力投入到仪器设计和分析当中。使用 LabVIEW 编程时,基本不用写程序代码,取而代之的是程序框图。LabVIEW 尽可能地利用了技术人员、科学家、工程师所熟悉的术语、图标和概念,因此它是一个面向最终用户的工具,可以增强用户构建自己的科学和工程系统的能力,提供实现仪器编程和数据采集系统的便捷途径。使用它可以大大提高设计和测试仪器系统的工作效率。

LabVIEW 是通过图形符号来描述程序的行为,它可消除令人烦恼的语法规则,减轻用户编程的负担提高效率。LabVIEW 的具体特点如下:

(1)编程简单,不需要记忆编程语言。只要通过交互式图形前面板进行系统控制和结果显示,再通过程序框图进行功能模块的组合操作来指定各种功能,即可完成软件编程。

(2)开发周期短。只需通过交互式图形前面板进行系统控制和结果显示,可省去硬件面板的制作。

(3)高效性。这主要是以软件做保证的。以功能强大的 LabVIEW 作为软件开发平台,诸如数据采集、数据分析、文件处理、波形处理、数学运算等都能轻而易举的解决。

(4)开放性。可根据实际情况进行更新扩展,发展迅速。

(5)自定义性。工程师们可以在非常广泛的测量和控制应用中自定义芯片级硬件功能。

(6)性价比高,能一机多用。

8.5　现代测试技术的发展趋势

现代测试技术的发展和其他科学技术的发展相辅相成。测试技术既是促进科技发展的重要技术,又是科学技术发展的结果。现代科学技术的发展不断地向测试技术提出新的要求,推动测试技术的进步;与此同时,测试技术迅速吸收和综合各个科技领域的新成就,不断开发出新的方法和装置。大致来说,现代测试技术将朝着如下几个方向发展。

1. 先进的总线技术

总线是所有测试系统的基础和关键技术,是系统标准化、模块化、组合化的根本条件,总线的能力直接影响测试系统的总体水平。在现代测试系统的发展过程中,最能代表现代测试系统结构体系变化和发展的是所采用的总线形式。从某种程度上讲,若测试仪器没有开放、标准的总线接口,就不可能有现代测试系统的诞生,总线形式已成为现代测试系统发展的重要标志。因此,研究和开发总线系统是设计、研制开放式体系结构的核心任务,也是测试系统技术研究的关键技术。

2. 硬件技术向着模块化、系列化、标准化方向发展

开放式、标准化的体系结构是现代测试系统发展的主要趋势。在硬件设计方面,加强模块化、标准化设计,采取开放式的硬件构架,可使测试系统的组建方便灵活,可更好地实现可互换性和互操作性。而模块式结构将使测试系统体积减小、速度提高,从而使测试系统的小型化实现成为可能。

3. 网络化测试技术

随着计算机、通信技术和网络技术的不断发展,一种涵盖范围更宽、应用领域更广的全新现代测试技术——网络化测试技术迅速发展起来了。具备网络化测试技术与网络功能的新型仪器——LXI 总线应运而生,使得测试技术的现场化、远程化、网络化成为可能。由于 LXI 基于开放的以太网技术,不受带宽、软件和计算机背板总线等的限制,故其覆盖范围宽、继承性能好、生命周期长、成本也低,具有广阔的发展应用前景。LXI 是现代测试系统未来理想的模块化仪器平台。

现代测试系统经过几十年的发展,已日趋形成系列化、标准化和通用化产品,在各行各业均发挥了重要作用,但还存在一些不足。在新一代测试系统的研制过程中,应加快新技术的引入、新测试理论的研究和采纳国际通用标准,已将测试系统设计成为一体化测试、维护与保障系统,促使测试向综合化、智能化、网络化和虚拟现实方向发展,从而提高现代测试系统的技术水平。

思考题与习题

8－1　何谓智能传感器? 智能传感器有哪些部分组成? 智能传感器有哪些特点?

8－2　简述智能传感器的发展前景。

8－3　自动数据采集系统有哪些部分组成? 结构形式有哪些?

8－4　自动数据采集系统的主要技术指标是什么?

8－5　计算机在测试中的作用有哪些方面? CAT 系统有哪些优点?

8－6　虚拟仪器有哪几个主要组成部分? 虚拟仪器与传统仪器相比有哪些主要优势?

附　　录

附表 I -1　铂铑$_{30}$-铂铑$_6$热电偶分度表

分度号:B　　　　　　　　　　参考端温度:0 ℃　　　　　　　　　　单位:mV

温度 /℃	0	10	20	30	40	50	60	70	80	90	100
0	0	-0.002	-0.003	-0.002	0.000	0.002	0.006	0.011	0.017	0.025	0.033
100	0.033	0.043	0.053	0.065	0.078	0.092	0.107	0.123	0.141	0.159	0.178
200	0.178	0.199	0.220	0.243	0.267	0.291	0.317	0.344	0.372	0.401	0.431
300	0.431	0.462	0.494	0.527	0.561	0.596	0.632	0.669	0.707	0.746	0.787
400	0.787	0.828	0.870	0.913	0.957	1.002	1.048	1.095	1.143	1.192	1.242
500	1.242	1.293	1.344	1.397	1.451	1.505	1.561	1.617	1.675	1.733	1.792
600	1.792	1.852	1.913	1.975	2.037	2.101	2.165	2.230	2.296	2.363	2.431
700	2.431	2.499	2.569	2.639	2.710	2.782	2.854	2.928	3.002	3.078	3.154
800	3.154	3.230	3.308	3.386	3.466	3.546	3.626	3.708	3.790	3.873	3.957
900	3.957	4.041	4.127	4.213	4.299	4.387	4.475	4.564	4.653	4.743	4.834
1000	4.834	4.926	5.018	5.110	5.205	5.299	5.394	5.489	5.585	5.682	5.780
1100	5.780	5.878	5.976	6.073	6.172	6.273	6.374	6.475	6.577	6.683	6.786
1200	6.786	6.890	6.995	7.100	7.205	7.311	7.417	7.524	7.632	7.740	7.848
1300	7.848	7.957	8.066	8.176	8.286	8.397	8.508	8.620	8.731	8.844	8.956
1400	8.956	9.069	9.182	9.296	9.410	9.524	9.639	9.753	9.868	9.984	10.099
1500	10.099	10.215	10.331	10.447	10.553	10.679	10.796	10.913	11.029	11.146	11.263
1600	11.263	11.380	11.497	11.614	11.731	11.848	11.965	12.082	12.199	12.316	12.433
1700	12.433	12.549	12.666	12.782	12.898	13.014	13.130	13.246	13.361	13.476	13.591
1800	13.591	13.706	13.820								

本表摘自 GB/T 16839.1—1997　热电偶第 1 部分:分度表。

附表 I -2 铂铑₁₀-铂铑热电偶分度表

分度号:S

参考端温度:0 ℃

单位:mV

温度/℃	0	10	20	30	40	50	60	70	80	90	100
0	0	0.055	0.113	0.173	0.235	0.299	0.365	0.432	0.502	0.573	0.646
100	0.646	0.720	0.795	0.872	0.950	1.029	1.110	1.190	1.273	1.357	1.441
200	1.441	1.526	1.612	1.698	1.786	1.874	1.962	2.051	2.141	2.232	2.323
300	2.323	2.415	2.507	2.599	2.692	2.786	2.880	2.974	3.069	3.164	3.259
400	3.259	3.355	3.451	3.548	3.645	3.742	3.840	3.938	4.036	4.134	4.233
500	4.233	4.332	4.432	4.532	4.632	4.732	4.833	4.933	5.035	5.137	5.239
600	5.239	5.341	5.443	5.546	5.649	5.753	5.857	5.960	6.065	6.170	6.275
700	6.275	6.381	6.486	6.593	6.699	6.806	6.913	7.020	7.128	7.236	7.345
800	7.345	7.454	7.563	7.673	7.783	7.893	8.003	8.114	8.226	8.337	8.449
900	8.449	8.562	8.674	8.787	8.900	9.014	9.128	9.240	9.357	9.472	9.587
1000	9.587	9.703	9.819	9.935	10.051	10.168	10.285	10.400	10.520	10.638	10.757
1100	10.757	10.875	10.994	11.113	11.232	11.351	11.471	11.587	11.710	11.830	11.951
1200	11.951	12.071	12.191	12.312	12.433	12.554	12.675	12.792	12.917	13.038	13.159
1300	13.159	13.280	13.402	13.523	13.644	13.766	13.887	14.004	14.130	14.251	14.373
1400	14.373	14.494	14.615	14.736	14.857	14.978	15.099	15.215	15.341	15.461	15.582
1500	15.582	15.702	15.822	15.942	16.062	16.182	16.301	16.415	16.539	16.658	16.777
1600	16.777	16.895	17.013	17.131	17.249	17.366	17.483	17.594	17.717	17.832	17.947
1700	17.947	18.061	18.174	18.285	18.395	18.503	18.609				

本表摘自 GB/T 16839.1—1997 热电偶第1部分:分度表。

附表 I -3　铂铑₁₃-铂铑热电偶分度表

分度号:R　　　　　　　　　　参考端温度:0 ℃　　　　　　　　　　单位:mV

温度/℃	0	10	20	30	40	50	60	70	80	90	100
0	0	0.054	0.111	0.171	0.232	0.296	0.363	0.431	0.501	0.573	0.647
100	0.647	0.723	0.800	0.879	0.959	1.041	1.124	1.208	1.294	1.381	1.469
200	1.469	1.558	1.648	1.739	1.830	1.923	2.017	2.112	2.207	2.304	2.401
300	2.401	2.498	2.597	2.696	2.795	2.896	2.997	3.099	3.201	3.304	3.408
400	3.408	3.512	3.616	3.721	3.826	3.933	4.040	4.147	4.255	4.363	4.471
500	4.471	4.580	4.690	4.800	4.910	5.021	5.133	5.245	5.357	5.470	5.583
600	5.583	5.697	5.812	5.926	6.040	6.157	6.273	6.390	6.507	6.625	6.743
700	6.743	6.861	6.980	7.100	7.218	7.340	7.461	7.583	7.705	7.827	7.950
800	7.950	8.073	8.197	8.321	8.445	8.571	8.697	8.823	8.950	9.077	9.205
900	9.205	9.333	9.461	9.590	9.718	9.850	9.980	10.110	10.242	10.374	10.506
1000	10.506	10.638	10.771	10.905	11.035	11.173	11.307	11.442	11.578	11.714	11.850
1100	11.850	11.986	12.123	12.260	12.394	12.535	12.673	12.812	12.950	13.089	13.228
1200	13.228	13.367	13.507	13.646	13.782	13.926	14.066	14.207	14.347	14.488	14.629
1300	14.629	14.770	14.911	15.052	15.188	15.334	15.475	15.616	15.758	15.899	16.040
1400	16.040	16.181	16.323	16.464	16.599	16.746	16.887	17.028	17.169	17.310	17.451
1500	17.451	17.591	17.732	17.872	18.006	18.152	18.292	18.431	18.571	18.710	18.849
1600	18.849	18.988	19.126	19.264	19.395	19.540	19.677	19.814	19.951	20.087	20.222
1700	20.222	20.356	20.488	20.620	20.748	20.877	21.003				

本表摘自 GB/T 16839.1—1997　热电偶第 1 部分:分度表。

附表 I -4　镍铬-镍硅热电偶分度表

分度号:K　　　　　　　　　　参考端温度:0 ℃　　　　　　　　　　单位:mV

温度/℃	-0	-10	-20	-30	-40	-50	-60	-70	-80	-90	-100
-100	-3.554	-3.852	-4.138	-4.411	-4.669	-4.913	-5.141	-5.354	-5.550	-5.730	-5.891
-0	0.000	-0.392	-0.778	-1.156	-1.527	-1.889	-2.243	-2.587	-2.920	-3.243	-3.554

温度/℃	0	10	20	30	40	50	60	70	80	90	100
0	0.000	0.397	0.798	1.203	1.612	2.023	2.436	2.851	3.267	3.682	4.096
100	4.096	4.509	4.920	5.328	5.735	6.138	6.540	6.941	7.340	7.739	8.138
200	8.138	8.539	8.940	9.343	9.747	10.153	10.561	10.971	11.382	11.795	12.209
300	12.209	12.624	13.040	13.457	13.874	14.293	14.713	15.133	15.554	15.975	16.397
400	16.397	16.820	17.243	17.667	18.091	18.516	18.941	19.366	19.792	20.218	20.644
500	20.644	21.071	21.497	21.924	22.350	22.776	23.203	23.629	24.055	24.480	24.905
600	24.905	25.330	25.755	26.179	26.602	27.025	27.447	27.869	28.289	28.710	29.129
700	29.129	29.548	29.965	30.382	30.798	31.213	31.628	32.041	32.453	32.865	33.275
800	33.275	33.685	34.093	34.501	34.908	35.313	35.718	36.121	36.524	36.925	37.326
900	37.326	37.725	38.124	38.522	38.918	39.314	39.708	40.101	40.494	40.885	41.276
1000	41.296	41.665	42.053	42.440	42.826	43.211	43.595	43.978	44.359	44.740	45.119
1100	45.119	45.497	45.873	46.249	46.623	46.995	47.367	47.737	48.105	48.473	48.838
1200	48.838	49.202	49.565	49.926	50.286	50.644	51.000	51.355	51.708	52.060	52.410
1300	52.410	52.759	53.106	53.451	53.795	54.138	54.479	54.819			

本表摘自 GB/T 16839.1—1997　热电偶第 1 部分:分度表。

附表 Ⅰ–5 镍铬–康铜热电偶分度表

分度号:E　　　　　　　　　　参考端温度:0 ℃　　　　　　　　　　单位:mV

温度/℃	−0	−10	−20	−30	−40	−50	−60	−70	−80	−90	−100
−100	−5.237	−6.681	−6.107	−6.516	−6.907	−7.279	−7.632	−7.963	−8.273	−8.561	−8.825
−0	0.000	−0.582	−1.151	−1.709	−2.255	−2.787	−3.306	−3.811	4.302	−4.777	−5.237

温度/℃	0	10	20	30	40	50	60	70	80	90	100
0	0.000	0.591	1.192	1.801	2.420	3.048	3.685	4.330	4.985	5.648	6.319
100	6.319	6.998	7.685	8.379	9.081	9.789	10.503	11.224	11.951	12.684	13.421
200	13.421	14.164	14.912	15.664	16.420	17.181	17.945	18.713	19.484	20.259	21.036
300	21.036	21.817	22.600	23.386	24.174	24.964	25.757	26.552	27.348	28.146	28.946
400	28.946	29.747	30.550	31.354	32.159	32.965	33.772	34.579	35.387	36.196	37.005
500	37.005	37.815	38.624	39.434	40.243	41.053	41.862	42.671	43.479	44.286	45.093
600	45.093	45.900	46.705	47.509	48.313	49.116	49.917	50.718	51.517	52.313	53.112
700	53.112	53.908	54.703	55.497	56.289	57.080	57.870	58.659	59.446	60.232	61.017
800	61.017	61.801	62.583	63.364	64.144	64.922	65.698	66.473	67.246	68.017	68.787
900	68.787	69.554	70.319	71.082	71.844	72.603	73.360	74.115	74.869	75.621	76.373

本表摘自 GB/T 16839.1—1997　热电偶第 1 部分:分度表。

附表 Ⅰ–6 铜–康铜热电偶分度表

分度号:T　　　　　　　　　　参考端温度:0 ℃　　　　　　　　　　单位:mV

温度/℃	−0	−10	−20	−30	−40	−50	−60	−70	−80	−90	−100
−200	−5.603	−5.753	−5.888	−6.007	−6.105	−6.180	−6.232	−6.258			
−100	−3.379	−3.657	−3.923	−4.177	−4.419	−4.648	−4.865	−5.070	−5.261	−5.439	−5.603
−0	0.000	−0.383	−0.757	−1.121	−1.475	−1.819	−2.153	−2.476	−2.788	−3.089	−3.379

温度/℃	0	10	20	30	40	50	60	70	80	90	100
0	0.000	0.391	0.790	1.196	1.612	2.036	2.468	2.909	3.358	3.814	4.279
100	4.279	4.750	5.228	5.714	6.906	6.704	7.209	7.720	8.237	8.759	9.288
200	9.288	9.822	10.362	10.907	11.458	12.013	12.574	13.139	13.709	14.283	14.862
300	14.862	15.445	16.032	16.624	17.219	17.819	18.422	19.030	19.641	20.255	20.872

本表摘自 GB/T 16839.1—1997　热电偶第 1 部分:分度表。

附表 I −7　Pt100 铂热电阻分度表

$R(0\ ℃) = 100.00\ Ω$

$t/℃$	0 $R/Ω$	−1 $R/Ω$	−2 $R/Ω$	−3 $R/Ω$	−4 $R/Ω$	−5 $R/Ω$	−6 $R/Ω$	−7 $R/Ω$	−8 $R/Ω$	−9 $R/Ω$
−200	18.52	—	—	—	—	—	—	—	—	—
−190	22.83	22.40	21.97	21.54	21.11	20.68	20.25	19.82	19.38	18.95
−180	27.10	26.67	26.24	25.82	25.39	24.97	24.54	24.11	23.68	23.25
−170	31.34	30.91	30.49	30.07	29.64	29.22	28.80	28.37	27.95	27.52
−160	35.54	35.12	34.70	34.28	33.86	33.44	33.02	32.60	32.18	31.76
−150	39.72	39.31	38.89	38.47	38.05	37.64	37.22	36.80	36.38	35.96
−140	43.88	43.46	43.05	42.63	42.22	41.80	41.39	40.97	40.56	40.14
−130	48.00	47.59	47.18	46.77	46.36	45.94	45.53	45.12	44.70	44.29
−120	52.11	51.70	51.29	50.88	50.47	50.06	49.65	49.24	48.83	48.42
−110	56.19	55.79	55.38	54.97	54.56	54.15	53.75	53.34	52.93	52.52
−100	60.26	59.85	59.44	59.04	58.63	58.23	57.82	57.41	57.01	56.60
−90	64.30	63.90	63.49	63.09	62.68	62.28	61.88	61.47	61.07	60.66
−80	68.33	67.92	67.52	67.12	66.72	66.31	65.91	65.51	65.11	64.70
−70	72.33	71.93	71.53	71.13	70.73	70.33	69.93	69.53	69.13	68.73
−60	76.33	75.93	75.53	75.13	74.73	74.33	73.93	73.53	73.13	72.73
−50	80.31	79.91	79.51	79.11	78.72	78.32	77.92	77.52	77.12	76.73
−40	84.27	83.87	83.48	83.08	82.69	82.29	81.89	81.50	81.10	80.70
−30	88.22	87.83	87.43	87.04	86.64	86.25	85.85	85.46	85.06	84.67
−20	92.16	91.77	91.37	90.98	90.59	90.19	89.80	89.40	89.01	88.62
−10	96.09	95.69	95.30	94.91	94.52	94.12	93.73	93.34	92.95	92.55
0	100.00	99.61	99.22	98.83	98.44	98.04	97.65	97.26	96.87	96.48

附表 I −7(续1)

t/℃	0 R/Ω	−1 R/Ω	−2 R/Ω	−3 R/Ω	−4 R/Ω	−5 R/Ω	−6 R/Ω	−7 R/Ω	−8 R/Ω	−9 R/Ω
0	100.00	100.39	100.78	101.17	101.56	101.95	102.34	102.73	103.12	103.51
10	103.90	104.29	104.68	105.07	105.46	105.85	106.24	106.63	107.02	107.40
20	107.79	108.18	108.57	108.96	109.35	109.73	110.12	110.51	110.90	111.29
30	111.67	112.06	112.45	112.83	113.22	113.61	114.00	114.38	114.77	115.15
40	115.54	115.93	116.31	116.70	117.08	117.47	117.86	118.24	118.63	119.01
50	119.40	119.78	120.17	120.55	120.94	121.32	121.71	122.09	122.47	122.86
60	123.24	123.63	124.01	124.39	124.78	125.16	125.54	125.93	126.31	126.69
70	127.08	127.46	127.84	128.22	128.61	128.99	129.37	129.75	130.13	130.52
80	130.90	131.28	131.66	132.04	132.42	132.80	133.18	133.57	133.95	134.33
90	134.71	135.09	135.47	135.85	136.23	136.61	136.99	137.37	137.75	138.13
100	138.51	138.88	139.26	139.64	140.02	140.40	140.78	141.16	141.54	141.91
110	142.29	142.67	143.05	143.43	143.80	144.18	144.56	144.94	145.31	145.69
120	146.07	146.44	146.82	147.20	147.57	147.95	148.33	148.70	149.08	149.46
130	149.83	150.21	150.58	150.96	151.33	151.71	152.08	152.46	152.83	153.21
140	153.58	153.96	154.33	154.71	155.08	155.46	155.83	156.20	156.58	156.95
150	157.33	157.70	158.07	158.45	158.82	159.19	159.56	159.94	160.31	160.68
160	161.05	161.43	161.80	162.17	162.54	162.91	163.29	163.66	164.03	164.40
170	164.77	165.14	165.51	165.89	166.26	166.63	167.00	167.37	167.74	168.11
180	168.48	168.85	169.22	169.59	169.96	170.33	170.70	171.07	171.43	171.80
190	172.17	172.54	172.91	173.28	173.65	174.02	174.38	174.75	175.12	175.49
200	175.86	176.22	176.59	176.96	177.33	177.69	178.06	178.43	178.79	179.16
210	179.53	179.89	180.26	180.63	180.99	181.36	181.72	182.09	182.46	182.82
220	183.19	183.55	183.92	184.28	184.65	185.01	185.38	185.74	186.11	186.47
230	186.84	187.20	187.56	187.93	188.29	188.66	189.02	189.38	189.75	190.11
240	190.47	190.84	191.20	191.56	191.92	192.29	192.65	193.01	193.37	193.74

附表 I −7（续 2）

$t/℃$	0 R/Ω	−1 R/Ω	−2 R/Ω	−3 R/Ω	−4 R/Ω	−5 R/Ω	−6 R/Ω	−7 R/Ω	−8 R/Ω	−9 R/Ω
250	194.10	196.46	194.82	195.18	195.55	195.91	196.27	196.63	196.99	197.35
260	197.71	198.07	198.43	198.79	199.15	199.51	199.87	200.23	200.59	200.95
270	201.31	201.67	202.03	202.39	202.75	203.11	203.47	203.83	204.19	204.55
280	204.90	205.26	205.62	205.98	206.34	206.70	207.05	207.41	207.77	208.13
290	208.48	208.84	209.20	209.56	209.91	210.27	210.63	210.98	211.34	211.70
300	212.05	212.41	212.76	213.12	213.48	213.83	214.19	214.54	214.90	215.25
310	215.61	215.96	216.32	216.67	217.03	217.38	217.74	218.09	218.44	218.80
320	219.15	219.51	219.86	220.21	220.57	220.92	221.27	221.63	221.98	222.33
330	222.68	223.04	223.39	223.74	224.09	224.45	224.80	225.15	225.50	225.85
340	226.21	226.56	226.91	227.26	227.61	227.96	228.31	228.66	229.02	229.37
350	229.72	230.07	230.42	230.77	231.12	231.47	231.82	232.17	232.52	232.87
360	233.21	233.56	233.91	234.26	234.61	234.96	235.31	235.66	236.00	236.35
370	236.70	237.05	237.40	237.74	238.09	238.44	238.79	239.13	239.48	239.83
380	240.18	240.52	240.87	241.22	241.56	241.91	242.26	242.60	242.95	243.29
390	243.64	243.99	244.33	244.68	245.02	245.37	245.71	246.06	246.40	246.75
400	247.09	247.44	247.78	248.13	248.47	248.81	249.16	249.50	249.85	250.19
410	250.53	250.88	251.22	251.56	251.91	252.25	252.59	252.93	253.28	253.62
420	253.96	254.30	254.65	254.99	255.33	255.67	256.01	256.35	256.70	257.04
430	257.38	257.72	258.06	258.40	258.74	259.08	259.42	259.76	260.10	260.44
440	260.78	261.12	261.46	261.80	262.14	262.48	262.82	263.16	263.50	263.84
450	264.18	264.52	264.86	265.20	265.53	265.87	266.21	266.55	266.89	267.22
460	267.56	267.90	268.24	268.57	268.91	269.25	269.59	269.92	270.26	270.60
470	270.93	271.27	271.61	271.94	272.28	272.61	272.95	273.29	273.62	273.96
480	274.29	274.63	274.96	275.30	275.63	275.97	276.30	276.64	276.97	277.31
490	277.64	277.98	278.31	278.64	278.98	279.31	279.64	279.98	280.31	280.64
500	280.98	281.31	281.64	281.98	282.31	282.64	282.97	283.31	283.64	283.97
510	284.30	284.63	284.97	285.30	285.63	285.96	286.29	286.62	286.95	287.29
520	287.62	287.95	288.28	288.61	288.94	289.27	289.60	289.93	290.26	290.59
530	290.92	291.25	291.58	291.91	292.24	292.56	292.89	293.22	293.55	293.88
540	294.21	294.54	294.86	295.19	295.52	295.85	296.18	296.50	296.83	297.16

附表 I −7(续 3)

t/℃	0 R/Ω	−1 R/Ω	−2 R/Ω	−3 R/Ω	−4 R/Ω	−5 R/Ω	−6 R/Ω	−7 R/Ω	−8 R/Ω	−9 R/Ω
550	297.49	297.81	298.14	298.47	298.80	299.12	299.45	299.78	300.10	300.43
560	300.75	301.08	301.41	301.73	302.06	302.38	302.71	303.03	303.36	303.69
570	304.01	304.34	304.66	304.98	305.31	305.63	305.96	306.28	306.61	306.93
580	307.25	307.58	307.90	308.23	308.55	308.87	309.20	309.52	309.84	310.16
590	310.49	310.81	311.13	311.45	311.78	312.10	312.42	312.74	313.06	313.39
600	313.71	314.03	314.35	314.67	314.99	315.31	315.64	315.96	316.28	316.60
610	316.92	317.24	317.56	317.88	318.20	318.52	318.84	319.16	319.48	319.80
620	320.12	320.43	320.75	321.07	321.39	321.71	322.03	322.35	322.67	322.98
630	323.30	323.62	323.94	324.26	324.57	324.89	325.21	325.53	325.84	326.16
640	326.48	326.79	327.11	327.43	327.74	328.06	328.38	328.69	329.01	329.32
650	329.64	329.96	330.27	330.59	330.90	331.22	331.53	331.85	332.16	332.48
660	332.79	333.11	333.42	333.74	334.05	334.36	334.68	334.99	335.30	335.62
670	335.93	336.25	336.56	336.87	337.18	337.50	337.81	338.12	338.44	338.75
680	339.06	339.37	339.69	340.00	340.31	340.62	340.93	341.24	341.56	341.87
690	342.18	342.49	342.80	343.11	343.42	343.73	344.04	344.35	344.66	344.97
700	345.28	345.59	345.90	346.21	346.52	346.83	347.14	347.45	347.76	348.07
710	348.38	348.69	348.99	349.30	349.61	349.92	350.23	350.54	350.84	351.15
720	351.46	351.77	352.08	352.38	352.69	353.00	353.30	353.61	353.92	354.22
730	354.53	354.84	355.14	355.45	355.76	356.06	356.37	353.67	356.98	357.28
740	357.59	357.90	358.20	358.51	358.81	359.12	359.42	359.72	360.03	360.33
750	360.64	360.94	361.25	361.55	361.85	362.16	362.46	362.76	363.07	363.37
760	363.67	363.98	364.28	364.58	364.89	365.19	365.49	365.79	366.10	366.40
770	366.70	367.00	367.30	367.60	367.91	368.21	368.51	368.81	369.11	369.41
780	369.71	370.01	370.31	370.61	370.91	371.21	371.51	371.81	372.11	372.41
790	372.71	373.01	373.31	373.61	373.91	374.21	374.51	374.81	375.11	375.41
800	375.70	376.00	376.30	376.60	376.90	377.19	377.49	377.79	378.09	378.39
810	378.68	378.98	379.28	379.57	379.87	380.17	380.46	380.79	381.06	381.35
820	381.65	381.95	382.24	382.54	382.83	383.13	383.42	383.72	384.01	384.31
830	384.60	384.90	385.19	385.49	385.78	386.08	386.37	386.67	386.96	387.25
840	387.55	387.84	388.14	388.43	388.72	389.02	389.31	389.60	389.90	390.19
850	390.48									

本表摘自 GB/T 30121—2013 工业铂热电阻及铂感温元件。

附表 I −8　Cu100 铜热电阻分度表

$R(0\ ℃)=100.00\ Ω$

$t/℃$	0 $R/Ω$	−1 $R/Ω$	−2 $R/Ω$	−3 $R/Ω$	−4 $R/Ω$	−5 $R/Ω$	−6 $R/Ω$	−7 $R/Ω$	−8 $R/Ω$	−9 $R/Ω$
−50	78.48	—	—	—	—	—	—	—	—	—
−40	82.80	82.37	81.94	81.51	81.07	80.64	80.21	79.78	79.35	78.92
−30	87.11	86.68	86.25	85.82	85.39	84.96	84.52	84.09	83.66	83.23
−20	91.41	90.98	90.55	90.12	89.69	89.26	88.83	88.40	87.97	87.54
−10	95.71	95.28	94.85	94.42	93.99	93.56	93.13	92.70	92.27	91.84
0	100.00	99.57	99.14	98.71	98.28	97.85	97.42	97.00	96.57	96.14
0	100.00	100.43	100.86	101.29	101.72	102.14	102.57	103.00	103.42	103.86
10	104.29	104.72	105.14	105.57	106.00	106.43	106.86	107.29	107.72	108.14
20	108.57	109.00	109.43	109.86	110.28	110.71	111.14	111.57	112.00	112.42
30	112.85	113.28	113.71	114.14	114.56	114.99	115.42	115.85	116.27	116.70
40	117.13	117.56	117.99	118.41	118.84	119.27	119.70	120.12	120.55	120.98
50	121.41	121.84	122.26	122.69	123.12	123.55	123.97	124.40	124.83	125.26
60	125.68	126.11	126.54	126.97	127.40	127.82	128.25	128.68	129.11	129.53
70	129.96	130.39	130.82	131.24	131.67	132.10	132.53	132.96	133.38	133.81
80	134.24	134.67	135.09	135.52	135.95	136.38	136.81	137.23	137.66	138.09
90	138.52	138.95	139.37	139.80	140.23	140.66	141.09	141.52	141.94	142.37
100	142.80	143.23	143.66	144.08	144.51	144.94	145.37	145.80	146.23	146.66
110	147.08	147.51	147.94	148.37	148.80	149.23	149.66	150.09	150.52	150.94
120	151.37	151.80	152.23	152.66	153.09	153.52	153.95	154.38	154.81	155.24
130	155.67	156.10	156.52	156.95	157.38	157.81	158.24	158.67	159.10	159.53
140	159.96	160.39	160.82	161.25	161.68	162.12	162.55	162.98	163.41	163.84
150	164.27									

本表摘自 JB/T 8623—1997　工业铜热电阻技术条件及分度。

附表 I –9　Cu50 铜热电阻分度表

$R(0\ ℃)=50.00\ Ω$

$t/℃$	0 $R/Ω$	−1 $R/Ω$	−2 $R/Ω$	−3 $R/Ω$	−4 $R/Ω$	−5 $R/Ω$	−6 $R/Ω$	−7 $R/Ω$	−8 $R/Ω$	−9 $R/Ω$
−50	39.242	—	—	—	—	—	—	—	—	—
−40	41.400	41.184	40.969	40.753	40.537	40.322	40.106	39.890	39.674	39.458
−30	43.555	43.349	43.124	42.909	42.693	42.478	42.262	42.047	41.831	41.616
−20	45.706	45.491	45.276	45.061	44.846	44.631	44.416	44.200	43.985	43.770
−10	47.854	47.639	47.425	47.210	46.995	46.780	46.566	46.351	46.136	45.921
0	50.000	49.786	49.571	49.356	49.142	48.927	48.713	48.498	48.284	48.069

$t/℃$	0 $R/Ω$	1 $R/Ω$	2 $R/Ω$	3 $R/Ω$	4 $R/Ω$	5 $R/Ω$	6 $R/Ω$	7 $R/Ω$	8 $R/Ω$	9 $R/Ω$
0	50.000	50.214	50.429	50.634	50.858	51.072	51.286	51.501	51.715	51.929
10	52.144	52.358	52.572	52.786	53.000	53.215	53.429	53.643	53.857	54.071
20	54.285	54.500	54.714	54.928	55.142	55.356	55.570	55.784	55.998	56.212
30	56.426	56.640	56.854	57.068	57.282	57.496	57.710	57.924	58.137	58.351
40	58.565	58.779	58.993	59.207	59.421	59.635	59.848	60.062	60.276	60.490
50	60.704	60.918	61.132	61.345	61.559	61.773	61.987	62.201	62.415	62.628
60	62.842	63.056	63.270	63.484	63.698	63.911	64.125	64.339	64.553	64.767
70	64.981	65.194	65.408	65.622	65.836	66.050	66.264	66.478	66.692	66.906
80	67.120	67.333	67.547	67.761	67.975	68.189	68.403	68.617	68.831	69.045
90	69.259	69.473	69.687	69.901	70.115	70.329	70.544	70.762	70.972	71.186
100	71.400	71.614	71.828	72.042	72.257	72.471	72.685	72.899	73.114	73.328
110	73.542	73.751	73.971	74.185	74.400	74.614	74.828	75.043	75.258	75.472
120	75.686	75.901	76.115	76.330	76.545	76.759	76.974	77.189	77.404	77.618
130	77.833	78.048	78.263	78.477	78.692	78.907	79.122	79.337	79.552	79.767
140	79.982	80.197	80.412	80.627	80.843	81.058	81.272	81.488	81.704	81.919
150	82.134									

本表摘自 JB/T 8623—1997　工业铜热电阻技术条件及分度。

附表 Ⅱ－1　角接取压标准孔板适用的最小雷诺数 $Re_{D\min}$ 推荐值

β	$Re_{D\min}$	β	$Re_{D\min}$	β	$Re_{D\min}$
0.220	5.00×10^3	0.425	2.13×10^4	0.625	6.27×10^4
0.250	8.00×10^3	0.450	2.49×10^4	0.650	7.16×10^4
0.275	9.00×10^3	0.475	2.87×10^4	0.675	9.21×10^4
0.300	1.30×10^4	0.500	3.29×10^4	0.700	9.48×10^4
0.325	1.70×10^4	0.525	3.75×10^4	0.725	1.11×10^5
0.350	1.90×10^4	0.550	4.27×10^4	0.750	1.32×10^5
0.375	2.00×10^4	0.575	4.85×10^4	0.775	1.59×10^5
0.400	2.00×10^4	0.600	5.51×10^4	0.800	1.98×10^5

本表摘自 GB 2624—81　流量测量节流装置　第1部分:节流件为角接取压、法兰取压标准孔板和角接取压标准喷嘴。

附表 Ⅱ－2　法兰取压标准孔板适用的最小雷诺数 $Re_{D\min}$ 推荐值

β	D/mm							
	50	75	100	150	200	250	375	750
0.100	8×10^3	1.2×10^4	1.6×10^4	2.4×10^4	3.2×10^4	4.0×10^4	6.0×10^4	1.2×10^5
0.150	8×10^3	1.2×10^4	1.6×10^4	2.4×10^4	3.2×10^4	4.0×10^4	6.0×10^4	1.2×10^5
0.200	8×10^3	1.2×10^4	1.6×10^4	2.4×10^4	3.2×10^4	4.0×10^4	6.0×10^4	1.2×10^5
0.250	8.38×10^3	1.2×10^4	1.6×10^4	2.4×10^4	3.2×10^4	4.0×10^4	6.0×10^4	1.2×10^5
0.300	1.07×10^4	1.33×10^4	1.6×10^4	2.4×10^4	3.2×10^4	4.0×10^4	6.0×10^4	1.2×10^5
0.350	1.37×10^4	1.68×10^4	1.95×10^4	2.4×10^4	3.2×10^4	4.0×10^4	6.0×10^4	1.2×10^5
0.400	1.79×10^4	2.19×10^4	2.53×10^4	3.10×10^4	4.0×10^4	4.01×10^4	6.0×10^4	1.2×10^5
0.450	2.37×10^4	2.94×10^4	3.43×10^4	4.26×10^4	5.0×10^4	5.63×10^4	7.5×10^4	1.5×10^5
0.500	3.19×10^4	4.02×10^4	4.75×10^4	6.04×10^4	7.5×10^4	8.25×10^4	1.07×10^5	2.0×10^5
0.550	4.29×10^4	5.51×10^4	6.61×10^4	8.91×10^4	1.04×10^5	1.22×10^5	1.62×10^5	2.69×10^5
0.600	5.74×10^4	7.50×10^4	9.12×10^4	1.21×10^5	1.49×10^5	1.76×10^5	2.39×10^5	4.14×10^5
0.625	6.60×10^4	8.70×10^4	1.06×10^5	1.43×10^5	1.77×10^5	2.10×10^5	2.88×10^5	5.06×10^5
0.650	7.66×10^4	1.00×10^5	1.24×10^5	1.67×10^5	2.08×10^5	2.45×10^5	3.23×10^5	6.10×10^5
0.675	8.62×10^4	1.15×10^5	1.43×10^5	1.94×10^5	2.43×10^5	2.91×10^5	4.05×10^5	7.28×10^5
0.700	9.18×10^4	1.32×10^5	1.64×10^5	2.23×10^5	2.82×10^5	3.38×10^5	4.74×10^5	8.60×10^5
0.725	1.10×10^5	1.50×10^5	1.87×10^5	2.57×10^5	3.25×10^5	3.90×10^5	5.50×10^5	9.75×10^5
0.750	1.24×10^5	1.69×10^5	2.11×10^5	2.93×10^5	3.71×10^5	4.47×10^5	6.32×10^5	9.75×10^5

本表摘自 GB 2624—81　流量测量节流装置　第1部分:节流件为角接取压、法兰取压标准孔板和角接取压标准喷嘴。

附表 Ⅱ－3　角接取压标准喷嘴适用的最小雷诺数 $Re_{D\min}$ 推荐值

β	$Re_{D\min}$	β	$Re_{D\min}$	β	$Re_{D\min}$
0.320	4.05×10^4	0.500	4.94×10^4	0.675	4.66×10^4
0.350	3.93×10^4	0.525	5.22×10^4	0.700	3.42×10^4
0.375	3.95×10^4	0.550	5.49×10^4	0.725	2.00×10^4
0.400	4.04×10^4	0.575	5.69×10^4	0.750	2.00×10^4
0.425	4.19×10^4	0.600	5.78×10^4	0.775	2.97×10^4
0.450	4.40×10^4	0.650	5.69×10^4	0.800	5.19×10^4
0.475	4.66×10^4	0.650	5.35×10^4		

本表摘自 GB 2624—81　流量测量节流装置　第1部分:节流件为角接取压、法兰取压标准孔板和角接取压标准喷嘴。

附表 Ⅱ -4　角接取压标准孔板的光管流量系数 α_0

Re_D	5×10^3	10^4	2×10^4	3×10^4	5×10^4	10^5	10^6	10^7
β^4					α_0			
0.0025	0.6024	0.6005	0.5993	0.5989	0.5985	0.5981	0.5978	0.5977
0.003	0.6032	0.6011	0.5998	0.5993	0.5988	0.5986	0.5981	0.5980
0.004	0.6045	0.6022	0.6007	0.6001	0.5995	0.5991	0.5986	0.5986
0.005	0.6058	0.6031	0.6015	0.6008	0.6002	0.5997	0.5992	0.5991
0.01	0.6110	0.6073	0.6050	0.6039	0.6031	0.6025	0.6018	0.6016
0.02	0.6194	0.6142	0.6108	0.6094	0.6081	0.6073	0.6062	0.6061
0.03	0.6268	0.6203	0.6161	0.6143	0.6129	0.6117	0.6105	0.6103
0.04	0.6335	0.6260	0.6212	0.6190	0.6173	0.6160	0.6146	0.6144
0.05	0.6399	0.6315	0.6260	0.6236	0.6217	0.6202	0.6186	0.6184
0.06	—	0.6370	0.6308	0.6281	0.6260	0.6245	0.6226	0.6223
0.07	—	0.6422	0.6355	0.6327	0.6302	0.6284	0.6265	0.6262
0.08	—	0.6474	0.6403	0.6371	0.6343	0.6324	0.6303	0.6300
0.09	—	0.6526	0.6450	0.6415	0.6385	0.6362	0.6341	0.6338
0.10	—	0.6577	0.6497	0.6459	0.6425	0.6401	0.6378	0.6375
0.11	—	0.6630	0.6542	0.6500	0.6465	0.6439	0.6415	0.6412
0.12	—	0.6682	0.6588	0.6544	0.6507	0.6478	0.6452	0.6449
0.13	—	0.6734	0.6633	0.6587	0.6547	0.6516	0.6489	0.6486
0.14	—	0.6786	0.6679	0.6629	0.6587	0.6555	0.6526	0.6522
0.15	—	0.6839	0.6724	0.6672	0.6627	0.6594	0.6563	0.6559
0.16	—	0.6890	0.6769	0.6715	0.6667	0.6633	0.6600	0.6596
0.17	—	0.6943	0.6815	0.6759	0.6708	0.6671	0.6638	0.6633
0.18	—	0.6995	0.6861	0.6802	0.6749	0.6711	0.6675	0.6670
0.19	—	0.7047	0.6908	0.6846	0.6791	0.6751	0.6713	0.6708
0.20	—	0.7099	0.6954	0.6890	0.6832	0.6791	0.6751	0.6746
0.21	—	0.7153	0.7000	0.6934	0.6874	0.6830	0.6789	0.6784
0.22	—	0.7206	0.7047	0.6979	0.6917	0.6871	0.6828	0.6823
0.23	—	0.7259	0.7094	0.7024	0.6960	0.6911	0.6867	0.6861
0.24	—	0.7312	0.7142	0.7069	0.7003	0.6952	0.6906	0.6899
0.25	—	0.7366	0.7189	0.7114	0.7046	0.6994	0.6945	0.6938
0.26	—	0.7419	0.7237	0.7160	0.7090	0.7035	0.6984	0.6977
0.27	—	0.7472	0.7286	0.7207	0.7136	0.7078	0.7025	0.7017
0.28	—	0.7526	0.7336	0.7255	0.7180	0.7121	0.7065	0.7057
0.29	—	0.7580	0.7385	0.7301	0.7225	0.7163	0.7105	0.7096
0.30	—	0.7635	0.7436	0.7349	0.7269	0.7206	0.7145	0.7136
0.31	—	0.7690	0.7487	0.7398	0.7317	0.7250	0.7187	0.7177
0.32	—	0.7745	0.7539	0.7446	0.7363	0.7294	0.7228	0.7218
0.33	—	0.7802	0.7591	0.7495	0.7410	0.7339	0.7269	0.7259
0.34	—	0.7859	0.7646	0.7547	0.7459	0.7385	0.7312	0.7301
0.35	—	0.7917	0.7699	0.7597	0.7508	0.7432	0.7354	0.7343
0.36	—	0.7976	0.7754	0.7648	0.7554	0.7476	0.7396	0.7384
0.37	—	—	0.7809	0.7699	0.7605	0.7523	0.7439	0.7426
0.38	—	—	0.7866	0.7752	0.7656	0.7571	0.7483	0.7470
0.39	—	—	0.7924	0.7805	0.7706	0.7619	0.7527	0.7513
0.40	—	—	0.7986	0.7864	0.7763	0.7673	0.7576	0.7561
0.41	—	—	0.8046	0.7924	0.7819	0.7726	0.7624	0.7609

本表摘自 GB 2624—81　流量测量节流装置　第 1 部分:节流件为角接取压、法兰取压标准孔板和角接取压标准喷嘴。

附表 II-5　标准喷嘴的光管流量系数 α_0

Re_D	2×10^4	2.5×10^4	3×10^4	4×10^4	5×10^4	7×10^4	10^5	2×10^5	$10^6 \sim 2 \times 10^6$
β^4					α_0				
0.01	—	—	—	—	—	0.9892	0.9895	0.9895	0.9896
0.02	—	—	—	—	—	0.9917	0.9924	0.9927	0.9928
0.03	—	—	—	—	—	0.9945	0.9954	0.9959	0.9960
0.04	0.9798	0.9849	0.9883	0.9926	0.9951	0.9973	0.9984	0.9992	0.9994
0.05	0.9822	0.9871	0.9906	0.9951	0.9977	1.0002	1.0015	1.0026	1.0027
0.06	0.9849	0.9895	0.9930	0.9976	1.0005	1.0033	1.0047	1.0059	1.0061
0.07	0.9876	0.9921	0.9956	1.0002	1.0033	1.0064	1.0080	1.0093	1.0095
0.08	0.9907	0.9951	0.9984	1.0031	1.0063	1.0096	1.0113	1.0128	1.0130
0.09	0.9939	0.9982	1.0014	1.0060	1.0093	1.0128	1.0147	1.0163	1.0166
0.10	0.9973	1.0015	1.0046	1.0092	1.0125	1.0162	1.0182	1.0199	1.0202
0.11	1.0009	1.0050	1.0080	1.0126	1.0159	1.0196	1.0217	1.0235	1.0238
0.12	1.0048	1.0086	1.0116	1.0160	1.0194	1.0230	1.0253	1.0272	1.0275
0.13	1.0088	1.0123	1.0153	1.0197	1.0230	1.0266	1.0290	1.0309	1.0312
0.14	1.0129	1.0163	1.0192	1.0235	1.0267	1.0303	1.0328	1.0347	1.0350
0.15	1.0173	1.0206	1.0234	1.0274	1.0305	1.0341	1.0366	1.0385	1.0388
0.16	1.0219	1.0251	1.0276	1.0316	1.0345	1.0380	1.0405	1.0424	1.0427
0.17	1.0266	1.0297	1.0321	1.0358	1.0386	1.0420	1.0445	1.0463	1.0467
0.18	1.0315	1.0344	1.0367	1.0402	1.0428	1.0461	1.0486	1.0504	1.0507
0.19	1.0366	1.0393	1.0415	1.0447	1.0472	1.0503	1.0527	1.0545	1.0547
0.20	1.0418	1.0444	1.0464	1.0494	1.0517	1.0546	1.0569	1.0586	1.0589
0.21	1.0472	1.0496	1.0515	1.0543	1.0563	1.0590	1.0612	1.0628	1.0681
0.22	1.0528	1.0550	1.0567	1.0593	1.0611	1.0636	1.0656	1.0671	1.0674
0.23	1.0586	1.0606	1.0621	1.0644	1.0660	1.0682	1.0701	1.0715	1.0716
0.24	1.0645	1.0662	1.0677	1.0697	1.0710	1.0730	1.0746	1.0760	1.0762
0.25	1.0706	1.0721	1.0734	1.0751	1.0763	1.0779	1.0793	1.0805	1.0807
0.26	1.0769	1.0782	1.0792	1.0806	1.0816	1.0830	1.0841	1.0852	1.0854
0.27	1.0833	1.0844	1.0853	1.0864	1.0871	1.0881	1.0890	1.0899	1.0901
0.28	1.0899	1.0908	1.0914	1.0923	1.0928	1.0934	1.0941	1.0948	1.0949
0.29	1.0966	1.0972	1.0976	1.0982	1.0985	1.0989	1.0993	1.0998	1.0999
0.30	1.1035	1.1037	1.1039	1.1042	1.1043	1.1045	1.1046	1.1049	1.1049
0.31	1.1106	1.1106	1.1105	1.1104	1.1102	1.1101	1.1101	1.1101	1.1101
0.32	1.1179	1.1176	1.1173	1.1168	1.1164	1.1159	1.1156	1.1155	1.1154
0.33	1.1253	1.1246	1.1241	1.1233	1.1225	1.1218	1.1214	1.1209	1.1208
0.34	1.1329	1.1320	1.1312	1.1300	1.1290	1.1279	1.1272	1.1266	1.1264
0.35	1.1407	1.1394	1.1384	1.1368	1.1355	1.1341	1.1332	1.1324	1.1321
0.36	1.1486	1.1470	1.1457	1.1438	1.1423	1.1406	1.1394	1.1383	1.1379
0.37	1.1567	1.1548	1.1532	1.1510	1.1493	1.1472	1.1457	1.1445	1.1439
0.38	1.1650	1.1627	1.1609	1.1583	1.1564	1.1540	1.1523	1.1508	1.1501
0.39	1.1734	1.1709	1.1688	1.1658	1.1636	1.1609	1.1590	1.1573	1.1565
0.40	1.1821	1.1793	1.1788	1.1735	1.1711	1.1680	1.1660	1.1641	1.1630
0.41	1.1909	1.1877	1.1851	1.1813	1.1788	1.1754	1.1732	1.1710	1.1698

本表摘自 GB 2624—81　流量测量节流装置　第一部分:节流件为角接取压、法兰取压标准孔板和角接取压标准喷嘴。

附表 Ⅱ−6 采用角接取压标准孔板时的流束膨胀系数 ε 值

P_2/P_1	1.0	0.98	0.96	0.94	0.92	0.90	0.85	0.80	0.75
β^4					$K=1.20$				
0.00	1.0000	0.9919	0.9845	0.9774	0.9703	0.9634	0.9463	0.9294	0.9126
0.10	1.0000	0.9912	0.9832	0.9754	0.9678	0.9603	0.9417	0.9232	0.9051
0.20	1.0000	0.9905	0.9819	0.9735	0.9652	0.9571	0.9371	0.9173	0.8976
0.30	1.0000	0.9898	0.9806	0.9715	0.9627	0.9540	0.9325	0.9112	0.8901
0.40	1.0000	0.9892	0.9792	0.9696	0.9602	0.9508	0.9278	0.9052	0.8826
0.41	1.0000	0.9891	0.9791	0.9694	0.9599	0.9505	0.9274	0.9046	0.8819
β^4					$K=1.30$				
0.00	1.0000	0.9925	0.9856	0.9790	0.9724	0.9659	0.9499	0.9341	0.9183
0.10	1.0000	0.9919	0.9844	0.9772	0.9700	0.9630	0.9456	0.9284	0.9112
0.20	1.0000	0.9912	0.9832	0.9754	0.9677	0.9601	0.9413	0.9227	0.9042
0.30	1.0000	0.9906	0.9819	0.9735	0.9653	0.9572	0.9370	0.9171	0.8972
0.40	1.0000	0.9899	0.9807	0.9717	0.9629	0.9542	0.9327	0.9114	0.8902
0.41	1.0000	0.9899	0.9806	0.9716	0.9627	0.9539	0.9323	0.9109	0.8895
β^4					$K=1.40$				
0.00	1.0000	0.9930	0.9866	0.9803	0.9742	0.9681	0.9531	0.9381	0.9232
0.10	1.0000	0.9924	0.9854	0.9787	0.9720	0.9654	0.9491	0.9328	0.9166
0.20	1.0000	0.9918	0.9843	0.9770	0.9698	0.9627	0.9450	0.9275	0.9100
0.30	1.0000	0.9912	0.9831	0.9753	0.9676	0.9599	0.9410	0.9222	0.9034
0.40	1.0000	0.9906	0.9820	0.9736	0.9653	0.9572	0.9370	0.9169	0.8968
0.41	1.0000	0.9905	0.9819	0.9734	0.9651	0.9569	0.9366	0.9164	0.8961
β^4					$K=1.66$				
0.00	1.0000	0.9940	0.9885	0.9832	0.9779	0.9727	0.9597	0.9466	0.9335
0.10	1.0000	0.9935	0.9875	0.9817	0.9760	0.9703	0.9562	0.9421	0.9278
0.20	1.0000	0.9930	0.9866	0.9803	0.9741	0.9680	0.9527	0.9375	0.9221
0.30	1.0000	0.9925	0.9856	0.9788	0.9722	0.9656	0.9493	0.9329	0.9164
0.40	1.0000	0.9920	0.9846	0.9774	0.9703	0.9633	0.9458	0.9283	0.9107
0.41	1.0000	0.9919	0.9845	0.9773	0.9701	0.9630	0.9455	0.9279	0.9101

注:ε 与 β^4 之间可线性内插。

本表摘自 GB 2624—81 流量测量节流装置 第1部分:节流件为角接取压、法兰取压标准孔板和角接取压标准喷嘴。

附表 Ⅱ−7　使用法兰取压标准孔板时的流束膨胀系数 ε 值

P_2/P_1	1.0	0.98	0.96	0.94	0.92	0.90	0.85	0.80	0.75
β^4					$K=1.20$				
0.00	1.0000	0.9932	0.9863	0.9795	0.9727	0.9658	0.9488	0.9317	0.9145
0.10	1.0000	0.9926	0.9852	0.9778	0.9703	0.9629	0.9444	0.9258	0.9073
0.20	1.0000	0.9920	0.9840	0.9760	0.9680	0.9600	0.9400	0.9200	0.9000
0.30	1.0000	0.9914	0.9828	0.9743	0.9657	0.9571	0.9356	0.9142	0.8927
0.32	1.0000	0.9913	0.9820	0.9739	0.9652	0.9565	0.9349	0.9130	0.8913
					$K=1.30$				
0.00	1.0000	0.9937	0.9874	0.9811	0.9748	0.9685	0.9527	0.9369	0.9212
0.10	1.0000	0.9932	0.9863	0.9795	0.9726	0.9658	0.9487	0.9315	0.9144
0.20	1.0000	0.9926	0.9852	0.9779	0.9705	0.9631	0.9446	0.9262	0.9077
0.30	1.0000	0.9921	0.9842	0.9762	0.9683	0.9604	0.9406	0.9208	0.9010
0.32	1.0000	0.9920	0.9840	0.9759	0.9679	0.9593	0.9398	0.9197	0.8996
					$K=1.40$				
0.00	1.000	0.9942	0.9883	0.9824	0.9766	0.9707	0.9561	0.9414	0.9268
0.10	1.000	0.9936	0.9873	0.9809	0.9746	0.9682	0.9523	0.9364	0.9205
0.20	1.000	0.9931	0.9863	0.9794	0.9726	0.9657	0.9486	0.9314	0.9143
0.30	1.000	0.9926	0.9853	0.9779	0.9706	0.9632	0.9443	0.9264	0.9080
0.32	1.000	0.9925	0.9851	0.9776	0.9702	0.9627	0.9441	0.9254	0.9063
					$K=1.66$				
0.00	1.000	0.9951	0.9901	0.9852	0.9802	0.9753	0.9630	0.9506	0.9383
0.10	1.000	0.9946	0.9893	0.9839	0.9786	0.9732	0.9598	0.9464	0.9330
0.20	1.000	0.9942	0.9884	0.9827	0.9769	0.9711	0.9566	0.9422	0.9277
0.30	1.000	0.9938	0.9876	0.9814	0.9752	0.9690	0.9535	0.9380	0.9224
0.32	1.000	0.9937	0.9874	0.9811	0.9748	0.9686	0.9528	0.9371	0.9214

注：ε 与 β^4 之间可线性内插。

本表摘自 GB 2624—81　流量测量节流装置　第 1 部分：节流件为角接取压、法兰取压标准孔板和角接取压标准喷嘴。

附表 II－8 采用标准喷嘴时的流束膨胀系数 ε 值

P_2/P_1	1.0	0.98	0.96	0.94	0.92	0.90	0.85	0.80	0.75
β^4					$K=1.20$				
0.00	1.000	0.9874	0.9748	0.9620	0.9491	0.9361	0.9029	0.8689	0.8340
0.10	1.000	0.9856	0.9712	0.9568	0.9423	0.9278	0.8913	0.8543	0.8169
0.20	1.000	0.9834	0.9669	0.9504	0.9341	0.9178	0.8773	0.8371	0.7970
0.30	1.000	0.9805	0.9613	0.9424	0.9238	0.9053	0.8602	0.8163	0.7733
0.40	1.000	0.9767	0.9541	0.9320	0.9105	0.8895	0.8390	0.7909	0.7443
0.41	1.000	0.9763	0.9532	0.9308	0.9090	0.8877	0.8366	0.7881	0.7416
					$K=1.30$				
0.00	1.000	0.9884	0.9767	0.9649	0.9529	0.9408	0.9100	0.8783	0.8457
0.10	1.000	0.9867	0.9734	0.9600	0.9466	0.9331	0.8990	0.8645	0.8204
0.20	1.000	0.9846	0.9693	0.9541	0.9389	0.9237	0.8859	0.8481	0.8102
0.30	1.000	0.9820	0.9642	0.9466	0.9292	0.9120	0.8697	0.8283	0.7875
0.40	1.000	0.9785	0.9575	0.9369	0.9168	0.8971	0.8495	0.8039	0.7599
0.41	1.000	0.9781	0.9567	0.9358	0.9154	0.8954	0.8472	0.8012	0.7569
					$K=1.40$				
0.00	1.000	0.9892	0.9783	0.9673	0.9562	0.9449	0.9162	0.8865	0.8558
0.10	1.000	0.9877	0.9753	0.9628	0.9503	0.9377	0.9058	0.8733	0.8402
0.20	1.000	0.9857	0.9715	0.9573	0.9430	0.9288	0.8933	0.8577	0.8219
0.30	1.000	0.9833	0.9667	0.9503	0.9340	0.9178	0.8780	0.8388	0.8000
0.40	1.000	0.9800	0.9604	0.9412	0.9223	0.9038	0.8588	0.8154	0.7733
0.41	1.000	0.9796	0.9596	0.9401	0.9209	0.9021	0.8566	0.8127	0.7704
					$K=1.66$				
0.00	1.000	0.9909	0.9817	0.9724	0.9629	0.9533	0.9288	0.9033	0.8768
0.10	1.000	0.9896	0.9791	0.9685	0.9578	0.9471	0.9197	0.8917	0.8629
0.20	1.000	0.9879	0.9759	0.9637	0.9516	0.9394	0.9088	0.8778	0.8464
0.30	1.000	0.9858	0.9718	0.9577	0.9438	0.9299	0.8953	0.8609	0.8265
0.40	1.000	0.9831	0.9664	0.9499	0.9336	0.9176	0.8782	0.8397	0.8020
0.41	1.000	0.9827	0.9657	0.9490	0.9324	0.9161	0.8762	0.8373	0.7993

注：ε 与 β^4 之间可线性内插。

本表摘自 GB 2624—81 流量测量节流装置 第1部分：节流件为角接取压、法兰取压标准孔板和角接取压标准喷嘴。

附表 Ⅱ-9　角接取压标准孔板的 $\alpha_0 = f(\alpha_0\beta^2, Re_D, \beta)$ 关系表

Re_D	2×10^4		3×10^4		5×10^4		8×10^4		10×10^4		5×10^5		10×10^5		5×10^6		10×10^6	
β	α_0	$\alpha_0\beta^2$	α_0	$\alpha_0\beta^2$	α_0	$\alpha_0\beta^2$	α_0	$\alpha_0\beta^2$	α_0	$\alpha_0\beta^2$	α_0	$\alpha_0\beta^2$	α_0	$\alpha_0\beta^2$	α_0	$\alpha_0\beta^2$	α_0	$\alpha_0\beta^2$
0.220	0.5999	0.0293	0.5995	0.0293	0.5989	0.0293	0.5984	0.0290	0.5982	0.0290	0.5976	0.0289	0.5974	0.0289	0.5973	0.0289	0.5973	0.0289
0.225	0.6000	0.0304	0.5996	0.0304	0.5990	0.0303	0.5985	0.0303	0.5984	0.0303	0.5977	0.0303	0.5975	0.0303	0.5974	0.0302	0.5974	0.0302
0.230	0.6002	0.0318	0.5997	0.0317	0.5991	0.0317	0.5987	0.0318	0.5985	0.0317	0.5978	0.0316	0.5977	0.0316	0.5975	0.0316	0.5975	0.0316
0.235	0.6003	0.0332	0.5998	0.0331	0.5992	0.0331	0.5988	0.0331	0.5986	0.0331	0.5979	0.0330	0.5978	0.0330	0.5977	0.0330	0.5977	0.0330
0.240	0.6005	0.0346	0.6000	0.0346	0.5994	0.0345	0.5989	0.0345	0.5988	0.0349	0.5981	0.0346	0.5979	0.0344	0.5978	0.0344	0.5978	0.0344
0.245	0.6007	0.0361	0.6002	0.0362	0.5995	0.0360	0.5991	0.0360	0.5989	0.0360	0.5982	0.0360	0.5981	0.0359	0.5980	0.0359	0.5979	0.0359
0.250	0.6009	0.0376	0.6003	0.0376	0.5997	0.0375	0.5992	0.0375	0.5991	0.0374	0.5984	0.0374	0.5982	0.0374	0.5981	0.0374	0.5981	0.0374
0.255	0.6011	0.0391	0.6005	0.0391	0.5999	0.0390	0.5994	0.0390	0.5992	0.0390	0.5985	0.0389	0.5984	0.0389	0.5983	0.0389	0.5983	0.0389
0.260	0.6013	0.0407	0.6007	0.0406	0.6001	0.0406	0.5996	0.0405	0.5994	0.0405	0.5987	0.0405	0.5986	0.0405	0.5984	0.0405	0.5984	0.0405
0.265	0.6015	0.0422	0.6009	0.0422	0.6002	0.0422	0.5998	0.0421	0.5996	0.0421	0.5989	0.0420	0.5988	0.0421	0.5986	0.0420	0.5986	0.0420
0.270	0.6017	0.0439	0.6011	0.0438	0.6005	0.0438	0.6000	0.0437	0.5998	0.0438	0.5991	0.0438	0.5989	0.0437	0.5988	0.0437	0.5988	0.0437
0.275	0.6020	0.0455	0.6013	0.0455	0.6007	0.0454	0.6002	0.0454	0.6000	0.0454	0.5993	0.0453	0.5992	0.0453	0.5990	0.0453	0.5990	0.0453
0.280	0.6022	0.0472	0.6016	0.0472	0.6009	0.0471	0.6004	0.0471	0.6002	0.0471	0.5995	0.0470	0.5994	0.0470	0.5992	0.0470	0.5992	0.0470
0.285	0.6025	0.0489	0.6018	0.0488	0.6011	0.0488	0.6006	0.0488	0.6005	0.0488	0.5997	0.0487	0.5996	0.0487	0.5995	0.0487	0.5994	0.0486
0.290	0.6028	0.0507	0.6021	0.0506	0.6014	0.0506	0.6009	0.0505	0.6007	0.0505	0.6000	0.0505	0.5998	0.0505	0.5997	0.0504	0.5997	0.0504
0.295	0.6031	0.0525	0.6024	0.0524	0.6017	0.0524	0.6011	0.0523	0.6010	0.0523	0.6002	0.0522	0.6001	0.0522	0.6000	0.0522	0.5999	0.0522
0.300	0.6034	0.0543	0.6027	0.0542	0.6019	0.0542	0.6014	0.0541	0.6012	0.0541	0.6005	0.0540	0.6003	0.0540	0.6002	0.0540	0.6002	0.0540
0.305	0.6037	0.0562	0.6030	0.0561	0.6022	0.0560	0.6017	0.0560	0.6015	0.0560	0.6007	0.0559	0.6006	0.0559	0.6005	0.0559	0.6005	0.0559
0.310	0.6041	0.0581	0.6033	0.0580	0.6025	0.0579	0.6020	0.0579	0.6018	0.0578	0.6010	0.0578	0.6009	0.0578	0.6008	0.0577	0.6008	0.0577
0.315	0.6044	0.0600	0.6036	0.0599	0.6028	0.0598	0.6023	0.0598	0.6021	0.0597	0.6013	0.0597	0.6012	0.0597	0.6011	0.0596	0.6010	0.0596
0.320	0.6048	0.0619	0.6040	0.0619	0.6032	0.0618	0.6026	0.0617	0.6024	0.0617	0.6016	0.0616	0.6015	0.0616	0.6014	0.0616	0.6014	0.0616
0.325	0.6052	0.0639	0.6043	0.0638	0.6035	0.0638	0.6031	0.0637	0.6028	0.0637	0.6020	0.0636	0.6018	0.0636	0.6017	0.0638	0.6017	0.0636
0.330	0.6056	0.0660	0.6047	0.0659	0.6039	0.0658	0.6033	0.0657	0.6031	0.0657	0.6023	0.0656	0.6022	0.0656	0.6021	0.0656	0.6020	0.0656
0.335	0.6060	0.0680	0.6051	0.0679	0.6043	0.0678	0.6037	0.0678	0.6035	0.0678	0.6027	0.0676	0.6025	0.0676	0.6024	0.0676	0.6024	0.0676
0.340	0.6065	0.0701	0.6055	0.0700	0.6047	0.0699	0.6041	0.0698	0.6039	0.0698	0.6030	0.0697	0.6029	0.0697	0.6028	0.0697	0.6028	0.0697
0.345	0.6069	0.0722	0.6060	0.0721	0.6051	0.0720	0.6045	0.0720	0.6043	0.0719	0.6034	0.0718	0.6033	0.0718	0.6032	0.0718	0.6031	0.0718
0.350	0.6074	0.0744	0.6064	0.0743	0.6055	0.0742	0.6049	0.0741	0.6047	0.0741	0.6038	0.0740	0.6037	0.0740	0.6036	0.0739	0.6035	0.0739
0.355	0.6079	0.0766	0.6069	0.0765	0.6059	0.0764	0.6053	0.0763	0.6051	0.0763	0.6042	0.0762	0.6041	0.0761	0.6040	0.0761	0.6039	0.0761
0.360	0.6084	0.0789	0.6074	0.0787	0.6064	0.0786	0.6058	0.0785	0.6055	0.0785	0.6047	0.0784	0.6045	0.0784	0.6044	0.0783	0.6044	0.0783
0.365	0.6090	0.0811	0.6079	0.0810	0.6069	0.0809	0.6062	0.0808	0.6060	0.0807	0.6051	0.0806	0.6050	0.0806	0.6048	0.0806	0.6048	0.0806

附表 II −9(续1)

Re_D	2×10^4		3×10^4		5×10^4		8×10^4		10×10^4		5×10^5		10×10^5		5×10^6		10×10^6	
β	α_0	$\alpha_0\beta^2$	α_0	$\alpha_0\beta^2$	α_0	$\alpha_0\beta^2$	α_0	$\alpha_0\beta^2$	α_0	$\alpha_0\beta^2$	α_0	$\alpha_0\beta^2$	α_0	$\alpha_0\beta^2$	α_0	$\alpha_0\beta^2$	α_0	$\alpha_0\beta^2$
0.370	0.6095	0.0835	0.6084	0.0833	0.6074	0.0832	0.6067	0.0831	0.6065	0.0830	0.6056	0.0829	0.6055	0.0829	0.6053	0.0829	0.6053	0.0829
0.375	0.6101	0.0856	0.6089	0.0856	0.6079	0.0855	0.6072	0.0854	0.6070	0.0854	0.6061	0.0852	0.6059	0.0852	0.6058	0.0852	0.6058	0.0852
0.380	0.6107	0.0882	0.6095	0.0880	0.6084	0.0879	0.6077	0.0878	0.6075	0.0877	0.6066	0.0876	0.6064	0.0876	0.6063	0.0876	0.6063	0.0875
0.385	0.6113	0.0907	0.6101	0.0904	0.6089	0.0903	0.6083	0.0902	0.6080	0.0901	0.6071	0.0900	0.6069	0.0900	0.6068	0.0899	0.6068	0.0899
0.390	0.6120	0.0931	0.6107	0.0929	0.6095	0.0927	0.6088	0.0926	0.6086	0.0926	0.6076	0.0924	0.6075	0.0924	0.6073	0.0924	0.6073	0.0924
0.395	0.6127	0.0956	0.6113	0.0954	0.6101	0.0952	0.6094	0.0951	0.6091	0.0950	0.6082	0.0949	0.6080	0.0949	0.6079	0.0948	0.6078	0.0948
0.400	0.6133	0.0981	0.6119	0.0979	0.6107	0.0977	0.6100	0.0976	0.6097	0.0976	0.6087	0.0974	0.6086	0.0974	0.6084	0.0974	0.6084	0.0974
0.405	0.6141	0.1007	0.6126	0.1005	0.6113	0.1003	0.6106	0.1002	0.6103	0.1001	0.6093	0.0999	0.6092	0.0992	0.6090	0.0999	0.6090	0.0999
0.410	0.6148	0.1034	0.6133	0.1031	0.6120	0.1029	0.6112	0.1027	0.6109	0.1027	0.6099	0.1025	0.6098	0.1025	0.6096	0.1025	0.6096	0.1025
0.415	0.6155	0.1060	0.6140	0.1057	0.6126	0.1055	0.6118	0.1054	0.6116	0.1053	0.6106	0.1052	0.6104	0.1051	0.6102	0.1051	0.6102	0.1051
0.420	0.6163	0.1087	0.6147	0.1084	0.6133	0.1082	0.6125	0.1081	0.6122	0.1080	0.6112	0.1078	0.6110	0.1078	0.6109	0.1078	0.6108	0.1078
0.425	0.6171	0.1115	0.6154	0.1112	0.6140	0.1109	0.6132	0.1108	0.6129	0.1107	0.6118	0.1105	0.6117	0.1105	0.6115	0.1105	0.6115	0.1106
0.430	0.6180	0.1143	0.6162	0.1139	0.6147	0.1138	0.6139	0.1135	0.6136	0.1135	0.6125	0.1133	0.6124	0.1132	0.6122	0.1132	0.6122	0.1132
0.435	0.6188	0.1171	0.6170	0.1168	0.6155	0.1165	0.6146	0.1163	0.6143	0.1162	0.6132	0.1160	0.6131	0.1160	0.6129	0.1160	0.6129	0.1160
0.440	0.6197	0.1198	0.6178	0.1196	0.6163	0.1193	0.6154	0.1191	0.6150	0.1191	0.6139	0.1188	0.6138	0.1188	0.6136	0.1188	0.6136	0.1188
0.445	0.6206	0.1229	0.6186	0.1225	0.6170	0.1221	0.6161	0.1220	0.6158	0.1219	0.6147	0.1217	0.6145	0.1217	0.6143	0.1217	0.6143	0.1217
0.450	0.6215	0.1259	0.6195	0.1255	0.6179	0.1251	0.6169	0.1249	0.6166	0.1249	0.6154	0.1246	0.6153	0.1246	0.6151	0.1246	0.6151	0.1246
0.455	0.6225	0.1289	0.6204	0.1284	0.6187	0.1281	0.6177	0.1279	0.6174	0.1278	0.6162	0.1276	0.6160	0.1275	0.6158	0.1275	0.6158	0.1275
0.460	0.6243	0.1319	0.6213	0.1315	0.6195	0.1311	0.6185	0.1309	0.6182	0.1308	0.6170	0.1306	0.6168	0.1305	0.6166	0.1305	0.6166	0.1305
0.465	0.6244	0.1350	0.6222	0.1345	0.6204	0.1342	0.6194	0.1339	0.6190	0.1339	0.6178	0.1336	0.6176	0.1336	0.6174	0.1335	0.6174	0.1335
0.470	0.6255	0.1382	0.6231	0.1377	0.6213	0.1373	0.6203	0.1370	0.6199	0.1369	0.6187	0.1367	0.6185	0.1366	0.6183	0.1366	0.6182	0.1366
0.475	0.6265	0.1414	0.6241	0.1408	0.6222	0.1404	0.6212	0.1402	0.6208	0.1401	0.6195	0.1398	0.6193	0.1397	0.6191	0.1397	0.6191	0.1397
0.480	0.6276	0.1446	0.6251	0.1440	0.6232	0.1436	0.6221	0.1433	0.6217	0.1432	0.6204	0.1429	0.6202	0.1429	0.6200	0.1429	0.6200	0.1428
0.485	0.6287	0.1479	0.6262	0.1473	0.6242	0.1468	0.6230	0.1466	0.6226	0.1465	0.6213	0.1461	0.6211	0.1461	0.6209	0.1461	0.6209	0.1460
0.490	0.6299	0.1512	0.6272	0.1506	0.6251	0.1501	0.6240	0.1498	0.6236	0.1497	0.6222	0.1494	0.6220	0.1493	0.6218	0.1493	0.6218	0.1493
0.495	0.6310	0.1546	0.6283	0.1540	0.6262	0.1534	0.6250	0.1531	0.6246	0.1530	0.6232	0.1527	0.6229	0.1526	0.6227	0.1526	0.6227	0.1526
0.500	0.6322	0.1580	0.6294	0.1574	0.6272	0.1568	0.6260	0.1565	0.6256	0.1564	0.6241	0.1560	0.6239	0.1560	0.6237	0.1559	0.6237	0.1559
0.505	0.6334	0.1615	0.6305	0.1608	0.6285	0.1602	0.6270	0.1599	0.6266	0.1598	0.6251	0.1594	0.6249	0.1594	0.6247	0.1593	0.6246	0.1593
0.510	0.6347	0.1651	0.6317	0.1643	0.6294	0.1637	0.6281	0.1634	0.6276	0.1633	0.6261	0.1629	0.6259	0.1628	0.6257	0.1627	0.6256	0.1627
0.515	0.6360	0.1687	0.6329	0.1677	0.6305	0.1672	0.6291	0.1669	0.6287	0.1668	0.6272	0.1663	0.6269	0.1663	0.6267	0.1662	0.6276	0.1662

附表 II −9（续2）

Re_D	2×10^4		3×10^4		5×10^4		8×10^4		10×10^4		5×10^5		10×10^5		5×10^6		10×10^6	
β	α_0	$\alpha_0\beta^2$	α_0	$\alpha_0\beta^2$	α_0	$\alpha_0\beta^2$	α_0	$\alpha_0\beta^2$	α_0	$\alpha_0\beta^2$	α_0	$\alpha_0\beta^2$	α_0	$\alpha_0\beta^2$	α_0	$\alpha_0\beta^2$	α_0	$\alpha_0\beta^2$
0.520	0.6373	0.1723	0.6341	0.1715	0.6316	0.1707	0.6303	0.1704	0.6298	0.1703	0.6282	0.1699	0.6280	0.1698	0.6277	0.1697	0.6277	0.1697
0.525	0.6386	0.1762	0.6353	0.1751	0.6328	0.1744	0.6314	0.1740	0.6309	0.1739	0.6293	0.1735	0.6291	0.1734	0.6288	0.1733	0.6288	0.1733
0.530	0.6400	0.1798	0.6366	0.1788	0.6340	0.1781	0.6326	0.1777	0.6321	0.1776	0.6304	0.1771	0.6302	0.1770	0.6299	0.1769	0.6299	0.1769
0.535	0.6414	0.1836	0.6379	0.1826	0.6353	0.1818	0.6338	0.1814	0.6333	0.1813	0.6315	0.1808	0.6313	0.1807	0.6310	0.1806	0.6310	0.1806
0.540	0.6429	0.1875	0.6393	0.1864	0.6365	0.1856	0.6350	0.1852	0.6345	0.1850	0.6327	0.1845	0.6324	0.1844	0.6322	0.1844	0.6322	0.1844
0.545	0.6444	0.1914	0.6407	0.1903	0.6378	0.1895	0.6362	0.1890	0.6357	0.1888	0.6339	0.1883	0.6336	0.1882	0.6334	0.1881	0.6333	0.1881
0.550	0.6459	0.1954	0.6421	0.1942	0.6391	0.1933	0.6375	0.1929	0.6370	0.1927	0.6351	0.1921	0.6348	0.1920	0.6346	0.1920	0.6345	0.1920
0.555	0.6474	0.1994	0.6435	0.1982	0.6405	0.1972	0.6388	0.1968	0.6383	0.1966	0.6364	0.1960	0.6361	0.1959	0.6358	0.1959	0.6358	0.1958
0.560	0.6490	0.2035	0.6450	0.2023	0.6419	0.2013	0.6402	0.2008	0.6396	0.2006	0.6376	0.2000	0.6374	0.1999	0.6371	0.1998	0.6370	0.1998
0.565	0.6506	0.2077	0.6465	0.2064	0.6433	0.2054	0.6416	0.2048	0.6410	0.2046	0.6390	0.2040	0.6387	0.2029	0.6384	0.2038	0.6383	0.2038
0.570	0.6523	0.2119	0.6480	0.2106	0.6448	0.2095	0.6430	0.2089	0.6424	0.2087	0.6403	0.2080	0.6400	0.2076	0.6397	0.2078	0.6397	0.2078
0.575	0.6540	0.2162	0.6496	0.2148	0.6463	0.2137	0.6444	0.2131	0.6438	0.2129	0.6417	0.2122	0.6414	0.2121	0.6411	0.2120	0.6410	0.2119
0.580	0.6558	0.2206	0.6513	0.2191	0.6478	0.2179	0.6459	0.2173	0.6453	0.2171	0.6431	0.2163	0.6428	0.2162	0.6425	0.2161	0.6424	0.2161
0.585	0.6576	0.2250	0.6529	0.2235	0.6494	0.2222	0.6474	0.2216	0.6468	0.2213	0.6445	0.2206	0.6442	0.2205	0.6439	0.2204	0.6438	0.2203
0.590	0.6594	0.2295	0.6547	0.2279	0.6510	0.2266	0.6490	0.2259	0.6483	0.2257	0.6460	0.2249	0.6457	0.2248	0.6454	0.2247	0.6453	0.2246
0.595	0.6613	0.2341	0.6564	0.2324	0.6527	0.2311	0.6506	0.2303	0.6499	0.2301	0.6475	0.2293	0.6472	0.2291	0.6469	0.2290	0.6468	0.2290
0.600	0.6632	0.2388	0.6582	0.2370	0.6544	0.2356	0.6523	0.2348	0.6515	0.2346	0.6491	0.2337	0.6487	0.2336	0.6484	0.2334	0.6483	0.2334
0.605	0.6652	0.2435	0.6601	0.2416	0.6561	0.2402	0.6540	0.2394	0.6532	0.2391	0.6507	0.2382	0.6503	0.2380	0.6500	0.2379	0.6499	0.2379
0.610	0.6672	0.2483	0.6620	0.2463	0.6579	0.2448	0.6557	0.2440	0.6549	0.2437	0.6524	0.2428	0.6520	0.2426	0.6516	0.2425	0.6516	0.2424
0.615	0.6693	0.2532	0.6639	0.2511	0.6598	0.2496	0.6575	0.2487	0.6567	0.2484	0.6541	0.2474	0.6537	0.2472	0.6533	0.2471	0.6532	0.2471
0.620	0.6714	0.2581	0.6659	0.2560	0.6617	0.2544	0.6593	0.2535	0.6585	0.2531	0.6558	0.2520	0.6554	0.2519	0.6550	0.2518	0.6549	0.2517
0.625	0.6736	0.2631	0.6680	0.2609	0.6637	0.2592	0.6612	0.2583	0.6604	0.2580	0.6576	0.2569	0.6572	0.2567	0.6568	0.2566	0.6567	0.2565
0.630	0.6759	0.2683	0.6701	0.2660	0.6657	0.2642	0.6637	0.2632	0.6623	0.2629	0.6594	0.2617	0.6590	0.2616	0.6586	0.2614	0.6585	0.2614
0.635	0.6782	0.2735	0.6723	0.2711	0.6677	0.2692	0.6652	0.2682	0.6643	0.2679	0.6613	0.2667	0.6609	0.2665	0.6605	0.2663	0.6604	0.2663
0.640	0.6806	0.2788	0.6745	0.2763	0.6698	0.2744	0.6672	0.2733	0.6663	0.2729	0.6633	0.2716	0.6628	0.2715	0.6624	0.2713	0.6623	0.2713
0.645	0.6830	0.2842	0.6768	0.2816	0.6720	0.2796	0.6693	0.2785	0.6684	0.2781	0.6653	0.2768	0.6648	0.2766	0.6643	0.2764	0.6643	0.2764
0.650	0.6855	0.2896	0.6792	0.2870	0.6743	0.2849	0.6715	0.2837	0.6706	0.2833	0.6673	0.2819	0.6668	0.2817	0.6664	0.2815	0.6663	0.2815
0.655	0.6881	0.2952	0.6816	0.2924	0.6766	0.2903	0.6737	0.2891	0.6728	0.2886	0.6694	0.2872	0.6689	0.2870	0.6684	0.2868	0.6684	0.2868
0.660	0.6907	0.3009	0.6841	0.2980	0.6790	0.2958	0.6760	0.2945	0.6750	0.2941	0.6716	0.2926	0.6711	0.2923	0.6706	0.2921	0.6705	0.2921
0.665	0.6934	0.3066	0.6867	0.3037	0.6814	0.3013	0.6784	0.3000	0.6774	0.2996	0.6738	0.2980	0.6733	0.2978	0.6728	0.2975	0.6727	0.2975

附表 Ⅱ-9（续3）

Re_D	2×10^4		3×10^4		5×10^4		8×10^4		10×10^4		5×10^5		10×10^5		5×10^6		10×10^6	
β	α_0	$\alpha_0\beta^2$	α_0	$\alpha_0\beta^2$	α_0	$\alpha_0\beta^2$	α_0	$\alpha_0\beta^2$	α_0	$\alpha_0\beta^2$	α_0	$\alpha_0\beta^2$	α_0	$\alpha_0\beta^2$	α_0	$\alpha_0\beta^2$	α_0	$\alpha_0\beta^2$
0.670	0.6962	0.3125	0.6893	0.3094	0.6839	0.3070	0.6808	0.3056	0.6798	0.3052	0.6761	0.3035	0.6756	0.3033	0.6750	0.3030	0.6750	0.3030
0.675	0.6990	0.3185	0.6920	0.3153	0.6865	0.3128	0.6833	0.3113	0.6822	0.3109	0.6785	0.3091	0.6779	0.3089	0.6774	0.3086	0.6773	0.3086
0.680	0.7020	0.3246	0.6948	0.3213	0.6891	0.3187	0.6859	0.3172	0.6848	0.3166	0.6809	0.3149	0.6803	0.3146	0.6798	0.3143	0.6797	0.3143
0.685	0.7050	0.3308	0.6976	0.3274	0.6918	0.3246	0.6885	0.3231	0.6874	0.3225	0.6834	0.3207	0.6828	0.3204	0.6822	0.3201	0.6821	0.3201
0.690	0.7080	0.3371	0.7006	0.3335	0.6946	0.3307	0.6912	0.3291	0.6901	0.3285	0.6860	0.3266	0.6853	0.3263	0.6847	0.3260	0.6846	0.3260
0.695	0.7112	0.3435	0.7036	0.3399	0.6975	0.3369	0.6940	0.3352	0.6928	0.3346	0.6886	0.3326	0.6879	0.3323	0.6873	0.3320	0.6872	0.3319
0.700	0.7144	0.3501	0.7067	0.3463	0.7005	0.3432	0.6969	0.3415	0.6956	0.3407	0.6913	0.3387	0.6906	0.3384	0.6899	0.3381	0.6898	0.3380
0.705	0.7178	0.3568	0.7099	0.3528	0.7035	0.3497	0.6998	0.3478	0.6985	0.3472	0.6940	0.3450	0.6933	0.3446	0.6927	0.3443	0.6926	0.3442
0.710	0.7212	0.3636	0.7131	0.3595	0.7066	0.3562	0.7028	0.3543	0.7015	0.3536	0.6969	0.3513	0.6961	0.3509	0.6955	0.3506	0.6953	0.3505
0.715	0.7247	0.3705	0.7165	0.3663	0.7098	0.3629	0.7059	0.3609	0.7045	0.3602	0.6998	0.3577	0.6990	0.3574	0.6983	0.3570	0.6982	0.3569
0.720	0.7283	0.3776	0.7199	0.3732	0.7131	0.3697	0.7091	0.3676	0.7077	0.3669	0.7027	0.3643	0.7020	0.3639	0.7012	0.3635	0.7011	0.3635
0.725	0.7320	0.3848	0.7234	0.3803	0.7164	0.3766	0.7123	0.3744	0.7109	0.3737	0.7058	0.3710	0.7050	0.3706	0.7042	0.3702	0.7041	0.3701
0.730	0.7358	0.3921	0.7270	0.3874	0.7199	0.3836	0.7156	0.3814	0.7142	0.3806	0.7089	0.3778	0.7081	0.3774	0.7073	0.3769	0.7072	0.3769
0.735	0.7397	0.3996	0.7308	0.3948	0.7234	0.3908	0.7191	0.3885	0.7176	0.3876	0.7121	0.3847	0.7113	0.3843	0.7104	0.3838	0.7103	0.3837
0.740	0.7437	0.4073	0.7346	0.4023	0.7271	0.3981	0.7226	0.3957	0.7210	0.3948	0.7154	0.3918	0.7145	0.3913	0.7137	0.3908	0.7135	0.3907
0.745	0.7479	0.4151	0.7385	0.4099	0.7308	0.4056	0.7262	0.4031	0.7246	0.4022	0.7188	0.3989	0.7179	0.3984	0.7170	0.3979	0.7168	0.3979
0.750	0.7251	0.4231	0.7426	0.4177	0.7346	0.4132	0.7299	0.4106	0.7282	0.4096	0.7222	0.4063	0.7213	0.4057	0.7204	0.4052	0.7202	0.4051
0.755	0.7565	0.4312	0.7467	0.4257	0.7386	0.4210	0.7337	0.4182	0.7320	0.4173	0.7258	0.4137	0.7248	0.4132	0.7238	0.4126	0.7237	0.4125
0.760	0.7610	0.4396	0.7510	0.4338	0.7427	0.4290	0.7376	0.4261	0.7358	0.4250	0.7294	0.4213	0.7284	0.4227	0.7274	0.4202	0.7272	0.4201
0.765	0.7657	0.4481	0.7555	0.4421	0.7469	0.4371	0.7417	0.4340	0.7398	0.4330	0.7332	0.4291	0.7321	0.4285	0.7311	0.4278	0.7309	0.4277
0.770	0.7706	0.4569	0.7601	0.4507	0.7512	0.4454	0.7458	0.4422	0.7439	0.4411	0.7370	0.4370	0.7359	0.4363	0.7349	0.4357	0.7347	0.4356
0.775	0.7756	0.4659	0.7649	0.4594	0.7557	0.4539	0.7502	0.4506	0.7482	0.4494	0.7410	0.4451	0.7399	0.4444	0.7388	0.4437	0.7386	0.4436
0.780	0.7809	0.4751	0.7698	0.4684	0.7604	0.4626	0.7547	0.4591	0.7526	0.4579	0.7452	0.4534	0.7440	0.4526	0.7428	0.4519	0.7426	0.4518
0.785	0.7864	0.4846	0.7750	0.4776	0.7653	0.4716	0.7593	0.4679	0.7572	0.4666	0.7495	0.4618	0.7482	0.4611	0.7470	0.4603	0.7468	0.4602
0.790	0.7922	0.4944	0.7805	0.4871	0.7704	0.4808	0.7642	0.4770	0.7620	0.4756	0.7539	0.4705	0.7526	0.4697	0.7514	0.4689	0.7512	0.4688
0.795	0.7983	0.5045	0.7862	0.4969	0.7758	0.4903	0.7694	0.4863	0.7671	0.4848	0.7589	0.4795	0.7573	0.4786	0.7560	0.4778	0.7558	0.4777
0.800	0.8047	0.5150	0.7923	0.5070	0.7814	0.5001	0.7749	0.4959	0.7724	0.4943	0.7636	0.4887	0.7622	0.4878	0.7608	0.4869	0.7606	0.4868

本表摘自 GB 2624—81 流量测量节流装置 第1部分：节流件为角接取压、法兰取压标准孔板和角接取压标准喷嘴。

附表 Ⅱ－10　法兰取压标准孔板的 $\alpha = f(\alpha\beta^2, Re_D, \beta)$ 关系表

Re_D	8000		10000		15000		20000		30000		50000		100000		500000		1000000	
β	α	$\alpha\beta^2$	α	$\alpha\beta^2$	α	$\alpha\beta^2$	α	$\alpha\beta^2$	α	$\alpha\beta^2$	α	$\alpha\beta^2$	α	$\alpha\beta^2$	α	$\alpha\beta^2$	α	$\alpha\beta^2$
β	\multicolumn{18}{c}{$D = 50$ mm}																	
0.100	0.6050	0.0061	0.6048	0.0061	0.6044	0.0060	0.6043	0.0060	0.6041	0.0060	0.6040	0.0060	0.6039	0.0060	0.6038	0.0060	0.6038	0.0060
0.150	0.6018	0.0135	0.6014	0.0135	0.6008	0.0135	0.6005	0.0135	0.6002	0.0135	0.6000	0.0135	0.5998	0.0135	0.5997	0.0135	0.5997	0.0135
0.200	0.6009	0.0240	0.6003	0.0240	0.5995	0.0240	0.5990	0.0240	0.5986	0.0239	0.5983	0.0239	0.5980	0.0239	0.5978	0.0239	0.5978	0.0239
0.250	0.6022	0.0376	0.6014	0.0376	0.6003	0.0375	0.5997	0.0375	0.5992	0.0375	0.5987	0.0374	0.5984	0.0374	0.5981	0.0374	0.5981	0.0374
0.300	0.6057	0.0545	0.6046	0.0544	0.6032	0.0543	0.6025	0.0542	0.6017	0.0542	0.6012	0.0541	0.6007	0.0541	0.6004	0.0540	0.6004	0.0540
0.350	0.6111	0.0749	0.6097	0.0747	0.6079	0.0745	0.6069	0.0744	0.6060	0.0742	0.6053	0.0742	0.6047	0.0741	0.6043	0.0740	0.6042	0.0740
0.400	0.6184	0.0989	0.6165	0.0987	0.6141	0.0983	0.6129	0.0981	0.6117	0.0979	0.6107	0.0977	0.6100	0.0976	0.6094	0.0975	0.6093	0.0975
0.450	0.6282	0.1272	0.6258	0.1267	0.6225	0.1261	0.6209	0.1257	0.6193	0.1254	0.6180	0.1251	0.6170	0.1250	0.6162	0.1248	0.6161	0.1248
0.500	0.6416	0.1604	0.6382	0.1596	0.6338	0.1585	0.6316	0.1579	0.6294	0.1573	0.6276	0.1569	0.6263	0.1566	0.6252	0.1563	0.6251	0.1563
0.550	—	—	0.6548	0.1981	0.6487	0.1962	0.6456	0.1953	0.6426	0.1944	0.6402	0.1937	0.6383	0.1931	0.6369	0.1927	0.6367	0.1926
0.600	—	—	—	—	—	—	0.6642	0.2391	0.6601	0.2376	0.6568	0.2364	0.6543	0.2355	0.6523	0.2348	0.6520	0.2347
0.650	—	—	—	—	—	—	—	—	0.6827	0.2884	0.6782	0.2865	0.6748	0.2851	0.6721	0.2840	0.6717	0.2838
0.700	—	—	—	—	—	—	—	—	—	—	0.7053	0.3456	0.7007	0.3435	0.6971	0.3416	0.6966	0.3414

Re_D	12000		15000		20000		30000		40000		50000		100000		500000		1000000	
β	\multicolumn{18}{c}{$D = 75$ mm}																	
0.100	0.6003	0.0060	0.6001	0.0060	0.5999	0.0060	0.5997	0.0060	0.5996	0.0060	0.5995	0.0060	0.5994	0.0060	0.5993	0.0060	0.5993	0.0060
0.150	0.5974	0.0134	0.5970	0.0134	0.5967	0.0134	0.5963	0.0134	0.5961	0.0134	0.5960	0.0134	0.5958	0.0134	0.5956	0.0134	0.5955	0.0134
0.200	0.5979	0.0239	0.5974	0.0239	0.5968	0.0239	0.5963	0.0239	0.5960	0.0238	0.5958	0.0238	0.5955	0.0238	0.5953	0.0238	0.5952	0.0238
0.250	0.6008	0.0376	0.6001	0.0375	0.5994	0.0375	0.5987	0.0374	0.5983	0.0374	0.5981	0.0374	0.5977	0.0374	0.5973	0.0373	0.5973	0.0373
0.300	0.6046	0.0544	0.6037	0.0543	0.6028	0.0543	0.6019	0.0542	0.6015	0.0541	0.6012	0.0541	0.6007	0.0541	0.6002	0.0540	0.6001	0.0540
0.350	0.6094	0.0747	0.6083	0.0745	0.6072	0.0744	0.6061	0.0742	0.6055	0.0742	0.6051	0.0741	0.6045	0.0741	0.6039	0.0740	0.6038	0.0740
0.400	0.6161	0.0986	0.6146	0.0983	0.6131	0.0981	0.6116	0.0979	0.6109	0.0977	0.6104	0.0977	0.6095	0.0975	0.6088	0.0974	0.6087	0.0974
0.450	—	—	0.6232	0.1262	0.6212	0.1258	0.6192	0.1254	0.6182	0.1252	0.6176	0.1251	0.6164	0.1248	0.6154	0.1246	0.6152	0.1246
0.500	—	—	—	—	0.6322	0.1580	0.6294	0.1573	0.6280	0.1570	0.6271	0.1568	0.6255	0.1564	0.6241	0.1560	0.6238	0.1560
0.550	—	—	—	—	0.6468	0.1957	0.6429	0.1945	0.6409	0.1939	0.6398	0.1935	0.6374	0.1928	0.6356	0.1923	0.6351	0.1921
0.600	—	—	—	—	—	—	0.6608	0.2379	0.6581	0.2369	0.6565	0.2363	0.6532	0.2352	0.6506	0.2342	0.6500	0.2340
0.650	—	—	—	—	—	—	0.6841	0.2890	0.6804	0.2875	0.6781	0.2865	0.6736	0.2846	0.6700	0.2831	0.6692	0.2827
0.700	—	—	—	—	—	—	—	—	0.7086	0.3472	0.7056	0.3457	0.6995	0.3427	0.6946	0.3404	0.6934	0.3398

附表 II-10（续1）

$D = 100\ mm$

Re_D	16000		20000		25000		30000		40000		50000		100000		500000		1000000	
β	α	$\alpha\beta^2$	α	$\alpha\beta^2$	α	$\alpha\beta^2$	α	$\alpha\beta^2$	α	$\alpha\beta^2$	α	$\alpha\beta^2$	α	$\alpha\beta^2$	α	$\alpha\beta^2$	α	$\alpha\beta^2$
0.100	0.5967	0.0060	0.5965	0.0060	0.5964	0.0060	0.5963	0.0060	0.5961	0.0060	0.5961	0.0060	0.5959	0.0060	0.5958	0.0060	0.5957	0.0060
0.150	0.5955	0.0134	0.5951	0.0134	0.5948	0.0134	0.5946	0.0134	0.5944	0.0134	0.5943	0.0134	0.5940	0.0134	0.5938	0.0134	0.5937	0.0134
0.200	0.5975	0.0239	0.5970	0.0239	0.5966	0.0239	0.5964	0.0239	0.5960	0.0238	0.5958	0.0238	0.5954	0.0238	0.5951	0.0238	0.5951	0.0238
0.250	0.6005	0.0375	0.5999	0.0375	0.5994	0.0375	0.5990	0.0374	0.5986	0.0374	0.5984	0.0374	0.5979	0.0374	0.5975	0.0373	0.5974	0.0373
0.300	0.6040	0.0544	0.6032	0.0543	0.6026	0.0542	0.6022	0.0542	0.6017	0.0542	0.6014	0.0541	0.6007	0.0541	0.6002	0.0540	0.6002	0.0540
0.350	0.6086	0.0746	0.6076	0.0744	0.6068	0.0743	0.6063	0.0743	0.6056	0.0742	0.6052	0.0741	0.6044	0.0740	0.6038	0.0740	0.6037	0.0740
0.400	0.6148	0.0984	0.6135	0.0982	0.6125	0.0980	0.6118	0.0979	0.6109	0.0978	0.6104	0.0977	0.6094	0.0975	0.6086	0.0974	0.6085	0.0974
0.450	—	—	0.6218	0.1259	0.6204	0.1256	0.6194	0.1254	0.6182	0.1252	0.6175	0.1251	0.6161	0.1248	0.6150	0.1245	0.6149	0.1245
0.500	—	—	—	—	—	—	0.6298	0.1575	0.6282	0.1570	0.6292	0.1568	0.6252	0.1563	0.6236	0.1559	0.6234	0.1559
0.550	—	—	—	—	—	—	0.6437	0.1947	0.6414	0.1940	0.6400	0.1936	0.6372	0.1927	0.6349	0.1921	0.6346	0.1920
0.600	—	—	—	—	—	—	—	—	0.6589	0.2372	0.6569	0.2365	0.6530	0.2351	0.6498	0.2340	0.6494	0.2338
0.650	—	—	—	—	—	—	—	—	—	—	0.6789	0.2869	0.6734	0.2845	0.6690	0.2827	0.6685	0.2824
0.700	—	—	—	—	—	—	—	—	—	—	0.7069	0.3464	0.6994	0.3427	0.6933	0.3397	0.6925	0.3394
0.750	—	—	—	—	—	—	—	—	—	—	0.7459	0.4196	0.7357	0.4138	0.7275	0.4092	0.7265	0.4086

$D = 150\ mm$

Re_D	24000		25000		30000		40000		50000		100000		500000		1000000		10000000	
β	α	$\alpha\beta^2$	α	$\alpha\beta^2$	α	$\alpha\beta^2$	α	$\alpha\beta^2$	α	$\alpha\beta^2$	α	$\alpha\beta^2$	α	$\alpha\beta^2$	α	$\alpha\beta^2$	α	$\alpha\beta^2$
0.100	0.5398	0.0059	0.5937	0.0059	0.5936	0.0059	0.5934	0.0059	0.5933	0.0059	0.5931	0.0059	0.5929	0.0059	0.5929	0.0059	0.5928	0.0059
0.150	0.5949	0.0134	0.5948	0.0134	0.5946	0.0134	0.5943	0.0134	0.5941	0.0134	0.5937	0.0134	0.5934	0.0134	0.5933	0.0134	0.5933	0.0134
0.200	0.5975	0.0239	0.5975	0.0239	0.5971	0.0239	0.5967	0.0239	0.5964	0.0239	0.5959	0.0238	0.5955	0.0238	0.5954	0.0238	0.5954	0.0238
0.250	0.6003	0.0375	0.6001	0.0375	0.5997	0.0375	0.5992	0.0375	0.5988	0.0374	0.5982	0.0374	0.5977	0.0374	0.5976	0.0374	0.5975	0.0374
0.300	0.6034	0.0543	0.6033	0.0543	0.6028	0.0543	0.6021	0.0542	0.6017	0.0542	0.6009	0.0541	0.6003	0.0540	0.6002	0.0540	0.6002	0.0540
0.350	0.6076	0.0744	0.6074	0.0744	0.6068	0.0743	0.6060	0.0742	0.6055	0.0742	0.6045	0.0741	0.6038	0.0740	0.6037	0.0740	0.6036	0.0740
0.400	—	—	—	—	0.6123	0.0980	0.6113	0.0978	0.6107	0.0977	0.6094	0.0975	0.6084	0.0973	0.6083	0.0973	0.6081	0.0973
0.450	—	—	—	—	0.6202	0.1256	0.6187	0.1253	0.6178	0.1251	0.6161	0.1248	0.6147	0.1245	0.6145	0.1244	0.6144	0.1241
0.500	—	—	—	—	—	—	—	—	0.6277	0.1569	0.6251	0.1563	0.6231	0.1558	0.6229	0.1557	0.6227	0.1557
0.550	—	—	—	—	—	—	—	—	0.6409	0.1939	0.6372	0.1928	0.6343	0.1919	0.6340	0.1918	0.6336	0.1917
0.600	—	—	—	—	—	—	—	—	0.6585	0.2371	0.6533	0.2352	0.6491	0.2337	0.6485	0.2335	0.6481	0.2333
0.650	—	—	—	—	—	—	—	—	—	—	0.6740	0.2848	0.6681	0.2823	0.6673	0.2819	0.6666	0.2817
0.700	—	—	—	—	—	—	—	—	—	—	0.7004	0.3432	0.6921	0.3391	0.6911	0.3386	0.6901	0.3382
0.750	—	—	—	—	—	—	—	—	—	—	0.7360	0.4140	0.7247	0.4077	0.7233	0.4069	0.7220	0.4062

附表 II −10（续 2）

D = 200 mm

Re_D	32000		40000		50000		75000		100000		200000		500000		1000000		10000000	
β	α	$\alpha\beta^2$	α	$\alpha\beta^2$	α	$\alpha\beta^2$	α	$\alpha\beta^2$	α	$\alpha\beta^2$	α	$\alpha\beta^2$	α	$\alpha\beta^2$	α	$\alpha\beta^2$	α	$\alpha\beta^2$
0.100	0.5929	0.0059	0.5928	0.0059	0.5926	0.0059	0.5924	0.0059	0.5923	0.0059	0.5922	0.0059	0.5921	0.0059	0.5921	0.0059	0.5921	0.0059
0.150	0.5952	0.0134	0.5948	0.0134	0.5946	0.0134	0.5942	0.0134	0.5940	0.0134	0.5938	0.0134	0.5937	0.0134	0.5936	0.0134	0.5936	0.0134
0.200	0.5976	0.0239	0.5972	0.0239	0.5968	0.0239	0.5964	0.0239	0.5962	0.0239	0.5959	0.0238	0.5957	0.0238	0.5956	0.0238	0.5955	0.0238
0.250	0.6001	0.0375	0.5996	0.0375	0.5992	0.0375	0.5987	0.0374	0.5985	0.0374	0.5981	0.0374	0.5978	0.0374	0.5977	0.0374	0.5977	0.0374
0.300	0.6031	0.0543	0.6025	0.0542	0.6021	0.0542	0.6014	0.0541	0.6011	0.0541	0.6007	0.0541	0.6004	0.0540	0.6003	0.0540	0.6002	0.0540
0.350	0.6070	0.0744	0.6063	0.0743	0.6058	0.0742	0.6050	0.0741	0.6047	0.0741	0.6041	0.0740	0.6038	0.0740	0.6037	0.0740	0.6036	0.0740
0.400	—	—	0.6117	0.0979	0.6110	0.0978	0.6100	0.0976	0.6095	0.0975	0.6088	0.0974	0.6083	0.0973	0.6082	0.0973	0.6081	0.0973
0.450	—	—	—	—	0.6182	0.1252	0.6169	0.1249	0.6162	0.1248	0.6152	0.1246	0.6146	0.1245	0.6144	0.1244	0.6142	0.1244
0.500	—	—	—	—	—	—	0.6263	0.1566	0.6253	0.1563	0.6238	0.1560	0.6230	0.1557	0.6227	0.1557	0.6224	0.1556
0.550	—	—	—	—	—	—	0.6391	0.1933	0.6376	0.1929	0.6354	0.1922	0.6341	0.1918	0.6336	0.1917	0.6332	0.1916
0.600	—	—	—	—	—	—	0.6561	0.2362	0.6539	0.2354	0.6507	0.2342	0.6487	0.2336	0.6481	0.2333	0.6475	0.2331
0.650	—	—	—	—	—	—	—	—	0.6751	0.2852	0.6705	0.2833	0.6677	0.2821	0.6668	0.2817	0.6659	0.2814
0.700	—	—	—	—	—	—	—	—	0.7020	0.3440	0.6955	0.3408	0.6916	0.3389	0.6903	0.3383	0.6892	0.3377

D = 250 mm

Re_D	40000		45000		50000		75000		100000		200000		500000		1000000		10000000	
β	α	$\alpha\beta^2$	α	$\alpha\beta^2$	α	$\alpha\beta^2$	α	$\alpha\beta^2$	α	$\alpha\beta^2$	α	$\alpha\beta^2$	α	$\alpha\beta^2$	α	$\alpha\beta^2$	α	$\alpha\beta^2$
0.100	0.5927	0.0059	0.5927	0.0059	0.5926	0.0059	0.5924	0.0059	0.5922	0.0059	0.5921	0.0059	0.5920	0.0059	0.5919	0.0059	0.5919	0.0059
0.150	0.5952	0.0134	0.5950	0.0134	0.5949	0.0134	0.5945	0.0134	0.5943	0.0134	0.5940	0.0134	0.5938	0.0134	0.5938	0.0134	0.5937	0.0134
0.200	0.5976	0.0239	0.5974	0.0239	0.5972	0.0239	0.5967	0.0239	0.5964	0.0239	0.5961	0.0238	0.5958	0.0238	0.5958	0.0238	0.5957	0.0238
0.250	0.6000	0.0375	0.5998	0.0375	0.5996	0.0375	0.5990	0.0374	0.5987	0.0374	0.5982	0.0374	0.5979	0.0374	0.5979	0.0374	0.5978	0.0374
0.300	0.6029	0.0543	0.6026	0.0542	0.6024	0.0542	0.6017	0.0542	0.6013	0.0541	0.6008	0.0541	0.6005	0.0540	0.6004	0.0540	0.6003	0.0540
0.350	0.6067	0.0743	0.6063	0.0743	0.6061	0.0742	0.6052	0.0741	0.6048	0.0741	0.6042	0.0740	0.6038	0.0740	0.6037	0.0740	0.6036	0.0740
0.400	0.6127	0.0979	0.6116	0.0979	0.6113	0.0978	0.6102	0.0976	0.6096	0.0975	0.6088	0.0974	0.6083	0.0973	0.6082	0.0973	0.6080	0.0973
0.450	0.6198	0.1255	0.6192	0.1254	0.6187	0.1253	0.6171	0.1250	0.6164	0.1248	0.6152	0.1249	0.6145	0.1244	0.6143	0.1244	0.6141	0.1244
0.500	—	—	—	—	—	—	0.6268	0.1567	0.6256	0.1564	0.6239	0.1560	0.6229	0.1557	0.6225	0.1556	0.6222	0.1555
0.550	—	—	—	—	—	—	0.6398	0.1935	0.6381	0.1930	0.6355	0.1922	0.6340	0.1918	0.6335	0.1916	0.6330	0.1915
0.600	—	—	—	—	—	—	—	—	0.6547	0.2357	0.6509	0.2343	0.6486	0.2335	0.6479	0.2332	0.6472	0.2330
0.650	—	—	—	—	—	—	—	—	0.6764	0.2858	0.6708	0.2834	0.6675	0.2820	0.6664	0.2816	0.6654	0.2812
0.700	—	—	—	—	—	—	—	—	—	—	0.6962	0.3411	0.6915	0.3388	0.6899	0.3381	0.6885	0.3374
0.750	—	—	—	—	—	—	—	—	—	—	0.7298	0.4105	0.7234	0.4069	0.7212	0.4057	0.7193	0.4046

附表 Ⅱ-10（续3）

Re_D	60000		75000		100000		200000		300000		400000		500000		1000000		10000000	
β	α	$\alpha\beta^2$	α	$\alpha\beta^2$	α	$\alpha\beta^2$	α	$\alpha\beta^2$	α	$\alpha\beta^2$	α	$\alpha\beta^2$	α	$\alpha\beta^2$	α	$\alpha\beta^2$	α	$\alpha\beta^2$
β	$D = 375$ mm																	
0.100	0.5928	0.0059	0.5927	0.0059	0.5925	0.0059	0.5923	0.0059	0.5922	0.0059	0.5922	0.0059	0.5921	0.0059	0.5921	0.0059	0.5920	0.0059
0.150	0.5953	0.0134	0.5951	0.0134	0.5948	0.0134	0.5944	0.0134	0.5943	0.0134	0.5942	0.0134	0.5942	0.0134	0.5941	0.0134	0.5940	0.0134
0.200	0.5976	0.0239	0.5973	0.0239	0.5969	0.0239	0.5964	0.0239	0.5962	0.0239	0.5962	0.0239	0.5961	0.0238	0.5960	0.0238	0.5956	0.0238
0.250	0.5999	0.0375	0.5995	0.0375	0.5991	0.0374	0.5985	0.0374	0.5983	0.0374	0.5982	0.0374	0.5982	0.0374	0.5981	0.0374	0.5979	0.0374
0.300	0.6026	0.0542	0.6021	0.0542	0.6017	0.0541	0.6010	0.0541	0.6008	0.0541	0.6007	0.0541	0.6007	0.0541	0.6005	0.0541	0.6004	0.0540
0.350	0.6062	0.0743	0.6056	0.0742	0.6051	0.0741	0.6044	0.0740	0.6041	0.0740	0.6040	0.0740	0.6039	0.0740	0.6038	0.0740	0.6036	0.0740
0.400	0.6133	0.0978	0.6106	0.0977	0.6100	0.0976	0.6090	0.0974	0.6086	0.0974	0.6085	0.0974	0.6084	0.0973	0.6082	0.0973	0.6080	0.0973
0.450	—	—	0.6178	0.1251	0.6168	0.1249	0.6154	0.1246	0.6149	0.1245	0.6147	0.1224	0.6145	0.1244	0.6142	0.1244	0.6140	0.1243
0.500	—	—	—	—	0.6264	0.1566	0.6242	0.1560	0.6234	0.1559	0.6231	0.1558	0.6228	0.1557	0.6224	0.1556	0.6220	0.1555
0.550	—	—	—	—	0.6394	0.1934	0.6360	0.1924	0.6349	0.1921	0.6343	0.1919	0.6340	0.1918	0.6333	0.1916	0.6327	0.1914
0.600	—	—	—	—	0.6518	0.2346	0.6500	0.2340	0.6492	0.2337	0.6487	0.2335	0.6476	0.2332	0.6467	0.2328		
0.650	—	—	—	—	0.6722	0.2840	0.6697	0.2830	0.6684	0.2824	0.6677	0.2821	0.6661	0.2815	0.6648	0.2809		
0.700	—	—	—	—	0.6983	0.3422	0.6947	0.3404	0.6928	0.3395	0.6918	0.3390	0.6896	0.3379	0.6876	0.3369		
0.750	—	—	—	—									0.7236	0.4070	0.7206	0.4053	0.7179	0.4038

Re_D	120000		150000		170000		200000		300000		400000		500000		1000000		10000000	
β	$D = 500$ mm																	
0.100	0.5927	0.0059	0.5926	0.0059	0.5926	0.0059	0.5925	0.0059	0.5924	0.0059	0.5924	0.0059	0.5923	0.0059	0.5923	0.0059	0.5922	0.0059
0.150	0.5947	0.0134	0.5949	0.0134	0.5948	0.0134	0.5947	0.0134	0.5945	0.0134	0.5944	0.0134	0.5944	0.0134	0.5943	0.0134	0.5942	0.0134
0.200	0.5971	0.0239	0.5969	0.0239	0.5968	0.0239	0.5967	0.0239	0.5965	0.0239	0.5964	0.0239	0.5963	0.0239	0.5962	0.0239	0.5960	0.0238
0.250	0.5992	0.0375	0.5990	0.0374	0.5989	0.0374	0.5988	0.0374	0.5985	0.0374	0.5984	0.0374	0.5983	0.0374	0.5982	0.0374	0.5981	0.0374
0.300	0.6018	0.0542	0.6015	0.0541	0.6014	0.0541	0.6012	0.0541	0.6010	0.0541	0.6009	0.0541	0.6008	0.0541	0.6006	0.0541	0.6005	0.0540
0.350	0.6051	0.0741	0.6048	0.0741	0.6047	0.0741	0.6045	0.0741	0.6042	0.0740	0.6041	0.0740	0.6040	0.0740	0.6038	0.0740	0.6037	0.0740
0.400	0.6099	0.0976	0.6095	0.0975	0.6093	0.0975	0.6091	0.0975	0.6087	0.0974	0.6080	0.0974	0.6084	0.0974	0.6082	0.0973	0.6080	0.0973
0.450	—	—	0.6162	0.1248	0.6159	0.1247	0.6156	0.1247	0.6150	0.1245	0.6147	0.1245	0.6146	0.1245	0.6142	0.1244	0.6139	0.1243
0.500	—	—	—	—	—	—	0.6245	0.1561	0.6236	0.1559	0.6232	0.1558	0.6229	0.1557	0.6224	0.1556	0.6219	0.1555
0.550	—	—	—	—	—	—	0.6366	0.1926	0.6352	0.1922	0.6345	0.1919	0.6341	0.1918	0.6333	0.1916	0.6325	0.1919
0.600	—	—	—	—	—	—	0.6506	0.2342	0.6495	0.2338	0.6489	0.2336	0.6476	0.2331	0.6464	0.2327		
0.650	—	—	—	—	—	—	0.6706	0.2833	0.6690	0.2827	0.6681	0.2827	0.6661	0.2815	0.6644	0.2807		
0.700	—	—	—	—	—	—	0.6938	0.3400	0.6924	0.3393	0.6896	0.3379	0.6871	0.3367				
0.750	—	—	—	—	—	—	0.7265	0.4086	0.7245	0.4076	0.7206	0.4054	0.7171	0.4034				

附表 II -10（续4）

Re_D	120000		150000		170000		200000		300000		400000		500000		1000000		10000000	
β	$D=750$ mm																	
0.100	0.5932	0.0059	0.5930	0.0059	0.5930	0.0059	0.5929	0.0059	0.5927	0.0059	0.5927	0.0059	0.5926	0.0059	0.5925	0.0059	0.5925	0.0059
0.150	0.5956	0.0134	0.5953	0.0134	0.5952	0.0134	0.5951	0.0134	0.5948	0.0134	0.5947	0.0134	0.5947	0.0134	0.5945	0.0134	0.5944	0.0134
0.200	0.5977	0.0239	0.5974	0.0239	0.5973	0.0239	0.5971	0.0239	0.5968	0.0239	0.5966	0.0239	0.5966	0.0239	0.5964	0.0239	0.5962	0.0239
0.250	0.5998	0.0375	0.5995	0.0375	0.5993	0.0375	0.5991	0.0375	0.5988	0.0374	0.5987	0.0374	0.5986	0.0374	0.5984	0.0374	0.5982	0.0374
0.300	0.6022	0.0542	0.6019	0.0542	0.6017	0.0542	0.6016	0.0541	0.6012	0.0541	0.6011	0.0541	0.6010	0.0541	0.6008	0.0541	0.6006	0.0541
0.350	0.6055	0.0742	0.6052	0.0741	0.6050	0.0741	0.6048	0.0741	0.6044	0.0740	0.6043	0.0740	0.6042	0.0740	0.6039	0.0740	0.6037	0.0740
0.400	0.6104	0.0977	0.6099	0.0976	0.6097	0.0976	0.6094	0.0975	0.6089	0.0974	0.6087	0.0974	0.6086	0.0974	0.6083	0.0973	0.6080	0.0973
0.450	—	—	0.6167	0.1249	0.6164	0.1248	0.6160	0.1247	0.6153	0.1246	0.6149	0.1245	0.6147	0.1245	0.6143	0.1244	0.6139	0.1243
0.500	—	—	—	—	—	—	0.6252	0.1566	0.6241	0.1560	0.6235	0.1559	0.6231	0.1558	0.6224	0.1556	0.6218	0.1555
0.550	—	—	—	—	—	—	0.6379	0.1930	0.6360	0.1924	0.6351	0.1921	0.6345	0.1919	0.6334	0.1916	0.6323	0.1913
0.600	—	—	—	—	—	—	—	—	0.6520	0.2347	0.6505	0.2342	0.6496	0.2339	0.6478	0.2332	0.6462	0.2326
0.650	—	—	—	—	—	—	—	—	0.6728	0.2843	0.6705	0.2833	0.6692	0.2827	0.6665	0.2816	0.6640	0.2806
0.700	—	—	—	—	—	—	—	—	—	—	0.6961	0.3411	0.6941	0.3401	0.6901	0.3382	0.6866	0.3364
0.750	—	—	—	—	—	—	—	—	—	—	0.7297	0.4105	0.7270	0.4089	0.7214	0.4058	0.7164	0.4030

本表摘自 GB 2624—81　流量测量节流装置　第1部分：节流件为角接取压、法兰取压标准孔板和角接取压标准喷嘴。

附表 II -11　标准喷嘴的 $\beta^2\alpha_0$ 值

β^4	Re_D					
	$\beta^2\alpha_0$					
	2×10^4	3×10^4	5×10^4	7×10^4	10^5	10^6
0.01	—	—	—	0.09890	0.09890	0.09890
0.02	—	—	—	0.14043	0.14043	0.14043
0.03	—	—	—	0.17251	0.17251	0.17251
0.04	0.19620	0.19780	0.19920	0.19980	0.20000	0.20000
0.05	0.21981	0.22159	0.22316	0.22383	0.22405	0.22427
0.06	0.24127	0.24323	0.24495	0.24593	0.24617	0.24642
0.07	0.26114	0.26325	0.26537	0.26643	0.26669	0.26696
0.08	0.28001	0.28228	0.28454	0.28567	0.28595	0.28624
0.09	0.29790	0.30030	0.30270	0.30390	0.30420	0.30480
0.10	0.31528	0.31749	0.32002	0.32129	0.32160	0.32255
0.11	0.33199	0.33432	0.33697	0.33830	0.33863	0.33962
0.12	0.34814	0.35057	0.35334	0.35472	0.35507	0.35611
0.13	0.36380	0.36632	0.36885	0.37065	0.37101	0.37173
0.14	0.37940	0.38165	0.38427	0.38576	0.38651	0.38726
0.15	0.39427	0.39659	0.39930	0.40085	0.40163	0.40240
0.16	0.40920	0.41120	0.41400	0.41560	0.41640	0.41720
0.17	0.42344	0.42550	0.42839	0.43004	0.43086	0.43169
0.18	0.43784	0.43996	0.44251	0.44845	0.44505	0.44590
0.19	0.45202	0.45376	0.45638	0.45812	0.45899	0.45986
0.20	0.46600	0.46779	0.47047	0.47181	0.47270	0.47360

附表 II –11（续）

β^4	Re_D					
	$\beta^2 \alpha_0$					
	2×10^4	3×10^4	5×10^4	7×10^4	10^5	10^6
0.21	0.47980	0.48163	0.48392	0.48530	0.48621	0.48713
0.22	0.49390	0.49578	0.49765	0.49906	0.49953	0.50047
0.23	0.50740	0.50932	0.51124	0.51267	0.51315	0.51363
0.24	0.52125	0.52321	0.52468	0.52566	0.52615	0.52713
0.25	0.53500	0.53700	0.53800	0.53900	0.53950	0.54050
0.26	0.54916	0.55069	0.55120	0.55222	0.55273	0.55324
0.27	0.56274	0.56430	0.56482	0.56534	0.56586	0.56638
0.28	0.57677	0.57783	0.57783	0.57836	0.57889	0.57942
0.29	0.59075	0.59129	0.59129	0.59183	0.59183	0.59237
0.30	0.60469	0.60469	0.60469	0.60469	0.60469	0.60523
0.31	0.61858	0.61858	0.61802	0.61802	0.61802	0.61802
0.32	0.63244	0.63244	0.63130	0.63130	0.63074	0.63074
0.33	0.64626	0.64626	0.64511	0.64454	0.64397	0.64397
0.34	0.66065	0.66006	0.65831	0.65773	0.65715	0.65657
0.35	0.67502	0.67384	0.67207	0.67088	0.67029	0.66970
0.36	0.68940	0.68760	0.68520	0.68400	0.68340	0.68280
0.37	0.70378	0.70195	0.69891	0.69769	0.69708	0.69587
0.38	0.71815	0.71569	0.71261	0.71137	0.71014	0.70891
0.39	0.73254	0.73004	0.72629	0.72504	0.72380	0.72192
0.40	0.74756	0.74440	0.74061	0.73871	0.73744	0.73555
0.41	0.76261	0.75877	0.75493	0.75301	0.75101	0.74917

附表 II – 12 节流件和管道材料的线膨胀系数 λ

$\lambda \times 10^6 /$ mm/(mm·℃) 材料 温度范围 /℃	20～100	20～200	20～300	20～400	20～500	20～600	20～700
15 号钢,A3 钢	11.75	12.41	13.45	13.60	13.85	13.90	
A3F,B3 钢	11.5						
10 号钢	11.60	12.60		13.00		14.60	
20 号钢	11.16	12.12	12.78	13.38	13.93	14.38	14.81
45 号钢	11.59	12.32	13.09	13.71	14.18	14.67	15.08
1Cr13.2Cr13	10.50	11.00	11.50	12.00	12.00		
1Cr17	10.00	10.00	10.50	10.50	11.00		
12CrMoV	10.8	11.79	12.35	12.80	13.20	13.65	13.80
10CrMo910	12.50	13.60	13.60	14.00	14.40	14.70	
Cr6SiMo	11.50	12.00		12.50		13.00	
X20CrMowV121	10.80	11.20	11.60	11.90	12.10	12.30	
X20CrMoV121	10.80	11.20	11.60	11.90	12.10	12.30	
1Cr18Ni9Ti	16.60	17.00	17.20	17.50	17.90	18.20	18.60
普通碳钢	10.60～ 12.20	11.30～ 13.00	12.10～ 13.50	12.90～ 13.90		13.50～ 14.30	14.70～ 15.00
工业用铜	16.60～ 17.10	17.10～ 17.20	17.60	18.00～ 18.10		18.60	
红铜	17.20	17.50	17.90				
黄铜	17.80	18.80	20.90				
12Cr3MoVSiTiB①	10.31	11.46	11.92	12.42	13.14	13.31	13.54
12CrMo②	11.20	12.50	12.70	12.90	13.20	13.50	13.80
灰口铸铁③	10.50						
Cr₅Mo④	12.30	12.50	12.70	12.80	13.00	13.10	

①②采用该列数据时,工作温度 t 下的管道内径 D 和节流件开孔直径 d 应采用下式计算:

$$D = D_{20}[1 + \lambda_D(t - 25)]; \quad d = d_{20}[1 + \lambda_d(t - 25)]$$

采用其余各列数据时,工作温度 t 下的管道内径 D 和节流件开孔直径 d 应采用下式计算:

$$D = D_{20}[1 + \lambda_D(t - 20)]; \quad d = d_{20}[1 + \lambda_d(t - 20)]$$

③灰口铸铁的 20～100 ℃范围为 10～100 ℃范围。

④采用该列数据时,工作温度 t 下的管道内径 D 和节流件开孔直径 d 应采用下式计算:

$$D = D_{20}[1 + \lambda_D(t - 0)]; \quad d = d_{20}[1 + \lambda_d(t - 0)]$$

本表摘自 GB 2624—81 流量测量节流装置 第 1 部分:节流件为角接取压、法兰取压标准孔板和角接取压标准喷嘴。

附表 II -13　水的重度 $\gamma(\mathrm{N/m^3})$ 与压力和温度的关系

绝对压力 /MPa 温度 t/℃	0.1	2	5	8	10	13	16	20
0	999.9	1000.8	1002.3	1003.8	1004.8	1006.2	1007.7	1009.6
10	999.7	1000.6	1001.9	1003.3	1004.2	1005.6	1006.8	1008.7
20	998.2	999.0	1000.3	1001.7	1002.5	1003.8	1005.0	1006.7
30	995.7	996.5	997.8	999.1	999.9	1001.1	1002.4	1004.0
40	992.2	993.0	994.3	995.5	996.4	997.7	998.9	1000.5
50	988.1	988.9	990.2	991.5	992.4	993.5	994.8	996.4
60	983.2	984.2	985.4	986.7	987.6	988.8	990.1	991.8
70	977.8	978.7	980.0	981.4	982.2	983.5	984.7	986.5
80	971.8	972.8	974.1	975.4	976.3	977.6	978.9	980.6
90	965.3	966.3	967.7	969.0	969.8	971.2	972.5	974.2
100	958.4	959.2	960.7	962.1	963.0	964.3	965.6	967.4
110	—	951.8	953.3	954.7	955.7	956.9	958.4	960.2
120	—	944.0	945.4	946.9	947.9	949.2	950.7	952.6
130	—	935.6	937.2	938.7	939.7	941.1	942.6	944.5
140	—	927.0	928.5	930.1	931.1	932.6	934.1	936.2
150	—	917.8	919.4	921.0	922.1	923.7	925.2	927.3
160	—	908.2	909.9	911.6	912.7	914.3	916.0	918.1
170	—	898.1	899.8	901.6	902.9	904.6	906.4	908.6
180	—	88735	889.4	891.3	892.6	894.5	896.3	898.6
190	—	876.5	878.6	880.6	881.9	883.9	885.8	888.3
200	—	865.0	867.2	869.3	870.7	872.8	874.9	877.6
210	—	852.8	855.1	857.5	859.0	861.3	863.4	866.3
220	—	—	842.6	841.5	846.7	849.1	851.5	854.6
230	—	—	829.3	832.0	833.8	836.5	839.0	842.4
240	—	—	815.3	818.3	820.2	823.1	825.9	829.5
250	—	—	800.3	803.7	805.9	809.0	812.1	816.1
260	—	—	784.3	788.1	790.5	794.0	797.4	801.8
270	—	—	—	771.3	774.1	778.0	781.8	786.7
280	—	—	—	753.1	756.3	760.9	765.1	770.6
290	—	—	—	733.1	737.0	742.2	747.1	753.4
300	—	—	—	—	715.4	721.6	727.5	734.6
310	—	—	—	—	—	698.8	705.7	714.3
320	—	—	—	—	—	672.5	681.2	691.6
330	—	—	—	—	—	—	652.3	666.2
340	—	—	—	—	—	—	617.6	636.5
350	—	—	—	—	—	—	—	600.6
360	—	—	—	—	—	—	—	547.0

附表 II −14　水和水蒸气的动力黏度 $\eta \times 10^6$（N·s/m²）

绝对压力/MPa 温度/℃	0.1	2	4	6	8	10	15	20	25	30
0	182	182	182	181	181	181	180	179	178	176
10	133	133	133	133	133	132	132	132	131	131
20	102	102	102	102	102	102	102	102	102	102
30	81.6	81.6	81.6	81.7	81.7	81.7	81.8	81.8	82.0	82.0
40	66.5	66.5	66.6	66.7	66.8	66.8	66.9	67.0	67.1	67.3
50	56.0	56.0	56.1	56.1	56.2	56.2	56.3	56.5	56.6	56.8
60	47.9	47.9	48.0	48.0	48.1	48.1	48.3	48.4	48.6	48.9
70	41.4	41.4	41.5	41.5	41.6	41.6	41.7	41.9	42.0	42.2
80	36.2	36.2	36.3	36.3	36.4	36.4	36.5	36.7	36.8	37.0
90	32.1	32.1	32.2	32.2	32.3	32.4	32.4	32.6	32.7	32.9
100	1.22	28.8	28.9	29.0	29.1	29.3	29.3	30.0	30.4	31.0
110	1.26	25.9	26.0	26.1	26.2	26.4	26.7	27.0	27.5	27.6
120	1.30	23.5	23.6	23.7	23.8	24.0	24.3	24.6	25.1	25.3
130	1.34	21.6	21.7	21.8	21.9	22.1	22.4	22.7	23.1	23.4
140	1.38	20.1	20.2	20.3	20.5	20.6	20.8	21.1	21.5	21.8
150	1.42	18.8	18.9	19.0	19.2	19.4	19.5	19.8	20.1	20.4
160	1.46	17.6	17.7	17.8	18.0	18.1	18.3	18.5	18.8	19.1
170	1.50	16.6	16.7	16.7	16.9	17.0	17.2	17.3	17.6	17.9
180	1.54	15.7	15.8	15.8	15.9	16.0	16.2	16.3	16.5	16.8
190	1.58	14.9	14.9	15.0	15.1	15.1	15.3	15.4	15.6	15.8
200	1.62	14.1	14.1	14.2	14.3	14.3	14.6	14.6	14.8	14.9
210	1.66	13.4	13.4	13.5	13.7	13.7	13.8	13.9	14.0	14.2
220	1.70	1.72	12.8	12.8	12.9	12.9	13.0	13.1	13.2	13.4
230	1.75	1.76	12.2	12.3	12.3	12.4	12.5	12.6	12.7	12.9
240	1.79	1.80	11.7	11.8	11.8	11.9	12.0	12.1	12.2	12.3
250	1.83	1.84	1.86	11.3	11.3	11.4	11.5	11.6	11.7	11.8
260	1.87	1.88	1.91	10.8	10.9	10.9	11.0	11.1	11.2	11.3
270	1.91	1.92	1.95	10.4	10.4	10.5	10.6	10.7	10.8	10.9
280	1.96	1.97	1.99	2.02	10.0	10.1	10.2	10.3	10.4	10.5
290	2.00	2.01	2.03	2.06	9.7	9.7	9.8	10.0	10.1	10.2
300	2.04	2.05	2.07	2.10	2.14	9.4	9.5	9.6	9.70	9.80
310	2.08	2.09	2.11	2.14	2.18	2.24	9.2	9.3	9.44	9.57
320	2.13	2.13	2.15	2.18	2.21	2.27	8.8	9.0	9.17	9.32
330	2.17	2.18	2.19	2.22	2.25	2.30	8.4	8.6	8.87	9.04
340	2.21	2.22	2.24	2.26	2.29	2.33	7.9	8.1	8.30	8.76
350	2.25	2.26	2.28	2.30	2.32	2.37	2.55	7.5	8.13	8.42
360	2.30	2.31	2.32	2.34	2.37	2.41	2.56	6.9	7.69	8.04
370	2.34	2.35	2.37	2.38	2.41	2.44	2.58	2.95	7.05	7.57
380	2.38	2.39	2.41	2.43	2.45	2.48	2.61	2.87	5.36	6.98
390	2.42	2.42	2.45	2.47	2.50	2.52	2.64	2.85	3.51	5.98
400	2.47	2.48	2.50	2.51	2.54	2.57	2.67	2.85	3.24	4.79
410	2.52	2.53	2.54	2.56	2.58	2.61	2.70	2.86	3.16	3.90
420	2.56	2.57	2.58	2.60	2.63	2.66	2.73	2.89	3.12	3.59
430	2.61	2.61	2.62	2.64	2.66	2.69	5.77	2.90	3.11	3.47
440	2.65	2.66	2.67	2.69	2.71	2.73	2.81	2.93	3.11	3.40
450	2.70	2.70	2727	2.73	2.75	2.77	2.85	2.96	3.12	3.37
460	2.74	2.75	2.76	2.77	2.79	2.82	2.89	3.00	3.14	3.35
470	2.79	2.79	2.80	2.82	2.84	2.86	2.93	3.03	3.16	3.35
480	2.83	2.84	2.85	2.86	2.88	2.90	2.97	3.06	3.19	3.36
490	2.88	2.88	2.89	2.91	2.92	2.94	3.01	3.10	3.22	3.37
500	2.92	2.93	2.94	2.95	2.97	2.99	3.05	3.15	3.25	3.39
510	2.97	2.97	2.98	3.00	3.01	3.03	3.09	3.17	3.28	3.41
520	3.01	3.02	3.03	3.04	3.05	3.07	3.17	3.21	3.31	3.44
530	3.06	3.06	3.07	3.09	3.10	3.12	3.18	3.26	3.35	3.47
540	3.10	3.11	3.12	3.13	3.16	3.16	3.22	3.29	3.38	3.50
550	3.15	3.16	3.16	3.18	3.19	3.21	3.26	3.33	3.42	3.53
560	3.20	3.20	3.21	3.22	3.24	3.25	3.31	3.37	3.46	3.56
570	3.24	3.25	3.26	3.27	3.28	3.30	3.35	3.41	3.50	3.59
580	3.29	3.29	3.30	3.31	3.33	3.34	3.39	3.46	3.53	3.63
590	3.33	3.34	3.35	3.36	3.37	3.39	3.43	3.50	3.57	3.66
600	3.38	3.39	3.39	3.40	3.42	3.43	3.48	3.54	3.61	3.70

附表 Ⅱ－15　在孔板上有直径为 2 毫米的疏水(气)孔时修正系数 b_h 值

d_{20}/mm	< 19	19	20	21 ～ 22	22 ～ 23	23 ～ 25	25 ～ 27
b_h	无疏水孔或疏气孔	1.012	1.011	1.010	1.009	1.008	1.007
d_{20}/mm	27 ～ 29	29 ～ 32	32 ～ 36	36 ～ 45	45 ～ 55	55 ～ 100	> 100
b_h	1.006	1.005	1.004	1.003	1.002	1.001	1.000

本表摘自 GB 2624—81 流量测量节流装置 第 1 部分:节流件为角接取压、法兰取压标准孔板和角接取压标准喷嘴。

附表 Ⅱ－16　几种压差计的基本特性表

仪表名称	仪表型号	显示形式		测量范围		仪表基本误差或精确度等级	工作压力 /(N/cm^2)	备注
				流量	差压			
1	2	3		4	5	6	7	8
U形管压差计	CGS－5				－350 ～ 0 ～ +350 毫米汞柱或水柱	±2 毫米汞柱或水柱	5	
	CGS－50						10	
	CGS－100						100	
双波纹管差压计	$CW_D^C－272$	带积算装置	指示式	1, 1.25, 1.6, 2, 2.5, 3.2, 4.5, 6.3, 8.0 × 10^n N/h; t/h; m³/h; L/h; m³/h	CWD 型— 630, 1000, 1600, 2500, 4000, 6000, 6300, 毫米水柱 CWC 型－0.63, 1.0, 1.6, 2.5, 4.0 N/cm²	1.5%	60; 160; 400	波纹管充液为乙二醇
	$CW_D^C－280$	无附加装置				1%		
	$CW_D^C－282$	带积算装置				1.5%		
	$CW_D^C－274$	带气变送装置				1%		
	$CW_D^C－276$	带电变送装置				1%		
	$CW_D^C－410$	无附加装置	钟表机构			1%		
	$CW_D^C－610$		电动机构	记录式		1%		
	$CW_D^C－612$	带积算装置	电动机构			1.5%		
	$CW_D^C－415$	带气动调节装置	钟表机构			1.5%		
	$CW_D^C－615$		电动机构			1.5%		
	$CW_D^C－430$	带压力记录装置	钟表机构			1%		
	$CW_D^C－630$		电动机构			1%		

本表摘自 GB 2624—81 流量测量节流装置 第 1 部分:节流件为角接取压、法兰取压标准孔板和有接取压标准喷嘴。

参 考 文 献

[1] 高魁明. 热工测量仪表[M]. 北京:冶金工业出版社,1988.

[2] 叶大均. 热力机械测试技术[M]. 北京:机械工业出版社,1981.

[3] 吴永生. 热工测量及仪表[M]. 北京:水利电力出版社,1983.

[4] 周生国. 工程检测技术[M]. 北京:北京工业学院出版社,1986.

[5] 凌备备,阎昌琪. 核反应堆工程原理[M]. 北京:原子能出版社,1991.

[6] 朱继洲. 核反应堆运行[M]. 北京:原子能出版社,1992.

[7] 郑书芳. 计算机辅助测试[M]. 北京:航空工业出版社,1992.

[8] 桑维良,张建民. 压水堆控制与保护监测[M]. 北京:原子能出版社,1993.

[9] 冯圣一. 热工测量新技术[M]. 北京:中国电力出版社,1998.

[10] 王玲生. 热工检测仪表[M]. 北京:冶金工业出版社,1999.

[11] 钱承耀. 核反应堆仪表[M]. 西安:西安交通大学出版社,1999.

[12] 张宇声,张广福,陈建华. 船用核反应堆测量仪表[M]. 海军工程大学,1999.

[13] 侯志林. 过程控制与自动化仪表[M]. 北京:机械工业出版社,2000.

[14] 严兆大. 热能与动力机械测试技术[M]. 北京:机械工业出版社,2000.

[15] 强锡富. 传感器[M]. 北京:机械工业出版社,2001.

[16] 郁有文,常健. 传感器原理及工程应用[M]. 西安:西安电子科技大学出版社,2001.

[17] 王家桢. 传感器与变送器[M]. 北京:清华大学出版社,2001.

[18] 吕崇德. 热工参数测量与处理(第二版)[M]. 北京:清华大学出版社,2001.

[19] 罗次申. 动力机械测试技术[M]. 上海:上海交通大学出版社,2001.

[20] 凌球,郭兰英,李冬馀[M]. 核电站辐射测量技术. 北京:原子能出版社,2001.

[21] 张曙光等. 检测技术[M]. 北京:中国水利水电出版社,2002.

[22] 夏虹,曹欣荣,董惠. 核工程检测仪表[M]. 哈尔滨工程大学出版社,2002.

[23] 陈平,罗晶. 现代检测技术[M]. 北京:电子工业出版社,2004.

[24] 张毅,张宝芬,曹丽,彭黎辉. 自动检测技术及仪表控制系统[M]. 北京:化学工业出版社,2005.

[25] 王化祥. 自动检测技术[M]. 北京:化学工业出版社,2006.

[26] 丁轲柯,杨晋萍. 自动测量技术[M]. 北京:中国电力出版社,2007.

[27] 文群英,黄桂梅,潘汪杰,苗军. 热力过程自动化(第二版)[M]. 中国电力出版社,2007.

[28] 张华,赵文柱. 热工测量仪表[M]. 北京:冶金工业出版社,2007.

[29] 李大鹏,孙丰瑞. 舰船蒸汽发生器水位计测量系统的改进[J]. 发电设备,1997(5):28 -50.

[30] 李元. 核电站一回路稳压器水位测量与计算[J]. 热力发电,2007,36(9):69 -71.

[31] 包家立,王玺. 核动力反应堆压力容器差压式水位测量方法的现状[J]. 自动化仪表,1988

(7):5 - 8.

[32] 王灿,瞿虎威,朱宁.核电站堆芯水位测量原理[J].才智,2013(12):304.

[33] 熊锋,周红清.CPR1000 核电机组蒸汽发生器水位测量系统优化[J].仪器仪表用户,2016,23(11):95 - 97.

[34] 沙占友.智能传感器系统设计与应用[M].北京:电子工业出版社,2004.

[35] 樊尚春.传感器技术及应用[M].北京:北京航空航天大学出版社,2004.

[36] 吴琼.智能传感器应用前景广阔[J].机电信息,2001(6):16 - 17.

[37] 孙圣和.现代传感器发展方向[J].电子测量与仪器学报,2009,1:8 - 9.

[38] 井云鹏.智能传感器的应用与发展趋势展望[J].黑龙江科技信息,2013(21):112.

[39] 景博.智能网络传感器与无线传感器网络[M].北京:国防工业出版社,2011.

[40] 徐文福.核电站机器人研究现状与发展趋势[J].机器人,2011,33(6):759 - 767.

[41] 何广军. 现代测试技术[M].西安:西安电子科技大学出版社,2007.

[42] 高晓康.计算机辅助测试技术及其应用[J].计算机自动测量与控制,2001,9(5):4 - 5.

[43] 张重雄.现代测试技术与系统[M].北京:电子工业出版社,2010.